新世纪高等院校精品教材

电 力 工 程

周浩 王慧芳 杨莉 孙可 编著

浙江大学出版社

前 言

本书是电气类专业的一本主要专业教材,其内容主要包括了发变电站一次系统、电力系统继电保护、电力系统过电压与绝缘配合三部分。第一部分主要介绍了电力系统的主要电气设备原理和选择、电气主接线、厂用电和配电装置;第二部分介绍了电力系统继电保护的基本知识、各种常见的线路保护和发电机、变压器的继电保护;第三部分介绍了线路和绕组中的波过程、雷电及防雷装置、输电线路和发电厂变电所的防雷保护,电力系统内部过电压和电力系统的绝缘配合等内容。

书中文字力求简练,通俗易懂,并在每章后面配有习题。适宜于高等学校电力系统及其自动化专业作为授课教材,也适用于高等学校成人教育、电力职工大学等其他高等院校作为电气类各专业的电力工程教学用书,同时也可用作从事电力系统的设计、安装、调试和运行的工程技术人员的工作参考用书。

本书由浙江大学电气工程学院周浩博士和王慧芳博士负责主编,浙江大学电气工程学院杨莉博士、浙江省电力公司孙可博士参与编写。其中第一章由周浩、杨莉合作编写,第二至五章由杨莉编写,第六至十章由王慧芳编写,第十一至十三章由孙可编写,第十四至十六章由周浩编写。

在本书编写过程中,浙江大学电气工程学院电力系统及其自动化教研组各位老师给予了有益的讨论和帮助;浙江大学电气工程学院的张富强、钟一俊、王东举、邱海锋、戴攀、何川、赵斌财等研究生也做了很多辅助性工作;上海市电力公司的余宇红工程师等也提出了许多宝贵的建议;浙江大学出版社的杜希武责任编辑对本书的编写和出版提供了宝贵的支持和帮助,在此一并向他们表示衷心的感谢。

限于笔者的能力与水平,书中不够完善乃至缺点和错误之处,恳请读者批评指正。

编　者

2007 年 6 月

目 录

第一部分 发变电站一次系统

第二部分 电力系统继电保护

第三部分　电力系统过电压与绝缘配合

第1章

电力工程概述

电力系统是由发电厂（不包括动力部分）、变电所、输配电线路和用电设备有机连接起来的整体，它包括了从发电、变电、输电、配电直到用电一个全过程。发电厂生产的电能，一般先由电厂的升压站（升压变电所）升压，经高压输电线路送出，再经过变电所若干次降压后，才能供给用户使用。本章对电力系统的相关基本知识、电力工业的发展概况、发电厂和变电所的类型和生产过程等进行了简介。

1.1 电力系统概述

1.1.1 电力系统的组成

电力是二次能源，是通过一定的技术手段从其他能源转换而来的能源。目前，用于发电的主要能源包括：煤、石油、天然气、水力、风能、潮汐能、地热能、太阳能、核能和生物质能等。

电力系统是由发电厂(不包括动力部分)、变电所、输配电线路和用电设备有机连接起来的整体，它包括了从发电、变电、输电、配电直到用电一个全过程，如图1-1所示。

图 1-1　电力系统示意图

电力系统加上发电的动力部分、供热以及用热设备，构成动力系统。动力系统具体包括火力发电厂的锅炉、气轮机、热力网和用热设备，水力发电厂的水库、水轮机，核能发电厂的反应堆等。

　　电力系统中，由各种不同电压等级的电力线路和变配电所构成的网络，称为电力网，简称电网。对电网而言，依据功能、等级不同分为输电网和配电网。其中，将众多电源连接起来的主干网及联接不同电网之间的网架为输电网；将电力分配至用户并提供配电服务的支网为配电网。大型动力系统、电力系统和电力网的示意图如图 1-2 所示。

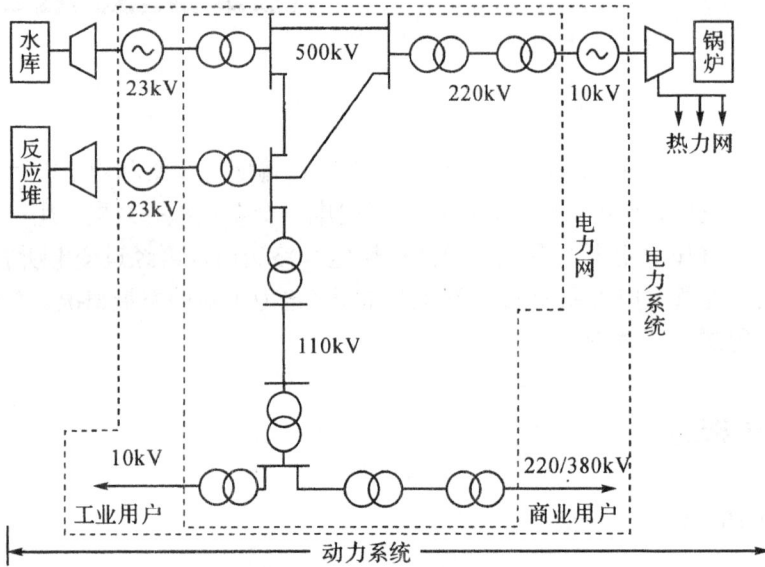

图 1-2　大型动力系统、电力系统和电力网示意图

1.1.2　电力系统及其运行的主要特点

1. 电能不易大量存储

　　电能生产是一种能量形态的转换，要求生产与消费同时完成，即电力的生产、输送、分配和消费实际上是同时进行的，发电厂任何时刻生产的功率必须与该时刻用电设备消耗和电网功率损失之和相等。虽然诸如燃料电池储能、超导储能等储藏电能方式已经在技术上取得了一定突破，但目前如何将电能高效率地、经济地、大容量地存贮问题仍未能得到完全解决。

2. 与国民经济和人民生活关系紧密

　　电能是最为便捷的清洁能源，是关乎国计民生的重要基础能源，广泛应用于国民经济的各个行业和部门，也在人们的日常生活中发挥着越来越重要的作用。一旦电能供应不足或供应中断，将直接对国民经济和人民正常生活带来巨大而直接的影响，甚至会酿成极为严重的社会灾难。

　　1996 年 7~8 月，美国西部接连发生了两次大停电事故，切断了西部 11 个州超过 400 万人口的电力供应。2003 年 8 月，美加电网的大面积停电事故波及 5000 多万人口的供电范围，引发了美国历史上规模最大的停电事故。此外，2003 年夏秋还相继发生了英国伦敦大停电、瑞典—丹麦大停电、意大利全国大停电等多起重大事故。

电力消耗量的年增长率与国民经济增长率的比值称为电力弹性系数,它是分析电力工业发展与国民经济发展相互依存的内在关系的重要指标,该系数的大小与产业结构和科技进步有关。为了保持国民经济持续、快速、健康向前发展,电力工业要保持与国民经济同步发展（即电力弹性系数为1）,同时要加快技术改造和技术进步的步伐,坚持开发与节约并重的方针,使电力工业的发展适应国民经济发展和人民生活水平不断提高的需要。

可见,电力工业是国民经济的一项基础工业,其发展速度必须超前于国民经济发展的速度,否则其他各项工业都要受到制约。所以我们说,电力工业是国民经济发展的先行基础行业;电力工业的发展水平是反映国家经济发达程度的重要标志;人均用电量则是衡量现代生活水平的重要标志。

3. 过渡过程十分短暂

由于电是以光速传播的,所以电力系统从一种运行方式过渡到另一种运行方式所引起的电磁和机电过渡过程是非常迅速的,人工手动难以进行控制。例如:变压器、输电线路投切等电力系统的正常操作是在极短的时间内完成的;用户电力设备的启停或负荷增减也是极快的;系统中的各类故障更是极其短暂,其时间只能用微秒或毫秒来计量。因此电力系运行必须采用自动化程度高、又能迅速而准确动作的自动调节、控制装置和监测、保护设备。

1.1.3　对电力系统运行的基本要求

对电力系统的基本要求正是基于上述主要特点以及电力工业在国民经济中的地位和作用提出的,具体要求如下:

1. 保证运行的安全性和可靠性

这是电力系统运行中一项极为重要的任务。如果供电中断将会造成生产停顿、人民生活发生混乱,甚至危及人身、设备安全,造成经济上和政治上的严重后果。因此电力系统应尽可能对用户安全、可靠、持续供电。提高电力系统安全性和可靠性主要从以下三个方面着手:

（1）保证一定的备用容量。

（2）提高电力系统的整体可靠性。

（3）加强对电力系统运行的监控。

运行经验表明:电力系统中整体性故障和大停电事故往往是由于局部性事故扩大造成的。例如2003年8月14日美加大停电的最重要原因就是Stuart-Atlanta的345kV线路跳闸引发了美国中西部、东北部和加拿大安大略地区电网的系列连锁崩溃事故; 2005年5月25日莫斯科电网停电事故就是由于莫斯科东南郊恰吉诺变电站的火灾造成6台变压器停运导致的。

因此,系统运行要保证各元件的可靠性,主要通过设备正常运行的维护和定期的检修试验来实现;同时也要提高运行水平,防止误操作发生,在事故发生后尽快采取措施防止事故扩大化。

要防止所有事故的发生是不可能的,也不是所有的用户都不能停电,不同用户对供电可靠性的要求也是不同的。我们可以将电力消费用户分为三级:

（1）一类用户:也称 I 级负荷。如果此类用户停电,将会带来人身危险,设备损坏,生产废品,对生产秩序产生长期严重的破坏,给国民经济带来巨大损失或造成重大政治影响。

（2）二类用户:也称 II 级负荷。该类用户的停电会造工业大量减产,城市公用事业和人民正常生活受到影响等。

（3）三类用户：也称Ⅲ级负荷。指不属于第一、二类用户的其他用户，短时停电不会带来严重后果。

对一类用户要保证不间断供电；对第二、三类用户，在必须有部分负荷停电的情况下，应优先保证第二类用户的供电，第三类用户的供电优先级最低。

2. 保证电能质量

由于所处立场不同，关注或表征电能质量的角度不同，人们对电能质量的定义还未能达成完全的共识，但是对其主要技术指标都有较为一致的认识。其中电压和频率是标志电能质量的两个最基本指标。具体指标如下：

(1)电压偏差：电压下跌(电压跌落)和电压上升(电压隆起)的总称。

(2)频率偏差：对频率质量的要求全网相同，不因用户而异，各国对于该项偏差标准都有相关规定。

(3)电压三相不平衡：表现为电压的最大偏移与三相电压的平均值超过规定的标准。

(4)谐波和间谐波：含有基波整数倍频率的正弦电压或电流称为谐波。含有基波非整数倍频率的正弦电压或电流称为间谐波，小于基波频率的分数次谐波也属于间谐波。

(5)电压波动和闪变：电压波动是指在包络线内的电压的有规则变动，或是幅值通常不超出0.9~1.1倍电压范围的一系列电压随机变化。闪变则是指电压波动对照明灯的视觉影响。

3. 保证电力系统运行的经济型

在保证电力供应安全性、可靠性和电能质量的前提下电力系统运行的经济性也是十分重要的。要使得电能在生产、输送和分配过程中效率高、损耗小，最大限度地降低电能成本。电能成本的降低在电力市场环境下更是显示出其重要意义，同时也会对环境的可持续发展、建设资源节约型社会起到极为积极的作用。

1.1.4　电力系统的电压等级与额定电压

合理的电力系统电压等级和额定电压选择问题是一个涉及面很广的综合性系统课题。输送功率一定的前提下，送电电压越高，电流越小，导线等载流部分的截面积越小，投资也就越小；反之，电压越高，对绝缘的要求也就越高，投资也就相应地越大。综合考虑送电容量、距离、运行方式等因素，同时根据动力资源分配、电源及工业布局等技术经济比较，对应一定的输送功率和送电距离有一最合理的线路电压，但从设备制造角度考虑，为保证生产的系列性，应规定标准的电压等级，即额定电压。各种用电设备只有在额定电压（包括额定功率）下运行才能取得最佳技术性能和经济效果。在电力系统中，相邻电压等级之比不宜过小，国内外的一般经验为2-3倍，我国规定的额定电压等级如表1-1所示。

对于表1-1的说明如下：

（1）括号中的电压等级为将要淘汰的电压等级。其中60kV为东北电网采用的电压等级，选择了60kV就不再使用110kV和35kV这两个电压等级了。154kV为东北电力系统的历史遗留等级，正在被逐渐淘汰。330kV和750kV只用于西北电网。目前我国正在建设1000kV以上的特高压。

表1-1　额定电压等级

线路及用电设备额定线电压（kV）	交流发电机电压（kV）	变压器线电压（kV）	
		一次绕组	二次绕组
3	3.15	3/3.15	3.15/3.3
6	6.3	6/6.3	6.3/6.6
10	10.5	10/10.5	10.5/11
	15.75	15.75	
35		35	37/38.5
(60)		(60)	(63) / (66)
110		110	115/120
(154)		(154)	(169)
220		220	231/242
330		330	363
500		500	525
750		750	

（2）发电机的额定电压比用电设备的额定电压高出5%，因为一般电网中电压损耗允许值为10%；用电设备的电压偏差允许值为±5%；且发电机连接在电网送电端，应比额定电压高。

（3）变压器一次绕组栏内3.15、6.3、10.5、15.75kV电压适用于与发电机端点直接相连接的升压变压器和降压变压器。二次绕组栏内的3.3、6.6、11kV电压适用于阻抗值在7.5%以上的降压变压器。

（4）变压器一次测（原线圈）是接受电能的，相当于用电设备；二次测（副线圈）相当于一个供电电源，是下一级电压线路的送端。所以一次测电压与用电设备的额定电压相等，二次测比用电设备电压高10%（含自身电压损耗5%）。但是在当电压为3、6、10kV时，若采用的是短路电压小于7.5%的配电变压器时，二次绕组的额定电压只需高出用电设备电压5%。

（5）如证明在技术经济上有特殊优点时，水轮发电机的额定电压允许使用非标准电压。

（6）一般将35kV及以上的高压线路称为输电线路。10kV及以下的线路称为配电线路，其中3—10kV的线路称为高压配电线路，1kV以下的线路称为低压配电线路。

（7）一般说来，输电网的主干线和相邻电网间的联络线多采用500kV、330kV和220kV等级；二级输电网采用220kV和110kV等级；35kV既用于城市和农村的配电网，也用于大型工业企业的内部电网；10kV是最为常用的较低一级高压配电网电压等级；只有负荷中高压电动机的比例很大时，才考虑使用6kV配电方案；3kV只限于工业企业内部使用，而且正逐渐被6kV等级所替代。

根据设计和运行经验，电力网的额定电压、传输距离和传输功率之间的大致关系如表1-2所示。该表可以作为选择确定电力网额定电压的参考。

表1-2 电网额定电压、传输功率、送电距离之间的关系

额定电压（kV）	传输功率（MW）	送电距离（km）
3	0.1～1	1～3
6	0.2～2	3～10
10	2～3	5～20
35	2～15	20～50
60	3.5～30	30～100
110	10～50	50～150
220	100～300	100～300
330	200～1000	200～600
500	1000～1500	300～1000

1.2 电力工业发展概述

1.2.1 早期的直流电力系统

1831年，法拉第发现了电磁感应定律，奠定了电动机和发电机的理论基础，也为电力技术和电力工业的蓬勃发展提供了契机。科学的发现，引起了技术的发明。1866年，德国人西门子（E.W.Von Siemens，1816～1892）依据自激原理研制成功世界上第一台自激式发电机，开创了发电机广泛使用的新纪元，并预见：电力技术很有发展前途，它将会开创一个新纪元。其后，1876年，贝尔发明了电话；1879年，爱迪生发明了电灯。励磁电机、电话和电灯这三大发明在蒸汽技术革命之后，掀起了19世纪的电力技术革命，人类从此进入了电气化时代。

集中生产电力的发电厂，起始于燃煤的火电厂。1875 年，巴黎北火车站发电厂建立，专供弧光灯照明用电，使得电力真正进入了实用阶段。1879 年，世界上第一座商业发电厂在美国旧金山落成，并将发出的电力出售给用户。1881 年，爱迪生在纽约第 5 街 56 号创建了爱迪生电灯公司；同年又在威斯康星州阿普尔顿建设爱迪生发电厂，其电力可供 250 盏电灯用电。1882 年 9 月，纽约市爱迪生珍珠街电厂投入运行，这是世界上第一座正规发电厂，这座发电厂有 6 台直流发电机，总容量 661.5kW，送电距离为 1.6km，通过 110V 电缆供照明使用，供6200 盏白炽灯照明用，完成了初步的电力工业技术体系。

输电方面，1882 年 7 月伦敦英国皇家学院电气工程教授霍普金森（J.Hopkinson）发明了直流配电的三线制系统，并申请了专利。后来三线扩展到五线制。1889 年在巴黎，1893 年在曼彻斯特都有五线制的直流输电线在运行。但是，人们普遍认为，采用五线制节省用铜所带来的经济上的利益却被为保持每二线作为一个单元的合理平衡的电压分布所需费用所抵消。

1882年，法国物理学家德普勒（Marcel De Pree，1843-1910）在德国蔼依吉工厂主的资助下，建成了世界上第一条远距离直流输电线路，在世界上首次实现了较高电压的直流输电。他将米斯巴赫煤矿小水电站3马力（1马力=0.735kW）直流发电机的电能通过57km长、直径为4.5mm的钢线敷设的架空电报线送至慕尼黑国际博览会，用以驱动一台装饰喷泉的水泵运转，把水升高了2.5米。送端电压为1500～2000V，受端约为850V，输送功率为1.5kW，路耗达到78％，效率为60％。1883年，德普勒又进行了从法国南部比塞尔到格勒诺布之间14km的输电

实验，输送功率1.1 kW。1885年，他采用6000V高压直流发电机，进行了从瓦利尔到巴黎的56km输电实验，将线路损失降至55%。德普勒的试验，既证明了远距离输电的可能性，也充分显示了直流电在远距输电中的局限性。早期的电力输送均采用直流输电系统，若要提高效率，必须提高电压，但是在当时的技术条件和背景下，制造高压直流电动机和发电机面临着难以解决的困难。

1.2.2　早期的交流电力系统

19世纪80年代到90年代初的10多年中，围绕已经较为成熟的直流输电和之后出现的交流输电技术，人们展开了一场长时间的激烈争论，这就是电力技术史上的所谓"交直流之争"。由于早期投资兴办的主要是直流电，将直流改交流需要一大笔开支，电气工业的老板们不愿意出这笔钱，所以出现了抵制现象。交流电虽然越来越被证明有着无比的优越性，大力发展交流电仍然拖到了20世纪。

到了19世纪80年代，直流电机已经不能满足社会的用电需要，交流电开始登上舞台。制约交流电使用的一个重要因素是交流电动机尚未出现。从前的电动机均使用直流电，方向不断变化的交流电不能在直流电动机上使用。交流电动机起源于旋转磁场的发现。1885年意大利物理学家法拉里（G.Ferraris，1847～1897）提出旋转磁场理论，并制造出二相异步电动机模型。同年，意大利物理学家费拉里斯和美国物理学家特斯拉各自独立地依据旋转磁场原理，发明了交流感应电动机。

1886年第一座交流发电厂在美国建成，由25马力（18.4kW）蒸汽机拖动6kW交流发电机，电压为500V。1890年，德国埃伯菲尔电厂安装了两台1000 kW汽轮发电机。同年伦敦迪普德福特电厂建成，该厂装有2台由1250马力（919.375 kW）柴油机拖动、工作电压为5000V的交流发电机，4台由1万马力（735.5 kW）蒸汽机拖动、工作电压为1万伏的交流发电机，给伦敦地区供电。1893年俄国诺沃罗西斯基建造了世界第一座供工厂和港口用的三相交流发电厂，容量为1200kW。以上是世界上最早建成、容量较大的几座火电厂。19世纪的最后十几年，交流电发展很快并逐步代替了直流电。

交流电替代直流电的一个很重要原因是，交流电能够有效地解决远距输电问题。在远距输电中，为了减少路耗必须提高输电电压。法拉第于1831年发现的自感现象为变压器提供了理论依据。在同一个铁心上绕上两组线圈，当一组线圈上通有交变的电流时，在另一组线圈上便会感应上同样交变的电动势来。线圈匝数不同，感应到的电动势便会不同。根据这一原理，就可以制成变压器，使电压变高或变低，当然，所通电流必须是交变电流。1876年亚布洛契可夫发明了单相变压器，用于供电照明。1883年，法国人高拉德（L.Garlard，1850～1888）和英国人吉布斯（J.D.Gibbs）制成了第一台实用的变压器，能将电压降到安全值。1885年，3个匈牙利发明家、布达佩斯赫兹公司的工程师吉泊诺斯基（Zipernowsky）、贝利（Beri）和波拉其（Blathy）设计了多台变压器的并联连接。与此同时，美国的威斯汀豪斯（G.Westinghouse，1846～1914）预见到交流输电将是主要的发展方向，制造成功了具有近代实用性能的变压器。他用这种变压器在美国马塞诸州建成了1kV的高压输电系统。这是交流电初期的工业性传输。从此，变压器的应用与日俱增。

1881年，卢西恩·高拉德和约翰·吉布斯取得了"供电交流系统"专利，美国发明家乔治·威斯汀豪斯买下此专利,并以此为基础于1885年制成交流发电机和变压器,并于1886年建成了世界上第一个单相交流送电系统。接着,乔治·威斯汀豪斯又在1888年制成了交流感应式电动机。但是单相交流电动机起动困难,不能保证增加发电厂的容量和扩大电网的伸展长度。1889年俄国电工多里沃—多布罗沃利斯基(Mikhail Osipovich Dolivo-Dobrovoliskii,1862～1919)发明了三相异步电动机,随后又发明了三相变压器。

最早的三相交流输电系统出现在德国,是由德国工程师奥斯拉卡·冯·米勒主持建立的。1891年,在德国劳芬电厂安装了世界第一台三相交流发电机,这组水轮发电机组的转速为150r/min,频率为40Hz,电压为95V,功率为230kW,经升压变压器将电压升高为15200kV,通过直径为4mm的裸铜导线输电,在法兰克福的降压变电站,通过两台变压器将电压降为112V,从而建成了第一个三相交流送电系统。8月25日初次运行成功,输电效率达到80%,充分显示了三相交流电在远距输电中的优越性。通过这个输电系统送至受端的电能,分别供给了白炽灯照明和异步电机以驱动一台75kW的水泵。三相交流电的出现克服了原来直流供电容量小,距离短的缺点,开创了远距离供电的历史,是输电技术上一次重大技术突破。

1.2.3 近代电力系统的发展

1. 发电机技术

随着冷却技术、绝缘材料和导磁材料的迅速发展,发电机的单机容量越来越大,单位容量的造价下降,效率提高。1903 年美国威斯汀豪斯电气公司制造出 5000kW 汽轮发电机,其热效率仅为 14.5%;次年又生产了容量为 1 万 kW 的机组。1925 年,10 万 kW 机组问世,热效率提高到 38%。1927 年美国首先采用氢气冷却,1938 年制成容量为 31250kV 的氢冷汽轮发电机;1955 年又投入 20 万 kW 机组,1959 年单机容量增大到 45 万 kW。到 20 世纪 80 年代初,世界上最大的双轴汽轮发电机组是瑞士鲍威利公司(BBC)为美国制造的 130 万 kW 机组,安装在坎伯兰电厂,1973 年投入运行。该发电机组容量为 2×72.2 万 kVA,定子为水内冷,转子为氢内冷。世界最大的单轴 120 万 kW 汽轮发电机组 1981 年在苏联制成并投入运行。

2. 火力发电

早期的发电厂主要为照明供电,自从爱迪生发明白炽灯后,发电厂迅速增加。1902 年,美国已有发电厂 3621 座,装机容量为 121.2 万 kW。1912 年,发电厂增至 5221 座,装机容量 513.5 万 kW。1913 年全世界发电量为 500 亿度。第二次世界大战后,各国对电力的需求剧增,发电厂建设规模日益扩大,20 世纪 50 年代,各国开始兴建装机容量 100 万 kW 以上的火电厂。60 年代末,美国 100 万 kW 以上火电厂有 50 多座,其中帕拉斯电厂的装机容量为 245 万 kW,是当时世界上最大的火电厂。据不完全统计,1982 年国外 100 万 kW 以上电厂有 270 座以上,总容量超过 4.5 亿 kW。截至 2000 年,世界最大的燃气电厂是俄罗斯的苏尔古特第二火电厂,其规模为 480 万 kW;最大的燃油电厂为日本鹿岛电厂,装机容量达 440 万 kW(4 台 60 万 kW 和 2 台 100 万 kW 机组);最大的燃褐煤电厂是波兰的贝尔哈托夫火电厂,其规模为 432 万 kW。

3. 水力发电

水力发电美国开发最早。1882 年爱迪生在威斯康星州创建的亚伯尔水电厂是世界上最早的水力发电厂之一。同年德国密士巴赫小型水电站(容量为 1.5 kW)也投入运行。1892 年美国尼亚加拉水电厂建成，安装 4000 kW 水轮发电机 11 台。美国最早开发了密西西比河，1913 年就明确河流要进行多目标的梯级开发，以期取得最大综合效益。十月革命前，俄国的水电开发缓慢，1913 年全国水电装机容量仅 1.6 万 kW。苏维埃政权建立后，1920 年制定俄罗斯国家电气化计划，第一个五年计划在水电方面以建设当时欧洲最大的第聂伯水电站为标志，装机容量 55.8 万 kW，1932 年第一台机组投入运行。20 世纪 40 年代中期以来，一些国家开始兴建大型水电厂，1950 年 100 万 kW 以上的水电厂仅 2 座，并且均在美国。1983 年，全世界已建成 100 万 kW 以上水电厂 52 座。无论从装机总容量来看，还是从多年平均年发电量来看，现在世界上最大的水电站都是我国的三峡水电站。三峡水电站左岸厂房安装 14 台水轮发电机组，右岸厂房安装 12 台，总共装机 26 台；单机容量 70 万千瓦，装机总容量为 1820 万千瓦。多年平均年发电量为 846.8 亿千瓦时，相当于我国 1992 年全年发电量的近七分之一。

4. 高压交流输电

进入 20 世纪，为了满足工业发展的用电需要，在建设水、火、发电厂的同时，必须提高远距离输电的容量和经济性，使输电技术朝高电压的方向发展。1892、1900 年，美国、俄国分别采用 10kV 电压输电，1898、1902 年又分别把输电电压提高到 33kV，其时线路上由于采用针式绝缘子，所以导线截面不能超过 $50mm^2$，电压不能高于 60kV。1906 年发明悬式绝缘子后，输电技术有了新突破。1908、1912 年，美国先后建成世界上第一条 110 和 154kV 高压输电线路；1923 年把 154kV 线路升压到 220kV。苏联也于 1922、1932、1933 年把输电电压提高到 110、154、220kV。20 年代末到 30 年代，欧洲各国相继建成 220kV 高压线路。1936 年，美国完成鲍尔德水闸电站到洛杉矶的 287kV 输电线，长 430km，输电容量 25～30kW（双回线），是当时世界上输电电压、距离、容量的最高记录。

从 50 年代开始，330kV 及以上的超高压输电线路得到了快速发展。瑞典于 1954 年首先建成第一条 380kV 输电线，此后美国、加拿大等欧美国家相继使用 330～345kV 输电系统。1964 年，美国建成第一条 500kV 输电线路，苏联也于 1964 年完成了 500kV 输电系统。1965 年，加拿大建成了 765kV 输电线路。1969 年，美国第一条 765kV 线路投入运行。1989 年，苏联建成一条世界上最高电压 1150kV、长 1300km 交流输电线路。

5. 高压直流输电

随着电力系统的迅速扩大，电力需求日益增长，输电功率和输电距离进一步增加，电网扩大，交流电遇到了包括同步运行稳定性等在内的一系列技术困难。大功率换流器（整流和逆变）的研究成功，为高压直流输电突破了技术上的障碍。因此直流输电重新受到人们的重视并得到急速发展。1933 年，美国通用电器公司为布尔德坝枢纽工程设计出高压直流输电装置。1950 年苏联建成一条长 43km、电压 200kV、输送功率为 3 万 kW 的直流试验线路。1954 年世界上第一个工业性直流输电工程（哥特兰岛至瑞典本土的直流工程）在瑞典投入运行，总长 96km，电压 100kV，送电容量 2 万 kW，采用汞弧换流。1961 年，英法两国采用海底电缆，建成 100kV、160MW、总长 65km 的直流输电线路，把两国交流电力系统连接了起来，再次推动了直流输电的发展。1965 年，原苏联建成了 ±400kV 直流输电线路。近 20 年来，随着电力电子技术的发展，高压直流输电迅速发展。自 1972 年加拿大建成世界上第一座可控硅换流站以来，可控硅技术不断进步，容量增大，可靠性提高，价格逐渐降低，直流输电更趋成熟，已成为电力传输的一种重要方式。特别是光纤和计算机等新技术的发展，使直流输电系统的控制、调节与保护更趋完善，进一步提高了直流输电系统运行的可靠性。

6. 互联电网

当1891年第一台30kV电压的高压油浸变压器由瑞士人布洛制造出来之后，高压输电网就迅速发展起来。20世纪初，100kV输电线路相继在美国和德国投入运行，十月革命前发展相对落后的俄国也有70kV的高压输电线路。从20世纪30年代开始，在高压输电技术不断进步的基础上，各工业发达国家积极进行110~220kV的电网建设，电网迅速发展。到50年代，瑞典已在各水电站之间，联成380kV超高压电网，法国联成400 kV电网，美国、加拿大联成300~345kV的电网，英国联成275 kV的电网，联邦德国联成380 kV的电网。世界上集中统一管理的最大电网是苏联的横跨欧亚两大洲的全国统一电力系统。原苏联统一电力系统由9个联合电力系统组成，主干线路电压为交流330、500和750 kV。其供电范围遍及苏联欧洲部分、乌拉尔、哈萨克及西伯利亚等地区，覆盖面积共约1000万 km^2。1982年底电网内装机容量2.39亿 kW，占全国总装机容量2.855亿 kW的83.7%。美国全国范围内形成9大联合电网，其间又逐渐联网。落矶山脉两侧的东、西两大联合电网，装机容量分别为5.2亿和1.12亿 kW。1980年，日本9大电力公司联网，装机容量1.06亿 kW，占全国总容量的74%。随着电力工业的发展，各工业发达国家的电网规模日益扩大，不仅在本国形成统一电网，而且跨国互联。发展电网已成为世界各国实现电力工业现代化的一项重要技术政策。

1.2.4　当今电力工业的发展趋势

1. 世界范围内电力工业正在进行以打破垄断、引进竞争为特征的电力体制改革

20世纪80年代，电力行业天然垄断的概念已经在某种程度上得到部分消除，开始注入竞争性力量，电力市场化改革进入了酝酿启动阶段。90年代初英国进行了电力民营化，实行发、输、配电分离，在发电环节实行竞争，输配电环节实行价格管制和统一经营，售电市场逐步开放的电力体制改革。90年代中期，澳大利亚、南美和北欧一些国家以及美国部分州也相继进行了以发、输电分离，发电领域引入竞争机制、开放国家电网、建立电力市场等为内容的改革。1996年欧盟颁布了强制性的开放天然气和电力市场的导则，到2003年欧盟范围内的电力市场开放程度平均达80%。日本于2003年6月对电力事业法进行修订，非洲也已有30多个国家开始了电力改革。可以说，全世界范围内的电力工业改革、电力市场的建立与运行正处于一个如火如荼的时期。

2. 电力技术的发展向高效率、环保型的方向迈进

在该方面，代表性的技术有超临界和超超临界技术、联合循环发电技术、包括流化床技术和整体煤气化联合循环技术在内的洁净煤技术，以及以风能、太阳能为代表的可再生能源发电技术。各种分析表明，在发电用一次能源的构成中，以煤为主的局面在相当长的时间内不会改变。为保持煤电的经济性及环保性，最为成熟的技术应为超临界大容量机组。此外整体煤气化联合循环技术及增压流化床联合循环技术作为示范性的环保型新型高效发电技术将在以后的煤电领域发挥更大的作用。为了降低温室气体的排放，工业发达国家普遍重视可再生能源的发

电应用。近年来西欧、美国等国就已经大力发展风力发电，此外对太阳能、生物质能等可再生能源也加大了开发力度。

3. 小型分散发电技术快速发展

20 世纪 90 年代以来，在大电网发展的同时，小型分散发电技术异军突起，国际上已开发了多种高效率的小型燃气轮机、内燃机和燃料电池，太阳能电池发电系统也趋于实用，其中发展最快的是小型热电联产机组。作为大电网的补充，小型分散发电技术有可能成为 21 世纪电力技术发展的热点之一。"分散"电力系统，可以极大地改善效率和减轻当今电力系统对环境形成的负担，还可减少和改善输配电线路。特别是在 2003 年美加、欧洲发生过一系列大面积停电事故以后，要求加大开发燃料电池及太阳能电池等小型、分散电源力度，从而避免发生美加大停电的呼声更加高涨。

4. 电力安全引起愈来愈广泛的关注

2003 年可以称之为"大停电年"，继美加 2003 年 8 月 14 日发生的大面积停电事故后，2003 年夏季西欧地区相继发生了若干次大面积停电事故。2003 年美加及西欧一系列严重的停电事故引起了社会对该地区电力市场开放的关注。北美停电之后，许多国家都纷纷根据本国的情况，做出了相关反应。尽管说法都不一，但是都有一个共同点，就是从这次北美停电事故中吸取教训，避免类似的事件在本国发生。停电给社会经济、生活各方面带来了巨大的负面影响，迫使各国政府开始慎重考虑电力安全及其相关问题。

1.2.5　我国电力工业发展概述

我国电力的起步与世界有电的历史几乎同步，1879 年，中国上海公共租界点亮了第一盏电灯，随后 1882 年由英国商人在上海创办了中国第一家公用电业公司——上海电气公司。

中国电力工业从 1882 年上海创建第一个 11.76kW 发电厂至今，已有 120 余年的历史。电力工业在旧中国的 67 年时间里，发展十分缓慢，到新中国成立的 1949 年，全国发电装机容量为 185 万 kW，年发电量为 43 亿 kW·h，分别名列世界第 25 位和 21 位。

建国后的 50 多年是中国电力工业迅速发展的一段时期，持续以年均 10%以上的速度发展，这在世界电力发展历史上是十分罕见的。中华人民共和国成立后，用了 30 年时间，使全国发电装机容量达到 5712 万 kW，年发电量达 2566 亿 kW·h。自 1978 年改革开放以来，只用了 10 年时间，发电装机容量和年发电量就翻了一番。1990 年，全国发电装机容量达 13789 万 kW，年发电量达 6213 亿 kW·h，均名列世界第 4 位。1995 年，全国发电装机容量为 21722 万 kW，2003 年为 38212 万 kW。截止 2006 年末，我国发电装机容量达到 6.22 亿 kW，已多年保持世界第二的水平。其中，火电达到 4.841 亿 kW，约占总容量 77.82%；水电达到 1.286 亿 kW，稳居世界第一，约占总容量 20.67%；核电的装机容量 685 万 kW；风力发电机组装机容量 187 万 kW。我国的三峡水电站总装机容量是 1820 万 kW，是世界装机容量最大的水电站。

随着电力工业的发展和电力技术的不断进步，1972 年建成了刘—天—关 330kV 输电线路，接着 1981 年建成了第一条平顶山至武汉的姚—双—武 500kV 输电线路。由我国自行设计和建造的第一条±100kV 直流高压输电线路于 1988 年正式投入运行，从浙江镇海至舟山岛，全长 53.1km，其中海底电缆长 11km。1990 年，第一条葛洲坝至上海、南桥±500kV 直流输电线路投入运行，全长 1080km，将华中和华东两大电力系统连接起来。1975 年，我国自行设计制造的第一台 30 万 kW 汽轮发电机在姚孟电厂投入运行。目前，国内运行最大机组是 60 万 kW 汽轮发电机和 90 万 kW 核电机组；全国（除台湾省外）已形成东北、华北、华东、华中、西北和南方联营六大跨省（区）电网以及小部分地区的独立电网，如图 1-3 所示。一个初步现代化的电力工业技术体系已经建立起来。

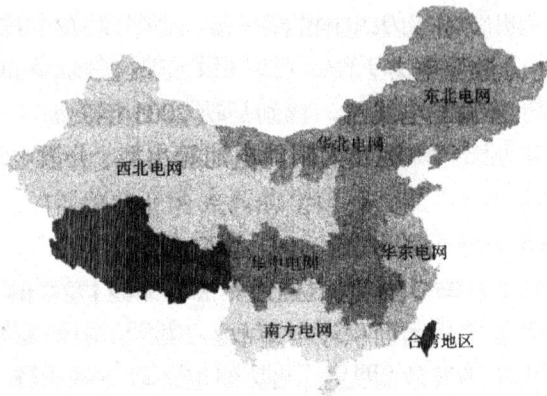

图 1-3   我国电力系统的地理分布图

截至 2006 年底，全国 220 千伏及以上输电线路回路长度达到 28.15 万公里，220 千伏及以上变电设备容量达到 98131 万千伏安。除西北电网以 330 kV 为主网架外，其他跨省电网和山东电网都已建成 500 kV 主网架。香港、澳门电网分别以 400 kV 和 110 kV 和广东电网从而和南方电网相联；华中和华东电网通过葛一上直流输电工程已实现了互联；东北和华北、华北和华中电网通过交流 500 kV 实现了互联；华中和南方电网通过三广直流输电工程实现了互联；西北和华中电网在 2005 年通过灵宝直流背靠背工程实现互联。目前，全国联网的局面正在快速推进中，已经基本实现了除新疆、西藏、台湾以外的全国联网。

目前，我国电力工业已开始进入大机组、大电网、超高压、高自动化的发展新阶段，水电、火电、核电、新能源发电全面发展，科技水平不断提高，调度自动化、光纤通信、计算机控制等高新技术已在电力系统中得到了广泛应用。电网建设极大加强，电力调度水平不断提高，西电东送、南北互供、全国联网的格局已基本形成。科技水平得到提高，电力环境保护得以加强，使中国电力工业的科技水平与世界先进水平日渐接近。环境排放控制、生态保护日益加强，使电力发展的经济效益、社会效益与环境效益渐趋统一。

1.3   特高压输电

特高压输电是在超高压输电的基础上发展的，为1000kV及以上电压等级。国外研究特高压输电至今已有将近四十年的历史，其目的仍是继续提高输电能力，实现大功率的中、远距离输电，以及实现远距离的电力系统互联，建成联合电力系统。

特高压交、直流输电的应用是相辅相成、互为补充的。特高压交流电网的突出优点是：①特高压交流输电应用于大功率、近距离输电场合，在经济上有竞争力。②可以预见，建设特高压交流输电骨干网替代超高压交流电网，具有优化资源配置、保护环境、节约线路走廊用地和有效降低输电损耗等优点。而特高压直流输电的突出优点是：①输电电压高、输送容量大、线路走廊窄，适合大功率、远距离输电场合。②利用特高压直流输电实现大区互联具有优势，它可以减少或避免大量过网潮流，按照送受两端运行方式变化而改变潮流，能方便地控制潮流方向和大小。

1.3.1　国外特高压发展概况

上世纪 60 年代起，苏联、美国、日本、意大利、加拿大等国开始进行了特高压输电的可行性研究，并取得了重要成果。苏联是最早开展特高压输电技术研究的国家之一，于 1985 年建成了埃基巴斯图兹—科克切塔夫特高压交流线路，并于 1988 年完成科克切塔夫—库斯坦奈延伸段的建设，总长约 900km，曾以 1150kV 全电压累积运行四年左右的时间。日本从 1972 年启动特高压输电技术的研发计划，完成盐原、赤诚等特高压试验研究基地的建设。在此基础上，于 1993 年建成柏崎—西群马—东山梨南北向特高压输电线路，长度约 190km；于 1999 年建成南磐城—东群马—西群马东西向特高压输电线路，长度约 240km。1995 年在新榛名试验站安装特高压 GIS 成套设备，随即加 1000kV 全电压试运行，到 2006 年 6 月底为止，累计加压时间已有 2413 天。美国、意大利、加拿大、瑞典等国也在进行特高压输电相关技术的研究，如特高压输电的电晕和电场、生态和环境、操作和雷电冲击绝缘等。可以看到，截至今日，技术问题已不是特高压输电发展的限制性因素，从技术来看，特高压输电应该是完全可行的。而为什么特高压输电在上世纪 90 年代陷入低潮，是大家关心的问题。

下面从已有特高压输电研究和应用的国家来看特高压输电的发展。日本于上世纪 90 年代初建成两条 1000kV 特高压交流线路，原计划将柏崎、福岛等海边核电站大量电能向东京等地输送。但由于部分核电机组群投产进度推迟，没有足够的电力容量需要输送，已建的两条特高压输电线路一直以 500kV 降压运行至今。而苏联规划在哈萨克斯坦的埃基巴斯图兹煤矿基地建设数座容量为 4~6GW 的发电厂，利用 1150kV 特高压交流线路，向俄罗斯的欧洲部分送电。但由于埃基巴斯图兹煤炭基地的电源(大型火电厂)建设延后，已建特高压输电线路降为 500kV 运行。且因输电容量大幅度减少以及经费上的困难，停止进一步建设特高压输电线路。另外，美、意、加等国特高压输电的发展也面临类似的问题。由于经济发展变缓，社会对电力的需求增长缓慢，这些国家暂时停止了特高压输电技术的工程应用。因此，上世纪 90 年代至本世纪初，特高压输电技术发展陷入低潮，其根本原因是相关国家的经济和用电的增长速度都比预期低很多，发展特高压大容量输电的必要性下降。

但近年来，世界经济逐渐复苏并不断发展，特高压输电发展又出现了新的趋势。例如，随着俄罗斯整体经济状况的好转，基于对电力发展的基本预测，俄罗斯统一电力公司已计划重新启用 1150kV 输电线路，计划于十年内，在巴尔瑙尔与车里亚宾斯克之间重新架设 1150kV 线路，总长度约为 1480km。另外，日本在福岛地区的核电站群建成后，原计划在 2015 年左右将现有的特高压输电线路升压到设计值 1000kV 来运行，但由于目前日本东京地区负荷增长较快，已有特高压线路有可能提前于 2010 年升压至 1000kV 运行。而瑞典也于 2006 年底在路得维克建立了特高压试验中心，将对±800kV 的直流输电技术进行长期测试。实际上，目前一些经济增长较快的大国(如印度、巴西、南非等)也在不同程度地开展特高压输电技术的前期研究工作。

由于电网输送容量增大、输电走廊布置困难、短路电流过大等原因，美、苏、日、意等国开始研究特高压交流输电技术。表1-3列出了主要国家特高压发展计划的适用场合。

表1-3　各国特高压发展计划的适用场合

国家	计划执行单位	电压等级 (kV)	输送功率 (MW)	输电距离 (km)	适用场合
前苏联/俄罗斯	动力电气化部	1150	5500	2400	大容量、远距离
日本	TEPCO	1000	5000~13000	200~250	大容量、短路电流大、 走廊布置困难
美国	AEP	1500	>5000	400~500	大容量
	BPA	1100	8000~10000	300~400	大容量、输电损失大
意大利	ENEL/CESI	1000	5000~6000	300~400	大容量、走廊布置困难

由表1-3可知，采用特高压交流输电方式是基于大容量输电的需要，主要可分为近距离和远距离输电两种方式。俄罗斯因国土辽阔，能源基地与负荷中心分布较远，输电距离达到2400km，属于典型的特高压远距离大容量输电方式；而其他几国特高压输电工程的输电距离在200~500km范围，属于特高压近距离大容量输电方式。可以看到，特高压交流输电方式更多的是用于近距离大容量输电的场合，此时它主要用于解决输电走廊布置困难、短路容量受限等关键技术问题，具有不可替代性。

1.3.2　我国发展特高压输电的适用场合

根据21世纪上半叶我国国民经济发展要求，预计到2020年全国装机容量将达到1100～1200GW。但是我国能源和负荷地理分布极不均衡，水力资源68％左右分布在西南地区，煤炭资源76%左右分布在华北、西北地区，而用电负荷70％左右则主要集中在东部沿海附近。这就决定了我国要解决21世纪上半叶的电力供应问题，就必须在大力开发水电和火电的同时建设全国能源传输通道，实现长距离大容量的"西电东送和北电南送"，从而实现全国联网，充分发挥电网的水火互补调剂及区域负荷错峰作用。全国联网网架中各段输送容量约500～2000万kW，输送距离约为600～2000km。目前，500kV电网无论在传输长度、传输容量和限制短路电流方面都不能胜任，发展特高压输电已经势在必行。

1. 近距离大容量输电

随着我国经济和电力工业的迅速发展，电网的建设和发展面临一系列挑战和问题。我国用电比较集中的沿海经济发达地区已开始出现输电走廊布置困难、短路电流难以控制等技术难题，急需解决的关键问题是如何提高输电走廊利用率。

以华东电网长江三角洲地区为例，该区域土地资源非常紧张。例如，据江苏省电力部门提供的有关信息，江苏省因输电走廊高度紧张，已经重点立项准备研究改造旧的输电线路，将原有220kV线路改建为同杆四回线路(两回500kV和两回220kV)，以大大提高原有线路走廊的输送能力。近年来，由于征地费用在输电工程建设中所占的费用比例越来越高，在人口稠密地区和林区，处理走廊所需赔偿费用有的已占线路总投资的30%以上，这就要求电网的规划、发展要有综合、长远的观点，要充分挖掘每一走廊的容量输送潜力。

该区域的用电除一部分依靠西电东送以外，主要依靠苏北、浙南沿海等地区的大型燃煤火电厂和核电站群。例如，以浙江为例，境内已建及规划中拟建设的大型燃煤火电厂，总装机容量高达 26.6GW，这些大电厂群均处于浙南沿海地区。而华东的用电主要集中在长江三角洲，如上海、苏南、浙北等负荷中心，输电距离约为 200~500km。如果将华东境内大规模火电厂的电力全部采用 500kV 及以下电压等级的输电线路送往用电负荷中心，则输电线路回路过多，线路走廊紧张的问题根本就难以解决。

从华东电网以大电厂群为主，需要高密度送电的具体情况出发，选择哪种输电方式或电压等级主要考虑的是方案的经济性。

首先就特高压输电和超高压输电的经济性进行比较。当输电容量超过经济输电容量时，特高压输电比超高压输电更为经济。国外经验表明，适用的经济输电容量大约为 2400MW。据估计，输送同样容量，1100kV 线路损耗仅为 500kV 线路的 1/5~1/2，而 1150kV 特高压线路走廊约仅为同等输送能力的 500kV 线路所需走廊的四分之一，采用特高压输电明显提高了走廊利用率。对于华东地区土地资源高度紧张的现状，采用超高压输电方式显然是不合适的。

再看是选用特高压交流还是特高压直流方式，从特高压输电技术发展来看，1000kV 交流和 ±800kV 直流的适用经济输电距离与直流换流站的造价关系密切。当输电距离超过经济输电距离时，特高压直流输电比特高压交流输电更为经济。国外经验表明，适用经济输电距离大约在 800~1000km 之间。由于华东电网的输电距离多在 200~500km，采用 1000kV 交流方案经济性具有优势。

因此，对于华东电网区域内的近距离大容量输电方式，采用特高压交流输电，具有良好的经济性，它可以很好地解决线路走廊紧张的问题。而像珠江三角洲、环渤海经济区等这些经济发达地区，也会有类似近距离大容量输电需求，在这种情况下也可优先考虑特高压交流输电方式。

2. 远距离大容量输电

我国水力煤炭资源和用电负荷的分布极不均衡。其中可开发水电资源的 2/3 左右分布在西南的四川、云南、西藏三省区，煤炭蕴藏量的 2/3 左右分布在西北的山西、陕西、内蒙古西部等省区，而用电负荷约有 2/3 位于东部沿海和京广铁路以东的经济发达地区。因此，随着西南部水电基地和西北部煤电基地的形成，我国电力系统会呈现出"西电东送"、"北电南送"的主要格局，其中多数输电距离为 600~2000km，输送容量 4000~20000MW。如金沙江一期工程溪洛渡、向家坝水电站分别装机 12.6GW 和 6GW，一期装机总计 18.6GW，而二期装机总计 19.4GW。水电站至华中输电距离为 1000km，至华东输电距离为 2000km。

我国规划和建设的"西电东送"项目，无论是金沙江下游水电和四川水电，还是云南水电，它们都具有输电距离远和容量大的特点。由于其输送容量高达 4000~20000MW，输送距离在 1000~2000km，此时采用特高压直流输电，具有明显的经济性，应该采用特高压直流输电方式。而对于"北电南送"项目，将华北大型坑口火电厂群的大量电能输送至华中和华东，采用特高压直流输电也是合适的。因此，在远距离大容量输电项目上，特高压直流输电方式具有明显的优势。

3. 大区主干网

现有 500kV 区域电网除了输电能力不足，需要发展特高压输电满足近距离大容量输电的要求外，在电力负荷密集地区短路电流过大也成为其突出的技术问题。

为了解决由电网输电容量增大引起短路电流过大的问题，可以考虑构建更高一级电压等级的主网架。可以预见特高压交流主网架的形成会经历两个阶段。特高压线路建设初期，由于尚不能形成主网架，线路的负载能力较低，此时主要用于大电源的集中送出，并可能会因该特高压线路故障跳闸而给系统稳定造成影响。此时，下级 500kV 电网还不能解环运行，尚不能有效地降低短路电流。但随着 1000kV 电压等级电网的不断加强，特高压交流线路最终会形成主干环网，此时，可以采用分层分区运行方式，从根本解决 500kV 电网短路电流过大等系统安全问题。

因此，发展更高一级电压的电网形成大区主干网，需要分阶段分地区建设，最终逐步形成较为完善的上一级网架结构。

4. 大区电网互联

目前，我国已形成 6 个跨省区大电网：华东、华北、东北、华中、西北及南方电网。各电网中 500kV(包括 330kV)主网架逐步形成和壮大。而从上世纪 90 年代起，葛上±500kV 直流线路实现华中和华东两大区电网非同步联网，标志着我国进入大区电网间互联的时代。

利用特高压电网实现大区电网互联（包括交流、直流和交直流并联三种输电方式），除了满足远距离大容量输电的要求之外，还可以实现跨大区、跨流域水火电互济，优化全国范围内能源资源配置，并满足我国电力市场交易灵活的要求，促进电力市场的发展。

以特高压直流输电方式实现大区非同步联网运行，两端交流电网分别按各自频率、电压独立运行，可以按规定和需要控制功率，并不传送短路功率，有利于提高系统的稳定性。而利用特高压交流输电方式实现同步联网运行，对互联两个电网的同步能力要求很高，另外还会导致交流短路容量的明显增加。从国内外的实践经验来看，在大区联网场合，特高压直流会比特高压交流更具优势。当然，采用特高压交流输电进行大区电网互联也是有可能的，在这方面可以开展进一步的深入研究。

随着全球经济的不断发展，电力需求的增长速度会不断加快，特高压输电并没有渐趋沉寂。相反，在全球经济增长的带动下，特高压输电将再一次得到较快发展，它会在一些幅员辽阔、经济高速发展的大国中获得良好应用。

1.4　发电厂的类型

发电厂是将各种一次能源转变为电能的工厂。按一次能源的不同，发电厂分为火力发电厂、水力发电厂、核能发电厂以及风力发电厂、地热发电厂、潮汐发电厂、太阳能发电厂等。

1.4.1　火电厂

火电厂是利用燃烧燃料（煤、石油及其制品、天然气等）所得到的热能发电的工厂。其能量转换过程是：燃料的化学能→机械能→电能。火电厂按原动机可分为凝汽式汽轮发电厂、燃气轮机发电厂、内燃机发电厂和蒸汽—燃气轮机发电厂；按作用可分为凝汽式火电厂和热电厂。

凝汽式火电厂即只向外供电能的厂，一般火电厂是指凝汽式火电厂。凝汽式火电厂的生产过程如图 1-4 所示，煤经过磨煤机磨成煤粉，煤粉由喷燃器喷入锅炉炉膛燃烧，使锅炉的水加热产生过热蒸汽，过热蒸汽经主蒸汽管进入汽轮机，高速流动的蒸汽推动汽轮机叶片旋转，汽轮机带动发电机旋转产生电能。在汽轮机做过功的蒸汽排入凝汽器，循环水泵打入的循环水将排气迅速冷却而凝结，凝结水经过加热、除氧等处理重新送回锅炉使用。发电机发出的电能，大部分经过主变压器升压后进入电力系统，小部分作为厂用电。

凝汽式火电厂由于在凝汽器中，大量的热量被循环水带走，因此，凝汽式火电厂的效率较低，只有 30%～40%。

热电厂，即同时供应电能和热能的发电厂，效率可达到 60%～70%。热电厂与凝汽式火电厂不同之处主要在于汽轮机中一部分作过功的蒸汽，在中间段被抽出直接供给用户，或者经热交换器将水加热，向用户供应热水。这样可以减少被循环水带走的热量损失，提高效率，现代热电厂的效率可达到 60%～70%。

热电厂通常建在热用户附近，因此为了使热电厂维持较高的效率，一般采用"以热定电"的运行方式，即当热力负荷多时，热电厂应多发电；反之，则应少发电。因此其运行方式不如凝汽式火电厂灵活。

火电厂与其他类型电厂比较，具有以下特点：

（1）火电厂布局灵活，装机容量大小可按需要决定。

（2）火电厂的一次性建造投资少，建造工期短，发电设备年利用小时数较高。

（3）火电厂耗煤量大，单位发电成本比水电厂高 3～4 倍。

（4）火电厂动力设备繁多，控制操作复杂。

（5）火电厂大型机组停机到开机并带满负荷所需时间长，附加耗用大量燃料

（6）火电厂担负急剧升降负荷时，需要付出附加燃料消耗的代价。

（7）火电厂若担任调峰、调频、事故备用，则相应事故增多，强迫停运率增高，厂用电率增高。

（8）火电厂对空气、环境污染大。

1.4.2　水电厂

水电厂是把水的位能和动能转换为电能的工厂。水电厂的基本生产过程是将高处的河水（或湖水、江水）通过导流引到下游形成落差推动水轮机旋转，将水能转变为机械能，水轮机带动发电机发电，将机械能转换为电能。根据水力枢纽布置的不同，水电厂又可分为坝式水电站、引水式水电站等。

坝式水电站是在河流上落差较大的适宜地段拦河建坝，形成水库，抬高上游的水位，利用上、下游形成水位差进行发电的水电站。根据水电厂厂房在水利枢纽中的位置不同，又分为坝后式和河床式两种型式。坝后式水电厂的厂房建在坝后面，全部水头压力由坝体承受，水库的水由压力水管引入水轮机蜗壳，推动水轮机转子，水轮机带动发电机转动发电，如图 1-5 所示。河床式水电厂的厂房与拦河连接，成为坝体的一部分，厂房承受水的压力，适用于水头小于50m 的水电站，如图 1-6 所示。

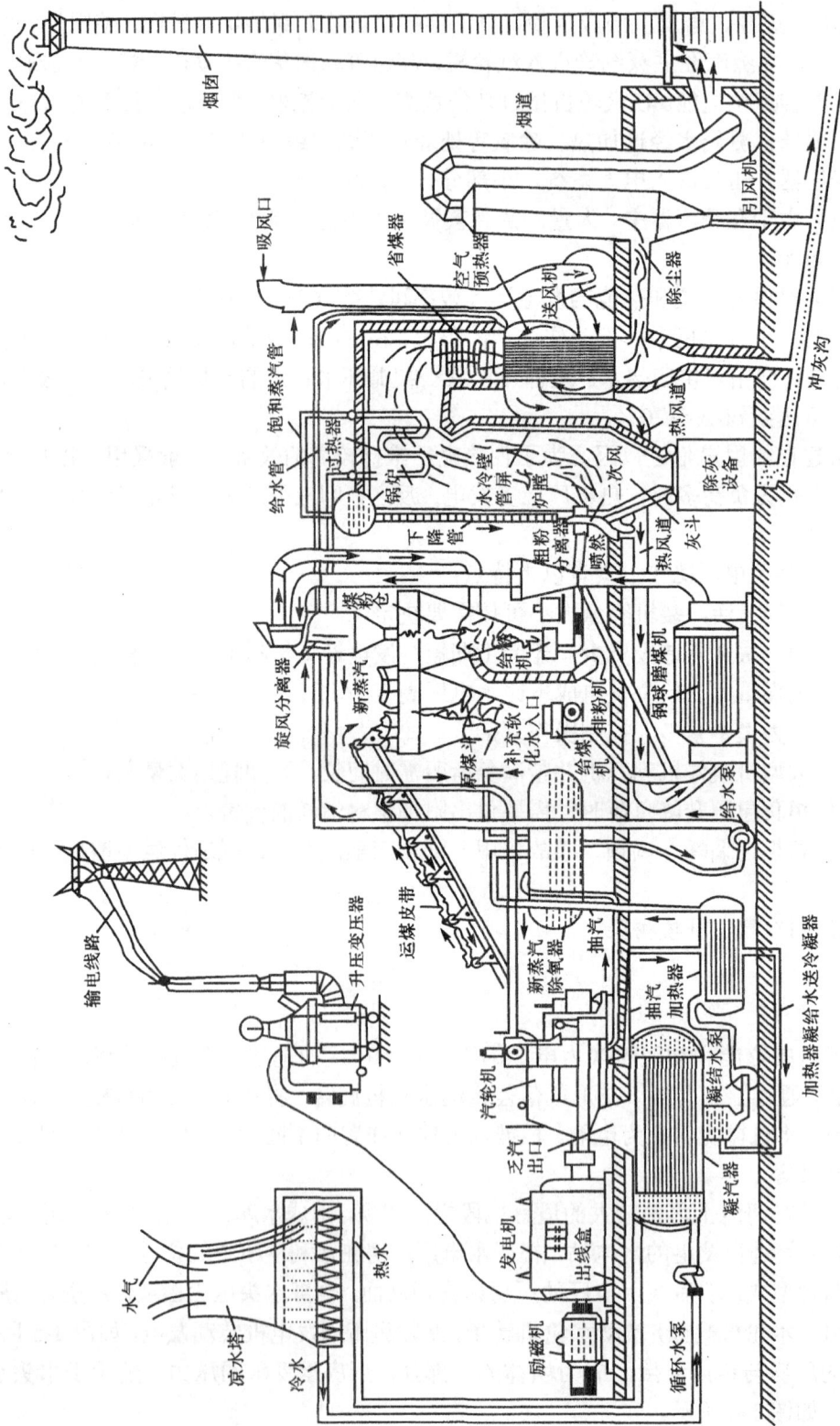

图 1-4　凝汽式火电厂的生产过程

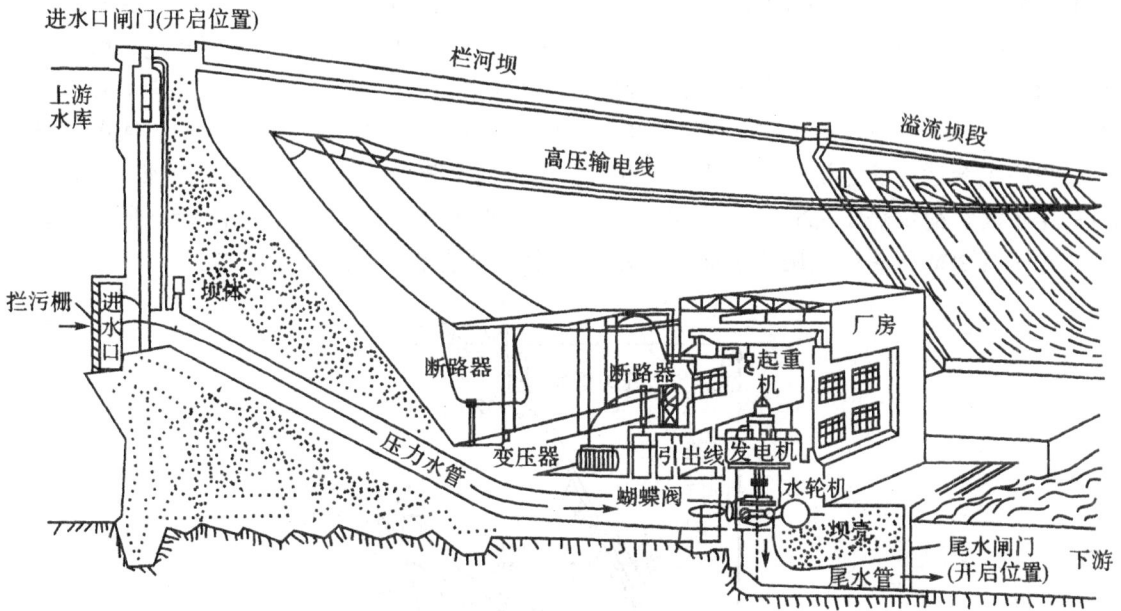

图1-5　坝后式水电厂示意图

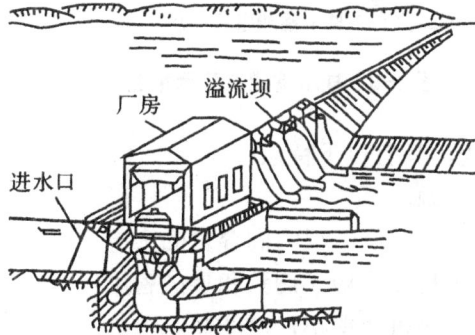

图1-6　河床式水电厂示意图

引水式水电站则是由引水系统将天然河道的落差集中进行发电的水电站，一般不需修坝或者只需修低堰，如图1-7所示。

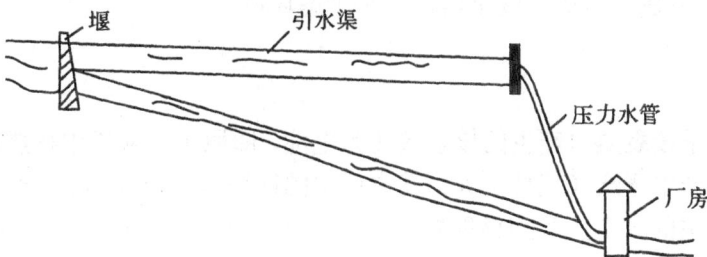

图1-7　引水式水电厂示意图

上面讲到的水电厂是专供发电用的。此外，还有一种特殊形式的水电厂，叫做抽水蓄能电厂，如图 1-8 所示。抽水蓄能电厂设有上下两座水库，用压力隧洞或压力水管相连。利用系统低谷负荷（或丰水期）时的富余电力抽水到上游水库存储；在高峰负荷（或枯水期）时，放水发电，从而起到填谷调峰的作用。在以火电、核电为主的系统中，建设适当比例的抽水蓄能电站可以提高系统运行的经济性和可靠性。此外，由于抽水蓄能机组启动灵活、迅速，从停机状态启动至带满负荷仅需 1～2min，而由抽水工况到发电工况也只需 3～4min，因此抽水蓄能机组宜作为系统事故备用以及用于调频。抽水蓄能电厂可能是坝式或引水式。

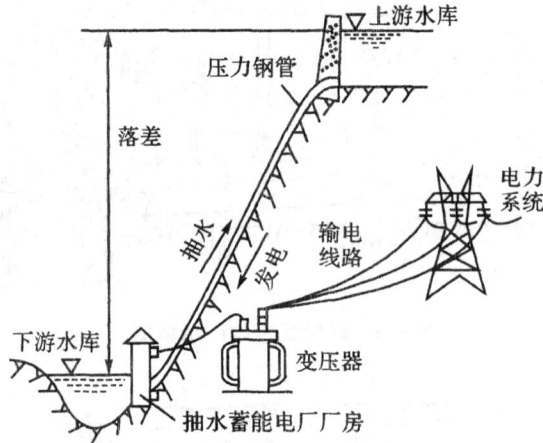

图 1-8 抽水蓄能电厂示意图

水电厂与其他类型电厂比较，具有以下特点：
（1）水电厂可综合利用水资源。
（2）水电厂不用燃料，发电成本低，仅为同容量的火电厂的 1/4～1/3，效率高。
（3）水电厂运行灵活，适于担任调峰、调频和事故备用。
（4）水电厂设备简单，意外停机概率小，时间短。
（5）水能可存储和调节。
（6）水利发电不污染环境。
（7）水电厂投资较大，工期较长。
（8）水电厂受水文条件制约。
（9）由于水库的兴建，造成淹没土地，影响生态环境。

1.4.3 核电厂

核能发电是将原子核裂变时产生的核能转变为电能，即原子反应堆中核燃料（例如铀）慢慢裂变所放出的热能产生蒸汽（代替了火力发电厂中的锅炉），驱动汽轮机再带动发电机旋转发电。以核能发电为主的发电厂称为核能发电厂，简称核电站。根据核反应堆的类型，核电站可分为压水堆式、沸水堆式、气冷堆式、重水堆式等。

目前，核电厂中最多的是轻水堆核电厂（占核电的 89%），即压水堆核电厂和沸水堆核电厂。

　　压水堆核电厂如图 1-9 所示。压水堆核电厂的最大特点是整个系统分为两个部分，即一回路系统和二回路系统。压水堆核电厂的核反应堆和蒸汽发生器代替了一般火电厂的锅炉。一回路中的高压水在主泵作用下送进反应堆，经反应堆加热进入蒸汽发生器，将热量传给二回路系统的水，产生蒸汽进入汽轮机做功，推动汽轮机转动并带动发电机发电。一回路与二回路是隔绝的，增加了核电厂的安全性。

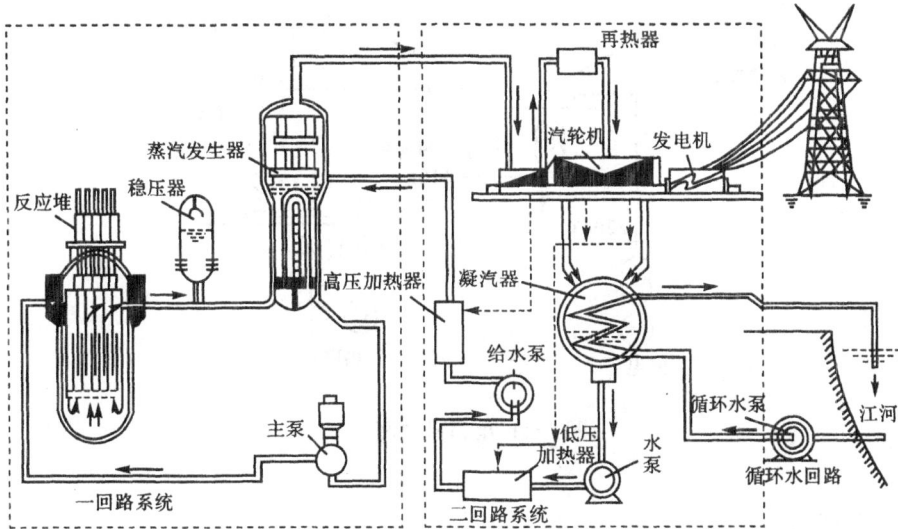

图 1-9　压水堆核电厂示意图

　　沸水堆核电厂是在反应堆内直接产生饱和蒸汽，蒸汽进入汽轮机做功，如图 1-10 所示。与压水堆核电厂相比，省去了蒸汽发生器，但有可能将放射性物质带入汽轮机。

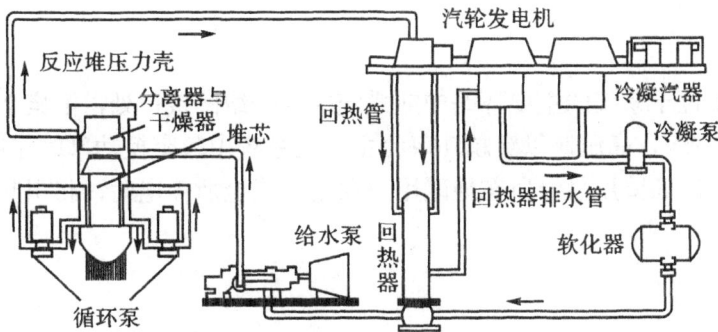

图 1-10　沸水堆核电厂示意图

　　核电厂建设费用高，燃料费用便宜，一般带基荷运行。

1.5　变电所类型

　　变电所根据它在电力系统中的地位，可分为以下几类，如图 1-11 所示。

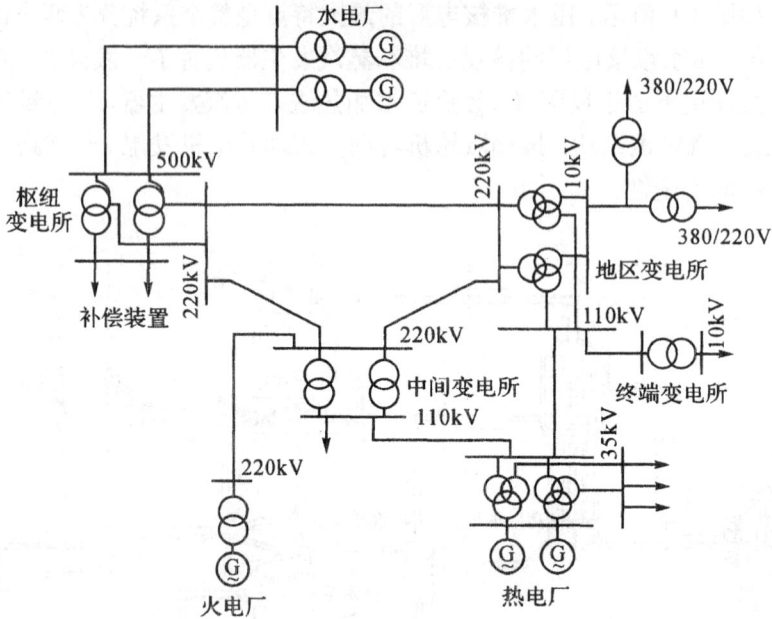

图 1-11 电力系统图

1.5.1 枢纽变电所

枢纽变电所位于电力系统的枢纽点，它连接电力系统高、中压的几个部分，汇集多个电源和多回大容量联络线，变电容量大，电压等级较高，如 330～500kV 等，在电力系统中具有极为重要的地位。若枢纽变电所发生事故出现全所停电时，将导致系统解列，甚至出现系统崩溃的灾难局面。

1.5.2 中间变电所

中间变电所一般位于系统的主要环路中或系统主要干线的接口处，汇集 2～3 个电源，电压等级多为 220～330kV，高压侧以穿越功率为主，在系统中起交换功率的作用或使高压长距离输电线路分段，同时还降压供给所在地区用户用电。当全所停电时，将引起区域网络解列，影响较大。

1.5.3 地区变电所

地区变电所以对地区用户供电为主，是一个地区或城市的主要变电所，电压一般为 110～220kV。全所停电时，仅使该地区停电。

1.5.4 终端变电所

终端变电所位于输电线路的终端，接近负荷点，高压侧电压多为 110kV 及以下，由 1～2 条线路受电，接线比较简单，经降压后直接向用户供电。全所停电时，仅使由其供电的用户停电。

习题 1

1-1　电力系统、动力系统、电力网都是由哪些部分组成的？它们的划分关系是怎样的？

1-2　电能生产的主要特点是什么？对电力系统有什么具体要求？

1-3　我国发展特高压输电的适用场合有哪些？

1-4　简述火电厂的生产过程及其特点。

1-5　抽水蓄能电厂的作用是什么？

1-6　变电所有哪些类型，各有什么特点？

1-7　电厂虚拟游，了解火电厂生产过程中各种设备。
　　　（http://www.chems.msu.edu/classes/321/powerplant/）

1-8　了解世界和中国电力概况。（http://www.sp.com.cn/）

第2章

电气设备的原理和选择

本章首先介绍发电厂和变电站中的电气设备分类和一般选择条件和校验条件,然后介绍高压断路器、隔离开关、互感器、限流电抗器、母线、熔断器等电气设备的工作原理和选择。

2.1 概述

为满足电力生产和电力系统安全经济运行的需要,发电厂和变电所中配置了各种电气设备,其主要任务是生产和输送分配电能、启停机组、调整负荷、切换设备和线路、监视主要设备的工作、迅速消除故障等。根据所起作用的不同,可将电气设备分为一次设备和二次设备,部分设备的外形见附录。

2.1.1 一次设备

直接生产、转换和输配电能的设备,称为一次设备。主要有以下几种:

（1）进行电能生产和转换的设备,如发电机将机械能转换为电能,变压器将电压升高或降低以满足输配电的需要,电动机将电能转换为机械能。

（2）用于正常或事故时,接通和断开电路的开关设备,如断路器、隔离开关、熔断器、接触器等。

（3）限制电流和防御过电压的设备,如限制故障电流的限流电抗器,限制过电压的避雷器,保护输电线路免受雷击的避雷线等。

（4）载流导体及其绝缘设备,如裸导体母线、架空线、电缆、绝缘子、穿墙套管等。

（5）仪用互感器,如电流互感器和电压互感器,分别将电路中大电流变成小电流、高电压变成低电压,供给测量仪表和保护装置使用。

（6）接地装置。接地装置用来保证电力系统正常工作或保护人身安全,前者称为工作接地,后者称为保护接地。

2.1.2 二次设备

对一次设备和系统运行状态进行测量、控制、监视和保护的设备,称为二次设备。主要有以下几种:

（1）测量表计，如电压表、电流表、功率表和电能表等，用来监视、测量电路的电压、电流、功率、电能等。

（2）继电保护及自动装置。继电保护的作用是当发生故障时，作用于断路器跳闸，将故障切除。自动装置用于实现发电厂的自动并列、发电机自动调节励磁、电力系统频率自动调节、输电线路自动重合闸、备用电源自动投入等。

（3）直流电源设备，如直流发电机组、整流装置、蓄电池组等，用作直流操作、保护、监测设备的直流电源，以及事故照明用电等。

（4）控制装置和信号装置，如实现配电装置中断路器合闸、跳闸的按钮等操作电器，断路器的位置信号灯、主控制室中用于反映电气设备状态的中央信号装置等。

2.1.3 导体的发热和电动力

电气设备有电流通过时将产生损耗，例如：载流导体的电阻损耗，绝缘材料内部的介质损耗，金属构件处于交变磁场中时所产生的磁滞和涡流损耗等，这些损耗都将转变为热量使电气设备的温度升高。发热对电气设备的影响主要有以下三点：①绝缘材料的绝缘性能降低；②金属材料的机械强度下降；③导体接触部分的接触电阻增加。

根据通过电流的大小和时间的不同，电气设备的发热分为由正常工作电流引起的发热（称为长期发热），和由故障电流引起的发热（称为短时发热）。为了保证导体的运行安全，我国规定了导体长期发热和短时发热的允许温度。导体正常最高允许温度（长期发热），一般不超过70℃；计及太阳辐射（日照）影响时，钢芯铝绞线及管形导体，可按80℃。通过短路电流（短时发热）时，硬铝和铝锰合金为200℃，硬铜为300℃。

电气设备耐受短路电流热效应而不致被损坏的能力，称为电气设备的热稳定性。当确定了导体通过短路电流时的最高温度后，此值若不超过所规定的导体材料短时发热最高允许温度，则称该导体在短路时是热稳定的，否则，需要增加导体截面或限制短路电流，以保证其热稳定性。

载流导体位于磁场中，会受到磁场力的作用，这种力称为电动力。在正常状态下，由于流过导体的工作电流相对较小，因此电动力也较小。而当电力系统中发生短路时，导体中流过很大的短路电流，产生巨大的电动力，如果导体的机械强度不够时，将使其变形或损坏，也可能使闭合状态的开关电器触头打开，造成严重事故。所以，为了安全运行，必须对短路电流产生的电动力的大小和特征进行分析和计算，以便选用适当强度的电气设备，保证足够的电动力稳定性。

电气设备的发热和电动力的具体计算方法可查相关设计手册。

2.1.4 电气设备选择的一般条件

发电厂或变电所中各种电气设备的作用及工作条件不同，因此它们具体的选择方法也不同，但选择它们的基本要求却是相同的。为了保证电气设备可靠地工作，必须按正常工作条件进行选择，并按照短路状态校验热稳定和动稳定。

1. **按正常工作条件选择电气设备**

正常工作条件主要是指设备的额定电压、额定电流和环境条件。

（1）额定电压

电气设备的额定电压是指铭牌上标示的线电压。所选用的导体和电器的允许最高工作电压不得低于其所在回路的最高运行电压。考虑到电气设备的允许最高工作电压一般为其额定电压的 1.1～1.15 倍。而因调压与负荷变化等引起的电网最高运行电压一般不超过电网额定电压的 1.05～1.1 倍，所以通常可按照电气设备的额定电压 U_N 不低于其装设地点电网额定电压 U_{Ns} 的条件来进行选择，即

$$U_N \geq U_{Ns} \tag{2-1}$$

（2）额定电流

电气设备的额定电流是指其在额定环境温度 θ_0（我国规定裸导体、电缆的 $\theta_0 = 25℃$，一般电气设备 $\theta_0 = 40℃$）下的长期允许电流。为保证所选设备正常运行时的长期发热最高温度不超过其长期发热最高允许温度，应按照电气设备的额定电流 I_N 不低于所在回路最大持续工作电流 I_{max} 的条件进行选择，即

$$I_N \geq I_{max} \tag{2-2}$$

决定各种回路最大持续工作电流 I_{max} 时，应考虑该回路的长期工作状态。例如，发电机和调相机允许额定电压降低 5% 时，长期以额定出力运行，因此 I_{max} 为 1.05 倍发电机、调相机额定电流。

此外，还应该注意，有关手册中给出的电气设备的额定电流，均是按照标准环境确定的。当设备实际使用环境条件不同时，应对其额定电流进行修正。例如，当电气设备使用在环境温度高于 40℃（但不高于 60℃）时，环境温度每增高 1℃，建议按减少额定电流 1.8% 进行修正；当使用在环境温度低于 40℃ 时，环境温度每降低 1℃，建议按增加额定电流 0.5% 进行修正，但其最大电流不得超过额定电流的 20%。

（3）环境条件

当电气设备安装地点的环境条件，如温度、风速、污秽等级、海拔高度、地震强烈程度等超过一般电气设备使用条件时，应采取措施。例如，在污染严重，有腐蚀性物质等恶劣环境下，应选用防污型设备或将设备布置在屋内。

2. **按短路状态校验**

（1）短路热稳定校验

短路热稳定校验的实质是验算电气设备承受短路电流热效应的能力。校验条件是当所选设备在最严重的短路电流热效应下，其短路发热最高温度不应超过最高允许温度。满足热稳定的条件为

$$I_t^2 t \geq Q_k \tag{2-3}$$

式中 I_t、t 为电气设备允许通过的热稳定电流和时间，$I_t^2 t$ 即为设备允许承受的热效应，Q_k 为所在回路的短路电流产生的热效应。

采用实用计算方法时，若 $t_k > 1s$（t_k 为短路计算时间），导体发热主要由短路电流周期分

量决定，可不计非周期分量的影响求周期分量的热效应，即

$$Q_k = \frac{t_k}{12}(I''^2 + 10I_{t_{1/2}}^2 + I_{t_k}^2)$$ (2-4)

（2）短路动稳定校验

动稳定是电气设备能承受短路电流机械效应的能力。满足动稳定的条件为

$$i_{es} \ge i_{sh} \text{ 或 } I_{es} \ge I_{sh}$$ (2-5)

式中 i_{sh}、I_{sh} 为短路冲击电流幅值及其有效值；i_{es}、I_{es} 为电气设备允许通过的动稳定电流幅值及其有效值。

（3）短路电流的计算条件

为保证设备在短路时的安全，用于校验短路状态的短路电流，必须是可能通过该设备的最大短路电流，应按以下条件确定：

a. 短路类型。通常按三相短路验算，当其他类型短路比三相短路严重时，应按最严重的情况验算。

b. 容量和接线。应按系统的发展远景（一般为本工程建成后 5～10 年）的系统容量和可能发生最大短路电流的接线方式计算短路电流。

c. 短路计算点。通过各支路的短路电流根据短路点的位置不同而不同，在选择设备时，应按设备通过最大短路电流的短路点计算短路电流。不同设备的短路计算点可能不同。

（4）短路计算时间

短路热稳定校验用的短路计算时间 t_k，等于继电保护动作时间 t_{pr} 与相应断路器的全开断时间 t_{br} 之和，即

$$t_k = t_{pr} + t_{br}$$ (2-6)

其中全开断时间 t_{br} 包括两个部分，即断路器固有分闸时间 t_{in} 和断路器开断时电弧持续时间 t_a，即

$$t_{br} = t_{in} + t_a$$ (2-7)

2.2　高压断路器和隔离开关

高压断路器和隔离开关是发电厂或变电所中重要的开关电器。高压断路器具有完善的灭弧装置，其最大特点是能断开电路中负荷电流和短路电流。高压断路器在正常运行时，倒换运行方式，将设备或线路接入电网或退出运行；在设备或线路发生故障时，切除故障回路，保证无故障部分正常运行。高压隔离开关因为没有特殊的灭弧装置，不能用于切断负荷电流或短路电流，其主要功能是检修电气设备时用来隔离电压，在改变设备状态时用来配合断路器完成倒闸操作，分合小电流。

当用开关电器断开电压大于 10～20V，电流大于 80～100mA 的电路时，触头间便会产生电弧。电弧的温度很高，可能会烧坏触头或破坏触头附近的绝缘物，如果电弧持续时间过长，还会引起电器烧毁，危及电力系统安全运行。因此，本节首先研究开关电器在切断电流过程中

的电弧问题，然后讨论高压断路器和隔离开关的工作原理和选择。

2.2.1 电弧问题

1. 电弧的形成和熄灭

触头刚分开时，触头间距离很小，电场强度很高，如果超过 $3 \times 10^6 \text{V/m}$，阴极表面就会在电场作用下发射出电子，这种现象称为强电场发射。电弧产生后，由于温度很高，阴极表面的电子将获得足够的能量向外发射，这种现象称为热电子发射。强电场发射是弧隙间（即开关触头间电弧燃烧的间隙）最初产生电子的主要原因。

阴极表面发射出来的电子，在电场的作用下向阳极运动，并不断与其他粒子（如气体原子或分子）相碰撞，若电子的动能足够大，就可能使其他粒子中的电子游离出来，形成自由电子和正离子，这种现象称为碰撞游离。新产生的自由电子在向阳极运动过程中，也会与其他中性质点碰撞，而使碰撞游离连续进行下去。结果，触头间充满了电子和正离子，触头间隙的绝缘越来越低，介质被击穿而形成电弧。因此，电弧的形成依赖于强电场发射及碰撞游离。

随着触头间距离的增大，触头间的电场强度相应减小，碰撞游离逐渐减弱，碰撞游离对维持电弧的作用是不大的，维持主要依赖于热游离。电弧产生后，弧隙温度很高，中性质点不规则热运动速度增加，具有足够的动能互相碰撞发生游离，产生电子和正离子，这种现象即为热游离。一般气体发生热游离的温度约为 9000～10000℃，金属蒸气的热游离温度约为 4000～5000℃。因为开关电器的电弧中总有一些金属蒸气，而弧心温度总大于 4000～5000℃，所以热游离的强度足以维持电弧的燃烧。

电弧中发生游离过程的同时，还存在着使带电质点减少的去游离过程。去游离的主要方式有复合和扩散两种。

复合是正负离子接触时，电荷中和的过程。由于电子运动速度约为正离子的 1000 倍，所以电子与正离子直接复合的可能性很小。通常是电子附在中性质点上形成负离子，然后再与正离子结合，形成中性质点。复合进行的快慢与电场强度、电弧温度和截面积、弧隙间气体压力等因素有关。

扩散是指带电质点从电弧内部逸出的现象。扩散原因主要有两个：弧隙中温度高，电弧和周围介质存在温度差，高温带电质点热运动向温度低的介质扩散；弧隙中带电质点浓度大，电弧和周围介质存在浓度差，向周围扩散。

游离与去游离是电弧燃烧中性质相反的两个过程。这两个过程动态平衡，将使电弧稳定燃烧。当游离占优势时，电弧就会更强；当去游离占优势时，电弧就趋于熄灭。开关电器为了加强灭弧能力，都采用各种措施减弱游离过程，加强去游离过程。

2. 断路器灭弧的物理过程

交流电弧具有电流过零自然熄灭和动态的伏安特性。电弧是纯电阻性质的，对于正弦波电流，当电流由入由零开始增大时，电弧电压随电流增大而升高，到达图 2-1 中 A 点时，电弧产生，此时电流很小，该电压称为燃弧电压。

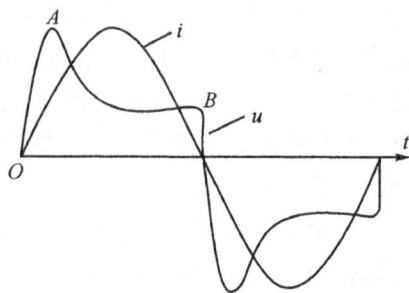

图 2-1 电弧电压波形

电弧产生后，随着电流的增大，游离加剧，电弧电阻迅速减小。当电流较大时，游离已经很充分，电弧电压中间大部分平坦。当电流逐渐减小时，弧隙电阻增加，当电压到达 B 点时，电弧熄灭，该电压称为熄弧电压。显然，由于介质的热惯性，熄弧电压必然低于燃弧电压。

交流电弧每经过半周要过零一次，当电流过零，电弧暂时熄灭后，弧隙中同时存在两个过程，即弧隙电压恢复过程和介质强度恢复过程。弧隙电压恢复过程是指电弧电流过零以后，电源施加于弧隙上的电压，从不大的电弧熄灭电压逐渐恢复到线路电压的过程。介质强度恢复过程是指电弧熄灭后，弧隙的绝缘能力逐渐恢复到正常状态的过程。在弧隙电压和介质强度恢复过程中，如果弧隙恢复电压高于介质强度耐受电压，弧隙就被电击穿，电弧重燃；反之，电弧便熄灭。

3. 高压断路器灭弧的基本方法

从上面分析可知，电弧能否熄灭，取决于电弧电流过零时，弧隙介质强度和弧隙电压恢复速度。因此，高压断路器灭弧的基本方法是从加强弧隙的去游离速度或减弱弧隙电压恢复速度入手，广泛采用的灭弧方法有下列几种：

（1）利用特殊灭弧介质，如变压器油或断路器油、SF_6 气体、真空等。

（2）利用气体或液体吹动电弧。吹弧既能加强对流换热，起到冷却弧隙作用，同时还能部分取代原弧隙中游离气体或高温气体，帮助恢复介质的绝缘强度。空气断路器是利用干燥的压缩空气作为灭弧介质，SF_6 断路器是利用纯净的 SF_6 气体作为灭弧介质，它们都是将气体压缩，在开断电路时以高压的气体强烈吹弧。油断路器是利用变压器油作为灭弧介质，利用电弧使油产生大量气体实现吹弧。

（3）采用多级断口熄弧。在高电压时，有时难以采用一个断口灭弧，需要增加断口来分担灭弧任务。多级断口把电弧分割成若干段，使电源电压加在几个断口上，降低了每个断口上的弧隙电压，提高熄弧能力。同时，由于长弧分成几个短弧，也可使触头行程减小，缩短熄弧时间。

（4）快速拉长电弧，把电弧拉长可以增大电弧长度和表面积，有利于冷却电弧和带电质点的扩散，去游离作用加强，介质强度恢复速度加快，便于灭弧。

（5）用特殊金属材料做触头。采用铜钨合金、铜铬合金等耐高温金属材料做开关触头，可减少金属蒸汽，抑制游离作用。

2.2.2　高压断路器的选择

1. 断路器种类和型式的选择

高压断路器按照安装地点可分为屋内和屋外两种；按灭弧介质和灭弧原理可分为油断路器（又分为多油断路器、少油断路器）、空气断路器、真空断路器、六氟化硫（SF_6）断路器等。

（1）油断路器是以绝缘油作为灭弧介质的断路器。多油断路器中油除了作为灭弧介质外，还作为触头断开后弧隙绝缘及带电部分与接地外壳间的绝缘。少油断路器中油主要作为灭弧介质及触头断开后弧隙绝缘，对地绝缘主要靠瓷或其他绝缘材料作为介质。

多油断路器实现简单，价格便宜，但由于用油量大，体积大，检修工作量大，且易发生爆炸和火灾现象，一般情况下不采用。

少油断路器用油少，油箱结构小而坚固，具有节省材料，防爆防火特点。少油断路器使用安全，使配电装置大大简化，体积小，便于运输，目前被大量采用。

（2）空气断路器是以压缩空气作为灭弧介质并兼做操动介质的断路器。空气断路器灭弧能力强，动作迅速，尺寸小，重量轻，无火灾危险，但结构复杂，价格贵，需要压缩空气装置，主要用于 110kV 及以上大容量电路及对断路时间有较高要求的系统中。

（3）真空断路器是利用真空的高介质强度来实现灭弧的断路器。这种断路器具有开断能力强，灭弧迅速，触头不易氧化，运行维护简单，灭弧室不需要检修，无火灾及爆炸危险，噪声低等特点，目前只用于 35kV 以下。

（4）SF$_6$断路器是以 SF$_6$气体为灭弧介质的断路器。SF$_6$电气性能好、断口电压可较高。设备的操作维护和检修都很方便、检修周期长而且它的开断性能好、占地面积小、特别是发展SF$_6$封闭组合电器可大大减少变电所的占地面积。SF$_6$断路器广泛应用于 20 世纪 90 年代，目前我国已成功生产和研制了 220、330、500kV 的 SF$_6$断路器。

2. 额定电压和电流选择

$$U_N \geq U_{Ns} \quad , \quad I_N \geq I_{max} \tag{2-8}$$

3. 开断电流选择

$$I_{Nbr} \geq I_{pt} \tag{2-9}$$

式中 I_{Nbr} 为额定开断电流；I_{pt} 为实际开断瞬间的短路电流周期分量。

当断路器的 I_{Nbr} 较系统短路电流大很多时，简化计算可用 $I_{Nbr} \geq I''$，I'' 为短路电流。使用快速保护和高速断路器时，其开断时间小于 0.1s，如果在电源附近短路，短路电流的非周期分量可能超过周期分量的 20%，需要用短路全电流进行验算。

4. 断路器关合电流的选择

断路器在短路状态下合闸，容易发生触头熔焊和遭受电动力的损坏。另外．由于继电保护的作用，断路器在关合短路电流后又会自动跳闸，此时要求能切断短路电流，为了保证断路器在关合短路时的安全，断路器的额定关合电流 i_{Ncl} 不应小于短路电流最大冲击值 i_{sh}，即

$$i_{Ncl} \geq i_{sh} \tag{2-10}$$

5. 短路热稳定和动稳定校验

$$I_t^2 t \geq Q_k \quad , \quad i_{es} \geq i_{sh} \tag{2-11}$$

6. 发电机断路器的特殊要求

发电机断路器还对以下几个方面考虑其特殊要求：

（1）额定值方面的要求。发电机断路器要求的额定电流远超过同一电压等级的输变电断路器。

（2）开断性能方面的要求。发电机断路器应具有开断非对称短路电流的能力，关合额定短路关合电流的能力，以及开断失步电流的能力。

（3）固有恢复电压方面的要求。发电机的瞬态恢复电压上升率取决于发电机和变压器的容量等级，等级越高，瞬态恢复电压上升的越快。

2.2.3　隔离开关的选择

隔离开关的选择方法与断路器基本相同，但隔离开关没有灭弧装置，不承担接通和断开负荷电流和短路电流的任务，因此不需要考虑开断电流和关合电流等。

1. 额定电压和电流选择

$$U_N \geq U_{Ns}, \quad I_N \geq I_{max} \tag{2-12}$$

2. 短路热稳定和动稳定校验

$$I_t^2 t \geq Q_k, \quad i_{es} \geq i_{sh} \tag{2-13}$$

隔离开关按安装地点的不同可分为屋内和屋外两种，按绝缘支柱数目可分为单柱式、双柱式和三柱式。单柱式（又称剪刀型）隔离开关静触头悬挂在母线上，分闸后形成垂直的绝缘断口。二柱型隔离开关具有双柱水平回转式结构，每极两个绝缘支柱带着导电闸刀反向回转 90°，形成一个水平断口。三柱型隔离开关每极由三个支柱绝缘子构成，两边的支柱是固定的，中间支柱是转动的；动闸刀装在中间支柱绝缘子上部，静触头分别装在两边支柱绝缘子上部，由操动机构带动中间支柱绝缘子转动进行分合闸操作。

【例 2-1】　10kV 屋内配电装置中，回路最大工作电流为 450A，通过该回路的最大短路电流 $I'' = I_{0.8} = I_{1.6} = 23kA$，短路电流持续时间 $t = 1.6s$。现有 SN10-10Ⅱ/1000 型高压断路器，其参数为额定开断电流 $I_{Nbr} = 31.5kA$，$t = 2s$ 热稳定电流 $I_t = 31.5kA$，动稳定电流 $i_{es} = 80kA$。试确定该高压断路器是否适用于该回路中？

解：SN10-10Ⅱ/1000 型高压断路器额定电压 10kV，额定电流 1000A 大于回路最大工作电流 450A。

SN10-10Ⅱ/1000 型高压断路器额定开断电流 $I_{Nbr} = 31.5kA \geq I'' = 23kA$。

回路通过的冲击电流 $i_{sh} = \sqrt{2} k_{sh} I'' = \sqrt{2} \times 1.8 \times 23 = 58.54(kA)$，其中 k_{sh} 为短路电流冲击系数（注意在电网不同地点短路，k_{sh} 取值不同）。SN10-10Ⅱ/1000 型高压断路器额定峰值耐受电流 $i_{es} = 80kA \geq i_{sh} = 58.54kA$，动稳定符合要求。

该回路的短路电流热效应

$$Q_k = (I''^2 + 10I_{0.8}^2 + I_{1.6}^2) \times 1.6/12 = 23^2 \times 1.6 = 846.4[(kA)^2/s]$$

SN10-10Ⅱ/1000 型高压断路器允许最大短路热效应

$$I_t^2 t = 31.5^2 \times 2 = 1984.5[(kA)^2/s] > Q_k = 846.4[(kA)^2/s]$$

热稳定符合要求。

因此，SN10-10Ⅱ/1000 型高压断路器适用于该回路中。

2.3　互感器

互感器是发电厂和变电所的主要设备之一。供测量电压用的互感器称为电压互感器，供测量电流用的互感器称为电流互感器。互感器主要作用是：

（1）使一次设备与二次高压部分隔离，以保证操作人员和设备的安全；

（2）将一次回路的高电压和大电流变为二次回路标准的低电压和小电流，以减少测量仪表和继电器的规格品种，使仪表和继电器标准化、小型化。电压互感器二次侧额定电压为 100V 或 $100/\sqrt{3}$ V，电流互感器二次侧额定电流为 5A 或 1A。

为了人身和二次设备的安全，无论电流互感器还是电压互感器的二次侧都应有保护接地，以防止互感器绝缘损坏而使二次侧出现危险的高压。

2.3.1 电磁式电流互感器

1. 电流互感器的特点

电力系统中常采用电磁式电流互感器（通常称为 TA），其原理接线如图 2-2 所示，它包括一次绕组 N_1，二次绕组 N_2 及铁芯。从其原理接线可以看出电流互感器的特点：

（1）一次绕组串联在被测电路中，匝数很少，一次绕组中的电流完全取决于被测电路的电流，而与二次电流无关；二次绕组中的电流则反映相应的一次电流。

（2）二次绕组匝数多，且所串联的仪表或继电器的电流线圈阻抗很小，所以正常运行时，电流互感器二次侧接近于在短路状态工作。

（3）电流互感器的一、二次额定电流比近似等于二次与一次的匝数比，即

$$K = \frac{I_{1N}}{I_{2N}} \approx \frac{N_2}{N_1} \tag{2-14}$$

当测出二次电流后，可得到一次电流近似值 $I_1 \approx K \times I_2$。

（4）电流互感器在运行中不容许二次侧（连接二次绕组回路）开路。如果二次侧开路，二次电流为零，这时电流互感器的一次电流全部用来激磁，铁芯中的磁通密度剧烈增加，引起铁芯中有功损耗增大，使铁芯过热，导致互感器损坏。同时由于铁芯中磁通密度骤增，在互感器的二次绕组中要感应出很高的电压，其峰值可达到数千伏甚至上万伏，危及设备和运行人员的安全。为了防止电流互感器二次侧开路，对运行中的电流互感器，当需要拆开所连接的仪表和继电器时，必须先短接其二次绕组，即将 K_1、K_2 用导线短接。

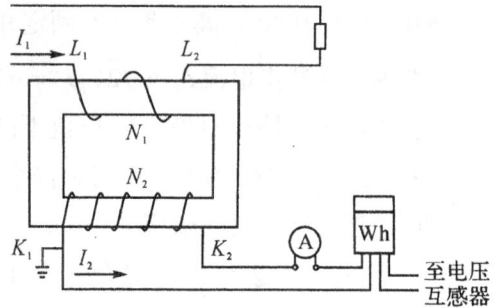

图 2-2　电流互感器原理接线图

2. 电流互感器的准确级和额定容量

电流互感器根据测量时误差的大小可划分为不同的准确级。我国电流互感器准确级和误差限值标准如表 2-1 所示。显然，所谓准确级是指在规定的二次负荷范围内，一次电流为额定值时的最大误差。

电流互感器的误差与其结构、铁芯材料及尺寸、二次绕组匝数、二次回路负荷大小及性质、一次电流大小等有关。为减少误差，在工程设计和电网运行时，应尽量使电流互感器在额定一次电流附近运行。

电流互感器的额定容量 S_{2N} 是指电流互感器在额定二次电流 I_{2N} 和额定二次阻抗 Z_{2N} 下运行时，二次线圈输出的容量，即 $S_{2N} = I_{2N}^2 Z_{2N}$。

表 2-1　电流互感器准确级和误差限值

准确级次	一次电流为额定电流的百分数（%）	误差限值		二次负荷变化范围
		电流误差 ±（%）	相位差 ±（′）	
0.2	10	0.5	20	
	20	0.35	15	
	100～120	0.2	10	
0.5	10	1	60	$(0.25\sim1)\,S_{2N}$
	20	0.75	45	
	100～120	0.5	30	
1	10	2	120	
	20	1.5	90	
	100～120	1	60	
3	50～120	3.0	不规定	$(0.5\sim1)\,S_{1N}$

由于电流互感器的二次电流为标准值（5A 或 1A），故其容量也常用额定二次阻抗 Z_{2N} 来表示。因电流互感器的误差和二次负荷有关。故同一台电流互感器使用在不同准确级时，会有不同的额定容量。如某一台电流互感器当在 0.5 级工作时，其额定二次阻抗为 $1.6\,\Omega$，而在 1 级工作时，其额定二次阻抗为 $2.4\,\Omega$。

3. 电流互感器的选择

（1）种类和型式的选择

选择电流互感器时，应根据安装地点（屋内、屋外）和安装方式（如穿墙式、支持式、装入式等，参见附录）选择其型式。屋内式多为 35kV 及以下，屋外式多为 35kV 及以上。穿墙式电流互感器一般用在从室内到室外的连接，它可以作为穿墙套管，又是电流互感器，可以减少占地面积，减少设备。支持式电流互感器安装在平面或支柱上，有屋内式、屋外式。装入式电流互感器是为了节省空间面设计的，它没有外壳，可装入到其它电气设备中，一般安装在大容量变压器和多油式断路器的油箱内部。

一次电流较小时（400A 及以下）时，宜优先选择一次绕组多匝式，以提高精确度；当采用弱电系统或配电装置距离控制室较远时，为减小电缆截面，提高带二次负荷能力及准确级，二次额定电流应尽量采用 1A，而强电系统采用 5A。

（2）一次回路额定电压和电流的选择

$$U_N \geq U_{Ns}, \quad I_{1N} \geq I_{\max} \qquad (2\text{-}15)$$

为确保所供仪表的准确度，电流互感器的一次侧额定电流应尽可能与最大工作电流接近。

（3）准确级和额定容量的选择

为了保证测量仪表的准确度，互感器的准确等级不得低于所供测量仪表的准确等级。例如，装于重要回路（如发电机、变压器、厂用馈线、出线等回路）中的电度表或计费电度表一般采用 0.5～1 级的，相应的电流互感器的准确等级不低于 0.5 级；对测量精度要求较高的大容量发电机、变压器、系统干线和 500kV 宜用 0.2 级；供运行监视、估算电能的电度表和控制盘上

仪表一般采用 $1\sim1.5$ 级，相应的电流互感器应为 $0.5\sim1$ 级；供只需估计电参数仪表的电流互感器可用 3 级的。当所供仪表要求不同准确等级时、应按最高级别来确定电流互感器的准确等级。

电流互感器的准确等级和二次侧所接负荷大小有关，当接入负荷的容量过大时，电流互感器的准确等级会下降，因此为了保证电流互感器的准确等级，互感器二次侧所接负荷 $I_{2N}^2 Z_{2L}$ 不大于该准确等级所规定的额定容量 S_{2N}，即：

$$S_{2N} \geq I_{2N}^2 Z_{2L} \tag{2-16}$$

$$Z_{2L} = r_a + r_{re} + r_L + r_c \tag{2-17}$$

其中 r_a、r_{re}、r_L、r 分别为测量仪表电流线圈电阻、继电器电阻、连接导线电阻和接触电阻。带入 $S = \rho L_c / r_L$，二次导线的允许最小截面为

$$S \geq \frac{\rho L_c}{Z_{2N} - (r_a + r_{re} + r_c)} \quad (\text{mm}^2) \tag{2-18}$$

L_c 与仪表到互感器的实际距离 L 及电流互感器的接线方式有关，图 2-3 为电流互感器的常用接线方式，三种接线方式的 L_c 分别如下：

a）$L_c = 2L$

b）$L_c = \sqrt{3}L$

c）$L_c = L$

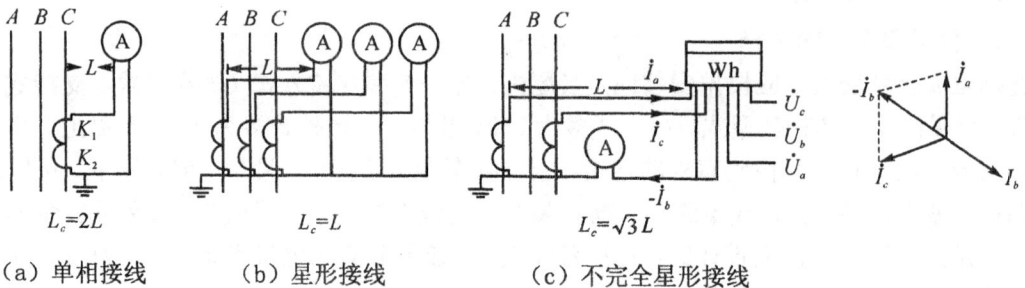

（a）单相接线　　　（b）星形接线　　　（c）不完全星形接线

图 2-3　电流互感器与测量仪表接线图

（4）热稳定和动稳定校验

电流互感器进行热稳定校验，热稳定能力以 1s 允许通过的热稳定电流 I_t 或一次额定电流 I_{1N} 的倍数 K_t 来表示，应满足：

$$I_t^2 \geq Q_k \text{ 或 } (K_t I_{1N})^2 \geq Q_k \tag{2-19}$$

电流互感器的动稳定校验包括两个方面的内容，即同一相的电流相互作用产生的内部电动力稳定性校验，以及不同相的电流相互作用产生的外部电动力稳定性校验。多匝式一次绕组主要经受内部电动力；单匝式一次绕组不存在内部电动力，则电动力稳定性由外部电动力决定。

电流互感器以允许通过一次额定电流最大值 $\sqrt{2}I_{1N}$ 的倍数 K_{es} 表示其内部动稳定能力，即

$$i_{es} \geq i_{sh} \text{ 或 } \sqrt{2}I_{1N}K_{es} \geq i_{sh} \tag{2-20}$$

短路电流不仅在电流互感器内部产生作用力,而且由于邻相之间电流的相互作用使绝缘瓷帽上受到外力的作用。因此,对于瓷绝缘型电流互感器应校验瓷套管的机械强度。瓷套上的作用力可出一般电动力公式计算。外部动稳定校验式为

$$F_{al} \geq 0.5 \times 1.73 \times 10^{-7} i_{sh}^2 \frac{L}{a} \tag{2-21}$$

这里 F_{al} 为作用于瓷帽端部的允许电动力, a 为相间距离, L 为电流互感器瓷帽端部的允许力。

2.3.2　电磁式电压互感器

1. 电压互感器的特点

目前,电力系统广泛应用的电压互感器((又称 PT)主要有电磁式和电容分压式两种。电容式电压互感器实质是一个电容分压器,结构简单,成本低,而且电压越高经济性越显著,目前我国 500kV 电压互感器只生产电容式。这里主要介绍电磁式电压互感器。

电磁式电压互感器的工作原理和变压器相同,其原理接线如图 2-4 所示。电磁式电压互感器的特点是:

(1)互感器一次绕组 N_1 很多,二次绕组 N_2 很少,类似一台小容量降压变压器。

(2)电压互感器的一、二次额定电压比近似等于一次与二次的匝数比,即

$$K = \frac{U_{1N}}{U_{2N}} \approx \frac{N_1}{N_2} \tag{2-22}$$

当测出二次电流后,可得到一次电压近似值 $U_1 \approx K \times U_2$。

(3)互感器一次绕组并联于一次系统,一次绕组即为电网电压。二次侧所接的负荷是测量仪表和继电器的电压线圈,阻抗很大。因此,在正常运行时,电压互感器接近于空载状态。必须指出,电压互感器二次侧不允许短路,因为短路电流很大,会烧坏电压互感器。

2. 电压互感器的准确级

由于变压器的铁芯存在磁路饱和、励磁损耗、激磁等, $K \times U_2$ 与 U_1 间存在着数值差和相位差,其中数

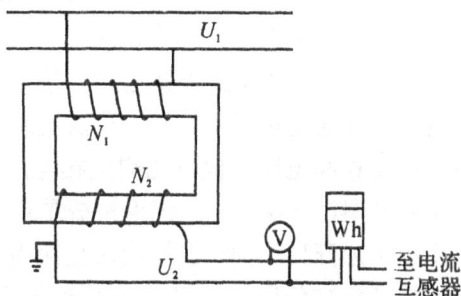

图 2-4　电压互感器原理接线图

值差称为电压误差,实际一次电压 U_1 与反转 180 度后的二次电压 U_2 之间的夹角称为角误差。准确级是指在规定的一次电压和二次负荷变化范围内,负荷功率因数为额定值时,电压误差最大值。电压互感器的准确级和误差限值标准如表 2-2 所示。

电压互感器的误差与其负荷有关,当一台电压互感器在不同准确级使用时,会有不同的容量。所谓电压互感器的额定容量,是指对应与其最高准确级的容量。如果降低准确级,互感器的容量可以相应增大。

表 2-2　电压互感器的准确级和误差限值

准确级次	误差限值		一次电压变化范围	二次负荷变化范围
	电压误差±（%）	相位差±（′）		
0.2	0.2	10		
0.5	0.5	20	$(0.8-1.2)\,U_{1N}$	
1	1.0	40	$(0.25-1)\,S_{2N}$	
3	3.0	不规定	$\cos\varphi_2 =0.8$	

3. 电压互感器的选择

（1）种类和型式的选择

应根据安装地点和使用条件选择电压互感器的种类和型式。例如，在 6～35kV 屋内配电装置中，一般采用油浸式或浇注式电压互感器；110～220kV 配电装置通常采用串级式电磁式电压互感器；220kV 及以上配电装置，当容量和准确等级满足要求时，一般采用电容式电压互感器。

（2）一次额定电压和二次额定电压的选择

3～35kV 电压互感器一般通过隔离开关和熔断器接入高压电网；110kV 及以上的电压互感器可靠性较高，只通过隔离开关接入高压电网。

电压互感器的一次绕组额定电压 U_{1N}，应根据互感器的连接方式来确定其相电压或相间电压。电压互感器的接线方式很多，常用方式如图 2-5 所示：（a）一台单相电压互感器，可用来测量某一相对地电压（110kV 及以上）或相间电压（35kV 及以下）。（b）不完全星形接线，可用于测量相间电压，但不能测量相电压，广泛用于 20kV 及以下电网中。（c）一台三相五柱式电压互感器，一次、二次绕组接成星形，并中性点接地，可测量相对地电压或相间电压。其第三绕组接成开口三角形，供接入交流电网绝缘监视仪表、继电器使用，或供中性点直接接地系统的接地保护使用。三相五柱式电压互感器只用于 3～15kV 系统，除铁芯外，其接线与（d）基本相同。（d）三台单相三绕组电压互感器，既可用于小接地电流系统，又可用于大接地电流系统。可测量相电压或相间电压。第三绕组作用同（c）。

（3）准确级和容量的选择

电压互感器的型号和准确级确定后，与该准确级对应的额定容量即已基本确定。为了保证互感器的准确度，电压互感器二次侧所带负荷的实际容量不能超过该额定容量。值得注意的是，计算互感器二次负荷的各相负荷时，必须根据互感器和负荷的接线方式选择二次绕组负荷计算公式。

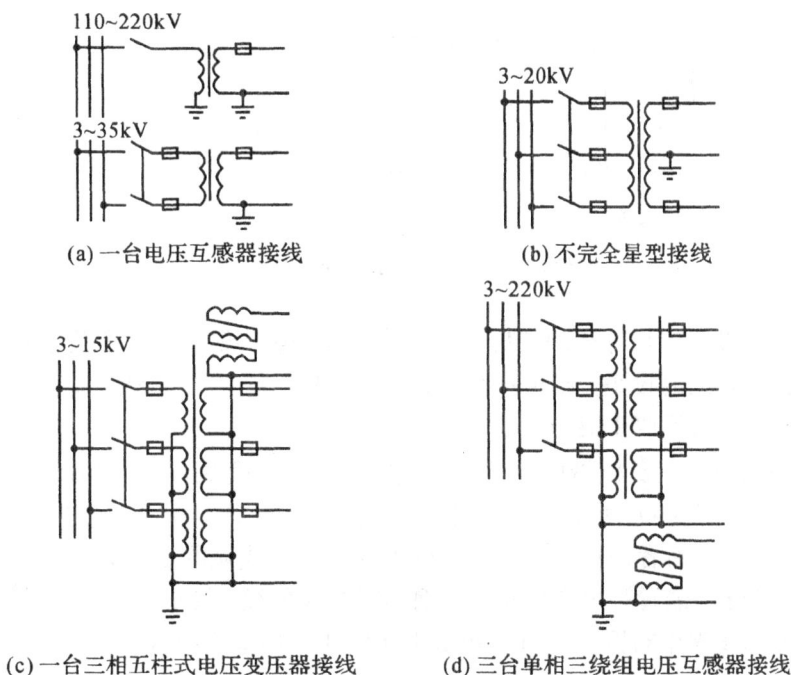

(a) 一台电压互感器接线　　　　　　　　(b) 不完全星型接线

(c) 一台三相五柱式电压变压器接线　　　(d) 三台单相三绕组电压互感器接线

图 2-5　电压互感器常用接线方式

2.4　敞露母线

发电厂和变电所中各种电压等级配电装置的主母线，发电机、变压器与相应配电装置之间的连接母线，统称为母线。敞露母线的选择主要包括：①母线的材料、截面形状、布置方式；②母线截面积选择；③电晕电压校验；④按短路条件校验母线热稳定；⑤硬母线的动稳定校验；⑥硬母线的共振校验。

2.4.1　母线的材料、截面形状、布置方式

常用的母线材料有铜、铝、铝合金三种。铜的电阻率低、机械强度大、抗腐蚀性强，但铜的价格高，因此，一般用于持续工作电流较大、且位置特别狭窄的发电机、变压器出口处，以及污秽对铝有严重腐蚀而对铜腐蚀较轻的场所。我国铝储量较为丰富，因此我国母线的材料主要为铝。

硬母线截面常用的有矩形、槽形和管形，如图 2-6 所示。矩形母线的散热条件好，有一定机械强度，安装连接方便。但矩形母线集肤效应较大，为了避免浪费母线材料，单条矩形的截面积一般不大于 $1250 mm^2$。当母线回路的工作电流不超过 2000A 时，可采用单条矩形母线。当母线回路工作母线超过 2000A 时，可在每相将 2~4 条并列运行。槽形母线机械强度好，载流量大，集肤效应较小，一般适用于母线工作电流为 4000~8000A 的回路中。管形母线的集肤效应系数较小，机械强度高，适用于 8000A 以上的大电流母线或 110kV 及以上的配电装置。

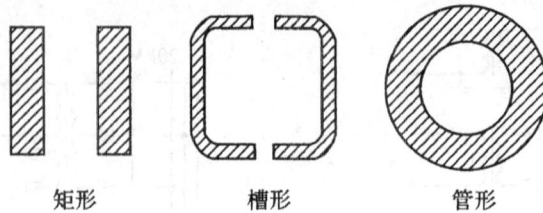

矩形　　　　槽形　　　　管形

图 2-6　各种母线的截面形状

工程上应用的母线分为软母线和硬母线两大类。屋外配电装置可以采用软母线或硬母线，屋内配电装置由于线间距离较小，布置紧凑，通常采用硬母线。升压母线以前大多采用软母线，现在 35kV～500kV 均可采用管形硬母线。

矩形或槽形母线的散热及机械强度还与母线的布置方式有关。当三相母线水平布置时，母线立放方式（如图 2-7（a）所示）比平放方式（如图 2-7（b）所示）散热条件好，载流量大，但机械强度较低，而后者则相反。图 2-7（c）的布置方式兼顾了图 2-7（a）和图 2-7（b）布置方式的优点。但配电装置高度有所增加。钢芯铝绞线母线、管形母线一般采用三相水平布置。矩形、双槽形母线常用布置方式有三相水平布置和三相垂直布置。

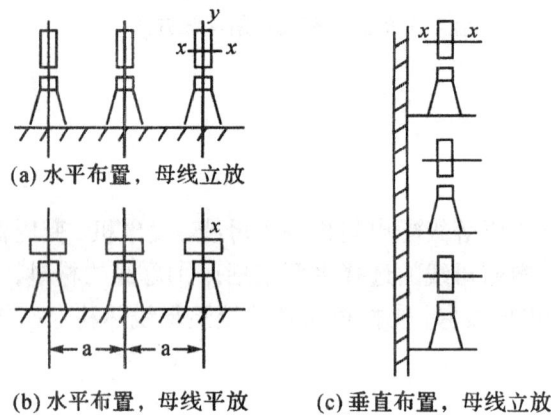

(a) 水平布置，母线立放

(b) 水平布置，母线平放　　(c) 垂直布置，母线立放

图 2-7　矩形母线的布置方式

2.4.2　母线截面选择

母线截面可以按长期发热允许电流或经济电流密度选择。配电装置的汇流母线一般按最大长期工作电流来选择截面，对于全年负荷利用小时数较大（>5000h），母线较长（长度超过 20m），传输容量也较大的回路（如发电机、主变压器引出线回路等），一般按经济电流密度选择。

（1）按母线长期发热允许电流选择

$$I_{max} \le KI_{al} \tag{2-23}$$

这里 I_{max} 为通过该母线的最大长期工作电流；I_{al} 为在额定环境温度 $\theta_0 = 25$ ℃时的母线允许电流；K 为实际环境温度和海拔有关的综合校正系数，可通过查表或者通过计算

$$K = \sqrt{\frac{\theta_{al} - \theta}{\theta_{al} - \theta_0}} \qquad (2\text{-}24)$$

得到，这里 θ_{al}、θ 分别为母线长期发热允许最高温度和环境实际温度。

（2）按经济电流密度选择

按经济电流密度选择导体截面可使年计算费用最低。不同种类的导体和不同的最大负荷利用小时数 T_{max}，有不同的年计算费用最低的电流密度，称为经济电流密度 J。不同的国家，经济电流密度不同。我国的经济电流密度如图 2-8 所示。母线的经济截面为

$$S_J = \frac{I_{max}}{J} \qquad (2\text{-}25)$$

应尽量选择接近上式计算结果的标准截面。按经济电流密度选择的母线截面的允许电流还必须满足 $I_{max} \le K I_{al}$。

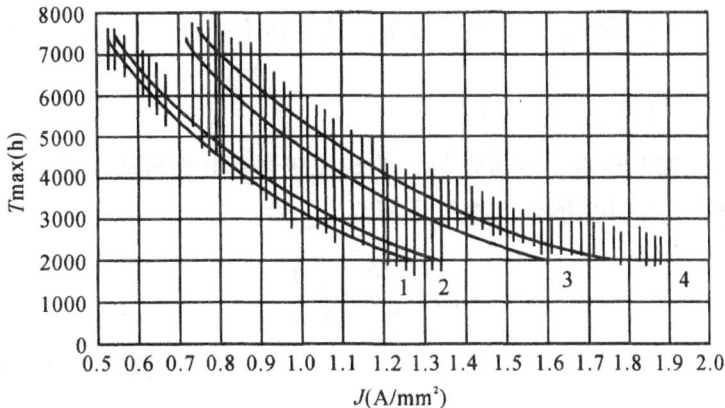

图 2-8　经济电流密度

1—变电站站用、工矿用及电缆线路的铝线纸绝缘铅包、铝包、塑料护套及各种铠装电缆；2—铝矩形、槽形母线及组合导线；3—火电厂厂用铝芯纸绝缘铅包、铝包、塑料护套及各种铠装电缆；4—35～220kV 线路的 LGJ、LGJQ 型钢芯铝绞线

2.4.3　电晕电压校验

电晕是一种强电场下的放电现象，电晕放电会引起电晕损耗、无线电干扰、噪声干扰和金属腐蚀等许多不利现象。110kV 及以上的裸导体，应按当地晴天不发生全面电晕的条件进行校验，即所选裸导体的临界电晕电压 U_{cr} 应大于最高工作电压 U_{max}，即

$$U_{cr} > U_{max} \qquad (2\text{-}26)$$

2.4.4　按短路条件校验母线热稳定

母线的热稳定是以短路时母线的发热温度不超过允许温度衡量的。由短路时发热的计算公式可得到由热稳定决定的导体最小截面 S_{min}

$$S_{\min} = \frac{1}{C}\sqrt{Q_k K_f} \qquad (2\text{-}27)$$

这里 Q_k 为短路热效应；K_f 为集肤效应系数；C 为热稳定系数，C 与母线材料及其正常工作时最高工作温度有关。表 2-3 为不同温度下裸导体的 C 值。

表 2-3　不同工作温度下裸导体的 C 值

工作温度（℃）	40	45	50	55	60	65	70	75	80	85	90
硬铝及铝锰合金	99	97	95	93	91	89	87	85	83	82	81
硬铜	186	183	181	179	176	174	171	169	166	164	161

2.4.5　硬母线的动稳定校验

各种形状的硬母线通常都安装在支柱绝缘子上，短路冲击电流产生的电动力将使母线发生弯曲，因此，母线应按弯曲情况进行应力计算。软导体不必进行动稳定校验。

2.4.6　硬导体的共振校验

对于重要回路（如发电机、变压器等）的母线应进行共振校验。避开自振频率（一般为 30～160Hz）。导体不发生共振的最大绝缘子跨距 $L_{\max}$ 为

$$L_{\max} = \sqrt{\frac{N_f}{f_1}}\sqrt{\frac{EI}{m}} \qquad (2\text{-}28)$$

若绝缘子跨距 $L < L_{\max}$，则不会发生母线共振，这里 N_f 为频率系数，f_1 为一阶固有频率，E 为导体材料的弹性模量，I 为导体截面二次矩，m 为导体单位长度的质量。

2.5　限流电抗器

常用的限流电抗器有普通电抗器和分裂电抗器两种，根据以下条件进行选择。

2.5.1　额定电压和额定电流的选择

一般选择电抗器额定电压与所在电网的额定电压相同，额定电流必须大于可能流过的最大工作电流，电抗器基本上没有过载能力，因此要留有适当的余度。即

$$U_N \geq U_{Ns}, I_N \geq I_{\max} \qquad (2\text{-}29)$$

这里 I_N 为普通电抗器的额定电流或分裂电抗器一个臂的额定电流；$I_{\max}$ 为通过普通电抗器或分裂电抗器一个臂的最大持续工作电流。当分裂电抗器用于发电厂的发电机或主变压器回路时，$I_{\max}$ 一般按发电机或主变压器额定电流的 70% 选择；而用于变电站主变压器回路时，$I_{\max}$ 取两臂中负荷电流较大者，当无负荷资料时，一般也按变压器额定电流的 70% 选择。

2.5.2 电抗百分数的选择

电抗百分数按将短路电流限制到一定数值的要求来选择。普通型电抗器和分裂电抗器在结构上有差异，电抗百分数的选择方法也有所不同。这里只介绍普通型电抗器的选择方法。

设要求将电抗器后的短路电流限制到 I''，则电源至电抗器后的短路点的总电抗标幺值

$$x_{*\Sigma} = I_d / I'' \qquad (2-30)$$

这里 I_d 为基准电流。设电源至电抗器前的系统电抗标幺值是 $x'_{*\Sigma}$，则所需电抗器的电抗标幺值

$$x_{*L} = x_{*\Sigma} - x'_{*\Sigma} \qquad (2-31)$$

以额定参数下的百分电抗表示，则所选电抗器的百分电抗为

$$x_L(\%) = (\frac{I_d}{I''} - x'_{*\Sigma}) \frac{I_N U_d}{I_d U_N} \times 100\% \qquad (2-32)$$

这里 U_d 为基准电压。

电抗百分数的选择还需要按正常运行时电压损失和母线残压进行校验。为保证受电端的电压水平，电抗器在正常运行中的电压损失不得大于母线额定电压的 5%。电网发生短路时，出线电抗器中的电压降可使发电机电压母线上维持一定的残压。当线路电抗器后发生短路时，母线残压应不低于电网电压额定值的 60%～70%。

2.5.3 热稳定和动稳定校验

即所选限流电抗器应满足

$$I_t^2 t \geq Q_k , \quad i_{es} \geq i_{sh} \qquad (2-33)$$

【例 2-2】 选择某 10kV 配电装置的出线断路器及出线电抗器。设系统容量为 150MVA，归算至 10kV 母线上的电源短路总电抗 $X'_{*\Sigma} = 0.14$（基准容量 $S_d = 100\text{MVA}$），出线最大负荷为 560A，出线保护动作时间 $t_{pr} = 1s$。

解：$S_d = 100\text{MVA}$，$U_d = 10.5\text{kV}$，$I_d = 5.5\text{kA}$

由于 $U_{Ns} = 10.5\,\text{kV}$，$I_{\max} = 560\,\text{A}$，因此选择 SN10-10/630 断路器。

总阻抗 $X'_{*\Sigma}$ 归算至系统的计算阻抗为：$X'_{*\Sigma} = 0.14 \times \frac{150}{100} = 0.21$

假设没有加装出线电抗器，系统提供的短路电流为

$$I'' = \frac{1}{X'_{*\Sigma}} \times \frac{150}{\sqrt{3} \times 10.5} = \frac{1}{0.21} \times \frac{150}{\sqrt{3} \times 10.5} = 39.3\,\text{kA}$$

而 SN10-10/630 断路器的额定开断电流为 $I_{Nbr} = 16\,\text{kA}$，小于 I''，因此需要加装出线电抗器，以满足轻型断路器的要求。

选择出线电抗器，根据 $U_{Ns} = 10.5\,\text{kV}$，$I_{\max} = 560\,\text{A}$，初选 NKL-10-600 型电抗器。

选择电抗值，令 $I'' = I_{Nbr} = 16\,\text{kA}$，则

$$x_L(\%) = (\frac{I_d}{I''} - x'_{*\Sigma})\frac{I_N U_d}{I_d U_N} \times 100\%$$

$$= (\frac{5.5}{16} - 0.14)\frac{0.6 \times 10.5}{5.5 \times 10} \times 100\%$$

$$= 2.33\%$$

所以选择 NKL-10-600-4 型电抗器，其 $x_L(\%) = 4\%$，$i_{es} = 38.3\text{kA}$，$I_t^2 t = 34^2 (\text{kA})^2 \cdot \text{s}$。

电压损失和残压校验：

首先重算电抗器后短路电流

$$x_{*L} = x_L(\%) \times \frac{I_d U_N}{I_N U_d}$$

$$= 0.04 \times \frac{5.5 \times 10}{0.6 \times 10.5}$$

$$= 0.35$$

$$x_{*\Sigma} = x_{*L} + x'_{*\Sigma}$$

$$= 0.35 + 0.14 = 0.49$$

换算到系统的计算电抗为

$$x''_{*\Sigma} = x_{*\Sigma} = 0.49 \times \frac{150}{100} = 0.735$$

短路电流

$$I'' = \frac{1}{X''_{*\Sigma}} \times \frac{150}{\sqrt{3} \times 10.5} = \frac{1}{0.735} \times \frac{150}{\sqrt{3} \times 10.5} = 11.2 \text{ kA}$$

电压损失

$$\Delta U(\%) \approx x_L(\%)\frac{I_{\max}}{I_N}\sin\theta = 0.04 \times \frac{560}{600} \times 0.6 = 2.24\% < 5\%$$

残压校验

$$\Delta U_{re} = x_L(\%)\frac{I''}{I_N} = 0.04 \times \frac{11.2}{0.6} = 74.7\% > 60\% \sim 70\%$$

动稳定校验和热稳定校验：

短路计算时间： $\quad t_k = t_{pr} + t_{in} + t_a = 1 + 0.05 + 0.06 = 1.11\text{s}$

$$Q_k = I''^2 t = 11.2^2 \times 1.11 = 139.2[(\text{kA})^2 \cdot \text{s}]$$

$$i_{sh} = 1.8 \times \sqrt{2} \times 11.2 = 28.51\text{kA}$$

断路器：

$$I_{Nbr} = 16\text{kA} > I'' = 11.2\text{kA}$$

$$I_{Ncl} = 40\text{kA} > i_{sh} = 28.51\text{kA}$$

$$I_t^2 t = 16^2 \times 2 = 512[(\text{kA})^2 \cdot \text{s}] > Q_k = 139.2[(\text{kA})^2 \cdot \text{s}]$$

$$i_{es} = 40\text{kA} > i_{sh} = 28.51\text{kA}$$

电抗器：

$$I_t^2 t = 34^2 [(kA)^2 \cdot s] > Q_k = 139.2 [(kA)^2 \cdot s] ,$$

$$i_{es} = 38.3kA > i_{sh} = 28.51kA$$

2.6　高压熔断器

2.6.1　熔断器工作原理

熔断器是最简单的保护电器，它用来保护电气设备免受过载和短路电流的损害。

熔断器的核心部件是熔体，它由熔点较低的金属制成，或者由铜、银等金属制成熔丝，表面上焊上一些小锡（铅）球，当通过熔断器的电流达到或超过一定值时，熔体温度升高，使熔体熔断，切断电路，从而实现其保护作用。

高压熔断器与高压接触器配合，广泛用于 300MW～600MW 大型火电厂的厂用 6kV 高压系统，称为"F-C 回路"。"F-C 回路"用限流式高压熔断器作保护元件，开断短路电流；而接触器做操作元件，接通或断开负荷电流。从本质上说就是将断路器的两种功能分开，使大量使用的操作功能由接触器完成，而极少应用的保护功能由熔断器完成。

2.6.2　高压熔断器的选择

1. 高压熔断器型式选择

按照安装条件和用途选择不同类型的高压熔断器，如屋外跌开式、屋内式等（参见附录）。对于保护电压互感器的高压熔断器应选专用系列。

2. 高压熔断器额定电压选择

对于一般的高压熔断器，其额定电压必须大于或等于所在电网的工作电压，即

$$U_N \geq U_{Ns} \tag{2-34}$$

但对于填充石英砂有限流作用的限流式熔断器，则不宜使用在低于熔断器额定电压的电网中。

3. 高压熔断器额定电流选择

应分别选择高压熔断器熔管及熔体的额定电流。熔管额定电流的选择：

$$I_{Nft} \geq I_{Nfs} \tag{2-35}$$

其中 I_{Nft} 为高压熔断器的熔管额定电流；I_{Nfs} 为熔体的额定电流。

为了防止熔体在通过变压器励磁涌流和保护范围以外的短路及电动机自启动等冲击电流时误动作，保护 35kV 及以下变压器的高压熔断器，其熔体的额定电流的选择：

$$I_{Nfs} = KI_{max} \tag{2-36}$$

其中 K 为可靠性系数，不计电动机自启动时 $K = 1.1 \sim 1.3$，考虑自启动时 $K = 1.5 \sim 2.0$。

用于保护电力电容器的高压熔断器。其熔体的额定电流按电容器回路的额定电流进行选择。

4. 熔断器开断电流校验

对于没有限流作用的高压熔断器，应按能可靠开断短路冲击电流有效值 I_{sh} 来进行选择，即选

$$I_{Nbr} \geq I_{sh} \qquad (2-37)$$

对有限流作用的高压熔断器。因在短路电流未到最大值之前即将其强迫开断，故可不计非周期分量，采用次暂态短路电流 I'' 进行校验

$$I_{Nbr} \geq I'' \qquad (2-38)$$

5. 熔断器选择性校验

为了保证回路前后两级熔断器之间或熔断器与电源（或负荷）保护之间动作的选择性，应进行熔体选择性校验。各种型号熔断器的熔体熔断时间可由制造厂提供的安秒特性曲线上查出。

对于保护电压互感器用的高压熔断器。只需按额定电压及开断电流两项来选择。

习题 2

2-1 什么是导体长期发热、短时发热？为什么要规定导体发热允许温度？长期发热允许温度、短时发热允许温度是否相同，为什么？

2-2 电动力对导体和电气设备有什么影响？是否需要进行正常状态下，电动力的校验？

2-3 电气设备选择的一般条件有哪些？

2-4 开关电器中电弧是如何形成的？电弧熄灭的条件是什么？

2-5 高压断路器灭弧的基本方法有哪几种？

2-6 如何选择高压断路器？与隔离开关的选择有何不同，为什么？

2-7 电流互感器二次侧不允许开路，电压互感器二次侧不允许短路，为什么，如何防止？

2-8 如何选择敞露母线？按长期发热允许电流选择、按经济电流密度选择含义是什么？按经济电流密度选择是否还要考虑母线长期发热允许温度？

2-9 如何选择电抗百分数？

2-10 什么是"F-C 回路"？

第3章

电气主接线

电气主接线是发电厂、变电所电气设计的首要部分，也是构成电力系统的重要环节。主接线的设计直接影响到发电厂、变电所以及电力系统整体运行的可靠性、灵活性和经济性，并对电气设备的选择、配电装置布置、继电保护、自动装置和控制方式的确定都有较大的影响。本章主要对电气主接线的基本要求、基本接线形式、特点和适用范围进行介绍，要求学生掌握倒闸操作的基本原则，根据倒闸操作的基本要求正确写出倒闸操作的操作步骤，并初步掌握分析发电厂、变电所电气主接线方案的方法。

3.1 概述

3.1.1 电气主接线的概念及其重要性

在发电厂和变电所中，发电机、变压器、断路器、隔离开关、电抗器、互感器、避雷器等高压电气设备，以及将它们连接在一起的高压电缆和母线，组成接受的分配电能的电路，称为电气主接线。

电气主接线图，就是用规定的图形与文字符号将发电机、变压器、母线、开关电器、输电线路、互感器、避雷器等有关电气设备，按连接顺序而绘成的电路图，并注明各个设备的型号与规格。因为三相系统是对称的，电气主接线图一般画成单线图（即用单相接线表示三相系统），但对三相接线不完全相同的局部图面（如各相中电流互感器的配置情况不同）则应画成三线图。

3.1.2 电气主接线的基本要求

发电厂、变电所的电气主接线，应根据其在电力系统中的地位与作用、建设规模、电压等级、线路回数、负荷要求、设备特点等条件来确定，并应满足工作可靠、运行灵活、操作方便、节约资金和便于发展过渡等要求。下面简要说明电气主接线设计中必须着重考虑的可靠性、灵活性、经济性三项基本要求。

1. 可靠性

安全可靠是电力生产的首要任务。对用户停电，通常将造成重大的经济损失与社会后果，在经济发达地区，故障停电的经济损失是实时电价的数十倍，乃至上百倍，事故停电甚至还可能导致严重的设备损坏和人身伤亡。主接线的可靠性可以定量计算，也可以定性分析。定性分析主接线可靠性时，主要从以下几个方面考虑：

（1）断路器检修时，是否能不影响对系统的供电。

（2）断路器或母线故障以及母线检修时，停运回路数和停运时间，以及能否保证对重要用户的供电。

（3）发电厂或变电所全部停电的可能性。

（4）对重要的大型发电厂、变电所，能否满足可靠性特殊要求。

2. 灵活性

电气主接线应能适应各种运行状态，灵活性主要应从下列方面考虑：

（1）能否按照调度的要求，方便而灵活地投切机组、变压器或线路，调配电源和负荷，满足系统在正常、事故、检修以及特殊运行方式下的要求。

（2）能否根据检修的要求，方便而安全地对断路器、母线等主要电气设备进行检修，且不影响电力网的运行和对用户的供电。需要注意的是，过于简单的电气主接线可能满足不了运行方式的要求，而过于复杂的接线，则不仅投资过大，而且操作不便，增加误操作的概率。

（3）能否根据扩建的要求，可以方便地从初期接线过渡到最终的主接线，尽可能地不影响已经运行的部分，并且改建的工程量尽量小。

3. 经济性

设计主接线时，主要矛盾往往发生在可靠性和经济性之间，通常应在满足可靠性、灵活性要求的前提下，力求经济合理。经济性主要表现为以下方面：

（1）节省投资。主接线应力求简单，并要适当采用限制短路电流措施，节省一次电气设备投资；继电保护和二次回路不过于复杂，节省二次设备与控制电缆。

（2）占地面积小。主接线设计要为配电装置节约占地创造条件，如尽量采用三相变压器而不用或少用三台单相变压器组等。

（3）年运行费用小。经济合理选择地选择主变压器的类型、台数和容量，尽可能避免两次变压而增加电能损耗。

（4）在可能的情况下，应采取一次设计，分期投资、投产，尽快发挥经济效益。

3.1.3　倒闸操作的基本原则

倒闸操作是指将电气设备由一种状态转为另一种状态的操作，例如拉开或合上某些断路器、隔离开关，拆除或装设临时接地线等。倒闸操作是电力系统方式切换的重要环节，它的正确与否直接影响着电网的安全运行。倒闸操作的基本原则为：

（1）停电操作必须按照拉开断路器→线路侧隔离开关→母线侧隔离开关顺序依次操作。送电操作顺序与此相反，即按合上母线侧隔离开关→线路侧隔离开关→断路器的次序进行。以避免误操作导致的电弧引起母线短路事故。

（2）拉合隔离开关前，必须检查对应的断路器是否的确在断开位置，防止隔离开关带负荷合闸或拉闸。

（3）起用母线（或旁路母线）时，应遵循先充电检查，判断其是否有故障存在，后接入使用的原则。

（4）在倒换母线操作过程中,须使用隔离开关按等电位原则进行切换操作。

（5）线路隔离开关和接地开关操作的原则为：先拉线路隔离开关，再合接地开关；先拉接地开关，再合线路隔离开关。

有关倒闸操作的基本原则，后面将结合各种主接线形式进一步介绍。

3.2　电气主接线的基本形式

电气主接线形式可分为有汇流母线和无汇流母线两大类。

由于各个发电厂或变电所的出线回路数和电源数不同，当进线和出线数较多（一般超过 4 回）时，采用母线作为中间环节，可使接线简单清晰，运行方便，有利于安装和扩建。而与有母线的接线相比，无汇流母线的接线使用电气设备较少，配电装置占地较少，通常用于进出线回路少，不再扩建和发展的发电厂或变电所。

有母线的主接线形式，包括单母线和双母线接线两种。单母线接线又分为单母线不分段接线、单母线分段接线、带旁路母线的单母线几种形式。双母线接线又分为双母线不分段接线、双母线分段接线、带旁路母线的双母线、一台半断路器接线、$1\frac{1}{3}$ 台断路器接线、变压器—母线组接线等多种形式。

无母线的主接线形式主要有单元接线、桥形和角形接线。

3.2.1　单母线接线

图 3-1 所示为单母线接线，这种接线的特点是整个配电装置只有一组母线，所有进、出线回路均连接到这组母线上，每条回路中都装有断路器和隔离开关，紧靠母线的隔离开关称为母线隔离开关（如 QS2），靠近线路的隔离开关称为出线隔离开关（如 QS3），单母线接线任一回路故障，该回路的断路器 QF2 能够切除该电路，而使其他的电源和线路能继续工作。在正常运行时，所有工作支路的断路器和隔离开关均处闭合状态。

图 3-1　单母线接线

QF—断路器；QS—隔离开关；W—母线；L—线路

第二章中已经讲到，高压断路器由于具有开合电路的专用灭弧装置,既可以用于正常情况下接通或开断电路,又可以在系统故障情况下自动地迅速断开电路。隔离开关没有灭弧装置，只能接通或断开很小的电流，既不能开断正常负荷电流，更不能断开短路电流，主要作用是隔离电源以及倒闸操作。

隔离开关和断路器在运行操作时，必须遵守上一节提到的操作规程，保证隔离开关"先通后断"或在等电位状态下进行操作。例如对馈线 L1 送电时，须先合上母线隔离开关 QS2，再合上线路隔离开关 QS3，然后合上断路器 QF2；如馈线 L1 停止供电，须先断开断路器 QF2，

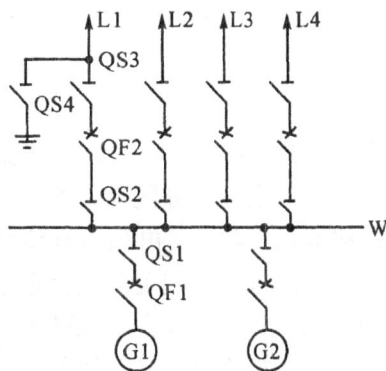

再拉开线路隔离开关 QS3，然后拉开母线隔离开关 QS2。为了防止误操作，除严格执行操作规程实行操作票制度外，还应在隔离开关和相应的断路器之间，加装电磁闭锁、机械闭锁或电脑钥匙。

QS4 是线路隔离开关的接地开关，用于线路检修时替代临时接地线。

单母线接线的主要优点是：接线简单清晰、设备少、操作方便、经济性好、便于扩建和采用成套配电装置。其主要缺点是：不够灵活可靠，当母线及母线隔离开关发生故障或检修时，全部回路都要停电，也就是要造成全厂或全所长时间停电；调度不方便，电源只能并列运行，不能分列运行，且线路侧发生短路时，有较大短路电流。

单母线接线的适用范围一般只在出线回路少，并且无重要负荷的情况，如中小型发电厂近区负荷供电接线 6kV～10kV 配电装置；中小型变电所 35kV～110kV，出线回路不多时的配电装置。

3.2.2 单母线分段接线

单母线分段接线如图 3-2 所示。单母线用分段断路器 QF1 进行分段，正常工作时 QF1 是接通的。当一段母线或某一母线隔离开关发生故障时，分段断路器和连接在故障母线段上的断路器，自动断开，将故障段隔离，保证无故障段母线仍可正常运行，因而提高了供电可靠性。对重要用户可以从不同段引出两个回路，由两个电源供电。在可靠性要求不高时，亦可以用隔离开关 QS1 分段，任一段母线发生故障时，全部回路将短时停电，拉开分段隔离开关后，非故障段即可恢复供电。

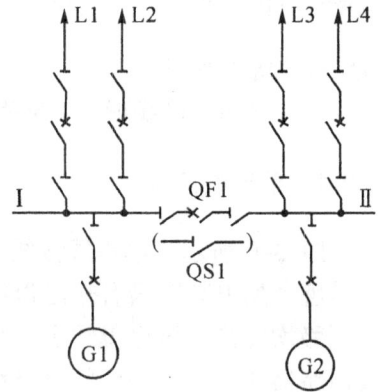

在降压变电所中低压侧采用单母线分段接线时，为了限制短路电流，简化继电保护，分段断路器 QF1 通常处于断开状态，即电源分列运行。在分段断路器 QF1 上装设备用电源自动投入装置，当任一分段电源断开时，QF1 自动接通。

图 3-2 单母线分段接线

分段的数目，取决于电源数量和容量。段数分得越多，故障时停电范围越小，但使用断路器的数量越多，且配电装置和运行也越复杂，通常以 2～3 段为宜，同时应尽可能将电源与负荷均衡地分配于各母线段上，以减少各段间的功率流动。

单母线分段接线除了具有简单、经济和方便的特点外，可靠性又有一定程度的提高，但在这种接线方式中，当一段母线或某一母线隔离开关检修或故障时，连接在该段上的所有回路仍需要长时间停电。

单母线分段接线广泛用于中、小容量发电厂和变电所中，如 6～10kV 配电装置总出线回路为 6 回及以上，每一分段容量不超过 25MW；35～60kV 配电装置总出线回路为 4～8 回；110～220kV 配电装置总出线回路为 3～4 回。

3.2.3 单母线带旁路母线接线

断路器经过长期运行和切断数次短路电流后都需要检修。在单母线接线中，任何一条进线或出线的断路器检修时，该线路必须停电。采用带旁母的单母线接线，可解决该问题。

图 3-3 所示是带有专用旁路断路器的单母线分段带旁路母线接线。图中 WP 为旁路母线，QFp1 为 I 段母线的专用旁路断路器，QS3 为旁路隔离开关。正常运行时，旁路断路器及全部旁路隔离开关都是断开的，旁路母线 WP 不带电。通常，旁路断路器两侧的隔离开关处于合闸状态，即 QSp1、QSp2 处于合闸状态，旁路断路器 QFp1 处于随时待命的"热备用"状态。当检修某引出线断路器（如线路 L1 的断路器 QF1）时，为了使该回路供电不中断，可以将它倒换到旁路母线上。倒闸操作步骤是：

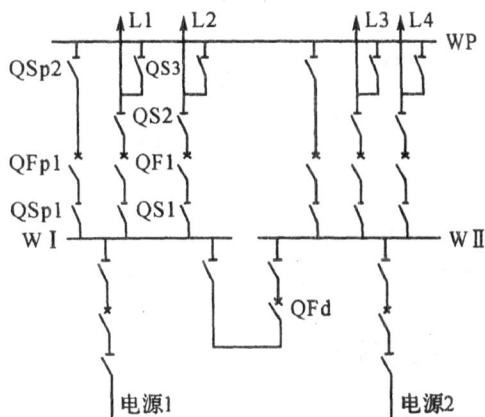

图 3-3　带专用旁路断路器的单母线分段带旁路母线接线

a. 合上旁路断路器 QFp1，使旁路母线 WP 接至 I 段母线，检查 WP 是否完好，如果 WP 有故障，QFp1 在合上后会自动断开；

b. 接通旁路隔离开关 QS3，其两端为等电位；

c. 接着再断开线路 L1 的断路器 QF1；

d. 拉开线路隔离开关 QS2；

e. 拉开母线隔离开关 QS1。

这时 L1 就经旁路母线供电，QF1 可退出运行，进行检修。在上述操作过程中，该出线一直正常运行，没有停电。断路器 QF1 检修完毕后，恢复原工作状态的操作步骤与上述倒换操作步骤相反。

在上述倒闸操作中，当检查到旁路母线完好后，可以先拉开 QFp1，用 QS3 对空载旁路母线合闸，然后再合上 QFp1，之后再进行退出 QF1 的操作。这一操作虽然增加了倒闸操作的步骤，但可避免万一倒闸过程中，QF1 跳闸，QS3 带负荷合闸的危险。

图 3-4 中不设专用的旁路断路器，而由分段断路器兼做旁路断路器。这种接线方式可以减少设备，节省投资。正常工作时，QSd、QS3 和 QS4 断开，QFd、QS1 和 QS2 合上，旁路母线处于无电状态，配电装置运行于单母线分段状态。假设线路 L1 的断路器 QF1 需要检修，倒闸操作步骤为：

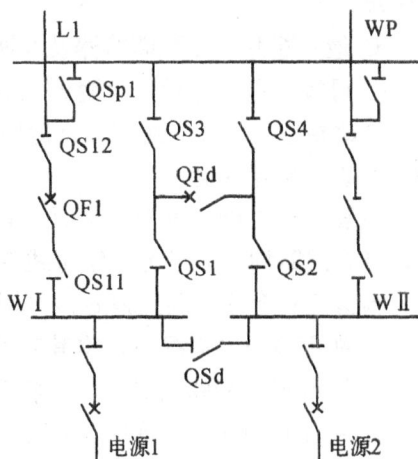

a. 合上分段隔离开关 QSd；

b. 断开分段断路器 QFd；

c. 拉开隔离开关 QS2；

d. 合上隔离开关 QS4；

e. 合上分段断路器 QFd，如果旁路母线完好，QFd 不会跳开；

f. 合上旁路隔离开关 QSp1；

图 3-4　分段断路器兼旁路断路器接线

g. 断开线路断路器 QF1；

h. 断开线路隔离开关 QS12；

i. 断开母线隔离开关 QS11。

这时 L1 就经旁路母线供电，QF1 可退出运行，进行检修。此时两段工作母线处于单母线状态。

带有旁路母线的单母线分段接线方式，对于进出线不多，容量不大的中小型发电厂和电压为 35～110kV 的变电所较为实用，具有足够的可靠性和灵活性。

3.2.4　双母线接线

双母线接线如图 3-5 所示，这种接线方式有两组母线，Ⅰ为工作母线，Ⅱ为备用母线，两组母线通过母线联络断路器 QFc 相联接，每一回路都通过线路隔离开关、一台断路器和两组母线隔离开关分别接到两组母线上。

双母线接线的最大特点是由于每回线路均设置了两组母线隔离开关，可以换接至两组母线，从而大大改善了其工作性能。双母线接线的优点如下：

1. 供电可靠

检修任一母线时，不会中断供电。例如，检修母线Ⅰ时，可利用母联断路器把全部电源和出线倒换到母线Ⅱ。其操作步骤如下：

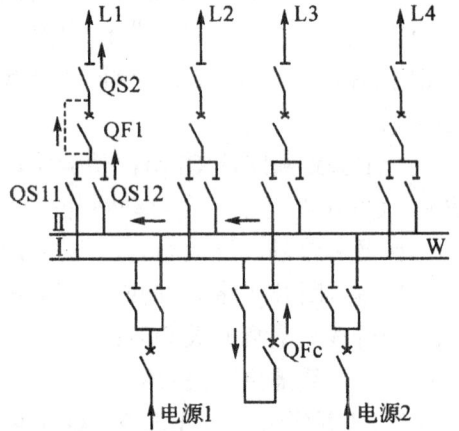

图 3-5　双母线接线

a. 先合上母联断路器两侧的隔离开关。

b. 合上母联断路器 QFc，给母线Ⅱ充电。

c. 根据"先通后断"操作顺序，先合上母线Ⅱ上的所有隔离开关；再拉开母线Ⅰ上的所有隔离开关。

d. 最后断开母线联断路器及其两侧隔离开关。

e. 母线Ⅰ退出运行，验明无电后，用接地刀闸接地，即可进行检修。

与此相似，当任一组母线故障时，也只需将接于该母线上的所有回路均接至另一组母线，即可迅速地恢复供电。

检修任一组母线隔离开关时，只需断开此隔离开关所在的回路和与此隔离开关相连的母线，其它回路均可通过另一组母线继续工作。

检修任一台线路断路器时，可用母联断路器代替其工作。以检修 QF1 为例：

a. 在不停电的情况下，将其它所有回路均换接至一组母线（假设母线Ⅰ）上；

b. 断开母联断路器 QFc，并将其保护值定值改为与 QF1 一致；

c. 断开 QF1 及其两侧隔离开关，将 QF1 退出，并装设临时"跨条"连通留下的缺口（如图中虚线所示），然后合上隔离开关 QS12 和 QS2；

d. 合上母联断路器 QFc，线路 L1 恢复供电。此时母联断路器 QFc 代替了线路 L1 的断路器 QF1。电流路径见图 3-5 中箭头所示。

此过程中，线路 L1 仅在装设跨条期间发生短时停电。但是，在 QF1 检修期间，主接线系统将按单母线接线方式运行，从而降低了其工作可靠性。当任一出线断路器故障、拒动或不允许操作时，也可仿照上述方法，利用母联断路器代为断开该线路。

2. 运行方式灵活

各个电源和各回路负荷可以任意分配到某一组母线上，能灵活地适应电力系统中各种运行方式调度和潮流变化的需要。例如：1）工作母线和备用母线各自带一部分电源和负荷，并且通过母联断路器并联运行，相当于单母线分段运行。这是运行中最常采用的方式，因为母线故障时可以缩小停电范围，电源和负荷可以调配，母线继电保护相对比较简单。2）两组母线同时工作，母联断路器断开（处于热备用状态），这种运行方式常用于**系统最大运行方式**时，宜限制短路电流。3）母联断路器断开，一组母线运行，另一组母线备用的运行方式，即相当于单母线运行。当工作母线发生故障时将导致全部回路停电，但在短时间内所有负荷和电源均转移到备用母线上，迅速恢复供电。

3. 扩建方便

可向双母线的任一端扩建，均不会影响两组母线的电源和负荷自由分配，在施工中不会造成原有回路停电。

双母线接线的主要缺点如下：

（1）在母线检修或故障时，需利用母线隔离开关进行倒闸操作，操作步骤较为复杂，容易出现误操作。

（2）检修任一回路断路器时，该回路仍需停电或短时停电。

（3）所用设备较多（特别是隔离开关），配电装置结构较复杂，占地面积与投资大。

由于双母线接线具有较高可靠性，适用于母线上回路数或电源数较多，或连接电源、负荷较大，检修时不允许对用户停电，母线故障时要迅速恢复供电，系统运行对调度灵活性有一定要求的情况，如出线带电抗器的 6～10kV 配电装置；35～60kV 出线超过 8 回，或连接电源较大、负荷较大时；110～220kV 出线大于等于 5 回时，或者出线回路为 4 回但在系统中地位重要时。

3.2.5　双母线分段接线

为了缩小母线故障的停电范围，可采用双母线分段接线，如图 3-6 所示。分段断路器将工作母线分为 WⅠ段和 WⅡ段，每段工作母线用各自的母联断路器与备用母线相连，可以看作是单母分段与双母线相结合的一种形式。

当一段工作母线发生故障后，在继电保护作用下，分段断路器 QFd 先自动跳开，然后故障段母线所接回路的断路器跳开，该段母线所连的出线回路停

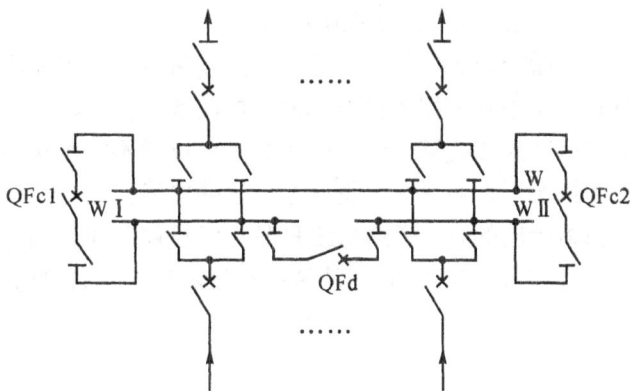

图 3-6　双母线分段接线

电。随后，故障段母线所连接的进出线切换到备用母线上，即可恢复供电。这样一段母线故障仅造成约半数回路短时停电，而不必全部停电。

双母线分段接线具有相当高的供电可靠性与运行灵活性，但所使用的电气设备较多，配电装置也比较复杂，用于进出线回路比较多的配电装置或对运行可靠性与灵活性的要求很高的大型电厂（变电所），如发电机电压配电装置，200～500kV 大容量配电装置。

3.2.6　带旁路母线的双母线接线

双母线带旁路母线的接线，用旁路断路器代替检修回路的断路器工作，避免在检修线路断路器时造成该回路供电中断。

如图 3-7 所示，图中 WP 为旁路母线，QFp 为旁路断路器。正常运行时 QFp 处于断开位置。当需要检修任何一个线路断路器时，可用旁路断路器来代替而不致停电。

QF1 需要检修，L1 不停电的操作步骤为（假设旁路断路器 QFp 两侧的隔离开关 QSp11 与 QSp2 处于合闸状态，QS11 合闸状态）：

　　a. 合上旁路断路器 QFP，工作母线 W1 向旁路母线 WP 充电；

　　b. 合上 QS3；

　　c. 断开线路 L1 的断路器 QF1；

　　d. 拉开 QS2；

　　e. 拉开 QS11。

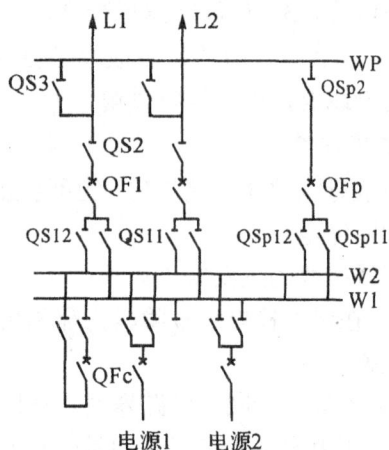

图 3-7　设专用旁路断路器的双母线带旁母接线

图 3-7 所示双母线带旁母接线带有专用旁路断路器，这种接线大大提高了主接线系统的工作可靠性，运行方便灵活，但多装了价格很高的断路器和隔离开关，增加了投资。当电压等级较高，线路回路数较多时，而且每年断路器累计检修时间较长时，这种接线比较适用，例如 110kV 配电装置有 7 回及以上出线，220kV 配电装置有 5 回及以上出线时。对于在系统中居重要地位的配电装置，110kV 配电装置有 6 回及以上出线，220kV 配电装置有 4 回及以上出线时，也可设置专用旁路断路器。

为了减少设备数量和投资，在出线回路较少的情况下，可采用母联断路器或分段断路器与旁路断路器相互兼用的接线形式，如图 3-8 所示。不采用专用旁路断路器的接线，检修出线断路器的倒闸操作复杂，检修期间处于单母线不分段运行状况，可靠性有较大降低。在出线回路较少的情况下，可以采用图 3-8 所示的接线方式。

值得指出的是，旁路母线只是为了检修断路器时不停电而设，不能起主母线的作用。当采用检修周期可以长达 20 年的 SF_6 断路器时，不必设旁路母线。

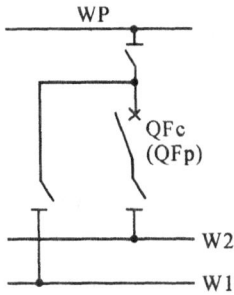

（a）母联断路器兼旁路断路器的常用接线　　　（b）母联断路器兼旁路断路器（两组母线均能带旁路母线）

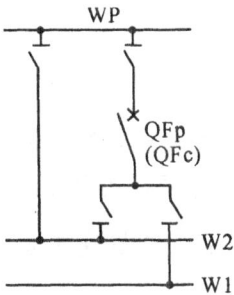

（c）旁路断路器兼母联断路器　　　　　（d）母联断路器兼旁路断路器（设跨条）

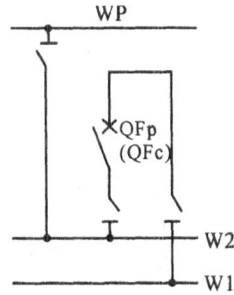

图 3-8　以母联断路器兼作旁路断路器的几种简易接线形式

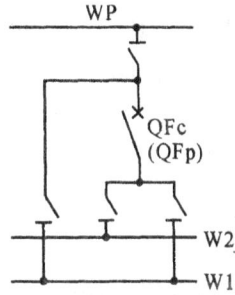

3.2.7　一台半断路器及 $1\frac{1}{3}$ 台断路器接线

一台半断路器接线，如图 3-9 所示。这种接线方式的特点是两组母线间，两回线（进线、出线）共用三台断路器构成一串，又称 $\frac{3}{2}$ 接线。两回线各自经过一台断路器接到不同的母线，两回路间的断路器称为联络断路器。

其突出优点是：

（1）运行灵活性好。正常运行时，两组母线和全部断路器都投入工作，形成多环形供电，运行调度灵活。

（2）可靠性高。每回路可经两台断路器供电，任一组母线故障（如母线 W1），只断开与母线 W1 相连的所有断路器，全部电路仍可通过另一组母线继续供电。在两组母线同时故障（或一组检修时另一组故障）的极端情况下，功率仍能继续输送。每一回路由两台断路器供电，任一回路故障，如 L1 故障，只断开断路器 QF2 和 QF3，此时电源 1，仍可以通过断路器 QF1 继续供电。

图 3-9　一台半断路器接线

（3）操作检修方便。当一组母线停电检修时，回路不需要切换。任一台断路器检修时，各回路仍按原接线方式运行，无需切换。隔离开关不作操作电器，仅在检修时作为隔离电器使用。

一台半断路器接线的缺点是：

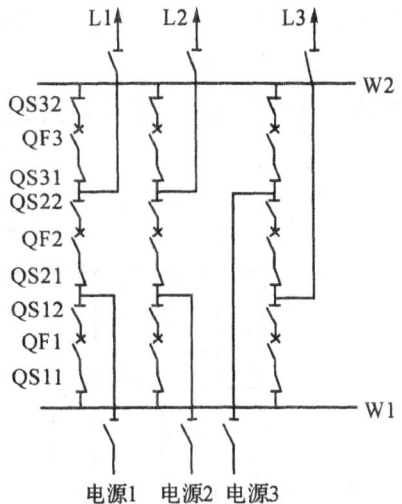

（1）断路器数目较多，设备投资和变电所的占地面积相对较大；

（2）继电保护较为复杂；

（3）为了便于布置，这种接线要求电源数和出线数最好相等，当出线数目较多时，对某些只有引出线的回路，在配电装置中需向不同方向引出，造成布置上的困难。

一台半断路器接线中，电源与负荷宜配对成串，以避免联络变压器发生故障时，同时切除两个负荷或两个电源。

一台半断路器接线可靠性高和灵活性大，是现代国内外大型发电厂和变电所超高压配电装置应用最广泛的一种典型接线，在 500kV 的升压变电所和降压变电所中，一般都采用这种接线。

$1\frac{1}{3}$ 台断路器接线与一台半断路器接线类似，只是在一个串中有四台断路器，连接 3 回进出线路，在后面图 3-16（a）中可以看到。这种接线方式通常用于发电机台数（进线）大于线路（出线）数目的大型水电厂，以便实现一个串的 3 个回路中电源与负荷容量相匹配。与一台半断路器接线相比，$1\frac{1}{3}$ 台断路器接线节约投资，但可靠性有所下降，布置比较复杂。

3.2.8 变压器—母线组接线

这种接线的特点是变压器直接经隔离开关接到母线上，两组母线间的各回出线可采用双断路器接线或一台半断路器接线。变压器故障时，和它接在同一母线上的各断路器跳闸，但并不影响其它回路的工作，再用隔离开关使故障变压器退出后，该母线即可恢复运行。

这种接线所用的断路器台数，比双母线双断路器接线或双母线一台半断路器接线都要少，投资较省。它是一种多环路供电系统，由于变压器是高可靠性设备，整个接线具有相当高的可靠性，运行调度灵活，便于扩建。这种接线在远距离大容量输电系统中，对系统稳定性和可靠性要求较高的变电所中实用，如 220kV 及以上超高压变电所中。

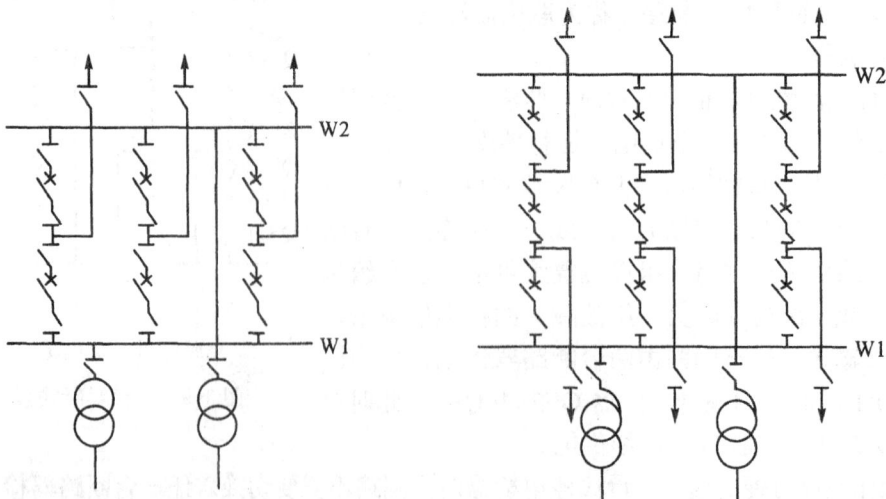

（a）出线双断路器接线　　　　　　（b）出线一台半断路器接线

图 3-10　变压器—母线组接线

3.2.9　单元接线

单元接线是无母线接线中的最简单的形式，也是所有主接线基本形式中最简单的一种。它的特点是几个元件（发电机、变压器、线路）直接连接，很少或没有横向的联系，开关设备少，简化了配电装置的结构，降低了造价，同时操作简便，也降低了故障的可能性，不设发电机电压母线，发电机电压侧的短路电流减小。但当某一元件故障或检修时，该单元全部停电。单元接线主要有以下两种基本类型：单元接线和扩大单元接线。

1. 发电机—变压器单元接线

发电机—双绕组变压器单元接线，如图 3-11（a）所示，不设发电机电压母线，输出电能均经过主变压器送至高压电网。一般 200MW 及以上大机组都采用这种形式接线，发电机出口采用分相式全封闭母线来连接发电机和变压器，为了减少开断点，可不装设断路器，为了调试方便，应留有可拆连接点。

发电机—三绕组变压器单元接线，如图 3-11（b）、3-11（c）所示。一般中等容量的发电机需升高两级电压向系统送电时，多采用发电机—三绕组变压器（或三绕组自耦变压器）单元接线。这时发电机出口应装设断路器及隔离开关，以便某一侧停运时另外两侧可继续运行。

发电机—变压器—线路单元接线，如图 3-11（d）所示。这种接线使发电厂内不必设置复杂的高压配电装置，接线简单，减少了投资，适于无发电机电压负荷且发电厂离系统变电所距离较近的情况。

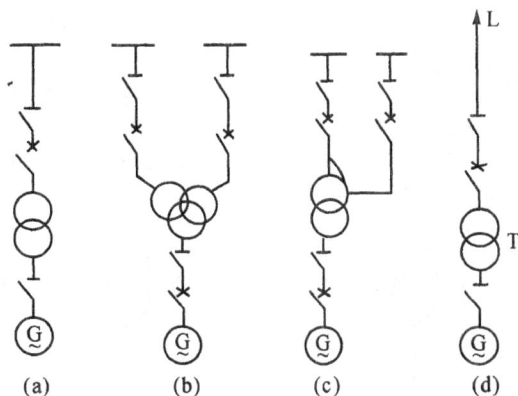

（a）发电机—双绕组变压器单元　（b）发电机—三绕组变压器单元接线
（c）发电机—自耦变压器单元接线　（d）发电机—变压器—线路单元接线

图 3-10　单元接线

2. 扩大单元接线

图 3-11（a）为发电机—双绕组变压器扩大单元接线。当发电机单机容量不大，且系统备用容量允许时，为减少主变压器台数，以及相应的断路器数和占地面积，可将两台发电机与一台大型主变相连接，构成扩大单元接线。也有的电厂将两台 200MW 的发电机经由一台分裂绕组变压器接入 500kV 系统，如图 3-11（b）所示。

在采用扩大单元接线时，发电机与变压器间应装设断路器，这样如发电机支路故障或检修，不影响另一台发电机工作。但当主变压器故障或检修，两机组都不能送出电能。

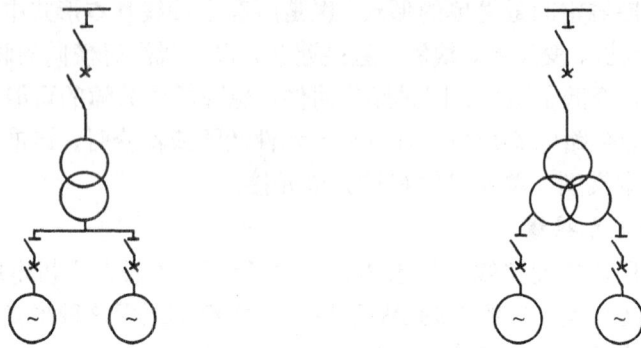

（a）发电机—双绕组变压器扩大单元接线　（b）发电机—分裂绕组变压器扩大单元接线

图 3-11　扩大单元接线

3.2.10　桥形接线

当只有两台变压器和两条线路时，宜采用桥形接线。按联络断路器 **QF3** 的安装位置，可分为内桥接线和外桥接线，如图 3-12 所示。

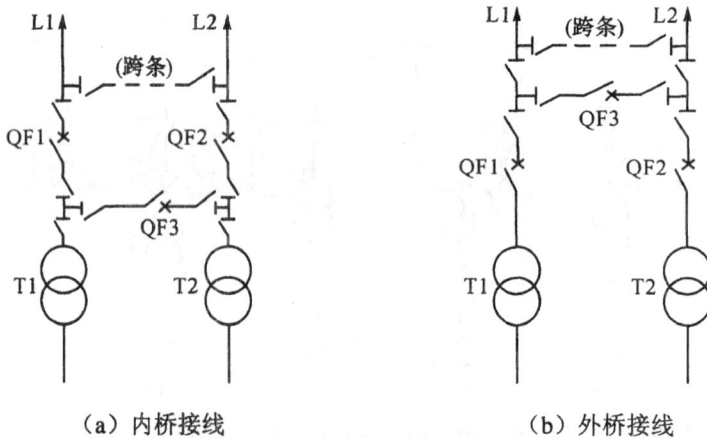

（a）内桥接线　　　　　　　　　（b）外桥接线

图 3-12　桥形接线

内桥接线（图 3-12（a）），联络断路器接在线路断路器的内侧（即靠近变压器一侧），便于线路的正常投切操作及切除其短路故障，而投切变压器时则需要操作两台断路器及相应的隔离开关。这种接线适用于变压器不需要经常切换、输电线路较长、故障断开机会较多、穿越功率较小的场合。

外桥接线（图 3-12（b）），联络断路器接在主变压断路器的外侧（即靠近线路侧），便于变压器的正常投切操作及切除其故障，而线路的投切及故障的切除则较为复杂。这种接线适用于线路较短、故障率较低、主变压器需按经济运行要求经常投切，以及电力系统有较大的穿越功率通过联桥回路的场合。

采用内桥接线时，穿越功率将通过其中的三台断路器，继电保护复杂，并且任一台断路器的检修或故障都将中断穿越功率的传输，影响系统的运行。

在桥形接线中，为了在检修线路断路器或联络断路器时不影响其他回路的运行，或避免环形电网开环运行，可以考虑增设跨条。正常运行时跨条断开。跨条回路中装设两台隔离开关，以便轮流停电检修。

桥形接线优点是简单清晰，每个回路平均装设的断路器台数最少，可节省投资，也易于发展过渡为单母线分段或双母线接线。缺点是对于内桥接线，变压器正常投切与故障切除时会影响线路的运行；而对于外桥接线，线路正常投切与故障切除时会影响变压器的运行，且更改运行方式时需利用隔离开关作为操作电器，故其工作可靠性和灵活性不够高。根据我国多年运行经验，桥形接线一般可用于条件适合的中小型发电厂、变电所的 35～220kV 配电装置中，或者作为发电厂、变电所建设初期的一种过渡性接线。

3.2.11　角形接线

形接线的每个边中含有一台断路器和两台隔离开关，各个边互相连接成闭合的环形，各进出线回路中只装设隔离开关，分别接至角形的各个顶点上。

角形接线的优点是：

a. 经济性较好，所用断路器数目少，断路器台数等于进出线回路数，平均每回路仅需装设一台断路器。除桥形接线外，它比其它接线方式使用的设备少，投资也少。

b. 工作可靠性与灵活性较高，易于实现自动远动操作。角形接线中，没有汇流主母线和相应的母线故障。

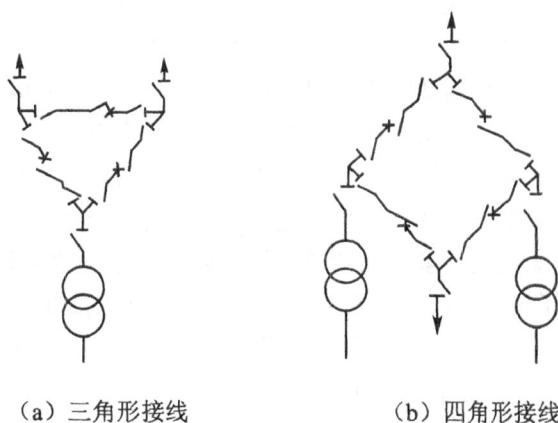

（a）三角形接线　　　　　（b）四角形接线

图 3-13　角形接线

c. 每回路均可由两台断路器供电，任一断路器检修时，所有回路仍可继续照常工作，任一回路故障时，不影响其它回路的运行。

d. 所有的隔离开关仅用于在停运或检修时隔离电压，不作为操作电器，误操作可能性小。

角形接线缺点是：

a. 检修任一断路器时，角形接线变成开环运行，可靠性显著降低。此时，若不与该断路器所在边直接相连的其它任一设备发生故障，将可能造成两个及以上回路停电，角形接线被分割破两个相互独立的部分，造成供电紊乱。角形接线的角数愈多，断路器检修的机会也愈多，开环时间愈长，此缺点也愈突出。此外，还应将同名回路（即两个电源回路或属于同一用户的双回线路）按照对角原则进行连接，以减少设备（如断路器）故障时的影响范围。

b. 运行方式改变时，各支路的工作电流可能变化较大，并且每一回路连接两台断路器，每一断路器又连接两回路，使得继电保护整定和控制都比较复杂。

c. 角形接线闭合成环，扩建比较困难。

因为角形接线的以上特点，在 110kV 及以上配电装置中，当出线回数不多，发展规模比较明确时，可以采用角形接线，特别在水电厂中应用较多。一般以采用三角或四角形为宜，最多不要超过六角形。

3.3　电气主接线实例

前面介绍了电气主接线的基本形式，本节将在此基础上介绍一些发电厂、变电所的电气主接线。由于发电厂或变电所类型、容量、地理位置以及在电力系统中的地位、进出线回路数、输电距离和范围等因素的不同，所采用的电气主接线形式也就各异。

3.3.1　火力发电厂电气主接线

根据火电厂的容量和在电力系统中的地位,一般可以将火电厂可分为两类：区域性火电厂和地方性火电厂。

区域性火电厂属大型火电厂，单机容量及总装机容量都较大，我国这类电厂总装机容量在 1000MW 以上，单机容量为 200MW 以上，以 600MW 机组为主力机组。区域性火电厂大多建在大型煤炭基地附近（有时称"坑口电厂"）或运煤方便的地点，距离负荷中心较远，电能几乎全部升压后由高压或超高压输电线路送出，承担系统的基荷，设备利用小时数较高。

根据区域性火电厂的特点，电厂一般不设发电机电压母线给当地负荷供电，电气主接线多采用发电机－变压器单元接线，升高为一个最多两个电压等级。高压侧 220kV～500kV 电压等级的配电装置多采用双母线接线或一台半断路器接线。

图 3-14 为某区域性火力发电厂电气主接线。该发电厂有 4 台 300MW 机组和 2 台 600MW机组，接成 6 组发电机－变压器单元接线，发电机出口采用分相封闭母线，两个单元接 220kV母线，4 个单元接 500kV 母线。220kV 侧架空线有 7 回，母线采用双母线带旁路母线接线，设有专用的旁路断路器，但变压器侧不设旁路母线，因为在一般情况下，变压器高压侧的断路器可以在发电机或变压器检修时同时检修。500kV 侧采用一台半断路器接线，架空线 4 回，备用 1 回,按照电源与负荷线配对成串原则布置。220kV 与 500kV 电压母线间装设一台联络变压器，其低压绕组兼作厂用电的备用电源和启动电源。

地方性火电厂的单机容量及总装机容量都较小，一般建设在负荷中心，距离用户较近，所发电能有较大部分以发电机电压送到地方负荷，其余电能升压到 110kV 或 220kV 送到电力系统。在本厂检修时，可由系统返送电能给地方负荷。近年来，随着我国关停小火电政策的执行，在建或运行的地方性火电厂将主要为热电厂。根据地方性火电厂的特点，发电机电压母线在地方性火电厂主接线中显得非常重要，一般采用单母线分段、双母线、双母线分段等形式，通常发电机容量为 12MW 及以上时，采用单母线分段或不分段双母线，24MW 及以上时，采用双母线分段接线。为了限制过大的短路电流，在分段断路器回路中常串入限流电抗器，由于 10kV的用户都在附近，为避免雷击线路直接影响到发电机，采用电缆供电，并装设出线电抗器。

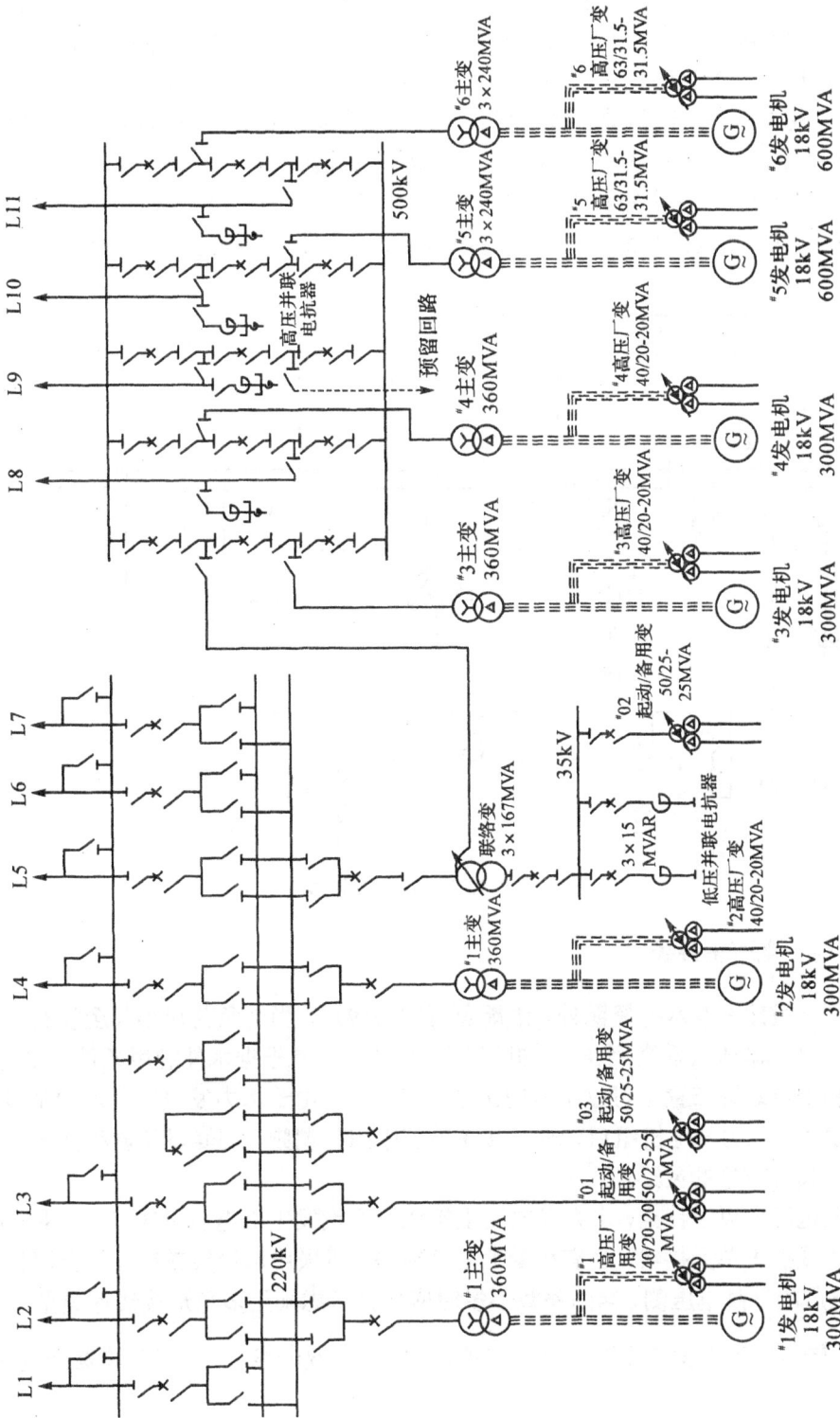

图3-14　区域性火力发电厂电气主接线

图 3-15 所示为某中型热电厂的电气主接线。该厂有四台机组，其中 G1、G2 发电机电压母线 10kV，采用双母线分段，设有母线分段电抗器，一部分电能直接以电缆线路送到地方负荷（带有出线电抗器），剩余电能按比例通过两台三绕组变压器送入 110kV 和 220kV 高压电网。G3、G4 采用发电机—变压器单元接线形式，通过两台双绕组升压变压器直接与 220kV 系统相连，避免电能多次变压送入系统造成损耗。110kV 母线侧有 4 回出线，因此采用单母线分段接线，平时分列运行，以减少短路电流。220kV 侧有 5 回架空线，出线较多，采用双母线带旁路母线接线，设有专用旁路断路器，不论母线故障或出线断路器检修，都不会长期停电。

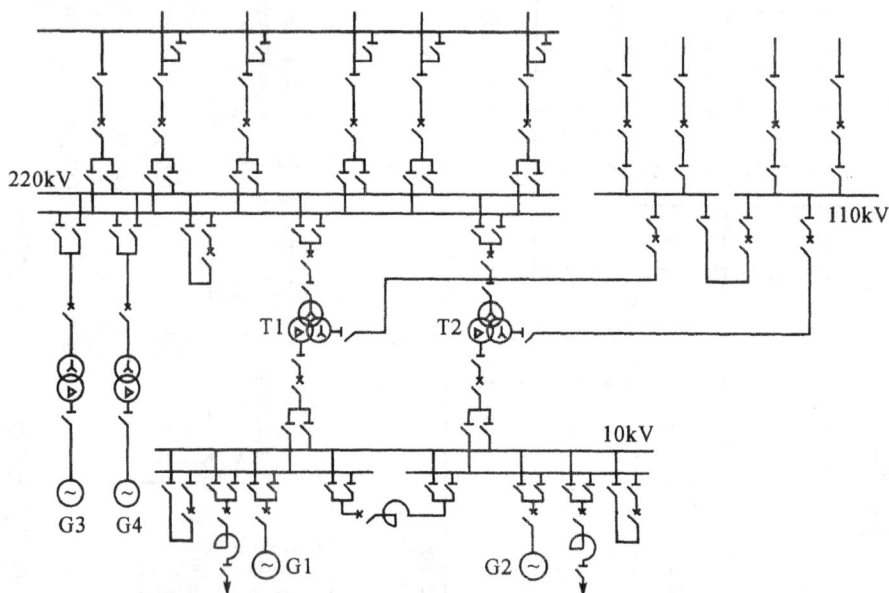

图 3-15　中型热电厂电气主接线

3.3.2　水力发电厂电气主接线

水力发电厂一般建在有水能资源处，距离负荷中心较远，当地负荷很小甚至没有，电能绝大部分都以较高电压输送入系统，水电厂的装机台数和容量，是根据水能利用条件一次性确定，故一般在厂房和配电装置布置上可以不考虑扩建问题，此外由于水力发电厂附近地形复杂，尽量使配电装置紧凑。水力发电机组启动快，常在系统中担任调频、调峰以及调相任务，因此要求水电厂主接线具有较好的灵活性。

根据水力发电厂的以上特点，水力发电厂主接线可不设发电机电压母线，多采用发电机—变压器单元接线或扩大单元接线，当有少量地方负荷时，可采用单母线或单母线分段接线。因此，在水力发电厂的升高电压侧，当回路数不多时应优先考虑采用多角形接线等类型的无母线接线。当回路数较多时可根据其重要程度采用单母线分段、双母线、一台半断路器接线或 $1\frac{1}{3}$ 台断路器接线等。

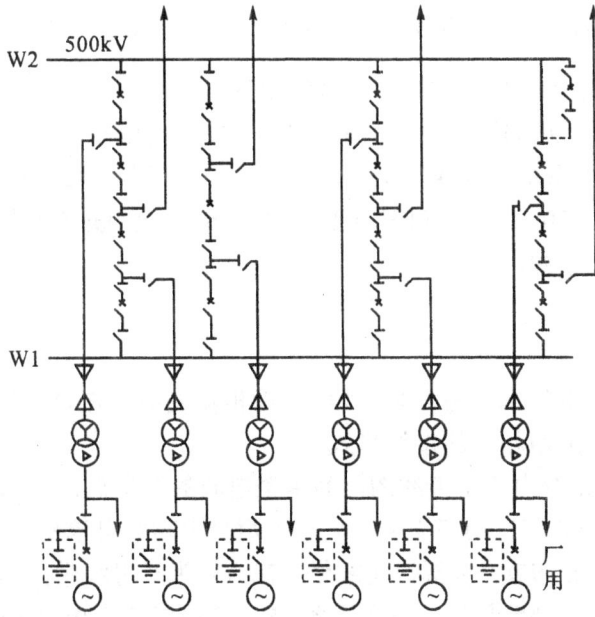

（a）

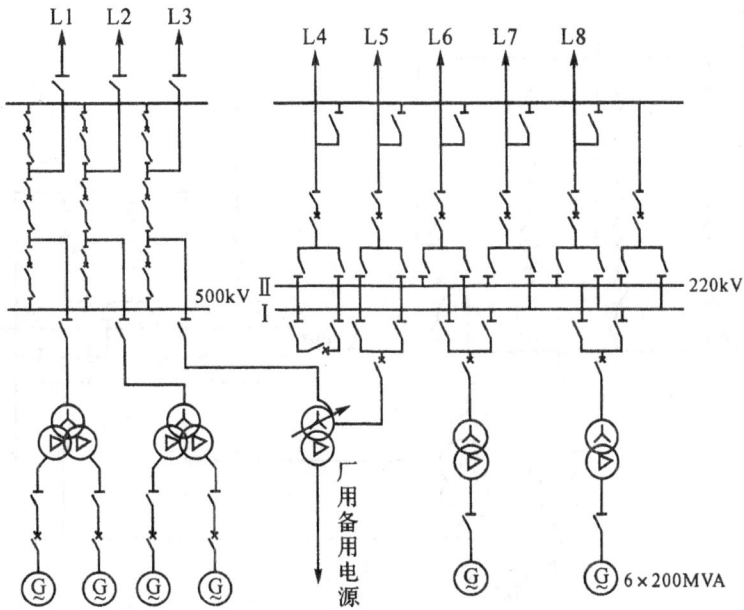

（b）

图 3-16　大型水电厂的电气主接线

图 3-16 为两个大型水电厂的电气主接线。图 3-16（a）中 6 台发电机组，以发电机－变压器单元接线直接把电能送至 500kV 电力系统，500kV 侧为两串一台半断路器接线（其中一串在布置上留有发展为 $1\frac{1}{3}$ 台断路器接线的余地），和两串 $1\frac{1}{3}$ 台断路器接线。图 3-16（b）中 6 台发电机组，左侧四台机组每两台机组与一台分裂绕组变压器构成发电机－变压器扩大单元接线送入 500kV 系统，这样不仅简化了接线，而且限制了发电机电压侧短路电流。右侧两台机组采用单元接线送入 220kV 系统。220kV 侧采用双母线带旁路母线接线，500kV 侧采用更为可靠的一台半断路器接线，220kV 与 500kV 电压母线间装设一台联络变压器，其低压绕组作为厂用电的备用电源和启动电源。

3.3.3 变电所电气主接线

变电所主接线的设计要求基本上与发电厂相同，即根据变电所在电力系统中的地位、负荷性质、出线回路数等情况，采用相应的接线形式。

图 3-17 为某 500kV 枢纽变电所主接线图，为多个电源的汇集点，有 500／220／35kV 三种电压等级，500kV 及 220kV 侧有功率交换，采用了两台大功率自耦变压器。500kV 侧为一台半断路器接线，并且为交叉布置，以提高可靠性。220kV 为双母线带旁母接线，设有专用的旁路断路器，变压器侧也设有旁路母线。主变压器 35kV 侧的第三绕组上引接有调相机，以供无功补偿用。

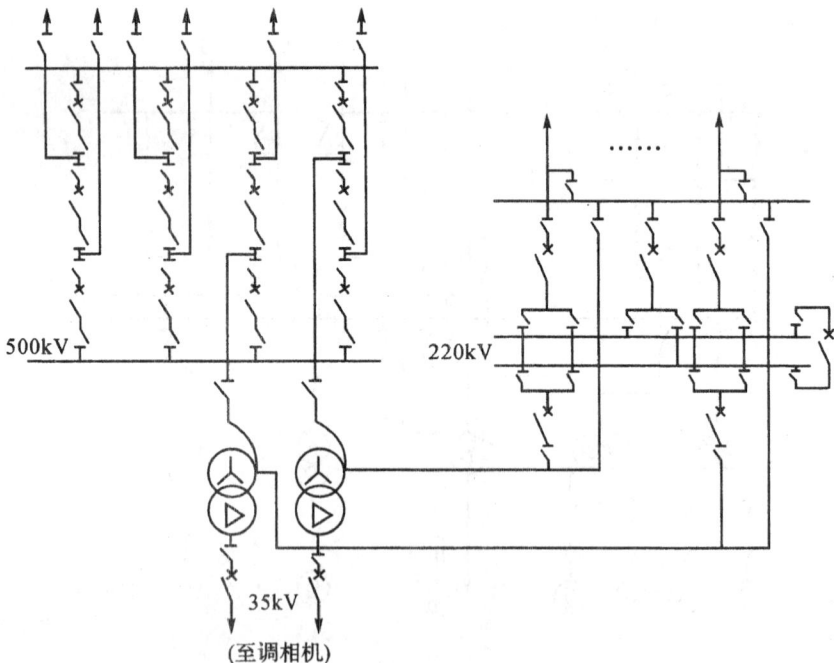

图 3-17　500kV 枢纽变电所主接线

图 3-18 为某地区性变电所主接线，该变电所有 110／35／10kV 三个电压等级，设有 2 台联络变压器。110kV 配电装置采用单母分段带旁路母线接线，分段断路器兼作旁路断路器。

35kV 侧采用为双母线接线。10kV 侧采用了单母分段带旁路母线。

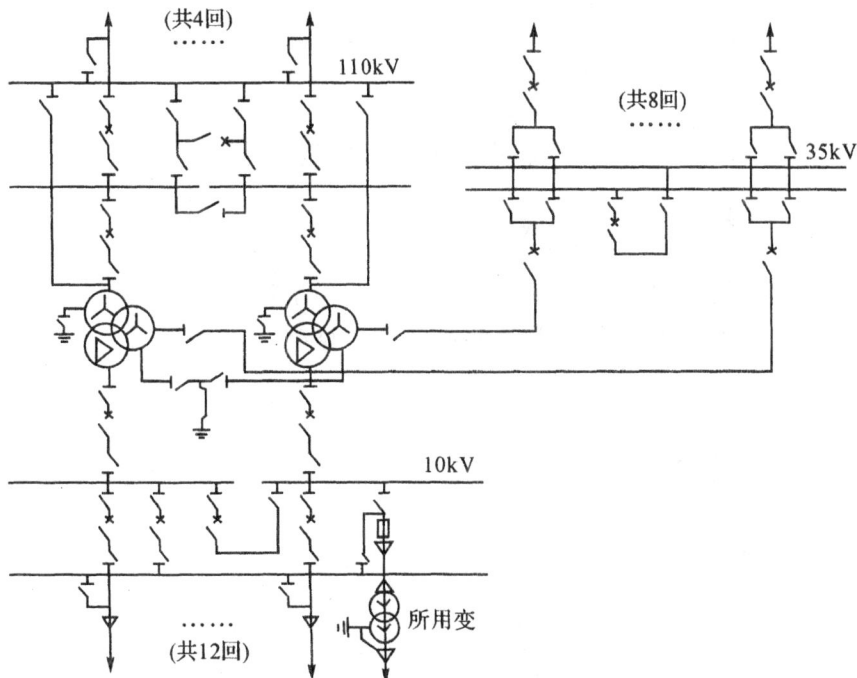

图 3-18　地区性变电所主接线

习题 3

3-1　主母线、旁路母线的作用分别是什么？能否用旁路母线替代主母线工作？

3-2　倒闸操作的基本原则是什么？

3-3　电气主接线的基本形式有哪些？

3-4　画出两个电源，四条引出线的单母线分段带旁路接线的电气主接线图，并写出线路断路器 1QF 检修后，恢复线路 L1 送电的基本操作步骤。

3-5　画出两个电源，四条引出线的双母线接线的电气主接线图，并写出在双母线同时运行的方式下，当出线断路器停电检修时，如何利用母联断路器代替出线断路器供电的操作步骤。

3-6　画出一台半断路器接线的电气主接线图，并分析检修任意一台断路器或任意一组母线时，各支路的运行情况。

3-7　内桥接线和外桥接线各有何优缺点？

3-8　试分析下图中的水电厂电气主接线。

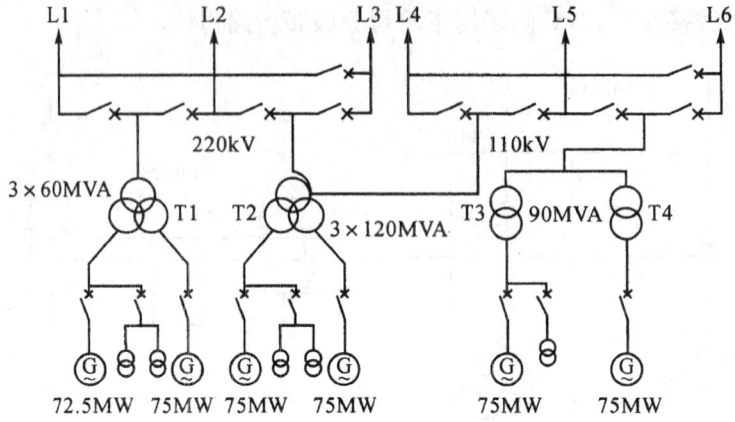

图 3-19

3-9 试分析一电气主接线。

第4章

厂用电及其接线

本章讲述厂用电率、厂用负荷分类以及厂用电接线的设计原则,并结合实例对不同类型发电厂的厂用电接线及特点进行了介绍。

4.1 概述

4.1.1 厂用电

为了保证主要设备(锅炉、汽轮机或水轮机、发电机等)正常运转,发电厂中设置了许多厂用辅助机械设备,这些辅助机械设备大多数是用电动机来拖动的。这些电动机以及全厂的运行、操作、试验、修配、电焊、照明等用电设备的总耗电量,统称为厂用电或自用电。由厂用变压器(或电抗器)、厂用供电电缆、厂用成套配电设备及各类厂用负荷所构成的系统,统称为厂用电系统。

厂用电的电量,大都由发电厂本身供给,并且为重要负荷之一。厂用电的耗电量与电厂类型、机械化和自动化程度、燃料种类及其燃烧方式、蒸汽参数等因素有关。厂用电耗电量占同一时期发电厂全部发电量的百分数,称为厂用电率。厂用电率是发电厂主要运行经济指标之一。一般凝汽式火力发电厂厂用电率为 5%～8%,热电厂为 8%～13%,水电厂为 0.3%～1.0%。降低厂用电率可以降低电能成本,增加对系统的供电量。

4.1.2 厂用电负荷分类

根据厂用电设备在生产中的作用和供电中断对人身、设备、生产所造成的影响,厂用电负荷按重要程度可以分为以下五类,其中 I～III 类的分类原则和供电要求与电力用户类似。

(1) I 类负荷,指短时(手动切换恢复供电所需的时间)停电将影响人身或设备安全,使机组停运或发电出力大幅下降的负荷。如火电厂中的给水泵、凝结水泵、循环水泵、引风机、送风机、给粉机等,以及水电厂中的调速器、压油泵、润滑油泵等。通常它们都设有两套设备互为备用,分别接到有两个独立电源的母线上,即应设置工作电源和备用电源,并应能自动投入。

(2) II 类负荷,指允许短时停电(如几秒至几分钟),但较长时间停电有可能损坏设备或影响机组正常运行的负荷。如火电厂的工业水泵、疏水泵、灰浆泵、输煤设备、化学水处理设备等，以及水电厂中的绝大部分厂用电动机负荷。对接有Ⅱ类负荷的厂用母线，一般也有两个独立电源供电，采用手动切换。

（3）Ⅲ类负荷，指长时间停电也不会直接影响生产，仅造成生产上不方便的负荷。如修配车间、试验室、油处理室等负荷。通常它们由一个电源供电，但在大型电厂中，也常采用两路电源供电。

（4）事故保安负荷，指在200MW及以上的机组在事故停机过程中及停机后的一段时间内仍应保证供电，否则可能引起主要设备损坏、重要的自动控制失灵或危及人身安全的负荷。根据对电源要求的不同，它又可分为两类：①直流保安负荷，如发电机的直流润滑油泵、事故氢密封油泵等。②交流保安负荷，如200MW及以上机组的盘车电动机、交流润滑油泵等。为满足事故保安负荷供电的要求，对大容量机组应采用事故保安电源。通常事故保安负荷由蓄电池组、柴油发电机组、燃气轮机组或可靠的外部独立电源作为备用电源。

（5）不间断供电负荷，指在机组启动、运行及停机过程中，甚至停机后一段时间内，需要连续供电并具有恒频恒压特性的负荷。如实时控制用计算机、热工仪表、自动装置等。一般由蓄电池供电的直流电动发电机组或接于蓄电池的逆变装置供电。

4.2　厂用电接线的设计原则和接线形式

4.2.1　厂用电接线的基本要求

厂用电接线除应满足正常运行的安全、可靠、灵活、经济和检修维护方便等一般要求外，还满足如下要求：

（1）各机组的厂用电系统应该是独立的。尽量缩小厂用电系统的故障影响范围，避免引起全厂停电。特别是200MW及以上机组，应做到这一点，以保证在任何运行方式下，一台机组故障停运或其辅机发生电气故障时，不影响其他机组的正常运行。

（2）充分考虑发电厂正常、事故、检修、起动等运行方式下的供电要求，并尽可能切换操作简便，使启动（备用）电源能迅速投入。

（3）充分考虑电厂分期扩建和连续施工过程中厂用电系统的运行方式，特别注意对公用负荷的供电的影响，要方便过渡，尽量减少改变接线和更换设备。

（4）对200MW及以上的大型机组，应设置足够容量的交流事故保安电源。

4.2.2　厂用电电压等级的确定

厂用电的电压等级要根据发电机额定电压、厂用电动机的额定电压和厂用电系统的运行可靠性等诸方面因素，经过技术经济综合比较后确定。

从厂用电动机方面看，发电厂中拖动各种厂用机械设备的电动机，容量可以从几千瓦到几千千瓦，发电机容量越大，厂用电动机的容量范围越大，而电动机的容量和电压有关，只用一种电压等级的电动机不能满足要求。一般来说，电动机容量为75kW以下，采用380/220V；容量为75～200kW可能采用380/220V或3kV；容量为200～300kW可能采用380/220V、3kV、6kV或10kV；容量大于300kW的电动机的电压可能采用3kV、6kV或10kV。

为了简化厂用电接线，且使运行维护方便，厂用电电压等级不宜过多。厂用低压供电网络通常采用 380/220V；高压厂用电压等级一般由发电机的容量、电压确定。

火电厂容量为 60MW 及以下，发电机电压为 10.5kV 时，可采用 3kV 或 6kV 作为高压厂用电；发电机电压为 6kV 时，可采用 6kV 作为高压厂用电，以省去厂用高压变压器。当容量为 100～300MW 时，宜采用 6kV；容量为 300MW 以上时，可采用 6kV，或者 3kV 和 10kV 两个电压等级。

对于水电厂，由于水轮发电机辅助设备使用的电动机容量不大，通常只设 380/220V 厂用电电压，如果坝区有大型机械，如闸门启闭装置、船闸或升船机等，则需要设置专用坝区变压器，以 6kV 或 10kV 供电。

对单机容量在 12MW 及以下的发电厂通常只设 380/220V 厂用低压电压，这时，发电厂中少数较大容量的电动机接于发电机电压母线上。

4.2.3　厂用电源

发电厂的厂用电源包括工作电源和备用电源，对 200MW 以上的大容量机组还应考虑设置启动电源和事故保安电源。

1. 工作电源

发电厂或变电所的厂用工作电源，是保证正常运行最基本的电源，对它的要求是供电可靠。而且能满足全部厂用负荷对厂用电压及容量的要求。通常，工作电源应不少于两个。现代发电厂，一般都投入系统并联运行。厂用电高压工作电源，可由发电机电压回路通过厂用高压变压器或电抗器取得，即使发电机组全部停止运行，仍可以从电力系统倒送电能供给厂用电源。这种引接方式，供电可靠、操作简单、调度方便，投资和运行费都比较低，被广泛采用。

厂用高压工作电源从发电机电压回路引接的方式与发电厂主接线形式有密切联系。当主接线具有发电机电压母线时，一般直接从母线引接，供给接在该母线段的机组的厂用电负荷，如图 4-1（a）所示。当发电机和主变压器为单元接线时，则厂用工作电源从主变压器的低压侧引接，如图 4-1（b）所示。

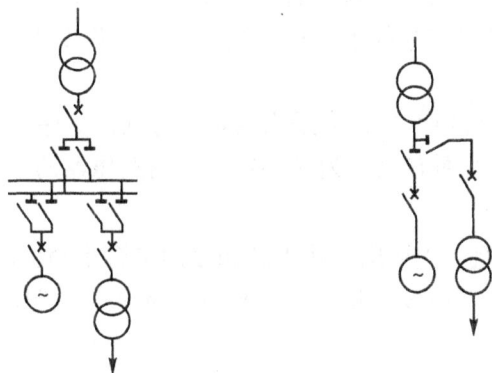

（a）从发电机电压母线引接　　　（b）从主变压器低压侧引接

图 4-1　厂用高压工作电源的引接方式

容量为 125MW 及以下机组，厂用分支上一般都装设高压断路器，该断路器应按照发电机机端短路进行选择。如选不到合适的断路器，可采用限制短路措施；也可只装设隔离开关，当厂用分支故障时，主变压器高压侧断路器跳闸。对 200MW 及以上的机组，厂用分支都采用分相封闭母线，故障率较小，可不装断路器和隔离开关。

厂用低压 380/220V 工作电源，一般由对应的高压厂用母线通过厂用低压变压器引接。若高压厂用电设有 10kV 和 3kV 两个电压等级，则一般由 10kV 厂用母线引接。大型机组同一段高压厂用母线上一般接有多台低压厂用变压器。对不设高压厂用母线段的发电厂，可从发电机电压母线或发电机出口引接。

2. 备用电源和启动电源

发电厂一般都设置有备用电源。厂用备用电源主要用于事故情况下失去工作电源时，起后备作用，故又称事故备用电源。因此，要求备用电源具有供电独立性，并有足够的供电容量，最好能与系统紧密联系，在全厂停电情况下仍能从系统获得厂用电源。

启动电源一般指机组在启动或停运过程中，工作电源不可能供电的情况下为该机组工作负荷提供的电源。因此启动电源实质上是兼做事故备用电源。我国目前对 200MW 及以上的大型机组才设置启动电源，因为其出口不装断路器，不可能由主变压器倒送电启动。

备用电源的引接应保证其独立性，避免与工作电源同一电源处引接。常用的厂用备用电源的引接方式有以下几种：

（1）从发电机电压母线的不同分段上引接厂用备用变压器，但应避免与厂用高压工作电源引接在同一线段。

（2）从与电力系统联系紧密、供电可靠的最低一级电压母线上引接。

（3）从发电厂联络变压器的低压绕组引接。

（4）当技术经济合理时，由外部电网引接专用线路。

厂用备用电源的设置方式。一般为明备用和暗备用两种。

明备用是专门设置一台备用变压器，它的容量一般等于厂用变压器中最大一台的容量。正常运行时它不承担任何负荷或只承担公用负荷，当厂用电失去电源时，借助自动投入装置将相应的备用电源接通，替代工作电源。

暗备用是不另设专门的备用变压器，而是将每台工作变压器的容量加大，互为备用。正常运行时，每台工作变压器只在半载下运行，当任一台工作变压器退出运行时，其厂用负荷由另一台厂用变压器承担。

在中小型水电厂和降压变电所中，多采用暗备用方式。大中型发电厂特别是大型火电厂，由于每台机、炉的厂用负荷容量较大，为减小每台厂用变压器的容量，常采用明备用。

3. 事故保安电源

200MW 及以上发电机组，当厂用工作电源和备用电源都消失时，为确保在事故状态下能安全停机，事故消失后又能及时恢复供电，应设置事故保安电源，以满足对事故保安负荷的连续供电。

事故保安电源必须是一种独立而又十分可靠的电源，目前采用的事故保安电源有以如下四种：①蓄电池组；②柴油发电机组；③可靠的外部独立电源；④交流不停电电源。

图 4-2 为某 200MW 机组事故保安电源接线示意图。交流事故保安电源通常采用 380/220V

电压，以便与厂用低压电源配合。每台机组设一段事故保安母线，每两台机组设一台柴油发电机组作为事故保安电源，事故时柴油发电机组自动投入。热工仪表和自动装置等要求连续供电的负荷，则由直流逆变器供电。

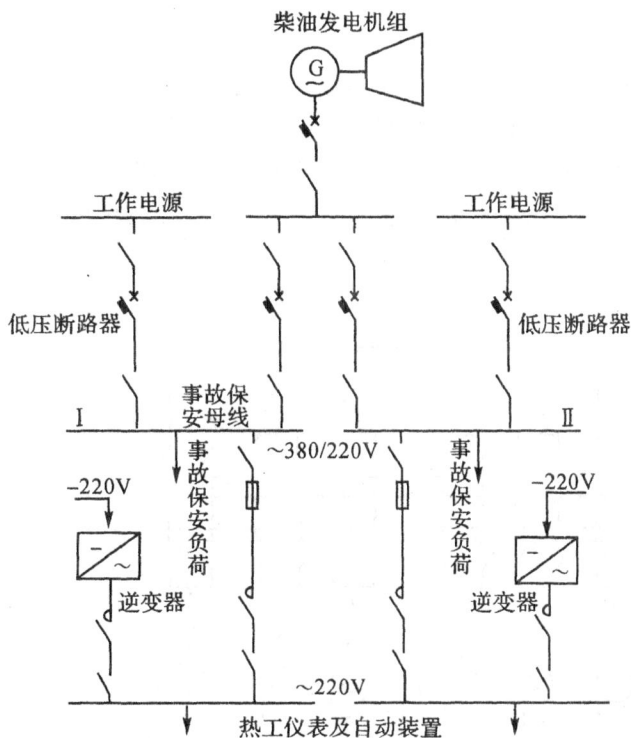

图 4-2　事故保安电源接线

4.2.4　厂用电接线形式

发电厂厂用电系统接线通常采用单母线分段接线形式，并多以成套配电装置接受和分配电能。

为了保证厂用电系统的供电可靠性和经济性，火电厂的高压厂用母线一般都采用"按炉分段"的接线原则，即将厂用母线按照锅炉台数分成若干独立段，凡属同一台锅炉的厂用负荷均接在同一段母线上，与锅炉同组的汽轮机的厂用负荷一般也接在该段母线上，而该段母线由其对应的发电机组供电，而备用的一套机械设备则应接在另外的分段上。当锅炉容量大（400t/h 以上）时，每台锅炉设两段高压厂用母线。

低压厂用母线在大型火电厂及水电厂中一般也按炉分段或按水轮机组分段；中小型电厂中，全厂只分为两段或三段。

"按炉分段"的厂用电接线原则，既便于运行检修，又有利于厂用电系统的供电可靠性，若某一段母线发生故障，只影响其对应的一台锅炉的运行，能使事故影响范围局限在一机一炉，不致过多干扰正常运行的机炉

全厂公用负荷，应根据负荷功率以及可靠性的要求，分别接到各段母线上，各段母线上的负荷应尽可能均匀分配。当公用负荷大时，可设公用母线段。

4.3 不同类型的发电厂（变电所）接线实例

4.3.1 火电厂厂用电接线举例

图 4-3 为一中型火电厂厂用电接线图。电厂装有二机三炉，发电机电压为 10.5kV，通过两台主变 1T、2T 与系统联系。6kV 厂用高压母线为单母线，按炉分为 3 段，由三台 10.5/6.3kV 厂用高压变压器 3T～5T 分别接于发电机电压母线。由于机组容量不大，不设启动电源和事故保安电源。备用电源采用明备用方式，设用专用备用变压器 6T，平时断开。当某一段厂用工作母线的电源回路故障时，相应断路器自动合闸，由备用变压器继续供电。

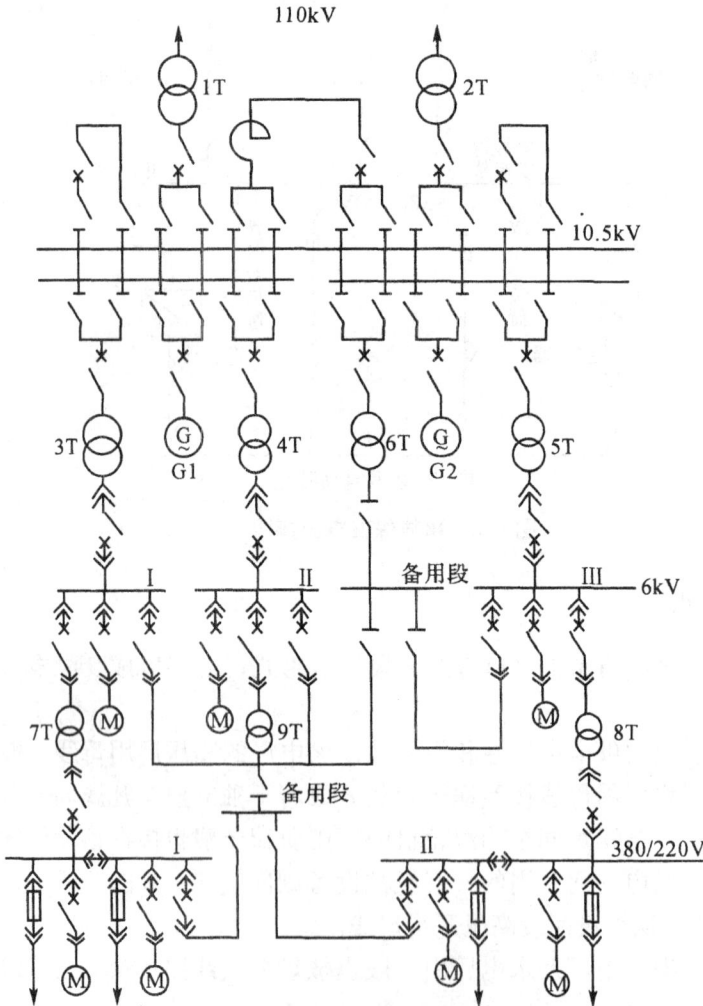

图 4-3 中型火电厂的厂用电接线

380/220V 厂用低压母线也采用单母线，按两台机组分为两段，由两台 6/0.4kV 厂用低压变压器 7T、8T 供电，9T 为备用厂用低压变压器，从 6kV Ⅱ 段母线受电。

厂用电动机供电方式有个别供电、成组供电两种。图中高压厂用电动机每台都个别供电。低压厂用电动机 5.5kW 及以上的 Ⅰ 类厂用负荷，40kW 以上的 Ⅱ、Ⅲ 类重要机械设备的电动机，

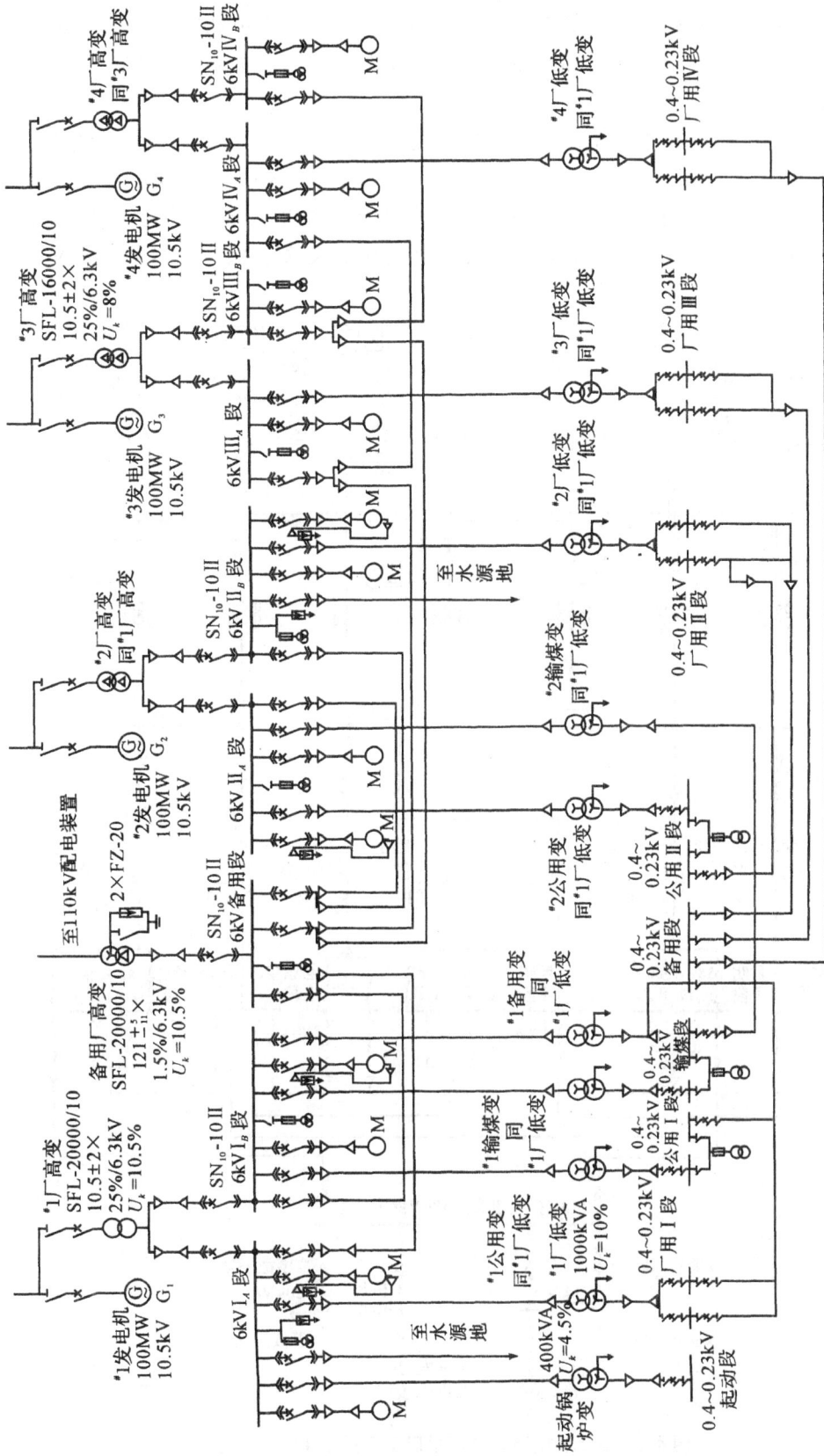

图 4-4　4×100MW 机组火电厂厂用电接线

通常都采用个别供电。其他电动机采用成组供电方式，即若干台电动机只在厂用电配电装置中占用一条线路，通过电缆送到车间配电盘以后，再分别引向电动机。这样可以节约电缆，简化厂用配电装置。

图 4-4 为 4×100MW 机组发电厂的厂用电接线。4 台机组的厂用电系统相互独立，每台机组厂用高压工作电源分别从各自主变低压侧引接，高压备用电源是从 110kV 母线引接。高、低压厂用母线均为每机组两段。全厂设有公用母线两段，由两台低压公用变压器分别供电。设有一台低压备用变压器，作为 4 台厂用低压工作变压器及 2 台低压公用变压器的备用。全厂设有输煤变压器两台，互为备用。

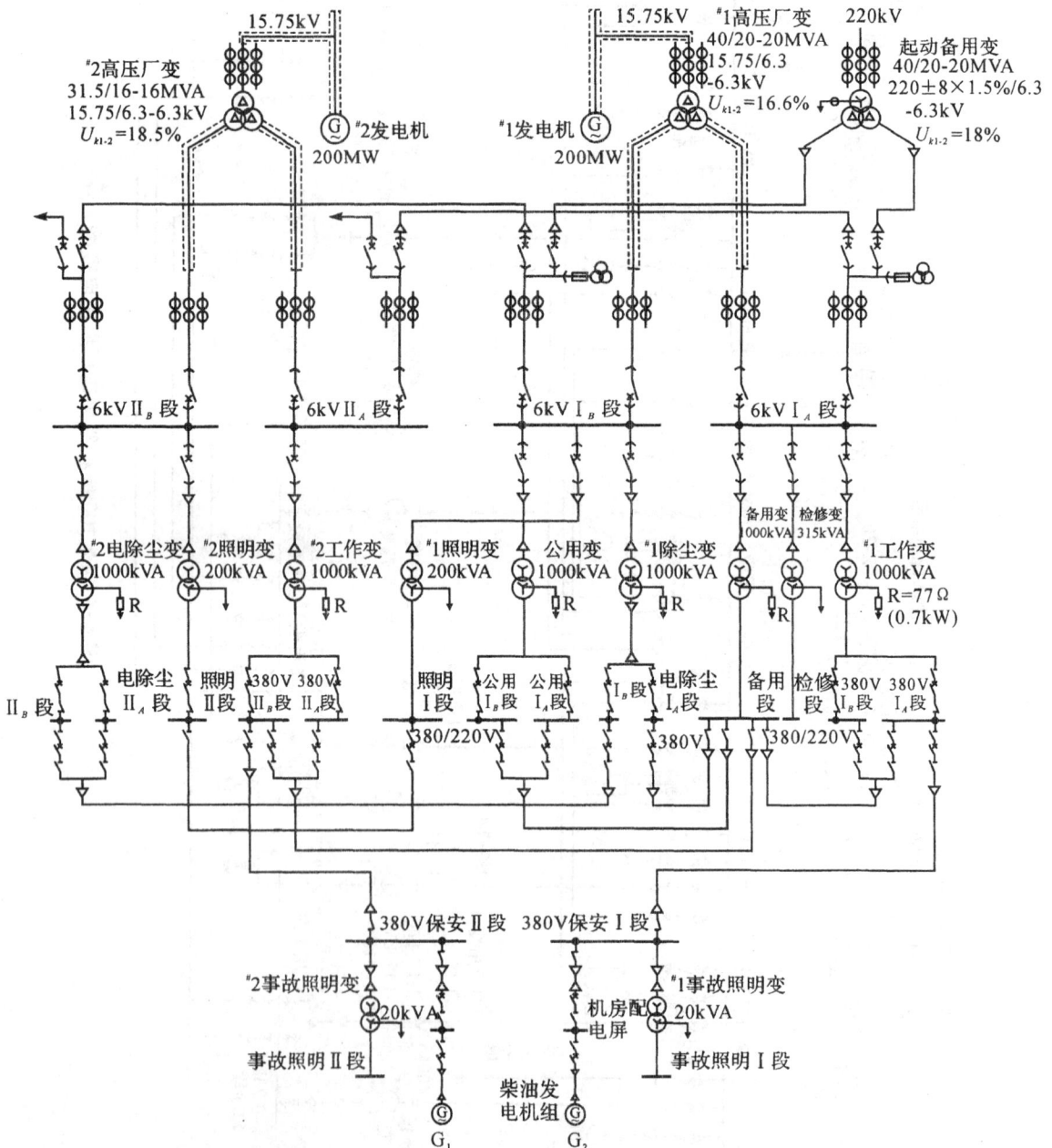

图 4-5 200MW 机组火电厂主厂房厂用电接线示意图

图 4-5 为 200MW 机组火电厂主厂房厂用电接线。厂用电采用 6kV 和 380V 两种电压，高压厂用变压器采用分裂绕组变压器，厂用分支与发电机出口采用分相封闭母线，由于故障率很小，不装断路器和隔离开关。每台机组设有 A、B 两段 6kV 母线，A、B 两段 380V 母线。两台机组设一台起动备用变压器，从与系统紧密联系的 220kV 母线引接，用于机组启停，并兼做厂用工作变压器的事故备用。两台机组设一台低压备用变压器，作为低压工作变压器、低压公用变压器和电除尘变压器的备用。两台柴油发电机组作为交流保安电源供给 380V 保安Ⅰ、Ⅱ段。

图 4-6 为 600MW 机组火电厂厂用电接线示意图。高压厂用电为 3kV、10kV 两个电压等级，每台机组单元设置 2 台三相三绕组工作变压器 T_1、T_2，分接至四段高压厂用母线，既带机组单元负荷，又带公用负荷。两台三绕组变压器 T_3、T_4 作为启动备用变压器，从 220kV 高压母线引接。T5～T8 为厂用低压变压器。

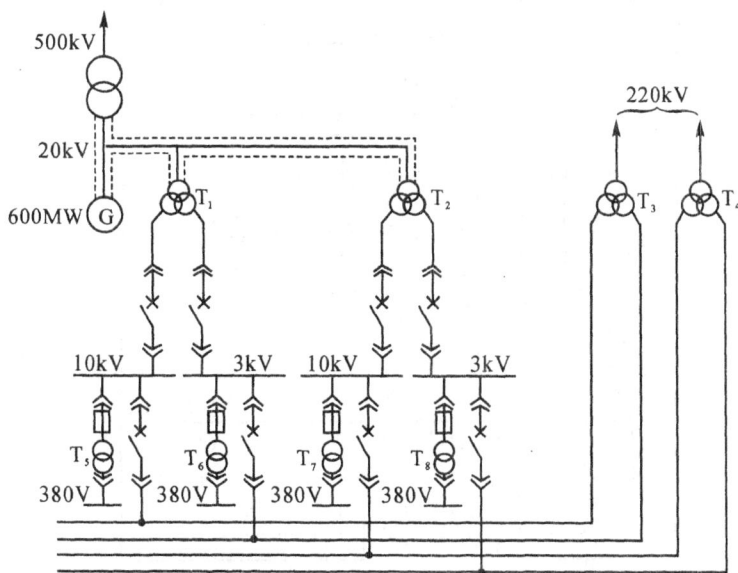

图 4-6 600MW 机组火电厂厂用电接线示意图

这种 600MW 机组火电厂厂用电接线形式，即可用于 3kV、10kV 两个电压等级的高压厂用电系统接线,也可用于仅有 6kV 一个电压等级的高压厂用电系统接线。事实上,早期 600 MW机组厂用电系统设计中有的设置 10 kV、3 kV 2 个电压等级,但在实际运行中由于该电压配置不符合我国电动机制造情况等原因,目前已建和在建的 600MW 机组大多采用更符合国情的 6 kV 电压等级。

4.3.2 水电厂厂用电接线举例

图 4-7 为大型水电厂的厂用电接线，该厂有 4 台机组，均为发电机－变压器单元接线，其中 G1、G4 的出口有断路器，当全厂停运时，可从系统取得电源。为了向坝区大型机械,如船闸等供电,设有两段 6kV 母线,由专用坝区变压器 T9 和 T10 供电,备用方式为暗备用。380/220V低压厂用电系统由 T5～T8 供电,其备用电源由公用母线段引接,备用方式为明备用。

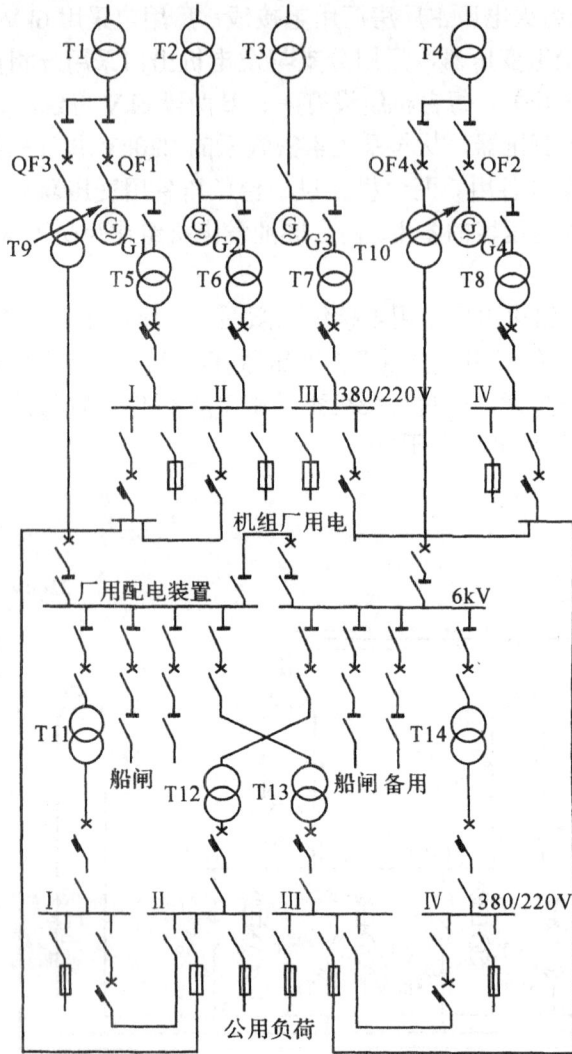

图 4-7　大型水电厂厂用电接线

4.3.3　变电所的所用电接线举例

图 4-8 为 500kV 变电所所用电接线。500kV 变电所在系统中处于枢纽地位，其所用电可靠性要求很高，必须装有两台或两台以上所用工作变压器。380/220V 所用电系统采用单母线分段接线，由引接自变电所内主变压器第三绕组的所用工作变压器供电，备用变压器由所外 35kV 系统引接，作为低压所用工作变压器的明备用。

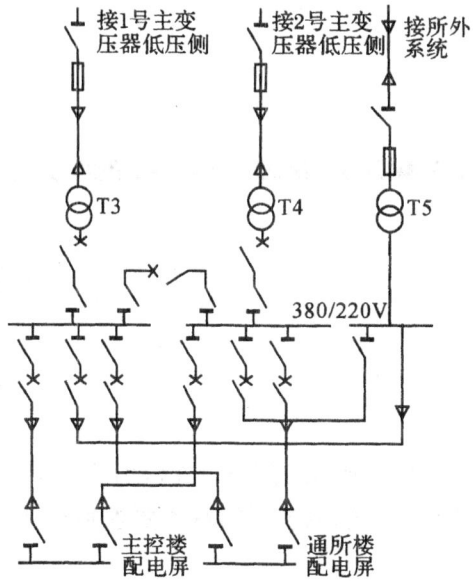

图 4-8 500kV 变电所所用电接线

习题 4

4-1 什么是厂用电和厂用电率?

4-2 厂用负荷分为哪几类?

4-3 厂用工作电源的引接方式有哪几种?

4-4 厂用备用电源的引接方式有哪几种?什么是明备用、暗备用?

4-5 什么是按炉分段,为什么要按炉分段?

4-6 试分析一个电厂厂用电接线。

第5章

配电装置

配电装置是发电厂和变电所的重要组成部分，在电力系统中起到接受和分配电能的作用。本章介绍配电装置最小安全净距，对配电装置的基本要求和设计的基本步骤，以及各种配电装置的特点、实例分析。

5.1 概述

配电装置是根据电气主接线的连接方式，由各种开关电器、保护电器、测量电器、母线和必要的辅助设备组建而成的接受和分配电能的电气装置。

5.1.1 配电装置的分类

配电装置按其电气设备装设的地点，可分为屋内配电装置和屋外配电装置。将电气设备装设在屋内的称为屋内配电装置，将电气设备装设在屋外的称为屋外配电装置。

屋内配电装置的特点：①安全净距小并可以分层布置，占地面积小；②维护、巡视和操作在室内进行，不受外界气象条件影响，比较方便；③外界环境(如气温、湿度、污秽和有害气体等)对设备影响小，减少维修工作量；④建筑投资较大。

屋外配电装置的特点：①土建工程量和费用少，建造时间短；②扩建方便；③相邻设备之间的距离较大，便于带电作业；④受环境条件变化影响较大，设备运行条件较差，电气设备的外绝缘要按屋外的工作条件来决定，设备造价较高；⑤占地面积大。

配电装置按其组装方式，又可分为装配式和成套配电装置两种。在现场进行组装的配电装置称为装配式配电装置。在工厂预先将各种开关、互感器等安装成套，然后运到安装地点，则称为成套配电装置。

成套配电装置的特点：①电气设备布置在封闭或半封闭的金属外壳中，相间和对地距离可以缩小、结构紧凑，占地面积小；②大大减少现场安装工作量，有利于缩短建设周期，也便于扩建和搬迁；③运行可靠性高，维护方便；④耗用钢材较多，造价较高。

在发电厂和变电所中，35kV 及以下的配电装置多采用屋内配电装置；110kV 及以上的配电装置则多采用屋外配电装置。在有特殊要求时，如建于城市中心或严重污秽地区，110~220kV 配电装置也可以采用屋内配电装置。

3~35kV 高压成套配电装置，广泛应用在大、中型发电厂和变电所中。110~500kV 的 SF_6

全封闭组合电器应用也逐渐增多。

5.1.2　配电装置的最小安全净距

配电装置的整个结构尺寸是综合考虑了设备的外形尺寸、检修维护和运输的安全距离、电气绝缘距离等因素后决定的。配电装置的最小安全净距是指配电装置各部分之间，为保证人身和设备的安全所必须的最小电气距离。在这一距离下，无论在正常最高工作电压或出现内、外过电压时，都不致发生空气间隙击穿。配电装置的最小安全净距和电压等级、运行环境、检修和运输等因素有关。

在各种间隔距离中，最基本的是空气中带电部分至接地部分之间和不同相的带电导体之间的最小安全净距，即所谓 A_1 和 A_2。B、C、D、E 等类安全净距是在 A 值的基础上，再考

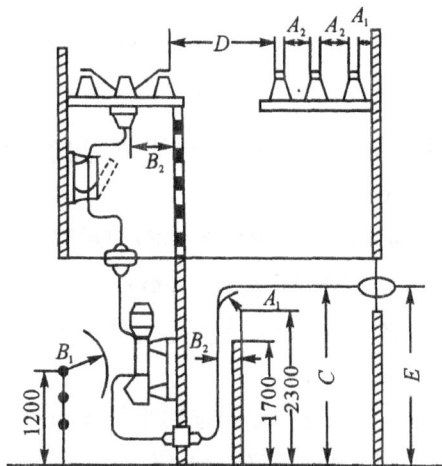

图 5-1　屋内配电装置安全净距校验图（单位 mm）

虑运行维护、设备移动、检修工具活动范围、施工误差等具体情况而确定的。它们的含义如下，图 5-1、图 5-2 分别为屋内、屋外安全净距校验图。

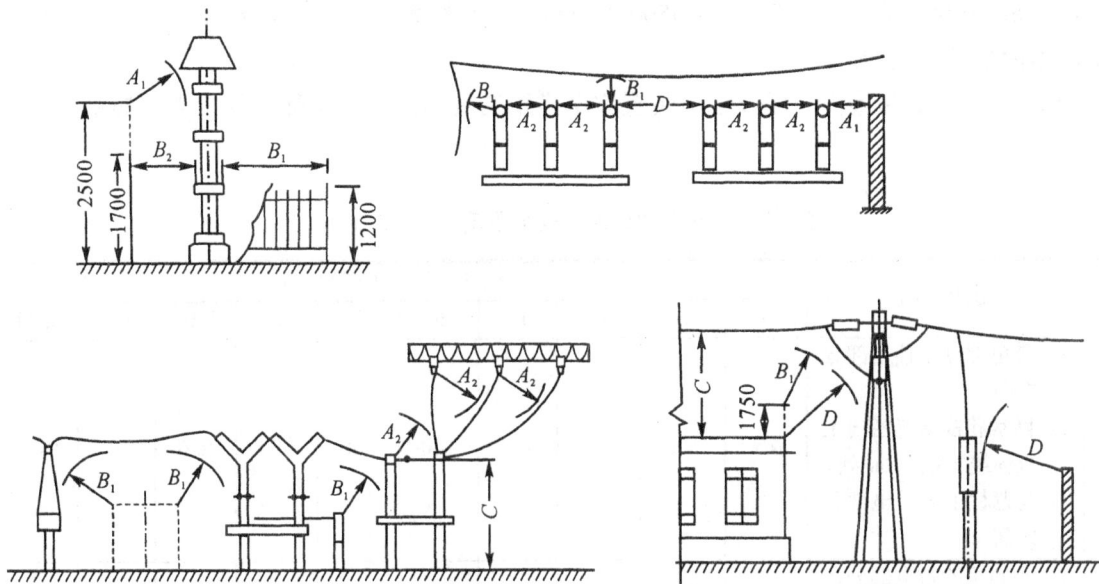

图 5-2　屋外配电装置安全净距校验图（单位 mm）

1）B 值

B 值分为两项，B_1 和 B_2。

B_1——带电部分对栅栏和带电部分对运输设备间的距离，即，

$B_1 = A_1 + 750$（mm）

其中 750mm 是考虑运行人员的手臂误入栅栏时手臂的长度，设备移动时的摆动也不会大于此值。当导线垂直交叉且要求不同时停电检修的情况下，检修人员在导线上下活动范围亦为此值。

B_2——带电部分至网状遮栏的距离，即，

$B_2 = A_1 + 70 + 30$（mm）

其中 70mm 是考虑运行人员的手指误入网栏时的指长，30mm 是考虑施工误差。

2）C 值

C 值为无遮栏裸导体至地面的距离。

$C = A_1 + 2300 + 200$　　（mm）

其中 2300mm 是考虑运行人员举手后的总高度，200mm 是考虑施工误差(屋内不考虑)。

3）D 值

D 值为不同时停电检修的平行无遮栏裸导体之间的水平净距。

$D = A_1 + 1800 + 200$（mm）

其中 1800mm 是考虑检修人员和工具的活动范围，200mm 是考虑屋外条件较差而取的裕度(屋内不考虑)。

4）E 值

E 值为屋内配电装置出线套管中心线至户外通道路面的距离。35kV 及以下时，规定 E 值为 4000mm，60kV 及以上，$E = A_1 + 3500$（mm），并取整数，其中 3500mm 为人站在载重汽车车厢中的举手的高度。

表 5-1、表 5-2 为屋内、屋外配电装置安全净距的具体尺寸，实际工程中采用的距离通常要大于表中的数据。

表 5-1　屋内配电装置的安全净距（单位：mm）

符号	适用范围	额定电压（kV）									
		3	6	10	15	20	35	60	110J	110	220J
A_1	1. 带电部分至接地部分之间 2. 网状和板状遮栏向上延伸线距地 2.3m 处，与遮栏上方带电部分之间	75	100	125	150	180	300	550	850	950	1800
A_2	1. 不同相的带电部分之间 2. 断路器和隔离开关的断口两侧引线带电部分之间	75	100	125	150	180	300	550	900	1000	2000
B_1	1. 栅状遮栏至带电部分之间	825	850	875	900	930	1050	1300	1600	1700	2550

符号	适用范围	额定电压（kV）									
		3	6	10	15	20	35	60	110J	110	220J
	2. 交叉的不同时停电检修的无遮栏带电部分之间										
B_2	网状遮栏至带电部分之间	175	200	225	250	280	400	650	950	1050	1900
C	无遮栏裸导体至地（楼）面之间	2375	2400	2425	2450	2480	2600	2850	3150	3250	4100
D	平行的不同时停电检修的无遮栏裸导体之间	1875	1900	1925	1950	1980	2100	2350	2650	2750	3600
E	通向屋外的出线套管至屋外通道的路面	4000	4000	4000	4000	4000	4000	4500	5000	5000	5500

注　J 系指系统中性点直接接地系统。

表 5-2　屋外配电装置的安全净距（单位：mm）

符号	适用范围	额定电压（kV）								
		3～10	15～20	35	60	110J	110	220J	330J	500J
A_1	1. 带电部分至接地部分之间 2. 网状遮栏向上延伸线距地 2.5m 处与遮栏上方带电部分之间	200	300	400	650	900	1000	1800	2500	3800
A_2	1. 不同相的带电部分之间 2. 断路器和隔离开关的断口两侧引线带电部分之间	200	300	400	650	1000	1100	2000	2800	4300
B_1	1. 设备运输时，其外廓至无遮栏带电部分之间 2. 交叉的不同时停电检修的无遮栏带电部分之间 3. 栅状遮栏至绝缘体和带电部分之间 4. 带电作业时的带电部分至接地部分之间	950	1050	1150	1400	1650	1750	2550	3250	4550
B_2	网状遮栏至带电部分之间	300	400	500	750	1000	1100	1900	2600	3900
C	1. 无遮栏裸导体至地面之间	2700	2800	2900	3100	3400	3500	4300	5000	7500

符号	适用范围	额定电压（kV）								
		3~10	15~20	35	60	110J	110	220J	330J	500J
	2. 无遮栏裸导体至建筑物、构筑物顶部之间									
D	1. 平行的不同时停电检修的无遮栏带电部分之间 2. 带电部分与建筑物、构筑物的边沿部分之间	2200	2300	2400	2600	2900	3000	3800	4500	5800

5.1.3　配电装置的基本要求

配电装置是发电厂和变电所的重要组成部分，因此配电装置应满足下述基本要求：

（1）保证运行可靠。

（2）便于操作、巡视和检修，例如有必要的出口、通道，合理的操作位置，良好的照明条件等。

（3）保证人身安全和防火要求。

（4）在保证安全的前提下，布置紧凑，力求提高经济性。

（5）便于分期建设，具有扩建的可能性。

5.1.4　配电装置设计的基本步骤

（1）选择配电装置的型式。据电压等级、电器型式、出线多少和方式、有无电抗器、地形、运行经验、施工条件等因素，选择配电装置的型式。

（2）拟定配置图。即将进线、出线、母联断路器、分段断路器、厂用变压器、互感器、避雷器等合理分配于各间隔，并表示出导体和电器在各间隔和小室中的轮廓，但不要求按比例尺寸绘制。配置图主要用来分析配电装置的布置方案和统计所用的主要设备。

（3）设计配电装置的平面图和断面图。平面图是按比例表示配电装置的各间隔、电器、通道、出口等的平面布置轮廓的图形，平面图中可不必画出所装电器，但需要标出各部分的尺寸。断面图是沿配电装置纵向（进出线方向）的断面侧视图，它表示配电装置电路中各设备的相互连接及具体布置。平、断面图均要求按比例绘制，并标明尺寸。设计平面图、断面图主要依据是最小安全净距，并遵守配电装置设计规程的有关规定，要保证装置可靠地运行，操作维护及检修安全、便利。

5.2　屋内配电装置

5.2.1　屋内配电装置概述

发电厂与变电所屋内配电装置，按其布置形式分为单层式、二层式和三层式。

（1）单层式屋内配电装置是把所有电气设备均布置在一层房屋内，适用于出线无电抗器、母线为单母线或双母线的各种类型降压变电所，发电厂厂用电高压配电系统和小型发电厂。单层式的优点是结构简单，但占地面积较大，通常采用成套式配电装置。

（2）二层式屋内配电装置是将断路器和电抗器布置在第一层，母线、母线隔离开关等较轻设备布置在第二层，适用于有出线电抗器的大、中型发电厂。与三层式相比，二层式占地面积略有增加，但运行维护与检修均较方便，造价也明显下降，因此得到了广泛采用。

（3）三层式屋内配电装置是将母线放在最高层，按照主接线的顺序（依其轻重）、将各回路电气设备自上而下地分别布置在三层房屋内。它的特点是可靠性高、占地面积小，但结构复杂、造价较高，运行维护与检修工作也不方便。三层式在我国已很少采用。

在屋内配电装置中，通常将同一回路的电气设备和导体布置在一个间隔内，使不同电气回路互相隔离，从而将电气设备故障的影响限制在最小范围内，避免检修人员在检修时与邻近回路的电气设备接触。所谓间隔，是指配电装置中的一个电路（进、出线，分段、母联断路器等）的连接导线及电器所占据的间隔。在屋内配电装置中，是用砖、混凝土或石棉水泥板做成的分间；在成套式配电装置中，一个开关柜就是一个间隔。间隔内也可分成若干个小室。屋外配电装置的间隔没有实体界线，但各间隔的区分也很明显。根据回路的用途，可分为发电机、变压器、线路、母线联络断路器、电压互感器和避雷器间隔等。

屋内配电装置的总体布置原则为：

（1）同一回路的电器及导体应布置在一个间隔内，以保证维护检修的安全和限制故障范围；

（2）较重的设备（如高压断路器、电抗器等）布置在下层；

（3）尽量将电源布置在每段母线中部，使母线截面流过的电流较小；

（4）充分利用间隔的空间；

（5）布置对称，便于操作；

（6）应易于扩建。

5.2.2　屋内配电装置实例

6～10kV 双母线、出线带电抗器、两层两通道的屋内配电装置的配置图如图 5-3 所示。

图 5-3 中的主变压器和线路间隔的断面图如图 5-4 所示。第二层布置母线和隔离开关。三相母线呈垂直布置，相间距离为 750mm，母线各相之间用隔板隔开，以减少相间短路的机会。两组母线用隔板隔开，便于一组母线工作时检修另一组母线。母线隔离开关装在母线下方的敞开小室中，两者之间用隔板隔开，以防止事故蔓延。第二层中有两个维护通道，在母线隔离开关靠通道一侧，设有网状遮栏，以便巡视。

第一层布置电抗器和断路器等笨重设备。断路器双列布置，中间为操作通道，断路器及隔离开关均在操作通道内进行操作，比较方便。出线电抗器小室与出线断路器小室沿纵向前后布置，三相电抗器垂直布置，电抗器的下部有通风道能引入冷空气，小室中热空气从外墙上部的百叶窗排出。变压器回路架空引入，出线采用电缆经电缆隧道引出。

图 5-3 二层二通道双母线分段、出线带电抗器的 6-10kV 配电装置配置图

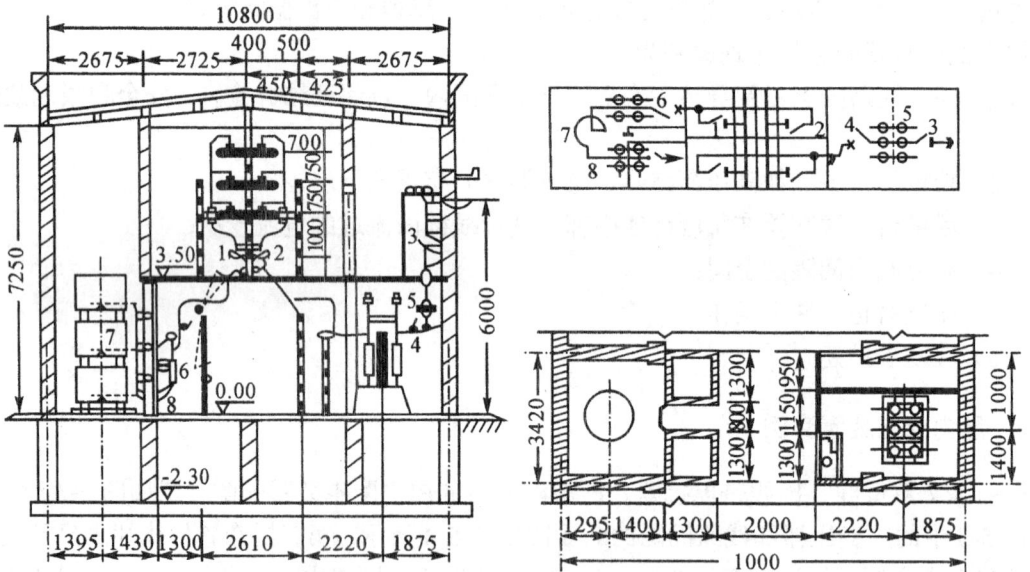

图 5-4 6～10kV 双母线、出线带电抗器、两层两通道的屋内配电装置的断面图

1、2、3—隔离开关; 4、6—断路器; 5、8—电流互感器; 7—电抗器

5.3 屋外配电装置

5.3.1 屋外配电装置概述

屋外配电装置将所有电气设备和载流导体均露天安装在基础、支架和杆塔上。屋外配电装置的结构形式不但与电气主接线、电压等级和电气设备的类型密切相关,还与发电厂、变电所的类型和地形地质条件等有关。

根据母线和电气设备布置的相对高度，屋外配电装置可分为中型、高型和半高型。为了便于理解，各类型的布置特点和优缺点将结合实例分析。

5.3.2　屋外配电装置实例

1. 中型配电装置

中型配电装置将所有电气设备都安装在同一水平面内，并装在一定高度的基础上，以保证地面上工作人员可以安全活动；母线稍高于电气设备所在水平面。中型配电装置按照隔离开关的布置方式，可以分为普通中型配电装置和分相中型配电装置。普通中型配电装置的母线和电气设备完全不重叠，而分相中型配电装置中母线隔离开关分相布置在母线的正下方。

图 5-5 所示为 220kV 双母线进出线带旁路、合并母线架、断路器单列布置的普通中型配电装置。采用 GW4－220 型隔离开关和少油断路器，除避雷器外，所有电气设备均布置在 2～2.5m 的基础上；母线及旁路母线的边相距离隔离开关较远，故在引下线设有支持绝缘子。由于断路器采用单列布置，主变进线（虚线表示）要跳高跨线布置，降低了可靠性。

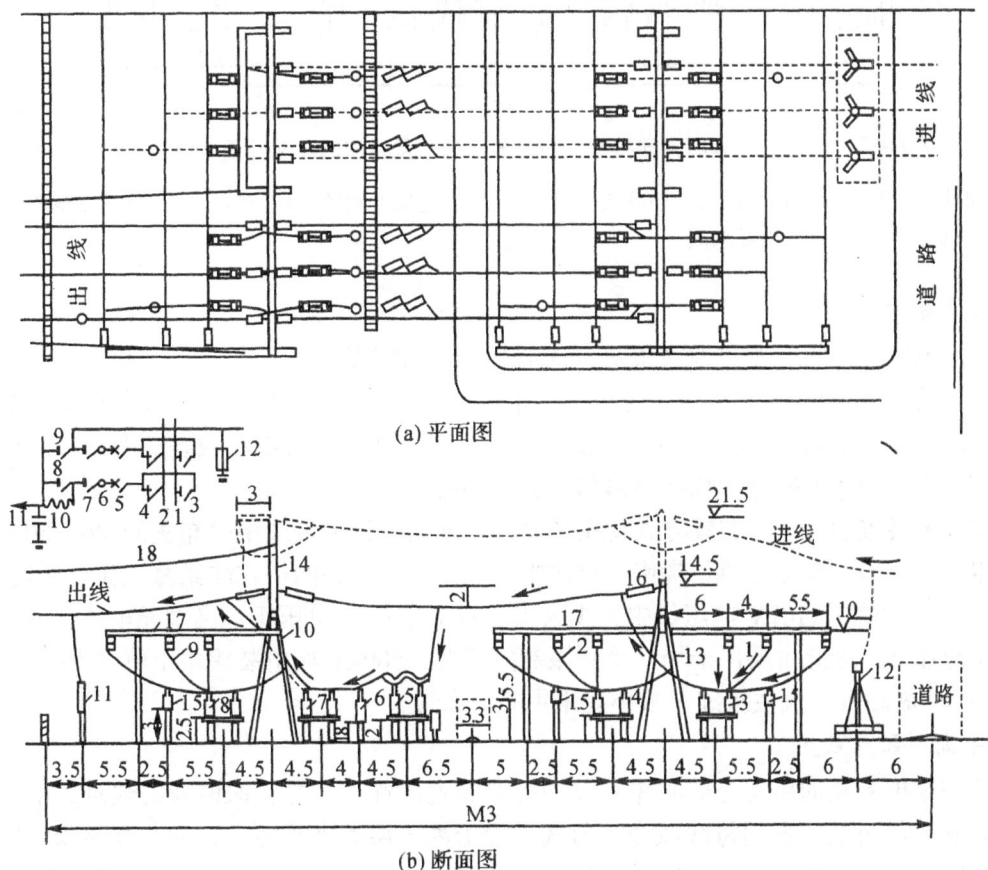

(a) 平面图

(b) 断面图

图 5-5　220KV 双母线进出线带旁路、合并母线架、断路器单列布置的配电装置（单位：mm）

1、2、9—线线 I、II 和旁路母线；3、4、7、8—隔离开关；5—少油断路器；6—电流互感器；10—阻波器；11—耦合电容器；12—避雷器；13—中央门型架；14—出线门型架；15—支持绝缘子；16—悬式绝缘子串；17—母线构架；18—架空地线普通中型配电装置的优点是：①布置较清晰，不易误操作，运行可靠；②构架高度较低，抗震性能较好；③.检修、施工、运行方便，且已经积累了丰富经验；④所用钢材少，造价较低。缺点主要是占地面积较大，一般 110~220kV 很少采用。

图 5-6 所示为 500kV、3/2 接线、分相中型布置的进出线断面图。这种布置方式采用硬管母线及单柱式（又称剪刀式）隔离开关，可缩小相间距离，降低构架高度，减少占地面积，减少母线绝缘子串数和控制电缆长度。断路器采用三列布置，一、二列间布置出线；二、三列间布置进线。分相中型配电装置有布置简单，清晰，占地少的优点；缺点主要是管形母线施工较复杂，因为强度关系不能上人检修，使用的柱式绝缘子防污、抗振能力差。

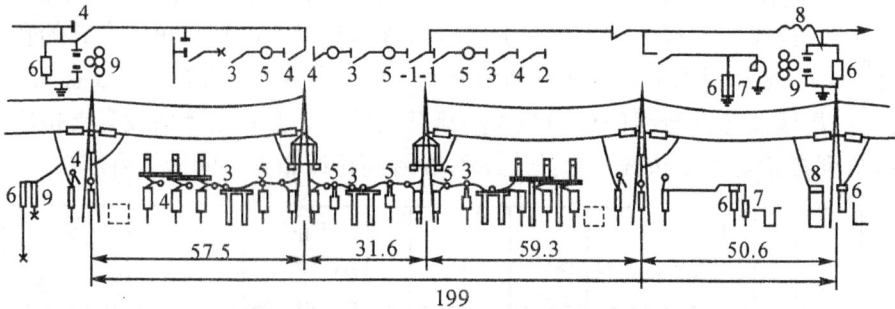

图 5-6　500KV 一台半断路器接线、断路器三列布置的进出线断面图（单位：m）

1、2—主母线Ⅰ、Ⅱ；3—断路器；4—伸缩式隔离开关；5—电流互感器；6—避雷器；7—并联电流器；8—阻波器；9—铝合电容器及电压互感器

2. 高型配电装置

高型配电装置是将一组母线及隔离开关与另一组母线及隔离开关上下重叠布置的配电装置。图 5-7 所示为 220kV 双母线、进出线均带旁路、三框架、断路器双列布置的高型配电装置进出线断面图。这种布置方式两组母线作重叠布置，其下没有电气设备；旁路母线放置在高层，其下为双列布置的进出线断路器和电流互感器。

高型配电装置的优点是布置方式特别紧凑，占地面积仅为普通中型布置的 40~50%，所用钢材也增加不多。缺点主要是耗用钢材比中型多，上层设备的操作与维修工作条件较差。

高型配电装置在 110kV 电压级中较少采用。对于 220kV 电压级，高型配电装置节省用地的效果十分显著，因此主要用于场地受到限制的情况。500kV 配电装置由于电气设备体积大，并且多为 3/2 断路器电气主接线，故不宜采用高型布置。

3. 半高型配电装置

半高型配电装置的用意是兼收中、高型配电装置的优点，并克服两者的缺点。半高型配电装置是将一组母线（备用母线或旁路母线）置于高一层的水平面上，并与断路器、电流互感器、隔离开关等重叠布置，但与高型配电装置不同，一组母线与另一组母线不重叠布置。

图 5-8 所示为 110kV 双母线带旁路母线接线，半高型配电装置的出线断面图。该布置将两组主母线及隔离开关均抬高到同一高度，将出线断路器、电流互感器以及出线隔离开关等设备布置在其中一组主母线下方，另一组主母线下面设置搬运道路。如果电气主接线是单母线带旁路母线接线，按半高型布置，则将不常带电运行的旁路母线抬高。

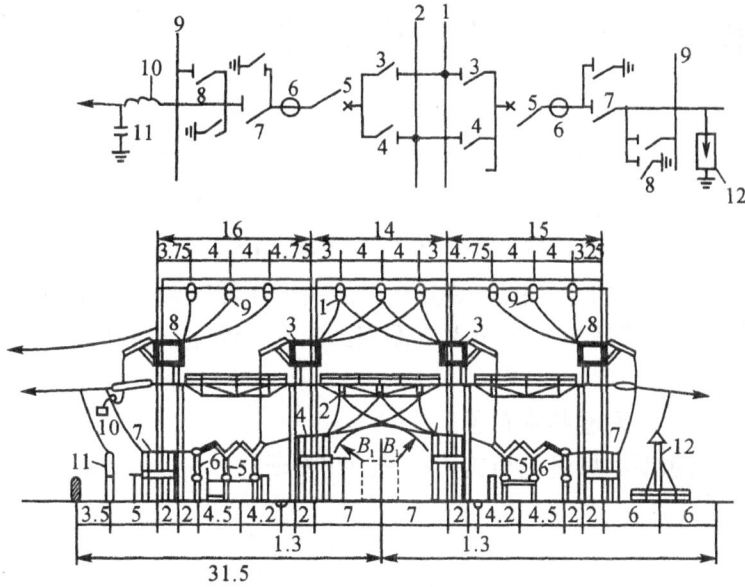

图 5-7　220kV 高型配电装置断面图

1、2—主母线；3、4、7、8—隔离开关；5—断路器；6—电流互感器；9—旁路母线；10—阻波器；11—耦合电容；12—避雷器

半高型配电装置的优点是：①纵向尺寸较中型小，可以比普通中型配电装置节省占地面积 30% 耗用钢材和中型接近；②减少了高层检修的工作量；③母线不等高布置，实现进、出线均带旁路较方便。缺点主要是检修母线隔离开关不方便。

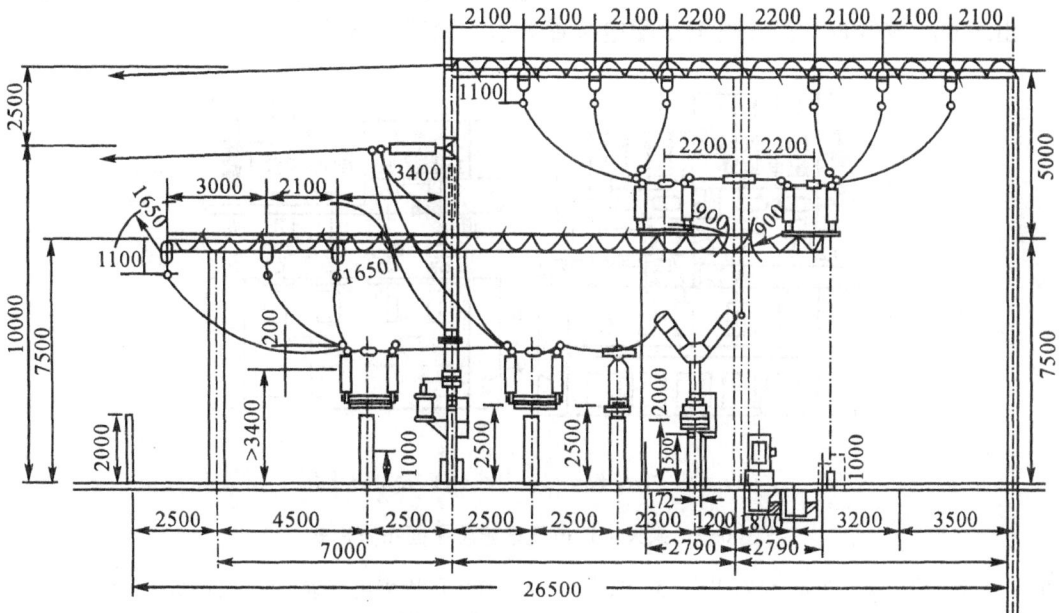

图 5-8　110KV 双母线进出线带旁路接线、断路器单列布置的高型配电装置出线断面图

5.4　发电厂和变电所电气部分的总体布置

发电厂电气设施的布置是电厂总平面布置的重要组成部分，涉及高压配电装置、主控制室（或网控室）、主变压器、高压厂用变压器、主厂房等，其布置是否合理，对电厂的经济性和安全性有重要影响。总体布置时应考虑的原则包括：

（1）满足电能生产工艺流程的要求，例如在满足运行、检修等要求的前提下，电能生产流程各环节（发电机—发电机电压配电装置—升压主变压器—高压配电装置）之间的电气连线尽量短，设备布置尽可能紧凑，减少占地面积；中央控制室（主控室）尽量靠近各发电机组；主变压器尽量靠近主厂房等。

（2）结合地形地质，因地制宜布置。

（3）考虑在发电初期尽量避免与施工设施的交叉干扰。

5.4.1　火力发电厂

图 5-9 为火电厂电气设施总平面布置图。为了方便与发电机连接，我国大多数火力发电厂的高压配电装置均布置在主厂房前。地区性火电厂中，发电机电压配电装置应靠近主厂房，以减少配电装置与发电机连接导体的长度。主变压器应尽量靠近发电机电压配电装置，并布置在升压配电装置场地内。在大型火电厂中多采用发电机——变压器单元接线，主变压器应尽量靠近汽机间，以缩短封闭母线的长度。

控制室位置应保证值班人员有良好的工作环境，便于运行管理，并尽可能缩短控制电缆的长度。地区性电厂中，控制室通常设在发电机电压配电装置的固定端，并用天桥与汽轮机房连通。大型火电厂采用单元控制方式，机炉电单元控制室布置在主厂房内。当主接线比较复杂，出线回路较多时，在升高电压配电装置旁边，设置网络控制室。

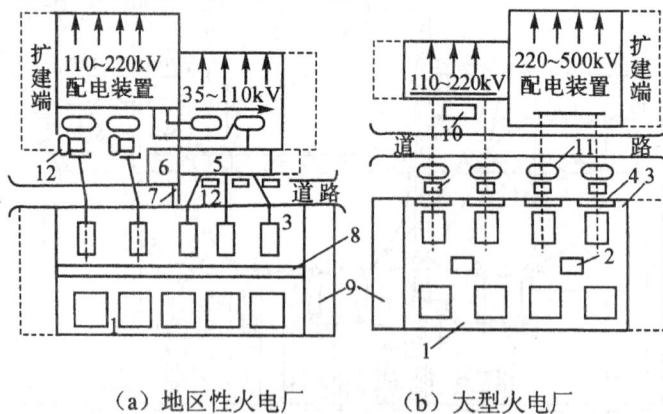

　　（a）地区性火电厂　　　　　（b）大型火电厂

图 5-9　某火电厂电气设施总平面布置形式

1—锅炉间；2—炉、机，电单元控制室；3—汽机间；4—高压厂用配电装置；5—发电机电压配电装置；6—主控制室；7—天桥；8—除氧间；9—生产办公楼；10—网络控制室；11—主变压器；12—高压厂用变压器

5.4.2　水力发电厂

图 5-10 为坝后式水电厂平面布置图。在大中型水电站中，发电机电压配电装置的位置通常靠近机组，升压变压器装置在主厂房的上游或下游(尾水)侧的墙边与主机房同高程的位置，可使变压器和发电机的连接导线最短，并便于与高压配电装置联系。当高压配电装置比较简单(或使用 SF$_6$ 封闭电器)时，可连同主变压器布置在主厂房与大坝之间；若高压配电装置占地面积较大时，通常将其设置在下游岸边，用架空线与设在尾水平台的升压变压器连接，此时，高压配电装置中还设有网络继电保护室和值班室。

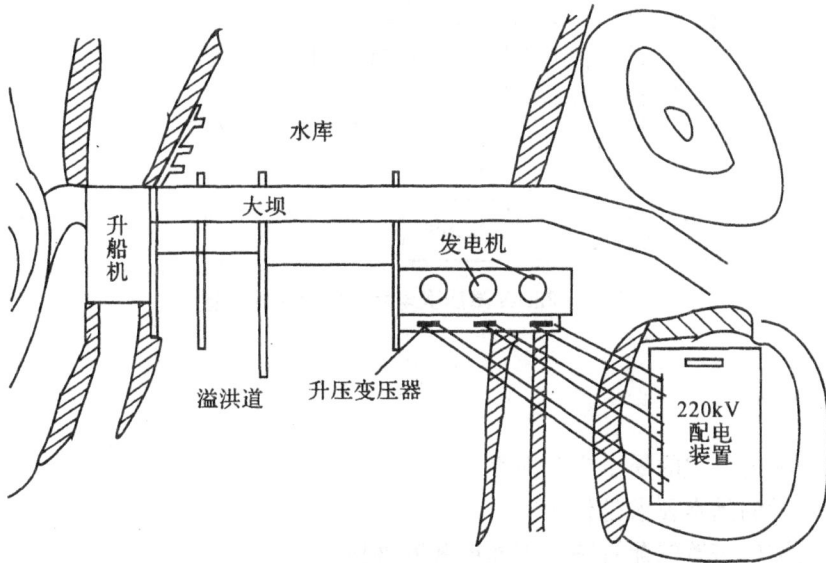

图 5-10　坝后式水力发电厂的电气设施平面布置图

5.4.3　变电所电气设施的平面布置

变电所主要由屋内、屋外配电装置、主变压器、主控制室、直流系统、远动通信设施等组成。220kV 及以上的变电所大多装设有同步调相机或静止无功补偿器。

图 5-11 为 220kV 变电所电气设施的平面布置图。图 5-11 中，10kV 屋内配电装置与控制楼相连。图 5-11 中 110kV 及 220kV 屋外配电装置采用 L 型布置。主变压器布置在各级电压配电装置中间，以便于高、中、低压侧引线连接。调相机布置在邻近控制室和主变压器低压侧，并邻近其冷却设施。

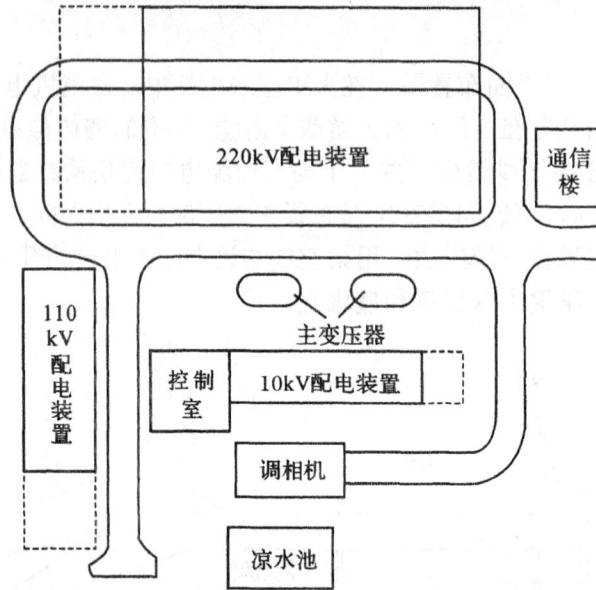

图 5-11 220KV 降压变电所电气总平面布置

习题 5

5-1 什么是配电装置的最小安全净距?

5-2 配电装置的基本要求是什么?

5-3 什么是配电装置的配置图、平面图和断面图?

5-4 试述屋内配电装置的类型和特点。

5-5 试述屋外配电装置的类型和特点。

第6章

电力系统继电保护基本知识

继电保护装置是保障电力系统安全、稳定运行必不可少的重要设备。它在系统中的配置与电力网结构、厂站主接线和运行方式等相关，因此学习继电保护知识非常重要。本章将介绍继电保护的基本知识，主要包括继电保护的作用与任务，继电保护常用的基本原理与构成，以及电力系统对继电保护的基本要求等。

6.1 继电保护的作用

6.1.1 电力系统的状态

电力系统在运行中，可以根据不同的运行条件将电力系统的运行状态分为正常状态、不正常状态和故障状态。电力系统运行控制的目的就是通过自动和人工的控制，使电力系统能尽快摆脱不正常和故障状态，长期处于正常运行状态。

在正常状态下，不仅电力系统中发出的有功功率和无功功率与系统中的负荷功率（包括传输损耗）相等，而且各电气设备的运行参数（如功率、电压、电流、频率）都不越限，即处于安全运行的范围内，此状态下的电力系统能安全经济运行。

电力系统在运行中由于外力、绝缘老化、过电压、误操作等原因会发生短路、断线等故障，使电气设备的正常运行状态遭到破坏。最常见也最危险的故障是发生各种类型的短路。所谓短路，是指正常运行以外的电气设备相与相之间、相与地之间的短接，有三相短路、两相短路、两相接地短路、单相接地短路以及发电机和变压器内部绕组的匝间短路。在中性点直接接地系统中，单相接地短路故障最为常见，而在中性点不接地或经消弧线圈接地的系统中，故障形式主要是各种相间故障，因为单相接地不构成回路或即使构成了回路故障电流也比较小。不同类型的短路不仅发生概率不同，而且短路电流大小也不同，一般为额定电流的几倍到几十倍，可能造成故障元件和短路电流通过的非故障元件损坏，使部分地区的电压大大降低影响电能质量，并可能破坏电力系统中各发电厂之间并列运行的稳定性，引起系统振荡，甚至使系统瓦解。

电力系统不正常运行状态是指系统中电气设备的正常工作遭到破坏（如运行参数越限），但还未发展成故障的情况。常见的不正常工作状态有以下几种：

（1）过电流，也称过负荷。指负荷电流超过电气设备的额定上限，是电气设备最常见的一种不正常工作状态。过电流会使电气设备的载流部分和绝缘材料过度发热，加速绝缘老化，损坏设备，严重时还可能发展成为故障。

（2）频率升高或降低。当系统中的机组容量与负荷失去平衡时，过剩容量的系统频率会上升，缺额容量的系统频率会下降，这对发电机和负载电动机都会产生一定的影响，特别是对于电动机转速有要求的产品和工艺过程危害更大。

（3）电压升高。比如小电流接地系统中单相接地故障引起的非接地相对地电压的升高，可能使绝缘薄弱的环节击穿发生事故。

（4）电力系统振荡。并列运行的两个系统或两个发电厂失去同步的现象称为振荡。引起振荡的原因很多，大多是由于切除故障时间过长而引起系统动稳定的破坏。振荡时系统中各点的电压和电流都有很大的脉动，相位和频率也有很大的变化，会造成大量负荷被甩掉，保护装置可能误动。

6.1.2　继电保护的作用与任务

电力系统中电气设备很多，经常会发生各种故障和出现不正常运行状态。当某一设备发生故障时，在很短的时间内会影响到整个系统。为了防止事故的扩大以及最大限度地减少对故障设备本身的损坏，应尽快把故障设备从系统中切除，使无故障部分继续供电，维持系统运行的稳定性。故障切除的时间自然是越短越好，比如几十毫秒。在这样短的时间内，依靠运行人员的操作去处理故障是不可能的，只能依靠安装在各个电气设备上的具有自动化措施的设备，即由继电保护和安全自动装置来完成。

通常把用于保护电力设备的自动装置称为继电保护装置，而把用于保护电力系统的称为电力系统安全自动装置。继电保护装置是一种以能及时反应电气设备发生故障和不正常运行状态时的物理量与正常运行时的差别为判据构成的自动装置，能作用于断路器跳闸或发出信号，因此它是保证电力设备安全运行的基本装备，任何电力元件不得在无继电保护的状态下运行。电力系统安全自动装置则是用来快速恢复电力系统的完整性，防止发生和中止已经发生的足以引起电力系统长期大面积停电的重大系统事故，如失去电力系统稳定、频率崩溃或电压崩溃等。

因此继电保护在电力系统中的任务是：

（1）当被保护的电力设备发生故障时，应该由该设备的继电保护装置自动地、迅速地、有选择地向离故障设备最近的断路器发出跳闸命令，将故障设备从电力系统中切除，保证无故障设备继续运行，并防止故障设备继续遭到破坏。

（2）当电力系统出现不正常运行状态时，根据不正常工作情况和设备运行维护条件的不同，或发出信号使值班人员能及时采取措施，或由装置自动进行调整（如减负荷），避免不必要的动作和由于干扰而引起的误动作。反应不正常工作状态的继电保护，通常都不需要立即动作，可带一定的延时。

（3）继电保护与自动重合闸装置配合，可在输电线路发生瞬时性故障时，迅速恢复故障线路的正常运行，从而提高供电的可靠性。

由此可见，继电保护在电力系统中的主要作用是：防止事故的发生和发展，限制事故的影响和范围，最大限度地确保电力系统安全运行。继电保护是电力系统中一个重要的组成部分，对保证整个电力系统的安全运行具有十分重要的意义。

6.2　继电保护的基本原理与构成

6.2.1　继电保护的基本原理

继电保护要完成它在电力系统中的任务，首先必须能正确区分电力系统的正常、不正常和故障三种运行状态，即必须寻找电力设备在这三种运行状态下的可测电气量的差异。依据这些可测电气量的差异，可以构成不同原理的继电保护。目前最常使用的可测电气量是通过电力设备的电流和所在母线的电压，以及由这些量演绎出来的其它量，如功率方向、阻抗、相序量等，从而构成电流保护、电压保护、功率方向保护、阻抗保护等。下面简单介绍一些常用的继电保护原理。

（1）电流保护。电力系统发生故障时总是伴随着电流的增大，电流保护就是反应于被保护设备通过的电流增大，超过它的整定值而动作的保护，即 I（测量值）$\geqslant I_{zd}$（整定值）时保护动作，如相电流保护、零序电流保护。

（2）电压保护。电力系统发生故障时电压必然降低，反应于电压降低而动作的保护为低电压保护；当电力系统出现电压过高的不正常运行状态时，反应于电压升高的保护为过电压保护。

（3）距离保护。除电流大小外，还配以母线电压的变化进行综合判断，实现的用于反应故障点到保护安装处电气距离的保护为距离保护，也称低阻抗保护。电网正常运行时，电压与电流的比值是负荷的阻抗，一般较大；而电力系统发生故障时，保护感受到的电压与电流的比值为故障点到保护安装处的阻抗，远远小于负荷阻抗。

（4）功率方向保护。是利用电压和电流间的相位关系作为故障及其方向的判据。正常运行时测到的电压与电流间的相位角是负荷的阻抗角，一般为 $20°\sim30°$，而故障时测到的阻抗角是线路阻抗角 φ，一般为 $60°\sim70°$。此外，一般规定流过保护的电流正方向是母线流向线路。若故障时流过保护的电流滞后于电压为线路阻抗角 φ，则可判定为正方向故障，若流过保护的电流滞后于电压的角度为 $180°+\varphi$，则可判为反方向故障。

以上保护均反应设备一侧电气量信息，具有明显的缺点，就是无法区分本设备末端和相邻设备始端故障，因为这两个位置的故障，反映在保护安装处的电压、电流量没有显著区别，因此很难迅速切除保护范围内任意点的故障。为此提出了反应两侧（多侧）电气量信息的保护原理，即差动保护。

差动保护是比较被保护设备各引出端电气量（如电流）大小和相位的一种保护。假设规定电流流入设备为正方向，那么根据电路原理的基尔霍夫电流定律可知，正常运行和外部故障时，流入被保护设备的所有电流相量和应为零（即流入等于流出），而内部故障时，流入被保护设备的电流相量和应为短路电流，所以不仅能区分正常运行和故障状态，并能区分保护设备内部故障还是外部故障。

差动保护已成为变压器、发动机、母线等元件设备的主保护，而应用在输电线路上则以纵联保护的形式出现。这是因为输电线路较长，需要将一侧电气量信息通过通信设备和通道传到另一侧去，两侧的电气量才能进行比较判断，即线路两侧之间发生的是纵向联系，所以称为输电线路纵联保护。纵联保护两端比较的电气量可以是流过两端的电流相量、电流相位和功率方向等，比较不同的电气量信息可构成不同原理的纵联保护。此外，将一端的电气量或用于被比较的特征传送到对端，可以采用不同的传输通道和技术，如有采用通过输电线路本身在工频信号上叠加一个高频载波信号的技术，称为高频保护。高频保护中比较两侧功率方向的称为方向高频保护，而比较两侧电流相位的称为相差高频保护。

除以上反映电气量的保护外，还有非电气量保护。如变压器油箱内部的绕组短路时，反应于油被分解所产生的气体而构成的瓦斯保护；反应于电动机绕组的温度升高而构成的过负荷或过热保护等。

6.2.2 继电保护的构成

继电保护原理虽然体现了电气设备运行状态的判别依据，但电气量信息的采集、判断，以及继电保护发出警告或断路器跳闸命令等还需要一定的硬件设备才能实现，即需要继电保护装置。一般继电保护装置由测量比较、逻辑判断和执行输出三部分组成，如图 6-1 所示。

图 6-1　继电保护装置的组成

（1）测量比较部分

测量比较部分是根据保护原理测量被保护对象的有关电气量，与已给定的整定值进行比较，根据比较的结果，给出"是"、"非"、"0"或"1"性质的一组逻辑信号，从而判断保护是否应该起动。这部分通常由一个或多个测量比较元件构成，常见的如过电流继电器、阻抗继电器、功率方向继电器、差动继电器等。

（2）逻辑判断部分

逻辑判断部分是根据各测量比较元件输出的逻辑状态、性质、先后顺序、持续时间等，使保护装置按一定的逻辑关系判断故障的类型和范围，最后确定是否应该使断路器跳闸、发出信号或不动作，并将有关命令传给执行部分。继电保护中常用的逻辑回路有"或"、"与"、"否"、"延时起动"、"延时返回"以及"记忆"等回路。

（3）执行输出部分

执行输出部分是根据逻辑判断部分传送的信号，最后完成保护装置所担负的任务。如故障时动作于跳闸；不正常运行时，发出信号；正常运行时，不动作等。

6.2.3 继电保护的工作回路

要完成继电保护的任务，除需要完善的继电保护原理和可靠的继电保护装置外，还需要继电保护工作回路的正确工作。继电保护的工作回路中一般包括：电流互感器、电压互感器及其它们与保护装置连接的电缆，断路器跳闸线圈及其与保护装置出口间的连接电缆，指示保护装置动作情况的信号设备，保护装置及跳闸、信号回路设备的工作电源等。

电流互感器 TA 的作用是将通过一次设备的大电流变换为小电流（二次额定电流一般为 5A 或 1A），电压互感器 TV 的作用是将一次设备的电压变换为低电压（二次额定电压一般为 100V 或 $100/\sqrt{3}\,\mathrm{V}$），以便继电保护装置或仪表用于测量，同时起隔离一次系统与二次系统的作用。变换后的小电流、低电压输入继电保护装置的测量比较部分。

电流、电压互感器的工作原理与普通变压器一样，由于存在着励磁阻抗支路，所以测量不可能做到完全线性变换，测量存在着一定的幅值和角度误差。

6.2.4　继电保护装置的发展过程

上世纪 50 年代以前的继电保护装置都是由电磁型、感应型或电动型继电器组成，统称为机电式继电器。由这些继电器组成的继电保护装置称为机电式保护装置。这种保护装置抗干扰性能好，工作可靠，不需外加工作电源，使用了相当长的时间，但存在体积大、消耗功率大、动作速度慢，机械转动部分和触点容易磨损或粘连，调试维护比较复杂等缺点。

上世纪 50 年代，由于半导体晶体管的发展，开始出现了晶体管式继电保护装置，这种保护装置体积小、功率消耗小、动作速度快，无机械转动部分，称为电子式静态保护装置。其缺点是易受电力系统或外界电磁干扰的影响而误动或损坏。20 世纪 70 年代，晶体管式保护装置在我国被大量采用。

上世纪 80 年代后期，随着集成电路技术的发展，静态继电保护开始从第一代(晶体管式)向第二代(集成电路式)过渡，成为静态继电保护装置的主要形式。

在上世纪 60 年代末，有人提出用小型计算机实现继电保护的设想。由此开始了对继电保护计算机算法的大量研究，为微型计算机式继电保护(简称微机保护)的发展奠定了理论基础。随着微处理器技术的迅速发展及其价格急剧下降，在 20 世纪 70 年代后半期，出现了比较完善的微机保护样机，并投入到电力系统中试运行。80 年代微机保护在硬件结构和软件技术方面已趋成熟，进入 90 年代，微机保护已在我国大量应用。

微机保护具有巨大的计算、分析和逻辑判断能力，有存储记忆功能，因而可用来实现任何性能完善且复杂的保护原理。微机保护可连续不断地对本身的工作情况进行自检，其工作可靠性很高，而且可用同一硬件实现不同的保护原理，这使保护装置的制造大为简化，也容易实行保护装置的标准化。此外，微机保护兼有故障录波、故障测距、事件顺序记录、与调度计算机交换信息等辅助功能，因此获得广泛应用，成为目前继电保护装置的主要型式。

6.3　电力系统对继电保护的基本要求

继电保护要正确实现它在电力系统中的任务，必须满足选择性、快速性、灵敏性和可靠性四个基本要求。

6.3.1 选择性

所谓选择性，是指电力系统发生故障时，继电保护的动作应该是有选择性的，即只把故障设备切除，使停电范围尽量缩小，以保证系统中的无故障设备能继续安全运行。

如图6-2所示的电网中，当d_2点故障时，保护6动作跳闸，切除故障线路，此时只有变电站D停电，变电站A、B、C及其用户仍然可继续运行。由此可见，继电保护的选择性能将停电范围限制到最小。而当d_1点故障时，应由距故障点最近的保护1和2动作跳闸，将故障线路切除，变电站B仍可由另一条

图 6-2　保护选择性动作的示意图

无故障线路继续供电。此时若保护3或4也动作跳闸，则变电站B、C及其供电的整个电网将停电，这是非选择性工作的结果。

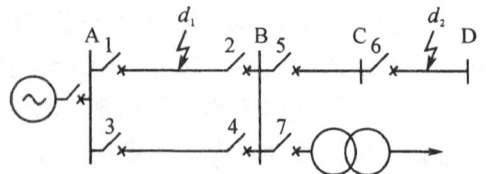

在要求继电保护动作有选择性的同时，还必须考虑继电保护或断路器有拒绝动作的可能性，因而要考虑后备保护的问题。如图6-2中，若d_2点故障，距故障最近的保护6本应动作切除故障，但由于某种原因，该处的继电保护或断路器拒绝动作时，根据后备保护的要求，应由保护5动作切除故障。虽然将造成变电站C停电，但这种扩大停电范围的原因是由保护或断路器拒动引起的，所以保护5的动作仍然是正确的，它反映了后备保护的作用，即尽可能地缩小故障的停电范围，仍属于有选择性的动作。按上述方式实现的后备保护是在远处实现的，因此称为远后备保护。若某设备的主保护拒绝动作时，由该设备的另一套保护作为后备保护来动作切除故障，这种后备作用是在主保护安装处实现的，所以称为近后备保护。

继电保护装置的选择性，是由合理地选择保护方案、正确地进行整定计算以及精确地调整试验所获得的。

6.3.2 速动性

速动性是指继电保护装置应以尽可能快的速度断开故障元件。这样就能减轻故障电流对电气设备的损坏程度，减少用户在低电压情况下工作的时间，提高电力系统并列运行的稳定性，防止事故扩大。

故障切除时间是指从故障发生起到断路器跳闸、电弧熄灭为止的一段时间，它等于继电保护动作时间与断路器跳闸时间之和。现代快速保护最小动作时间为0.01～0.03s，而断路器最小跳闸时间为0.05～0.06s。应当指出，要求这么小的故障切除时间，并不是在所有情况下都是合理的，必须从系统结构、电压等级、被保护设备的重要性等具体情况出发，进行技术经济比较后才能确定。

6.3.3 灵敏性

保护装置的灵敏性是指对其保护范围内的故障或不正常运行状态的反应能力，又称灵敏度。它是通过被保护设备发生故障时的实际参数与保护装置动作整定参数的比较来确定的，常用灵敏系数K_{lm}来表示，其定义如下：

对于反应故障时电气量参数上升的保护装置，

$$K_{lm} = \frac{保护区末端金属性短路时故障参数的最小计算值}{保护装置动作参数整定值} \tag{6-1}$$

对于反应故障时电气量参数下降的保护装置：

$$K_{lm} = \frac{保护装置动作参数整定值}{保护区末端金属性短路时故障参数的最大计算值} \tag{6-2}$$

据上述定义可见，对灵敏系数的要求均大于 1，一般都不小于 1.2～2。

为使保护装置在系统发生故障时起到保护作用，要求保护装置在电力系统各种运行方式下都具有足够的灵敏度，为此，常采用可能出现的最极端运行方式：最大运行方式和最小运行方式。系统的其他运行方式都介于这两种方式之间。

对系统而言，最大运行方式是指系统中所有可以投入的发电设备都投入运行，所有线路和规定接地的中性点全部投入运行的方式；而最小运行方式则是系统负荷最小，投入与之相适应的发电机组且系统中性点只有少部分接地的运行方式。对继电保护而言，最大运行方式是指发生故障时流过该保护的短路电流为最大时的系统连接方式；最小运行方式则是指短路时流过该保护的短路电流为最小的可能运行方式。

如图 6-3 所示系统，系统的最大运行方式是 A、B 两系统的所有机组都投入，且环网部分闭环运行。这正好与 7、8、9 位置的继电保护的最大运行方式吻合，但与环网部分 1～6 位置的继电保护的最大运行方式不一致，1～6 保护所希望的最大运行方式是开环运行，开环点在相邻的下一线路上（如 3 位置的保护是 CB 线路检修）。

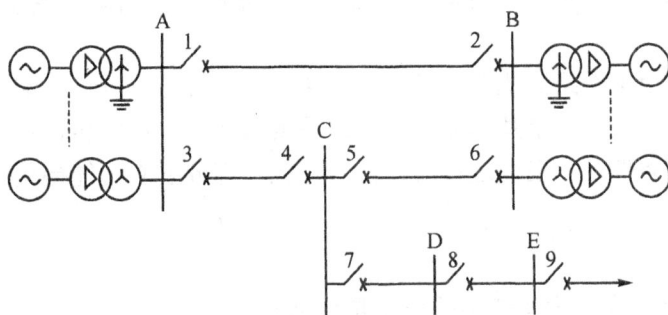

图 6-3　运行方式选择的说明图

因此，每一个具体保护的最大最小运行方式的选择是不尽相同的，且在复杂电力系统中最大最小运行方式的判断是比较困难的。此外，还要考虑实际运行情况，比如某种运行方式可能是不常见的特殊方式，运行时间比较短，且在保护拒动或误动时不会引起大面积的停电，可以不予考虑。

故障参数的计算除考虑运行方式外，还要考虑不利的故障类型。如根据《电力系统分析》课程知识可知，当系统正序综合阻抗等于系统负序综合阻抗时，两相相间短路电流 $I_d^{(2)}$ 是三相短路电流 $I_d^{(3)}$ 的 $\frac{\sqrt{3}}{2}$ 倍，即 $I_d^{(2)} < I_d^{(3)}$。若在在最不利的故障类型下保护装置能可靠动作，其他故障类型下保护装置的灵敏度也就有了保证。所以灵敏系数常是在保护装置的测量元件确定

了动作值后，按最不利的运行方式、故障类型、保护范围内的指定点进行校验，并满足有关规定的灵敏度标准。

6.3.4　可靠性

可靠性是指在保护装置规定的保护范围内发生了它应该反应的故障时，保护装置应可靠地动作(即不拒动，具有信赖性)；而在不属于该保护动作的其它任何情况下，则不应该动作(即不误动，具有安全性)。如果保护装置在该动作时不动，在不该动作时乱动，则不仅不能起到保护作用，反而扩大了事故，成为事故的根源。

可靠性往往取决于保护装置本身的设计、制造、安装、运行维护等因素。一般而言，保护装置的组成元件质量越高、回路接线越简单，保护的工作就越可靠。同时，正确的调试、整定、良好的运行维护及丰富的运行经验，对于提高保护的可靠性具有重要作用。

防止保护误动与拒动的措施常常是互相矛盾的，因而提高保护装置可靠性的着重点应根据该保护装置误动和拒动危害程度的不同而有所不同。例如系统有充足的旋转备用容量、各元件之间联系十分紧密的情况下，由于某一元件的保护装置误动而给系统造成的影响较小；但保护装置的拒功会造成众多设备的损坏和系统稳定的破坏，损失巨大。此时，应着重强调提高不拒动的可靠性。但在系统中旋转备用容量很少及各系统之间、电源与负荷之间的联系比较薄弱的情况下，由于继电保护装置的误动作使发电机、变压器或输电线切除时，将会引起对负荷供电的中断，甚至造成系统稳定的破坏，损失是巨大的；而当其一保护装置拒动时，其后备保护仍可以动作而切除故障。在这种情况下，提高保护装置不误动的可靠性比提高其不拒动的可靠性更为重要。所以，提高保护装置的可靠性应根据电力系统和负荷的具体情况采取适当的措施。

一般情况下，作用于断路器跳闸的继电保护装置，在设计、制造、配置、整定和调试等各个方面，应当同时满足这四个基本要求。但这些要求之间，有的相辅相成，有的相互制约，需要针对不同的使用条件，分别地进行协调，有时某一部分要求可能要稍微降低一些。

习题 6

6-1　继电保护装置在电力系统中的作用是什么？

6-2　依据电力设备的单侧电气量可构成哪些原理的保护，它们能切除保护范围内任意点的故障吗？

6-3　依据电力设备的各侧电气量可构成哪些原理的保护？

6-4　电力系统对继电保护的基本要求有哪些？

6-5　后备保护的作用是什么？并解释近后备保护与远后备保护的区别。

6-6　灵敏系数是怎样定义的？最大、最小运行方式的含义又是什么？

第7章

电网相间短路的电流保护

输电线路是构成电力网的重要组成部分，在电力系统中广泛分布。输电线路应根据其所在电网的电压等级、网络结构、运行方式及在系统中的地位装设完善的保护，以满足保护的四性要求。本章将介绍输电线路相间短路的电流保护及方向保护，电流保护为满足选择性、速动性和灵敏性，通常包括无时限电流速断（Ⅰ段）、带时限电流速断（Ⅱ段）和定时限的过电流保护（Ⅲ段）三段，称为阶段式电流保护；方向保护为解决双端电源网络电流保护的选择性问题而提出。

7.1 单侧电源网络相间短路的阶段式电流保护

7.1.1 继电器的继电特性和返回系数

继电器是一种能自动执行断续控制的部件，当其输入量达到一定值时，能使其输出的被控制量发生预计的状态变化，对被控电路实现"通"或"断"的控制作用。

继电器按动作原理可分为电磁型、感应型、整流型、电子型和数字型等；按反应的物理量可分为电流继电器、电压继电器、功率方向继电器、阻抗继电器等；按在保护回路中所起的作用可分为启动继电器、量度继电器、时间继电器、中间继电器、信号继电器、出口继电器等。其中量度继电器中又可分为过量继电器和欠量继电器，过量继电器如过电流继电器、过电压继电器等；欠量继电器如低电压继电器、阻抗继电器等。

为保证继电器能够可靠动作，对其动作特性有明确的"继电特性"要求。所谓继电特性是指无论启动或返回，继电器的动作都是明确干脆的，不可能停留在某一个中间位置，这种特性称为"继电特性"。如图 7-1 所示为过量继电器（以过电流继电器为例）的继电特性曲线。正常状态下流过继电器的电流 I 小于动作电流 I_{dz}，所以继电器不动作，输出高电平（或触点是打开的），当流过的电流大于整定值 I_{dz} 时，继电器能突然迅速动作、稳定而可靠地输出低

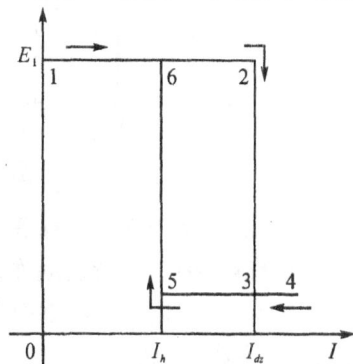

图 7-1 过量继电器的继电特性曲线

电平（或闭合其触点）；在继电器动作后，只有当电流减小到小于返回电流 I_h 以后，继电器又能突然地返回到高电平（或触点重新打开）。

通常，能使继电器动作的最小电流值称为继电器的动作电流 I_{dz}（习惯上又称为起动电流）；能使继电器返回原位的最大电流值称为继电器的返回电流 I_h。返回电流与起动电流的比值称为继电器的返回系数 K_h，可表示为 $K_h = \dfrac{I_h}{I_{dz}}$。

为保证继电器动作后输出状态的稳定性和可靠性，过量动作的继电器的返回系数恒小于1；而欠量继电器的返回系数恒大于 1。在实际应用中，常要求过电流继电器有较高的返回系数，如 0.85～0.9。

7.1.2　无时限电流速断保护

电流保护是反应于电网发生故障时电源与故障点之间的电流增大而动作的保护。它可分成三段：无时限电流速断（Ⅰ段），带时限电流速断（Ⅱ段）和定时限过电流保护（Ⅲ段），构成阶段式电流保护。

在满足可靠性和保证选择性的前提下，根据对继电保护速动性的要求，保护装置动作切除故障的时间总是越短越好。对于反应于短路电流幅值增大而瞬时动作的电流保护，称为无时限电流速断保护，即电流Ⅰ段。

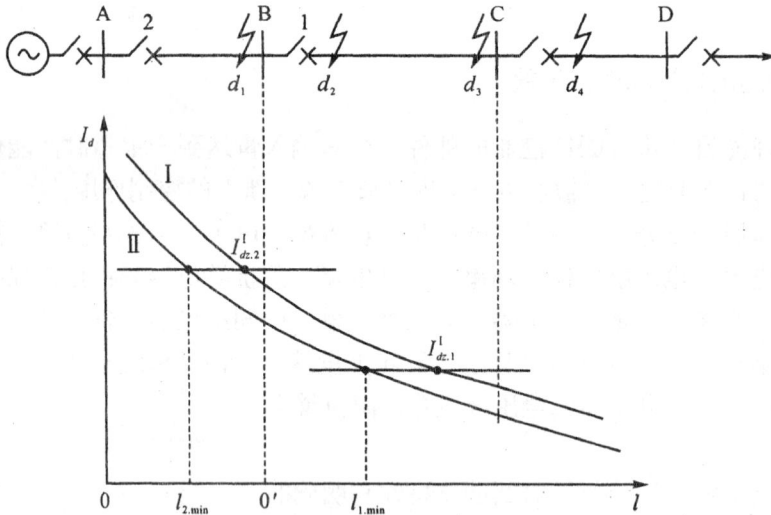

图 7-2　单侧电源网络及短路电流曲线

如图 7-2 所示单侧电源网络，假设在每条线路上均装设有电流速断保护，当线路 AB 上发生故障时希望保护 2 能瞬时动作，而当线路 BC 上发生故障时希望保护 1 能瞬时动作，即希望它们的保护范围能达到本线路全长，但实际上是无法做到的。以保护 2 为例分析原因：对保护 2 而言，本线路 AB 末端故障 d_1 和相邻线路 BC 始端故障（常称出口故障）d_2，流过保护 2 的电流数值几乎是一样的，因而希望 d_1 故障时保护 2 动作而 d_2 故障时保护 2 不动作的要求对于仅反应于电流大小的电流保护是不可能实现的，即电流保护无法区分是本线路末端故障还是相邻线路出口故障。同样，保护 1 也无法区分 d_3 和 d_4 点的故障。

为保证选择性，即保证相邻线路出口故障时本保护不动作，无时限电流速断保护的动作电流 I_{dz}^{I}（即保护的整定电流）必须大于下一条线路出口故障时可能出现的最大短路电流。无时限电流速断保护的保护范围就不能达到线路全长。由于三相短路电流大于二相短路电流，因此，无时限电流速断保护的整定原则为：按躲本线路末端（也即相邻线路出口）相间故障的最大三相短路电流整定。整定公式为

$$I_{dz}^{I} = K_k^{I} I_{d.max}^{(3)} \tag{7-1}$$

式中，K_k^{I} 为可靠系数，一般取 1.2～1.3；

$I_{d.max}^{(3)}$ 为本线路末端三相短路时流过保护的最大三相短路电流。

下面对无时限电流速断保护的整定计算过程进行分析。

1. 短路电流计算

当电源电势一定时，短路电流的大小决定于短路点和电源之间的总阻抗 Z_Σ，三相短路电流可表示为

$$I_d^{(3)} = \frac{E_\phi}{Z_\Sigma} = \frac{E_\phi}{Z_s + Z_d} \tag{7-2}$$

式中，E_ϕ——系统电源的相电势；

Z_d——短路点至保护安装处之间的阻抗；

Z_s——保护安装处到系统等效电源之间的阻抗。

在一定的系统运行方式下，E_ϕ 和 Z_s 等于常数，此时 $I_d^{(3)}$ 将随 Z_d 的增大而减小。当系统运行方式改变时，短路电流将随之变化。图 7-2 中画出了系统最大运行方式下的短路电流曲线 I 和最小运行方式下的短路电流曲线 II。

2. 动作电流整定计算

对于图 7-2 中的保护 1，无时限电流速断保护的起动电流 $I_{dz.1}^{I}$ 必须大于 d_4 点短路时可能出现的最大短路电流，即要大于在最大运行方式下变电所 C 母线上发生三相短路故障时的电流 $I_{d.C.max}^{(3)}$。亦即 $I_{dz.1}^{I} \geq I_{d.C.max}^{(3)}$

引入可靠系数 $K_k^{I} = 1.2～1.3$，则上式可写为

$$I_{dz.1}^{I} = K_k^{I} I_{d.C.max}^{(3)} \tag{7-3}$$

对于保护 2，按照同样的原则，无时限电流速断保护的起动电流 $I_{dz.2}^{I}$ 应大于母线 B 点三相短路时的最大短路电流，即

$$I_{dz.2}^{I} = K_k^{I} I_{d.B.max}^{(3)} \tag{7-4}$$

计算出保护的一次动作电流后，应求出继电器的二次动作电流，因为具体保护装置中的定值是按二次动作电流设置的。二次动作电流为一次动作电流除以电流互感器的变比。

3. 动作时间

无时限速断保护的动作时间取决于继电器本身固有的动作时间，一般小于 10ms。考虑到

躲过线路中避雷器的放电时间为 40~60ms，一般加装一个动作时间为 60~80ms 的保护出口中间继电器，一方面提供延时，另一方面扩大触点的容量和数量。整定时间可按 0s 考虑。

4. 保护范围计算

由于无时限电流速断保护不能保护线路全长，所以它对被保护线路内部故障的反应能力（即灵敏性），只能用保护范围的大小来衡量。保护范围通常用线路全长的百分数来表示。当系统在最小运行方式下发生两相短路故障时，流过保护的短路电流最小，此时电流速断的保护范围也最小，因此，常按这种运行方式和故障类型来校验电流速断保护的保护范围。规程规定，最小保护范围不应小于线路全长的 15%~20%。

无时限电流速断保护的保护范围可用图解法计算，也可用解析法计算。图解法的计算过程是：先画出被保护线路在最小运行方式下两相短路时，流过保护的最小短路电流随线路上故障位置的变化而变化的曲线，如图 7-2 中的曲线 II。然后画出无时限电流速断的定值线，如图 7-2 中的直线 $I^I_{dz.2}$ 和 $I^I_{dz.1}$。最后计算出上述两类线的交点位置占被保护线路的百分比。图 7-2 中，保护 2 的 I 段保护范围百分比为 $l_{2 \cdot min}/l_{AB} *100\%$，保护 1 的 I 段保护范围百分比为 $l_{1 \cdot min}/l_{BC} *100\%$。

解析法的计算原理是：在最小运行方式下，在最小保护范围处发生两相短路时，I 段保护刚好能够动作，即

$$I^I_{dz} = I^{(2)}_{d.l\min} = \frac{\sqrt{3}}{2} \frac{E_\phi}{Z_{s.\max} + Z_1 l_{\min}} \tag{7-5}$$

式中，$Z_{s.\max}$ 为系统最小运行方式下的系统阻抗值（注意，系统运行方式越小系统阻抗越大）。

由式 7-5 可计算出 $l_{\min}$，从而可得到最小保护范围为 $l_{\min}/l *100\%$。

无时限电流速断保护在以下两种情况下会没有保护范围，因而不能采用。一种情况是系统运行方式变化很大，如图 7-3（a）所示，最大运行方式下的三相短路电流曲线 I 与最小运行方式下的两相短路电流曲线 II 相差较多，按曲线 I 的末端短路电流乘上可靠系数后的动作定值直线已超过了曲线 II 的始端，所以没有保护范围。另一种情况是被保护线较短，短路电流曲线较平坦，如图 7-3（b）所示，保护定值也超过了曲线 II 的始端，所以也没有保护范围。

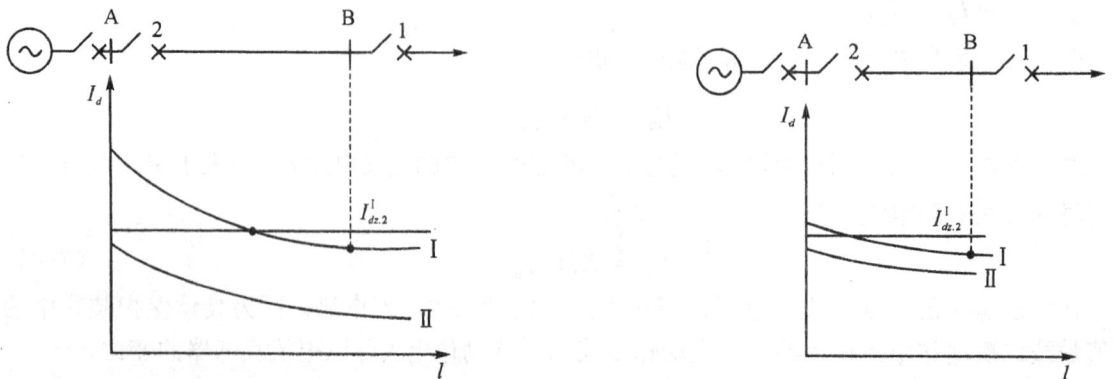

（a）系统运行方式变化很大的情况　　　　　　　（b）被保护线路的长度较短的情况

图 7-3　无时限电流速断保护没有保护范围的情况

但在个别情况下，无时限电流速断也可以保护线路的全长。例如当电网的终端线路采用线路—变压器组的接线方式时，如图 7-4 所示，由于线路和变压器可以看成是一个元件，因此，速断保护就可以按照躲开变压器低压侧线路出口处 d_1 点的短路来整定。由于变压器的阻抗较大，因此 d_1 点的短路电流大为减小，无时限速断保护就可以保护线路 AB 全长，并能保护变压器的一部分。

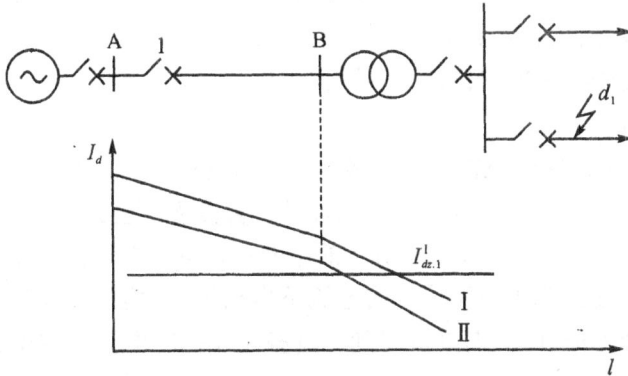

图 7-4　用于线路-变压器组的电流速断保护

7.1.3　带时限电流速断保护

由于有选择性的无时限电流速断保护不能保护线路全长，因此需要增加一段新的保护，用来切除本线路 I 段保护范围以外的故障，同时作为 I 段的后备，这就是带时限电流速断保护，即电流 II 段。

要求带时限速断保护不受系统运行方式和短路类型的影响，必须保护本线路的全长，因此它的保护范围必然要延伸到相邻下一条线路中去。为保证选择性，即下级线路故障时下级保护优先切除故障，电流 II 段动作要带时延，时延的大小与其延伸的保护范围有关。

为使电流 II 具有最小的动作时限，首先考虑使它的保护范围不超过下级线路电流 I 段的范围，而动作时限则比下级保护的电流 I 段高出一个时间阶梯。时间阶梯用 Δt 表示。因此带时限电流速断保护的整定原则为：按躲相邻线路电流保护 I 段保护范围末端故障时流过本保护的最大电流整定。如图 7-5 所示的网络，则保护 2 的电流 II 段定值整定公式应为：

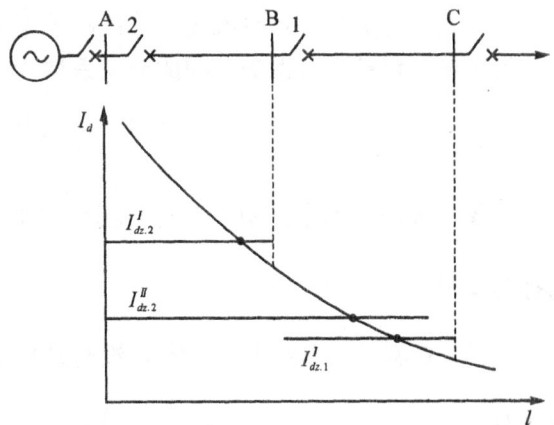

图 7-5　带时限电流速断保护动作分析

$$I_{dz.2}^{II} = K_k^{II} I_{dz.1}^{I} \qquad (7-6)$$

式中，$I_{dz.1}^{I}$ 为相邻线路电流保护 I 段的定值；

K_k^{II} 为电流 II 段的可靠系数，考虑到 II 段动作时间有延时，短路电流中的非周期分量已经衰减，所以可靠系数可选取 1.1～1.2。

倘若按上述原则整定的 II 段定值不能满足本线路故障的灵敏度要求，即不能满足保护本线路全长的要求，该定值不能采用。这时，本线路的 II 段定值为满足灵敏度要求必须降低，它的保护范围将伸出相邻线路 I 段，进入相邻线路 II 段范围内，因此为保证选择性，在相邻线路 II 段范围内故障时保证相邻线路 II 段优先动作，本线路的 II 段不仅要在电流定值上与相邻线路 II 段配合，时间定值也要与相邻线路电流 II 段配合。

下面对带时限电流速断保护的整定计算过程进行分析。

1. 分支系数的计算

图 7-5 所示的网络中，线路 AB 与相邻线路 BC 间没有分支，即 BC 线路故障时，流过保护 1 和 2 的电流相同，因此保护 2 与保护 1 配合时可直接采用公式 7-6。但并不是所有有配合关系的线路间都有此连接关系，如图 7-6 所示的电网中，保护 2 与保护 1 配合时，保护 1 所保护的线路上故障时，流过保护 2 和保护 1 的电流不再相同，原因是有其他分支的存在。为此，需要把故障时流过配合保护 1 的电流折算到流过整定保护的电流，这个折算关系通过分支系数 K_{fz} 来完成。

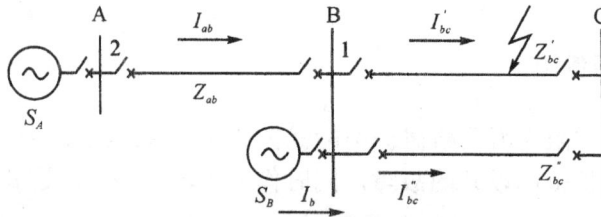

图 7-6　分支系数示意图

分支系数定义为故障时流过故障线路的电流与流过整定保护安装处的电流之比。如图 7-6 所示的电网，保护 2 与保护 1 间的分支系数为：

$$K_{fz} = I_{bc}^{'} \Big/ I_{ab} \tag{7-7}$$

若图 7-6 所示的电网中，没有与配合线路平行的线路时，$K_{fz} = \dfrac{I_{bc}^{'}}{I_{ab}} = \dfrac{I_{ab} + I_b}{I_{ab}} > 1$，这种情况称为助增。

若图 7-6 所示的电网中，母线 B 没有外接系统电源时，$K_{fz} = \dfrac{I_{bc}^{'}}{I_{ab}} = \dfrac{I_{ab} - I_{bc}^{'}}{I_{ab}} < 1$，这种情况称为外吸。

即没有助增又没有外吸的情况时，分支系数恒等于 1。

既有助增又有外吸的情况时，如图 7-6 所示网络分支系数是否大于 1 或小于 1 就不确定了。

考虑分支系数的影响后，电流 II 段与相邻线路电流 I 段的整定公式变为：

$$I_{dz.2}^{II} = K_K^{II} \frac{I_{dz.1}^{I}}{K_{fz.\min}} \tag{7-8}$$

为保证选择性，在用分支系数将流过配合保护 1 上的电流折算到整定保护 2 上的电流时，应选择最小分支系数，因为分支系数越小，II 段定值越大，就越不会因失去选择性而误动。

2. 动作电流整定

对于图 7-5 所示的电网，要计算保护 2 的电流 II 段定值，必须先计算出相邻线路保护 1 的电流 I 段定值 $I_{dz.1}^{I}$，然后根据与相邻线路 I 段配合进行整定（即保护范围不伸出相邻线路 I 段范围），具体定值按公式 7-6 或 7-8 计算。

3. 动作时限的选择

电流 II 段定值是跟相邻线路 I 段配合的，时间也应跟相邻 I 段配合，即高出一个时间阶梯 Δt。由于相邻线路 I 段是速动的，即 $t_1^I = 0$，所以 $t_2^{II} = t_1^I + \Delta t = \Delta t$。

考虑故障线路断路器的跳闸时间、灭弧时间、裕度等因素，时间阶梯 Δt 的数值一般在 0.3～0.5s 之间，通常多取 0.5s。

当线路上装设了电流速断和限时电流速断保护以后，它们联合工作就可以保证全线路范围内的故障都能够在 0.5s 的时间以内予以切除。如图 7-7（a）所示系统，电流 II 段与相邻线路电流 I 段配合后的动作时限如图 7-7（b）所示，当故障发生在保护 1 的 I 段保护范围内，尽管保护 2 的 II 段电流元件也可能会启动，但在延时到达前，I 段保护已先跳闸切除故障，II 段电流元件就会返回；当故障在保护 1 的 I 段保护范围之外，就由保护 1 的 II 段保护以 Δt 延时跳闸，此时保护 2 的 II 段不会动作，因为它的保护范围不会伸出保护 1 的 I 段。在一般情况下，按此配置和整定的保护都能够满足速动性的要求，具有这种性能的保护称为该线路的主保护。

图 7-7　电流 II 段动作时限的配合关系

4. 灵敏度校验

为校验电流 II 段是否能保护线路全长，要求在系统最小运行方式下，线路末端发生两相短路时，电流 II 段有足够的反应能力，即具有一定的灵敏系数 K_{lm}。电流保护进行灵敏度校验采用的公式为式 6-1。电流 II 段作为本线路的主保护应采用最小运行方式下本线路末端两相短路时的电流进行校验，并满足灵敏系数大于 1.3～1.5。即要求：

$$K_{lm} = \frac{\text{本线路末端两相短路时流过保护的最小短路电流}}{I_{dz}^{II}} > 1.3 \sim 1.5 \tag{7-9}$$

要求 K_{lm} 大于 1 是考虑可能会出现一些不利于保护动作的因素，如非金属性短路，过渡电阻的存在使短路电流减小，短路电流的计算误差、电流互感器的误差使实际的短路电流小于

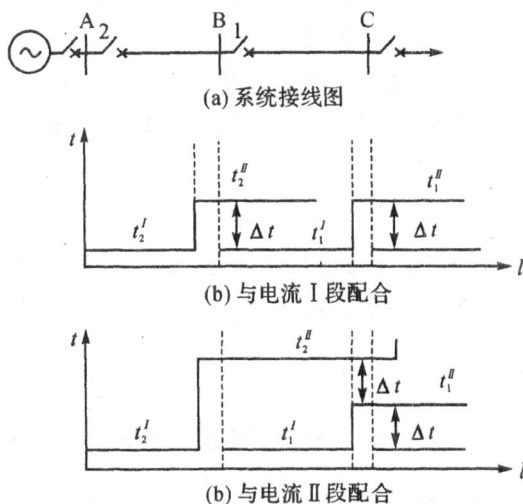

计算值等，此外，还要考虑一定的裕度。

当灵敏系数不满足要求时，意味着在上述不利因素的影响下，电流 II 段达不到保护线路全长的目的，这是不允许的。为了解决这个问题，电流 II 段的动作定值应选择与相邻线路的电流 II 段配合，时间定值也要比相邻线路电流 II 段的时间定值高一个时间阶梯，此时电流 II 段的动作时间约为 1s。与相邻线路 II 段配合后的动作时限如图 7-7（c）所示。由此可见，为满足灵敏度使得保护定值要降低，保护范围可伸长，其代价是动作时间延长。

7.1.4 定时限过电流保护

电流 I 段和电流 II 段联合起来已能在较短时间内切除本线路范围内的故障，所以称为主保护。为了防止主保护拒动以及断路器失灵时能切除故障，还需要本线路的近后备保护和相邻线路的远后备保护。定时限过电流保护就是要实现以上功能，即不仅要作本线路 I、II 段的近后备，还要作相邻线路保护的远后备。

电流 III 段在系统正常运行时它不应起动，而在发生短路时起动，并以动作时间来保证动作的选择性，所以称其为定时限保护。其整定过程介绍如下。

1. 动作电流的整定

定时限过电流保护的动作电流按躲过最大负荷电流整定，即在最大负荷情况下不起动。同时考虑故障切除后，电动机自起动时保护应能可靠返回。一般满足后者即能满足前者，下面分析原因。

电动机的自起动电流要大于它的正常工作电流，常用自起动系数 K_{zq} 表示电动机自起动时最大电流 $I_{zq.\max}$ 与正常运行时的最大负荷电流 $I_{fh.\max}$ 之比，即 $I_{zq.\max} = K_{zq} I_{fh.\max}$。

过电流保护在电动机自起动电流的作用下必须立即返回，为此返回电流应大于自起动电流，并引入可靠系数，则 $I_h = K_k^{III} I_{zq.\max} = K_k^{III} K_{zq} I_{fh.\max}$。

由于电流保护的起动电流与返回电流间存在着返回系数的关系，即 $K_h = \dfrac{I_h}{I_{dz}}$。

因此有：

$$I_{dz}^{III} = \frac{I_h}{K_h} = \frac{K_k^{III} K_{zq} K_{fh.\max}}{K_h} \tag{7-10}$$

式中，可靠系数 K_k^{III} 一般取 1.15～1.25；

自启动系数 K_{zq} 数值大于 1，一般根据网络接线和负荷性质确定；

电流继电器的返回系数 K_h 一般取 0.85～0.95；

最大负荷电流 $I_{fh.\max}$ 的确定要根据实际电路结构及可能出现的各种严重情况具体计算，例如双回线路，必须考虑其中一回线断开时，另一回线的负荷电流将增大一倍。

根据公式 7-10 整定的过电流定值必然能躲过最大负荷电流。

2. 动作时限的整定

过电流保护的动作时限整定遵循阶梯原则，即上一级保护要比下一级保护的动作时限高一个时间阶梯 Δt，如图 7-8 所示。

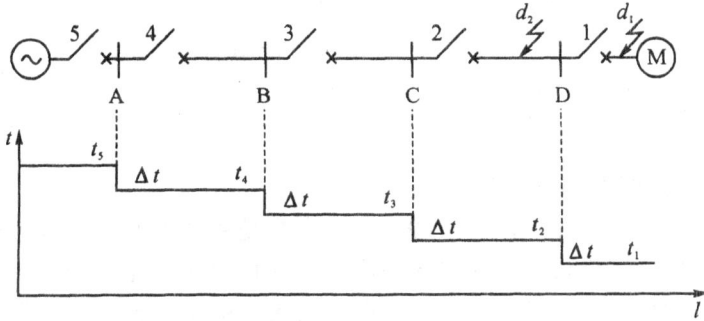

图 7-8　过电流保护动作时限选择说明

图 7-8 所示的单电源放射形电网，假设每个保护都装有过电流保护，它们的动作电流都按躲各自的最大负荷电流整定。当 d_1 点发生短路故障时，保护 1～5 在短路电流的作用下都能起动，根据选择性要求，应该是保护 1 动作来切除故障，保护 2～5 在故障切除后立即返回。这个要求只能依靠过电流保护 1～5 所带有的不同时限来满足。

位于电网末端的保护 1 只要电动机内部故障它就可以瞬时动作以切除故障，$t_1^{\prime\prime\prime}$ 是过电流保护装置本身的固有动作时间。保护 2 为了保证在的 d_1 点故障时保护动作的选择性，则其动作时限应大于 $t_1^{\prime\prime\prime}$，引入时间阶梯 Δt，则保护 2 的动作时间要满足 $t_2^{\prime\prime\prime} = t_1^{\prime\prime\prime} + \Delta t$。依次类推，保护 3、4、5 的动作时间均应比相邻各元件保护的动作时限高出至少一个 Δt，只有这样才能保证过电流保护动作的选择性。因此，过电流保护的选择性与短路电流大小无关，依靠动作时限来保证。

由此可见，过电流保护的动作时间是从负荷到电源逐渐增大的，故障点离电源愈近，过电流保护的动作时间愈长，与实际希望的正好相反，这是它的缺点。可以采用反时限保护进行解决。反时限保护的动作特性是保护的动作时间与流过其电流的大小成反比，因此，短路点离电源越近，短路电流就越大，保护动作时间也就越短。

此外，由于终端线过电流保护的动作时间较短，可作主保护兼后备。

3. 灵敏度校验

过电流保护既要做本线路的近后备保护，又要做相邻线路的远后备保护，因此需要对两种后备情况进行灵敏度校验。灵敏度校验的公式仍采用式 6-1。

当过电流保护作为本线路主保护的近后备时，灵敏度校验应采用最小运行方式下本线路末端两相短路时的电流进行校验，要求灵敏系数大于 1.3～1.5。当过电流保护作为相邻线路的远后备时，灵敏度校验应采用最小运行方式下相邻线路末端两相短路时的电流进行校验，要求灵敏系数大于 1.2。当相邻线路很长，灵敏度达不到大于 1.2 的要求时，允许其缩小保护范围。除此之外，当灵敏度不满足要求时，应采取措施提高灵敏度，如采用低电压闭锁的过电流保护。

此外，在各个过电流保护之间，还必须要求灵敏度系数相互配合，即同一个故障点，要求越靠近故障点的保护应具有越高的灵敏度。如图7-8所示网络中，当d_1点故障时，各保护的灵敏系数应具有以下关系：

$$K_{lm.1} > K_{lm.2} > K_{lm.3} > K_{lm.4} > K_{lm.5} \tag{7-11}$$

在单侧电源的网络中，由于越靠近电源端，负荷电流往往越大，从而过电流保护的定值也越大，而发生故障时流过各保护的是同一短路电流，所以上述灵敏系数的配合要求能自然得到满足。

4. 阶段式电流保护的配合与应用

前面介绍的三段式电流保护，各段间的主要区别是起动电流和动作时间的选择不同。由于电流速断不能保护线路全长，限时电流速断又不能作为相邻元件的后备保护，因此，为保证迅速而有选择地切除故障，常常将电流速断、限时电流速断和过电流保护组合在一起，构成阶段式电流保护。具体应用时，可以只采用速断加过电流保护，或限时速断加过电流保护，也可以三者同时采用。比如，在电网最末端的用户电动机或其他受电设备上，一般只采用瞬时动作的过电流保护即可满足要求；而在电网的倒数第二级上，首先考虑采用0.5s动作的过电流保护，若有瞬时动作的要求，则再增设一个电流速断保护；而在靠近电源端，一般都需要装设三段式电流保护。

阶段式电流保护通过对电流元件和时间元件的整定使得选择性和灵敏性得到保证，并且在一般情况下也能满足快速切除故障的要求（本线路0～0.5s内切除），再加上其原理简单、实现元件少，具有可靠且经济的优点，因而在35kV及以下的较低电压等级的网络中获得广泛应用。其主要缺点是整定计算复杂，且受电网的接线和系统的运行方式变化的影响，保护范围变化大。比如整定值必须按系统最大运行方式来计算，而灵敏度校验则必须按系统最小运行方式进行，因此可能出现灵敏度不能满足要求或保护范围太小的情况。

7.1.5 电流保护的接线方式及应用

具有无时限电流速断保护、带时限电流速断保护和定时限过电流保护的三段式电流保护的单相原理接线图如图7-9所示。其中，电流速断部分由继电器1～3组成，限时电流速断部分由继电器4～6组成，过电流部分由继电器7～9组成。由于三段的启动电流和动作时间各不相同，因此必须分别使用三个电流继电器和两个时间继电器，而信号继电器3、6、9分别用以发出对应各段动作的信号。继电器2是电流速断中的中间继电器，其作用在电流速断保护中介绍过，一方面提供延时，另一方面扩大触点的容量和数量。

实际的电力系统是三相系统，是否每相都需要装设如图7-9所示的保护才能保护任意别的相间短路呢？答案是不全是，目前广泛使用的是三相星形接线和两相星形接线两种接线方式。所谓电流保护的接线方式，是指电流互感器的二次侧与电流继电器的连接方式。下面分别介绍这两种接线方式。

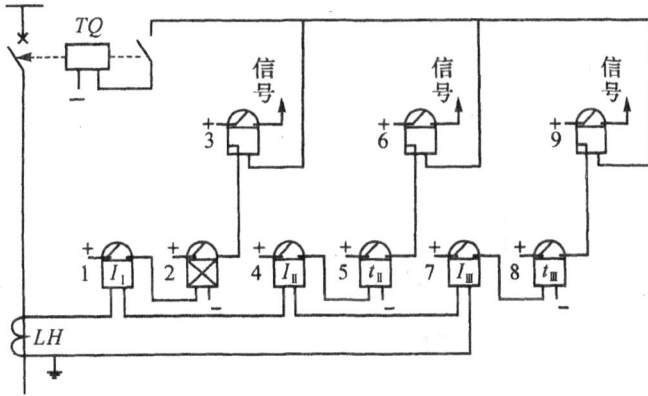

图 7-9　三段式电流保护的单相原理接线图

1. 三相星形接线

三相星形接线，既可称完全星形接线，也可称三·三接线。其接线方式如图 7-10 所示，各相电流互感器的二次线圈和电流继电器的线圈串联后，接成有中性线的星形接线。正常运行时流过中性线上的电流约为零，在接地短路时则为 $3I_0$。由于每相上都装有电流继电器，且三个电流继电器的启动跳闸回路是并联连接的，相当于"或"回路，只要有一个继电器动作均可动作于跳闸或启动时间继电器等，因此这样的接线可以反应各种相间短路和中性点直接接地系统中的单相接地短路。

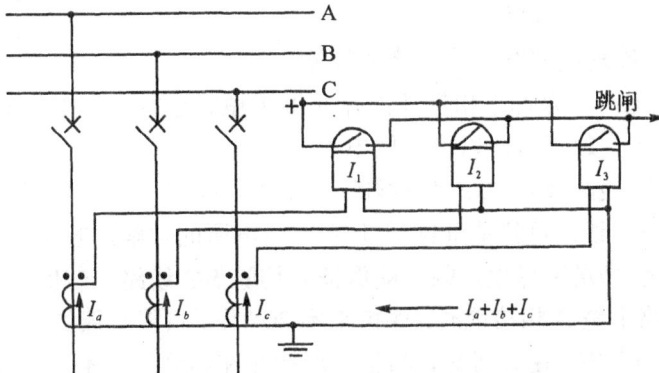

图 7-10　三相星形接线

2. 两相星形接线

两相星形接线，既可称不完全星形接线，也可称二·二接线。其接线方式如图 7-11 所示，电流互感器通常装在 A、C 两相上，其二次线圈与电流继电器串联后连接成不完全星形。它和三相星形接线的主要区别在于 B 相不装设电流互感器和相应的电流继电器，因此不能反应 B 相流过的电流，其中性线上流过的电流为 $I_a + I_c$。

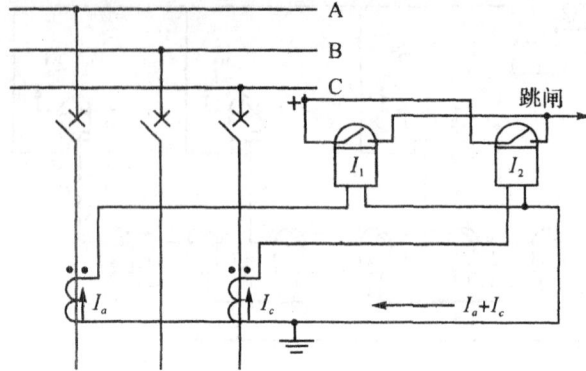

图 7-11 两相星形接线

3. 两种接线方式的性能比较

下面对三相星形接线和两相星形接线在各种故障情况下的性能进行分析比较。

（1）各种相间故障。

三相星形接线任何时候均有两个继电器动作，可靠性较高；而两相星形接线只有在 AC 相间故障时才有两个继电器动作，AB 或 BC 相间故障时只有一个继电器动作，因此只有 1/3 机会二个继电器动作，故可靠性没有三相星形接线高。

（2）中性点直接接地电网发生单相接地故障。

中性点直接接地电网，单相接地要求马上切除故障，由于两相星形接线中 B 相是盲线，所以不能采用，只能用三相星形接线。

（3）中性点不直接接地电网发生单相接地故障。

中性点不直接接地电网，允许单相接地故障时继续短时运行，所以异地不同相两点接地时，希望尽可能只切除一个故障点，以提高供电可靠性。

若异地不同相两点接地故障发生在串联线路，如图 7-12 所示，希望只切除离电源较远的 BC 线路，而不要切除 AB 线，这样能继续保证对 B 变电所的供电。若保护 1、2 均采用三相星形接线，由于保护定值满足选择性，因而能保证只切除 BC 线路；若保护 1、2 均采用两相星形接线，则当 BC 线路上是 B 相接地时，保护 1 不会动作，只能由保护 2 动作切除线路 AB，因而有 1/3 机会扩大停电范围。由此可见，两相星形接线在串联线路不同相别的两点接地短路组合中，只能保证有 2/3 的机会有选择地切除后面一条线路。

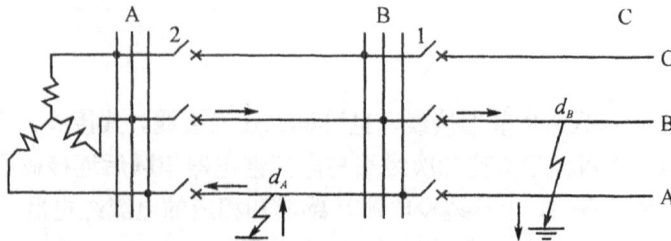

图 7-12 串联线路上两点接地故障示意图

若异地不同相两点接地故障发生在由同一变电所引出的两条放射性线路上，如图 7-13 所示，希望任意切除一条线路即可。若保护 1、2 均采用三相星形接线，由于两套保护不具有整定配合关系，当它们的时间定值相同时，两套保护都将同时动作切除两条线路；若保护 1、2 均采用两相星形接线，只要其中一条线路上具有 B 相一点接地，由于 B 相未装保护，该线路就不会被切除，所以就有机会只切除一条线路。根据两相星形接线在并联线路不同相别的两点接地短路的组合中，能保证有 2/3 的机会只切除一条线路，分析见表 7-1。

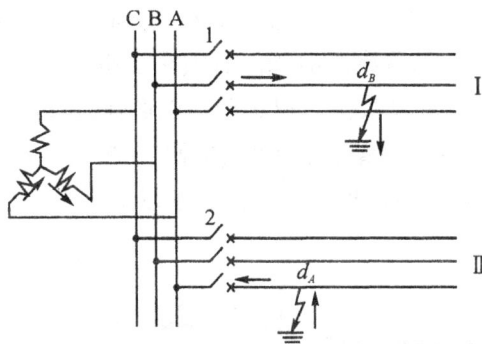

图 7-13　自同一变电所引出的放射性线路上不同相别两点接地故障示意图

表 7-1　两相星形接线保护的动作情况分析

线路 I 故障相别	A	A	B	B	C	C
线路 II 故障相别	B	C	A	C	A	B
保护 1 动作情况	动作	动作	不动作	不动作	动作	动作
保护 2 动作情况	不动作	动作	动作	动作	动作	不动作
t1=t2 时，停电线路数	1	2	1	1	2	1

（4）Y/Δ 接线变压器一侧发生两相短路。

若 Y/Δ 接线变压器 Δ 侧发生 AB 两相短路，则流过 Y 侧的电流中，B 相电流是 A、C 相的两倍；若变压器的 Y 侧发生 BC 两相短路是，在 Δ 侧的各相电流中，B 相电流是 A、C 相的两倍。因而若采用三相星形接线，则 B 相上的继电器的灵敏系数要比其它两相大 1 倍，这是非常有利的；而若采用两相星形接线，由于 B 相未装继电器，灵敏系数只能由 A 相和 C 相的电流决定，其数值要比三相星形接线降低一半。

4. 两种接线方式的应用

三相星形接线由于需要三个电流互感器、三个电流继电器和四根二次电缆，相对比较复杂和不经济。它广泛应用于发电机、变压器等大型贵重电气设备的保护中，以提高保护动作的可靠性和灵敏性。此外，它也可以用在中性点直接接地系统中，作为相间短路和接地短路的保护。但实际上，由于单相接地短路常采用专门的零序电流保护，因此为上述目的而采用三相星形接线方式的并不多。

由于两相星形接线较为简单和经济，因而在中性点直接接地和非直接接地系统中，被广泛作为相间短路的保护。需要指出的是，采用两相星形接线时，同一个电网中所有线路的相间电流保护，其电流互感器都应装设在同名相上（一般都装于 A、C 相上），以保证在不同线路上发生两点及多点接地时，能切除故障。

7.2 相间短路的方向性电流保护

7.2.1 方向电流保护的工作原理

上节介绍三段式电流保护时，是以单侧电源网络为应用背景，那么三段式电流保护能否直接应用于双端电源供电的线路中呢？答案是直接应用困难，定值可能无法配合整定。如图 7-14 所示的双端电源系统，为切除线路故障，必须在线路两端都装设断路器和保护装置。当图中的 d_1 点发生短路时，自然希望保护 4 和 5 动作以切除故障，而在 d_2 点故障时，希望保护 1 和 2 动作以切除故障，只有这样才能保证故障切除后，所有变电所能继续供电。然而采用一般的阶段式电流保护作为相间短路保护时，满足不了以上要求。下面以保护 2 和保护 4 的定值情况为例进行说明。

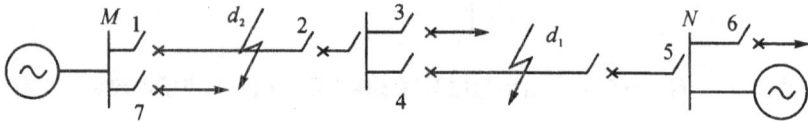

图 7-14 双端电源网络

当 d_1 点短路时，根据选择性要求，应该是保护 4 动作，而保护 2 不要动作，因此动作定值应满足 $I_{dz.4} < I_{dz.2}$，或者时间定值满足 $t_4 < t_2$。而当 d_2 点短路时，应该保护 2 动作而保护 4 不要动作，因此动作定值应满足 $I_{dz.2} < I_{dz.4}$，或者时间定值满足 $t_2 < t_4$。显然这两处故障对保护 2 和保护 4 的定值要求是矛盾的，仅用电流保护是无法解决上述矛盾的。

一般规定保护应该动作的功率方向是从母线指向线路，而短路时流过线路的短路功率（一般指短路时母线电压与线路电流相乘所得的感性功率）方向是从电源经线路流向短路点，分析可以发现，不应动作的保护实际短路功率方向是线路流向母线，与保护应动作的规定方向相反。比如 d_1 点故障时，应该动作的保护 4 的规定功率方向与实际短路功率方向相同，而不应动作的保护 2 的规定功率方向与实际短路功率方向相反。分析 d_2 点或其他任意点的故障，都有同样的特征。若在保护中加装一个可以判断短路功率流动方向的元件，并且在短路功率方向由母线流向线路（正方向）时才动作，而在短路功率方向由线路流向母线（反方向）时闭锁，就可以解决双端电源网络的保护动作无选择性问题。

实现短路功率方向判断功能的元件称为功率方向元件，它与电流保护共同工作，构成方向性电流保护。方向性电流保护既用了电流的幅值特性，又用了短路功率方向的特性，能在双端电流网络中实现快速而有选择地切除故障。这是因为增加功率方向元件后，相当于使双端电源系统变成了两个保护子系统，每个子系统反应一侧电源的供电方向，因此各子系统内部保护要配合，而子系统间不要求有配合关系。如图 7-15 所示的双端电源网络，每条线路两侧的电流保护都加装了功率方向元件，各保护的规定动作方向如图上所示，即由母线指向线路。这时可把该系统保护拆开看成两个单侧电源网络的保护系统，保护 1～4 反应于电源 E_I 供给的短路电流而动作，保护 5～8 反应于电源 E_{II} 供给的电流而动作，两组保护之间不要求有配合关系，因此进行保护 1～4 的整定计算时，可假设电源 E_{II} 不存在，根据上节介绍的阶段式电流保护原理及整定原则进行计算；同样保护 5～8 的定值可假设电源 E_I 不存在而进行计算。图 7-15 中示出了方向过电流保护的阶梯型时限特征，即两组保护间不需要配合。

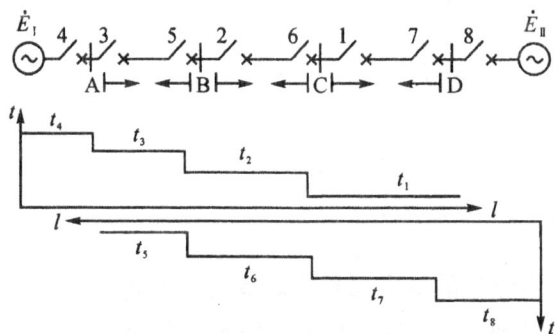

图 7-15 双端电源网络及方向过电流保护的时限特性

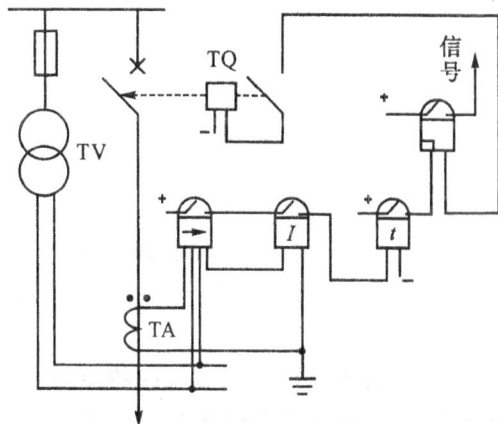

图 7-16 方向性过电流保护的单相原理接线图

从上述分析可见，方向性电流保护由于增加了一个功率方向判别元件，从而保证了在反方向故障时闭锁保护使其不致误动作。但需说明的是，方向性电流保护中每相的电流元件与功率方向元件是"与"的关系，即只有两者都动作了才能开放保护去跳闸，这种连接关系称为按相起动。图 7-16 示出了方向性过电流保护的单相原理接线图，功率方向元件与电压互感器和电流互感器的二次侧相连，并且只有方向元件和电流元件都动作后，才能去起动时间元件，再经过预定的延时后动作于跳闸。

7.2.2 功率方向元件的工作原理

一般规定流过保护的电流正方向为从母线指向线路。图 7-17 （a）所示的电网中，当 d_1 点短路时，流过保护 1 的电流 I_{d1} 滞后于母线电压 U 一个相角 φ_{d1}（φ_{d1} 为从母线到 d_1 点之间的线路阻抗角），一般 $-90° < \varphi_{d1} < 90°$，向量关系如图 7-17 （b）所示；当 d_2 点短路时，流过保护 1 的电流是 I_{d2}（实际电流方向与规定正方向相反），滞后于母线电压 U 的相角为 $180° + \varphi_{d2}$（φ_{d2} 为从该母线到 d_2 点之间的线路阻抗角），其值为 $90° < 180° + \varphi_{d2} < 270°$，如图 7-17 （c）所示。如以母线电压 U 为参考相量，并设 $\varphi_{d1} = \varphi_{d2} = \varphi_d$，则以上两处故障流过保护 1 的电流相位相差180°。因此，利用判别短路功率的方向或短路后电流、电压间的相位关系，就可以判别发生故障的方向。

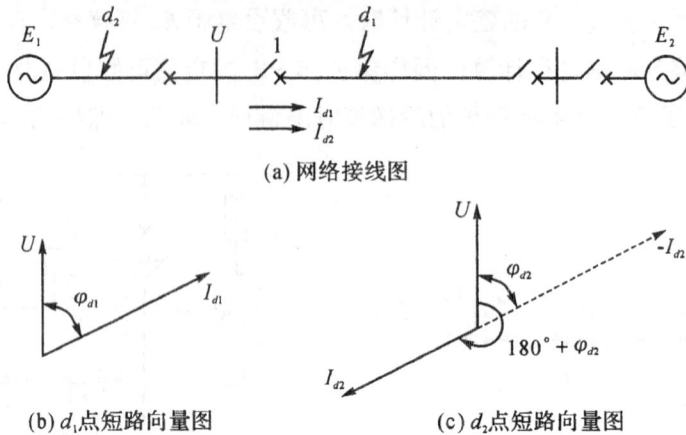

(a) 网络接线图

(b) d_1 点短路向量图　　　　　　(c) d_2 点短路向量图

图 7-17　功率方向元件工作原理分析

　　用以实现判别功率方向或测定电流、电压间相位角的继电器称为功率方向继电器。一般的功率方向继电器当输入电压 U_j 和电流 I_j 的幅值不变时，其输出值随两者相位差 φ_j 的大小而改变。通常把使功率方向继电器输出为最大时的相位差称为最大灵敏角 φ_{lm}，为使在最常见短路时继电器动作最灵敏，φ_{lm} 一般取线路阻抗角。这样当输入功率方向继电器的电压电流相位差 $\varphi_j = \varphi_{lm}$ 时，短路功率为 $P_d = U_j I_j \cos(\varphi_j - \varphi_{lm})$ 最大，因此最大灵敏角只是一种称谓，没有物理实际意义。

　　此外，为了保证当短路点有过渡电阻、线路阻抗角 φ_d 在 $0° \sim 90°$ 范围内变化等情况下正方向故障时，继电器都能可靠动作，功率方向继电器动作的角度应该是一个范围，考虑实现的方便性，这个范围通常取为 $\varphi_{lm} \pm 90°$，即动作特性在复平面上是一条直线，如图 7-18 所示，阴影部分表示为动作区。这样的动作特性能保证正方向故障时，U 和 I 的夹角为 $0° \sim 90°$，能正确动作；而反方向

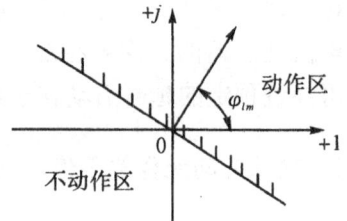

图 7-18　功率方向继电器的动作特性

故障时，夹角为 $180° \sim 270°$，能可靠不动作。动作方程可表示为 $90° \geq \arg \dfrac{\dot{U}_j e^{-j\varphi_{lm}}}{\dot{I}_j} \geq -90°$，或者 $\varphi_{lm} + 90° \geq \arg \dfrac{\dot{U}_j}{\dot{I}_j} \geq \varphi_{lm} - 90°$。

7.2.3　相间短路功率方向继电器的接线方式

　　功率方向继电器的接线方式是指它与电流互感器和电压互感器的连接方式，即加入继电器的电压和电流是线（相间）还是相的一定的组合方式。对功率方向继电器接线的要求是：

　　（1）在各种短路故障情况下，应能正确判断短路功率的方向。

　　（2）正方向短路时，加入继电器的电压 U_j 和电流 I_j 应尽可能大，并尽可能使电压电流

相位差 φ_j 接近最大灵敏角 φ_{lm}，以使继电器能灵敏动作。

采用图 7-18 所示的动作特性的功率方向继电器，在其正方向出口附近短路接地时，故障相对地电压很低，功率方向继电器不能动作，称为"电压死区"。也就是说若 A 相功率方向继电器的电压采用 U_A，电流采用 I_A，在正方向出口发生三相短路、A 相接地、AB 或 AC 两相接地故障时，A 相的电压都等于 0，出现电压死区。其它相也有类似情况，所以这种接线方式实际上很少用。

为了减小和消除电压死区，在实际应用中，一般采用非故障的相间电压作为接入功率方向继电器的电压参考量，去判别故障相电流的相位。如 A 相功率方向继电器的电压接 U_{BC}，电流接 I_A，这样由于引入非故障相的电压，其值较高，对各种两相短路都没有死区，只有在三相短路时才有电压死区（一般采用电压记忆回路解决）。

以上所描述的接线方式称为 90° 接线。所谓 90° 接线是指在三相对称的情况下，当功率因素 $\cos\varphi = 1$（功率因素角 $\varphi = 0°$）时，如图 7-19 所示，加入继电器的电流超前电压 90°。这个定义没有实际的物理意义，仅仅是为了称呼方便。根据以上定义，各相功率方向继电器的 90° 接线方式中电压与电流的组合关系如表 7-2 所示。

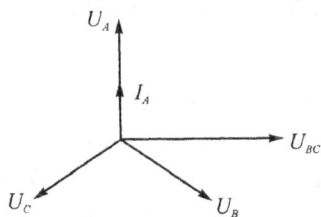

表 7-2　90° 接线方式电压与电流的组合

方向元件	U_J	I_J
A 相	U_{BC}	I_A
B 相	U_{CA}	I_B
C 相	U_{AB}	I_C

图 7-19　90° 接线方式说明示意图

采用 90° 接线的功率方向继电器在正方向三相短路时（三相对称，只分析 A 相），假设线路阻抗角为 $\varphi_d = 60°$，根据图 7-20 所示的相量关系，可知接入继电器的电压电流相位差 $\varphi_j = \arg\dfrac{U_{BC}}{I_A} = -30°$，反方向三相短路时，$\varphi_j = 150°$（A 相电流方向与正方向相反）。此时功率方向继电器的最大灵敏角应为 $\varphi_d - 90° = -30°$，动作特性如图 7-21 所示，动作方程为：

$$90° \geq \arg\frac{\dot{U}_j\, e^{(90°-\varphi_d)}}{\dot{I}_j} \geq -90° \tag{7-12}$$

用功率形式表示为：

$$U_j I_j \cos(\varphi_j + 90° - \varphi_d) > 0 \tag{7-13}$$

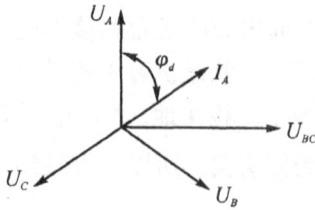

图 7-20　三相短路 $\varphi_d = 60°$ 时的相量图

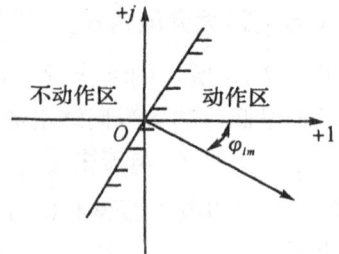

图 7-21　90° 接线时的动作特性

习惯上采用 $90° - \varphi_d = \alpha$，α 称为功率方向继电器的内角，它是可调的，具有实际意义的。为使故障相的功率方向继电器在一切相间故障情况下都能正确动作，一般内角的范围为 $30° < \alpha < 60°$（具体分析略）。为了使功率方向继电器动作最灵敏，应根据三相短路时使 $\cos(\varphi_j + \alpha) = 1$ 来决定内角值，通常内角 α 取 $30°$ 或 $45°$。因此，90° 接线的功率方向继电器的动作方程为：

$$U_j I_j \cos(\varphi_j + \alpha) > 0 \tag{7-14}$$

90° 接线的功率方向继电器除在保护出口三相短路时有"电压死区"外，还存在"潜动"问题。当功率方向继电器中只接入电流而没接入电压，或者只接入电压而没有接入电流时，无法判断功率方向，继电器应不动作。但若在上述情况下，功率方向继电器有误动的现象，则称为方向元件有潜动。所有的功率方向元件都必须采取措施防止潜动的发生，如微机型功率方向元件通常采用软件判定或调零漂的方法进行消除。

顺便指出，在正常运行情况下，位于线路送电侧的功率方向继电器，在负荷电流的作用下，一般都处于动作状态，由于方向电流保护采用按相起动原则，电流元件不起动，保护就不会误动作。

7.2.4　方向性电流保护的应用

在具有两个以上电源的网络中，在线路两侧的保护中加装功率方向元件后，组成的方向性电流保护能保证各保护间动作的选择性。但由于功率方向元件的接入，将使保护接线复杂、投资增加，同时保护安装点附近正方向发生三相短路时，由于方向元件存在死区会导致整套保护装置拒动，因此方向性电流保护在应用时，如能根据电流定值或时间定值保证选择性，就应该不加方向元件。具体什么情况下可以不装方向元件，需要根据具体电力系统的整定计算决定。

1. 电流速断保护可以取消方向元件的情况

无时限电流速断保护由于其保护范围较小，若在系统最小运行方式下发生两相短路，扣除方向元件的动作死区范围，其保护范围将更加小，甚至会没有保护范围。因此，在电流速断保护中，能用电流整定值保证选择性的，尽量不加方向元件。

图 7-22 所示的双端电源网络中，线路上各点短路时两侧电源供给短路点的短路电流曲线如图所示，曲线 1 为电源 E_1 流过线路供给短路点的电流，曲线 2 为电源 E_2 流过线路供给短路

点的电流，由于两端电源容量不同，因此两条曲线的短路电流的大小不同。当图中的 d_1 和 d_2 点故障时，短路电流 I_{d1} 和 I_{d2} 要同时流过两侧保护 1 和 2，此时属于相邻线路出口故障，两保护的电流速断都不应该动作，因而两个保护的启动电流应该按躲开较大的一个短路电流进行整定，例如当 $I_{d2.max} > I_{d1.max}$ 时，应取 $I_{dz.1}^{I} = I_{dz.2}^{I} = K_k^{I} I_{d2.max}$，如图中实直线所示。这样的整定结果虽能保证选择性，但会使位于小

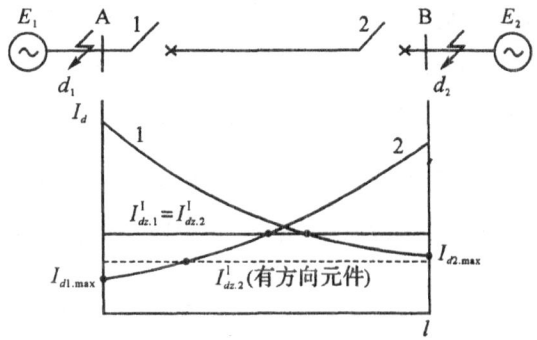

图 7-22　双端电源线路上电流速断保护的整定

电源侧保护 2 的保护范围缩小。当两端电源容量的差别越大时，对保护 2 的影响也就越大。

为了增大小电源侧保护 2 的保护范围，就需要在保护 2 处装设方向元件，使其只当电流从母线流向被保护线路时才动作，这样保护 2 的启动电流可以按照躲开正方向 d_1 点短路电流 $I_{d1.max}$ 来整定，定值如图中的虚线所示，其所具有的保护范围较无方向元件时要增大很多。而保护 1 无需装设方向元件，因为它从定值上已经可靠地躲过了反方向短路时流过保护的最大短路电流。

2. 过电流保护装设方向元件的一般方法

在过电流保护中，反方向短路一般都很难靠电流定值躲开，因而主要取决于动作时间的大小。如图 7-23 所示的双端电源网络中，各过电流保护的动作时间如图上所示，以保护 1 和 6 为例，保护 6 的动作时间大于保护 1，则保护 6 可以不用方向元件，因为反方向线路 CD 短路时，保护 1 先动作跳闸，保护 6 能以较长的时限来保证选择性。但在这种情况下，保护 1 必须装有方向元件，因为当线路 BC 短路时，由于保护 1 动作时限短会先于保护 6 而误动作。由此可见，若保护 1 和 6 的动作时间相等时，两者都得装设方向元件。

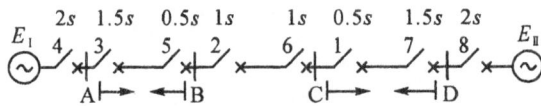

图 7-23　双端电源网络

总之，当一条母线上有多条电源线路时，除动作时间最长的一个过电流保护不需要装设方向元件外，其他都需要装设方向元件。

习题 7

7-1　以过电流继电器为例解释"动作电流"、"返回电流"和"返回系数"的含义。

7-2　解释电流保护的原理和分类，以及各段定值的整定原则与整定过程。

7-3　电流保护的接线方式的定义是什么？有哪些接线方式？

7-4　功率方向继电器的接线方式是什么？如何定义的？其内角的取值范围如何？

7-5　功率方向继电器为什么会存在死区？90° 接线的功率方向继电器的动作方程如何？

7-6　如图 7-24 所示单电源辐射形电网，保护 1、2、3、4 均采用阶段式电流保护，已知

线路电抗 X_1=0.4 Ω/km，AB 线路最大工作电流 $I_{fh.\max}$ =400A，BC 线路最大工作电流 $I_{fh.\max}$ =350A，保护1的 Ⅰ 段定值 $I_{dz.1}^{I}$ =1.3kA，Ⅲ段时限 $t_{dz.1}^{III}$ =1s，保护 4 的Ⅲ段时限 $t_{dz.4}^{III}$ =3s；可靠系数 K_k^{I}、K_k^{III} 取 1.2，K_k^{II} 取 1.1，K_{zq} =1.5；最大运行方式下 A 点故障的最大三相短路电流为 $I_{d.A.\max}^{(3)}$ =12kA，最小运行方式下 A 点故障的最小三相短路电流为 $I_{d.A.\min}^{(3)}$ =10kA，线路 AB 的电流互感器变比为 600/5，试整定电流保护 3 的Ⅰ、Ⅱ、Ⅲ段定值。

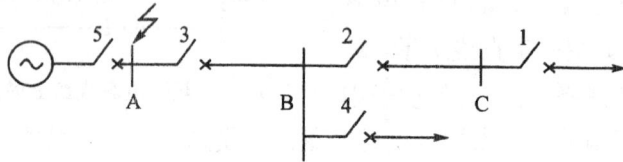

图 7-24

7-7 对于90°接线，内角为 30°的功率方向判别元件，在电力系统正常负荷电流（功率因数为 0.85）下，分析功率方向判别元件的动作情况。

第8章

电网接地短路的零序电流保护

接地短路是电力网中最常见的故障类型。接地短路时，将在电力系统中产生零序电压和零序电流，根据这一特性，可构成零序电流保护。本章将首先介绍电力系统常用的中性点运行方式，然后介绍中性点直接接地系统的零序电流及零序方向保护，最后介绍中性点不直接接地系统接地故障时的保护方式。

8.1 电力系统的中性点运行方式

中性点是指电力系统中的发电机及各电压等级的变压器的中性点。上述电力系统中性点与大地之间的连接方式称为中性点运行方式。常见的中性点运行方式有三种：中性点不接地方式、中性点经消弧线圈接地方式和中性点直接接地方式。

中性点的运行方式往往与电网的电压等级有关，但即使在某一个确定电压等级的电网中，由于可能有许多变压器或发电机的中性点，习惯上按如下方法进行电网中性点接地方式的界定：当一个有直接电联系的电压级电网中所有中性点都与大地绝缘时，称其为中性点不接地系统；当一个有直接电联系的电压等级电网中，一部分中性点不接地，一部分中性点经消弧线圈接地时，称其为中性点经消弧线圈接地系统；当一个有直接电联系的电压等级中，一部分或全部中性点直接接地时，称其为中性点直接接地系统，也称为大接地电流系统。而中性点不接地系统和中性点经消弧线圈接地系统可统称为非直接接地系统，或称为小接地电流系统。

电力系统中性点接地方式是一个很重要的综合性问题，它不仅涉及电网本身的安全性、可靠性、过电压绝缘水平的选择，而且对通讯干扰、人身安全、继电保护装置的配置、电力系统的运行、故障分析等有重要影响。

8.1.1 中性点不接地系统

1. 正常运行时

如图 8-1（a）所示为中性点不接地系统正常运行时的电路图，左侧为电源，可以是发电机的三相绕组，也可以是变压器副边的三相绕组。正常运行时，电力系统三相导线之间及各相导线对地，沿导线全长都均匀分布有电容，电容量的大小与线路的结构和长度有关。假设系统各相负载电流相等，各相电压是对称的，并将相与地之间均匀分布的电容用集中于线路中央的电容 C_0 来替代，而各相间的电容及它们所决定的电容电流对分析的问题没有影响，所以可以不考虑。因此，该系统是三相对称电势作用于对称负载（包括三组电容），电源中性点电压为零，三相相电压对称，幅值就等于各相对地电压；流过各相对地电容 C_0 的电流也三相对称，如图8-1（b）所示，大小为：

$$\left.\begin{array}{l} \dot{I}_{CA} = j\omega c\dot{U}_A \\ \dot{I}_{CB} = j\omega c\dot{U}_B \\ \dot{I}_{CC} = j\omega c\dot{U}_C \end{array}\right\} \qquad (8-1)$$

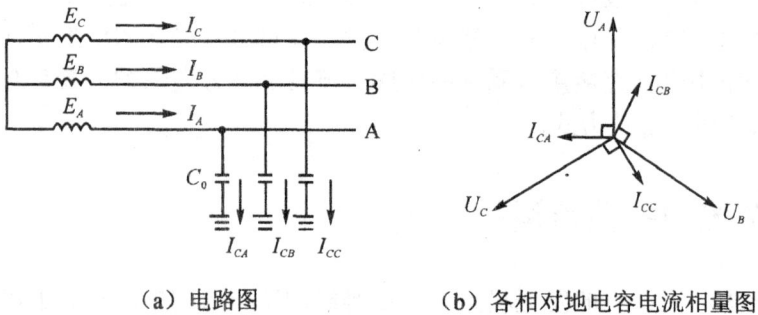

（a）电路图　　　　　　　　（b）各相对地电容电流相量图

图 8-1　中性点不接地系统正常运行状态

2. 单相接地故障时

中性点不接地的三相系统，当某一相与地的绝缘受到破坏时，称为单相接地故障。若绝缘完全丧失，接地处相线与地之间的电阻为零，称为完全接地或金属性接地，否则称为不完全接地或带过渡电阻接地。

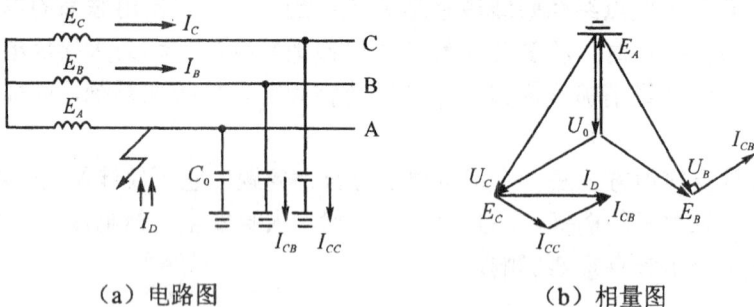

（a）电路图　　　　　　　　　（b）相量图

图 8-2　中性点不接地系统发生 A 相完全接地

中性点不接地系统发生单相接地故障时，各相的对地电压都要改变，中性点对地电压不再为零。如图8-2（a）所示，设 A 相完全接地，则该相对地电压由原来未接地前的相电压变为了零，无故障相及电源中性点对地电压也发生了变化，如图 8-2（b）所示。故障点处各相对地的电压为：

$$\left. \begin{array}{l} \dot{U}_A = 0 \\ \dot{U}_B = \dot{E}_B - \dot{E}_A = \sqrt{3}\,\dot{E}_A\,e^{-j150^0} \\ \dot{U}_C = \dot{E}_C - \dot{E}_A = \sqrt{3}\,\dot{E}_A\,e^{j150^0} \end{array} \right\} \qquad (8\text{-}2)$$

故障点的零序电压为

$$\dot{U}_0 = \frac{1}{3}(\dot{U}_A + \dot{U}_B + \dot{U}_C) = -\dot{E}_A \qquad (8\text{-}3)$$

中性点的电压也为 $-E_A$。

这说明除故障相外，非故障相的电压幅值都增大了 $\sqrt{3}$ 倍，即由原来的相电压升为线电压，因而流过非故障相的对地电容电流也相应增大到原来的 $\sqrt{3}$ 倍，即

$$\dot{I}_{CB} = j\omega c\,\dot{U}_B = \sqrt{3}\omega c\,\dot{E}_A\,e^{-j60^0} \qquad (8\text{-}4)$$

$$\dot{I}_{CC} = j\omega c\,\dot{U}_C = \sqrt{3}\omega c\,\dot{E}_A\,e^{-j120^0} \qquad (8\text{-}5)$$

因接地相电容被短接，电容电流为零，所以根据基尔霍夫第一定律，流过接地点的电流为：

$$\dot{I}_D = (\dot{I}_{CB} + \dot{I}_{CC}) = \sqrt{3}\,\dot{I}_{CB}\,e^{-j30^0} = 3\omega c\,\dot{E}_A\,e^{-j90^0} \qquad (8\text{-}6)$$

零序电流为：

$$3\dot{I}_0 = \dot{I}_{CA} + \dot{I}_{CB} + \dot{I}_{CC} = \dot{I}_{CB} + \dot{I}_{CC} = \dot{I}_D \qquad (8\text{-}7)$$

零序电流等于从故障点流过的电流，为全系统非故障相电容电流之和，幅值为正常运行时单相电容电流的 3 倍，相位落后接地相电源电势 90°，而超前零序电压 90°。若规定流过接地点的电流正方向为接地相流向大地，则流过接地点的电流相位要超前接地相电势 90°。

由此可见，中性点不接地系统发生单相完全接地故障时，非故障相的相电压升为线电压，线电压的大小和相位差仍然对称，维持不变，所以不影响对电力用户的供电，通常允许继续运行 1～2 小时。但由于中性点具有相电势大小的较高电压值，所以必须考虑中性点的绝缘问题。

此外，由式 8-6 可知，流过接地点的电流大小和电网的电势、频率和一相对地电容的大小有关。而一相对地电容的大小与电网的结构（架空线或电缆，以及有无架空地线等）和线路长度有关。若电网较大，线路较长，流过短路点的电流就会比较大。

图 8-3 所示的系统中有发电机和多条线路存在时，每台

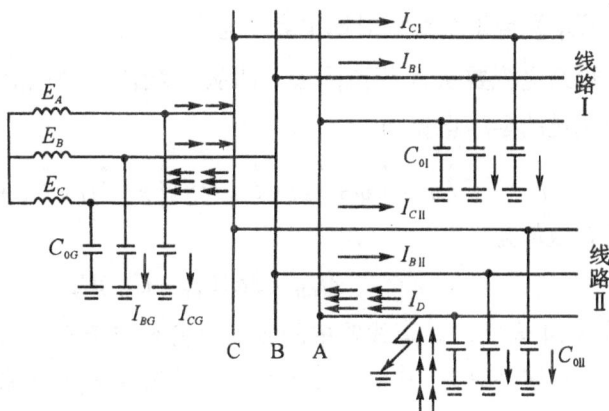

图 8-3　用三相系统表示的多条线路在单相接地时的电容电流分别图

发电机和每条线路对地均有电容存在，设以 C_{0G}、C_{0I}、C_{0II} 等集中电容来表示，当线路 II A 相接地后，在非故障的线路 I 上，A 相电流为零，B 相和 C 相中有本身的电容电流，因此 $3I_{0I} = I_{BI} + I_{CI}$，参照图 8-2（b）所示的相量关系，流过非故障线路 I 始端的零序电流有效值为：

$$3I_0 = 3U_\varphi \omega C_{0I} \tag{8-8}$$

式中，U_φ——相电压的有效值；

C_{0I}——线路 I 的电容值。

即非故障线路中的零序电流为线路本身的电容电流，电容性无功功率的方向为由母线流向线路。这个结论适用于每一条非故障线路。

在发电机 G 上，首先有它本身的 B 相和 C 相的对地电容电流 I_{BG} 和 I_{CG}；但由于它还是产生其他电容电流的电源，因此，从 A 相中要流回从故障点流上来的全部电容电流，而 B、C 相流出各线路上同名相的对地电容电流。此时从发电机出线端所反应的零序电流仍应为三相电流之和。由图 8-3 可见，各线路的电容电流由于从 A 相流入后又从 B 相和 C 相流出了，因此相互抵消，而只剩下发电机本身的电容电流，所以有：

$$3I_{0G} = I_{BG} + I_{CG} \tag{8-9}$$

其有效值为：

$$3I_{0G} = 3U_\varphi \omega C_{0G} \tag{8-10}$$

因此流过发电机的零序电流为发电机本身的电容电流，其电容性无功功率的方向是由母线流向发电机，这个特点与非故障线路是一样的。

再分析发生故障的线路 II，在 B 相和 C 相上流有它本身的电容电流，而在接地点要流回全系统 B 相和 C 相对地电容电流总和，其值为

$$\dot{I}_D = (\dot{I}_{BI} + \dot{I}_{CI}) + (\dot{I}_{BII} + \dot{I}_{CII}) + (\dot{I}_{BG} + \dot{I}_{CG}) \tag{8-11}$$

有效值为：

$$I_D = 3\omega(C_{0I} + C_{0II} + C_{0G})U_\varphi = 3\omega C_{0\Sigma} U_\varphi \tag{8-12}$$

式中，$C_{0\Sigma}$ 为全系统每相对地电容的总和。

此短路电流要从 A 相流回去，即从 A 相流出的电流可表示为 $I_{AII} = -I_D$，因此，在线路 II 始端所流过的零序电流为

$$3\dot{I}_{0II} = \dot{I}_{AII} + \dot{I}_{BII} + \dot{I}_{CII} = -(\dot{I}_{BI} + \dot{I}_{CI} + \dot{I}_{BG} + \dot{I}_{CG}) \tag{8-13}$$

其有效值为：

$$3I_{0II} = 3\omega(C_{0\Sigma} - C_{0II})U_\varphi \tag{8-14}$$

式 8-14 表明，故障线路中的零序电流数值等于全系统非故障元件对地电容电流之和（不包括故障线路本身），其电容性无功功率的方向为由线路流向母线，恰好与非故障线路方向相反。

总结上述分析结果，可以得出中性点不接地系统发生单相完全接地故障后零序分量的分

布特点：

①零序网络由同级电压网络中元件对地的等值电容构成通路，网络的零序阻抗很大。

②在发生单相接地时，相当于在故障点产生了一个其值与故障相故障前相电压大小相等、方向相反的零序电压，从而全系统都将出现零序电压。

③在非故障元件中流过的零序电流，其数值等于本身的对地电容电流，电容性无功功率的实际方向为由母线流向线路。

④在故障元件中流过的零序电流，其值为全系统非故障元件对地电容电流之总和，数值一般较大，电容性无功功率的实际方向为由线路流向母线。

⑤中性点不接地系统中发生单相接地故障时，由于三相之间的线电压仍然保持对称，对负荷供电没有影响，若故障点流过的全系统的电容电流数值较小，一般情况下允许继续运行 1~2 小时。但在此期间，其他两相的对地电压要升高 $\sqrt{3}$ 倍，为防止事故进一步扩大造成两点或多点接地短路，应及时发出信号，以便运行人员查找接地的线路，采取措施予以消除，这是采用中性点不接地运行方式的主要优点。

3.1.2　中性点经消弧线圈接地系统

电力系统中性点不接地运行方式的主要优点是发生单相接地时仍能继续向用户供电，可靠性高。但随着电力系统的扩大，线路长度的增加和额定电压的提高，系统的电容电流不断增大，导致中性点不接地运行方式的缺点越来越突出了。

当中性点不接地系统中发生单相接地时，在接地点要流过全系统的电容电流，如果此电流比较大，就会在接地点燃起电弧，引起弧光过电压，从而使非故障相的对地电压进一步升高，使绝缘破坏，形成两点或多点的接地故障，造成停电事故。为解决这个问题，通常在中性点接入一个电感线圈，如图 8-4 所示。这样当单相接地时，在接地点有一个电感分量的电流流过，此电流和原系统中的电容电流相抵消，减少流过故障点的电流，熄灭电弧，因此称该电感线圈为消弧线圈。

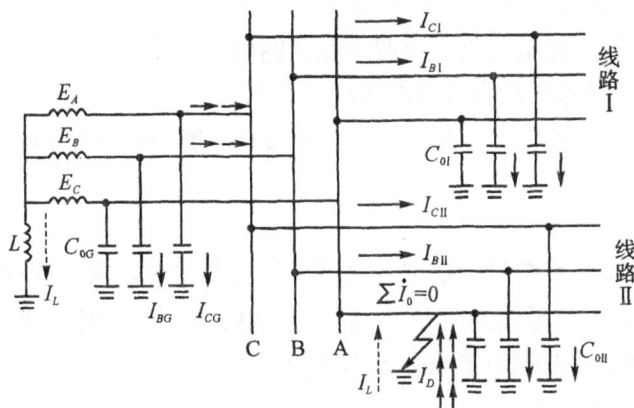

图 8-4　消弧线圈接地电网中，单相接地时的电流分布

在各级电压网络中，当全系统的电容电流超过以下数值时，应装设消弧线圈：对于 3~6kV

电网——30A；10kV 电网——20A；22~66kV 电网——10A。

下面介绍消弧线圈的工作原理。

当采用消弧线圈后，单相接地时的电流分布将发生变化。如图 8-4 所示，当线路 II 上发生 A 相接地以后，电容电流的大小和分布与不接消弧线圈时是一样的，不同之处是在接地点又增加了一个电感分量的电流 $\dot{I}_L$，因此，从接地点流回的总电流为：

$$\dot{I}_D = \dot{I}_{C\Sigma} + \dot{I}_L \tag{8-15}$$

式中，$I_{C\Sigma}$——全系统的对地电容电流，可用式 8-12 计算；

I_L——消弧线圈的电流，设 L 表示它的电感，则 $I_L = \dfrac{-E_A}{j\omega L}$。

由于 $I_{C\Sigma}$ 和 I_L 的相位大约相差180°，因此 I_D 将因消弧线圈的补偿而减小。

从上面分析可见，调整（选择）消弧线圈的匝数，会改变消弧线圈的感抗，从而能改变电流 I_L 的大小。根据单相接地故障时消弧线圈的电感电流对电容电流补偿程度的不同，可以有完全补偿、欠补偿和过补偿三种补偿方式，下面分别进行分析。

1. 完全补偿

完全补偿就是使 $I_L = I_{C\Sigma}$，接地点的电流近似为零。从消除故障点电弧，避免出现弧光过电压的角度来看，显然这种补偿方式是最好的。但从运行实际来看，则又存在严重的缺点，不能采用。因为完全补偿时，$\omega L = \dfrac{1}{3\omega C_{0\Sigma}}$，正是电感 L 和三相对地电容 $3C_{0\Sigma}$ 对 50Hz 交流串联谐振的条件。这样，若正常运行时在电源中性点对地之间有电压偏移就会产生串联谐振，线路上产生很高的谐振过电压。实际上，架空线路三相的对地电容不完全相等，正常运行时在电源中性点对地之间就会产生电压偏移，出现零序分量的电压。此外，在断路器合闸三相触头不同时闭合时，也将短时出现一个数值更大的零序分量电压。上述两种情况下出现的零序电压，都是串联接于 L 和 $3C_{0\Sigma}$ 间，其零序等效网络如图 8-5 所示。此电压将在串联谐振回路中产生很大的电压降落，使电源中性点对地电压严重升高，这是不允许的，所以在实际运行中不能采用完全补偿的方式。

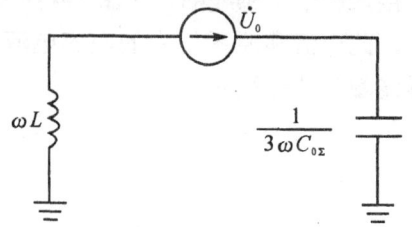

图 8-5　产生串联谐振的零序等效网络

2. 欠补偿

欠补偿就是使 $I_L < I_{C\Sigma}$，补偿后的接地点电流仍然是容性的。采用这种方式时，仍然不能避免谐振问题的发生，因为当系统运行方式变化时，例如某个元件被切除或因发生故障而跳闸，则电容电流就将减小，这时很可能出现 I_L 和 $I_{C\Sigma}$ 两个电流相等而引起的谐振过电压。因此，欠补偿的方式一般也是不采用的。

3. 过补偿

过补偿就是使 $I_L > I_{C\Sigma}$，补偿后的残余电流是感性的，不可能发生串联谐振的过电压问题，因此，在实际中获得了广泛的采用。I_L 大于 $I_{C\Sigma}$ 的程度用过补偿度 P 来表示，其关系为：

$$P = \frac{I_L - I_{C\Sigma}}{I_{C\Sigma}} \qquad (8\text{-}16)$$

一般选择过补偿度 $P = 5\% \sim 10\%$，而不大于 10%。

总结以上分析的结果，可以得出以下结论：当采用过补偿方式时，流经故障线路的零序电流是流过消弧线圈的零序电流与非故障相零序电流之差，而电容性无功功率的方向仍然是由母线流向线路（实际上是电感性无功由线路流向母线），和非故障线路的方向一样。因此，在这种情况下，首先无法利用功率方向的差别来判断故障线路，其次由于过补偿度不大，因此也很难像中性点不接地系统那样，利用零序电流大小的不同来找出故障线路。

8.1.3　中性点直接接地系统

在中性点直接接地系统中，直接接地的中性点与地的电位永远相同，等于零。当系统中发生单相接地故障时，未故障相的电压接近于相电压水平，所以对绝缘的要求较低，但缺点是单相接地形成单相短路，短路电流较大，保护必须立即跳闸切除故障。而且在接地故障时将会出现很大的零序电流，而在正常运行时它们是不存在的，因此利用零序电流来构成中性点直接接地系统中的接地短路保护，具有显著的优点。

如图 8-6（a）所示的中性点直接接地系统中发生单相接地短路时（以 A 相为例），可以利用对称分量法将电流和电压分解为正序、负序和零序分量，并利用复合序网来表示它们之间的关系。短路计算的零序等效网络如图 8-6（b）所示，零序电流是由故障点施加的零序电压 U_{d0} 产生的，它流过线路、接地变压器的接地支路构成回路。零序电流的规定正方向，仍然采用由母线流向线路为正，而零序电压的正方向规定为线路高于大地的电压为正。由上述等效网络可见，零序分量的参数具有如下的分布特点：

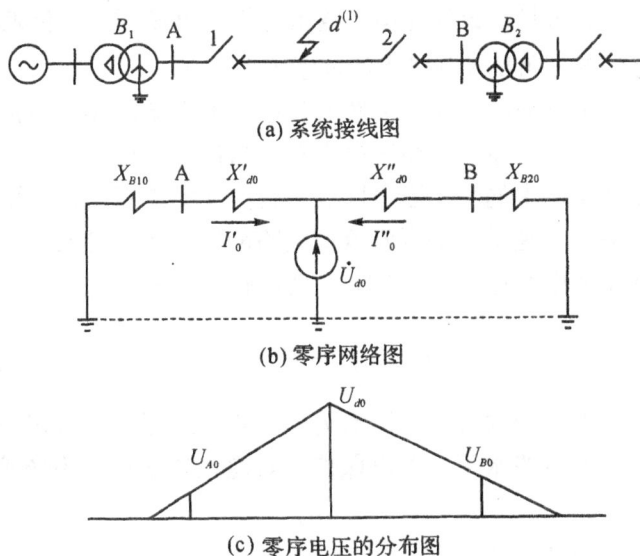

(a) 系统接线图

(b) 零序网络图

(c) 零序电压的分布图

图 8-6　接地短路时的零序等效网络

1. 零序电压

由于零序电源在故障点，因此故障点的零序电压最高，其值为非故障相电压和的三分之一，即 $\dot{U}_{d0} = \frac{1}{3}(\dot{U}_{dA} + \dot{U}_{dB} + \dot{U}_{dC}) = \frac{1}{3}(\dot{U}_{dB} + \dot{U}_{dC})$（因为故障相 A 相在接地点的电压为零）。零序网络中距离故障点越远处的零序电压越低，其值取决于测量点到大地间阻抗的大小，而变压器的中性点处零序电压为零，零序电压的分布如图 8-6（c）所示。

2. 零序电流

由于零序电流是由零序电压产生的，故其流动方向是由故障点流向系统中性点（大地）。

故障点的总零序电流大小为 $\dot{I}_{d0} = \frac{1}{3}(\dot{I}_{dA} + \dot{I}_{dB} + \dot{I}_{dC}) = \frac{1}{3}\dot{I}_{dA}$，即为故障电流的三分之一，此时非故障相电流为零。系统中零序电流的分布与中性点接地的多少及位置有关，即零序电流只在接地中性点之间的网络中分布；零序电流的大小主要取决于分支中线路的零序阻抗和中性点接地变压器的零序阻抗，且与分支阻抗成反比，而与电源的数目和位置无关。例如图 8-6（a）中，若变压器 B2 的中性点不接地时，则该侧零序电流不流通，即 $I_0'' = 0$。

3. 零序功率及零序电压、电流间的相位关系

对于发生故障的线路，两端零序功率方向与正序功率方向相反。零序功率实际方向都是由线路流向母线的。

从任一保护安装处的零序电压和零序电流之间的关系看，如图 8-6（a）中的保护 1，由于 A 母线上的零序电压实际上是从该点到零序网络中性点之间零序阻抗上的电压降，即可表示为：

$$\dot{U}_{A0} = (-\dot{I}_0')X_{B1.0} \tag{8-17}$$

式中，$X_{B1.0}$ 为变压器 B1 的零序阻抗。

由此可见，该处的零序电压与零序电流间的相位差将由 $X_{B1.0}$ 的阻抗角决定，而与被保护线路的零序阻抗及故障点的位置无关。

从上述分析可知，中性点直接接地系统用零序电流的幅值及零序电压、电流间的相位关系可实现接地短路的零序电流和方向保护。由于零序电流的计算较为复杂，一般对中性点直接接地电网中的变压器中性点接地方式的选择有以下两个要求：一是尽量维持零序网保持基本不变；二是不使变压器承受危险的过电压。通常，在多电源系统中，每个电源处至少有一台变压器中性点接地，以防止危险的过电压。

8.1.4　各种中性点运行方式的综合比较

前面介绍的三种中性点运行方式在运行中表现出不同的优缺点，其中有关供电可靠性、过电压与绝缘水平、继电保护、对通讯的干扰、系统稳定等问题对运行的影响较大，下面进行讨论。

1. 供电可靠性

中性点不接地、中性点经消弧线圈接地两种运行方式的供电可靠性较高，因为在单相接地时，未形成短路，流过接地点的电流是数值不大的电容电流或经消弧线圈补偿的残流。运行经验表明，大多数单相接地故障均能迅速自动消除，即使未能自行消除，也不需立即断开线路，一般允许继续运行 1～2 小时，因而运行人员可以有充裕的时间来处理故障，保证供电尽可能地不间断。

中性点直接接地系统发生单相接地故障即形成了单相短路，必须立即断开线路，这样造成的后果是短期停电（瞬时性故障，重合闸成功），或者是长期停电（永久性故障，重合闸不成功）。此外，在短路过程中，巨大的短路电流引起的电动力和热效应可能使一些电气设备造成损坏。总之，从供电可靠性的角度看，中性点不接地系统，特别是中性点经消弧线圈接地

的系统，具有明显的优越性。

2. 过电压和绝缘水平

中性点不接地或经消弧线圈接地系统，每相对地的绝缘是按线电压来考虑的，而在中性点直接接地系统，每相对地的绝缘是按相电压来考虑的。由于作用在绝缘上的内部过电压是在相对地电压基础上产生和发展的，中性点不接地系统和经消弧线圈接地系统在单相接地时，相对地电压大约是线电压的水平，因而各种操作过电压与谐振过电压的倍数几乎是中性点直接接地系统的 $\sqrt{3}$ 倍左右。这意味着后者的绝缘冲击耐压水平可相应降低。总之，从过电压与绝缘水平的观点看，采用中性点直接接地运行方式是有利的。

3. 继电保护

中性点直接接地系统中，单相接地短路时，有较大的零序电流，因此采用零序电流保护具有相当高的灵敏性。但在中性点不接地和经消弧线圈接地的系统中，流过故障线路的零序电流是非故障相对地电容电流之和或是经过消弧线圈补偿的零序电流，数值很小，往往比正常负荷电流小得多，而与零序电流滤过器的不平衡电流相差不多，因而很难用零序电流保护来判别故障线路，这给继电保护造成了较大的困难。

4. 对通讯的干扰

单相接地产生的电磁波对通讯的影响是不能忽视的。单相接地产生干扰的途径有两种，一种是静电感应，另一种是电磁感应。在中性点不接地和经消弧线圈接地系统中，起主要作用的是静电感应，可以用较简单的方法加以限制。在中性点直接接地系统中，起主要作用的是电磁感应，对电磁感应的消除是困难的，但从干扰持续的时间看，中性点直接接地系统历时是极短的。因此，一般认为中性点直接接地对通讯的影响最大，中性点经消弧线圈接地对通讯干扰最小。

5. 系统稳定

在中性点直接接地系统中发生单相接地时，由于接地电流很大，电压下降剧烈、线路的突然切除可能导致系统稳定的破坏。如果采用中性点不接地或经消弧线圈接地，则流过接地点的电流很小，不存在引起失步的可能。因此，从系统稳定角度看，中性点直接接地运行方式是不利的。

6. 中性点运行方式的选择

上面对各种运行方式的主要优缺点进行了介绍。在此基础上，就不同电压等级中性点运行方式的选择，说明如下：

（1）220kV 及以上系统

在这种系统中，降低过电压与绝缘水平是首要考虑的问题，因为它对设备价格和系统建设投资的影响太大了。目前世界各国均采用中性点直接接地方式。

（2）110～154kV 系统

美国和前苏联采取直接接地方式，理由是：在全线装设避雷线后，单相接地故障几率极小；这一电压等级往往是双回线或封闭线，单相接地不致完全停电；降低绝缘水平经济效益可观及继电保护简单可靠。日本等国采用经消弧线圈接地方式，以提高供电可靠性，减轻对通讯的干扰，因为在这样小的国土上，要使输电线路和通讯线路之间保持足够大的距离往往是困难的。由此可见，各国的具体情况不同，考虑问题的侧重点也就不同了。

我国的雷电活动比较强烈，这一电压等级下还有不少单回线，从供电可靠性的角度出发，一些地方采用经消弧线圈接地方式是适宜的。但大多数情况下，仍采用了直接接地运行方式。

（3）66kV 及以下系统

20～66kV 一般采用消弧线圈接地方式。3～10kV 一般采用中性点不接地运行方式，当系统接地电流超过一定值时（3～6kV 电网—30A；10kV 电网—20A），应采用经消弧线圈接地方式。

8.2　中性点直接接地电网接地短路时的零序电流及方向保护

中性点直接接地系统正常运行时三相对称，其零序、负序分量理论上为零；但发生接地短路时，将出现很大的零序电压和电流，因此利用零序电压、电流来构成阶段式零序电流及方向保护，用来反应接地短路，具有显著的优点，因此被广泛应用在 110kV 及以上电压等级的电网中。

阶段式零序电流保护的构成原理与整定思路类似于阶段式相间电流保护，零序电流保护各段由于反应零序电流而更加灵敏。通常单位长度的输电线路零序阻抗总是大于正序阻抗，所以在同等长度的输电线路上，零序电流随故障点的变化曲线总是比相间电流随故障点的变化曲线陡，因此保护范围能相应增大些。下面先介绍零序电流、电压的获取方法。

8.2.1　零序电流、零序电压的获得

1. 零序电流的获得

为了获得零序电流，架空线路一般采用零序电流过滤器，如图 8-7（a）所示。此时流入继电器回路中的电流为 $\dot{I}_A + \dot{I}_B + \dot{I}_C = 3\dot{I}_0$。

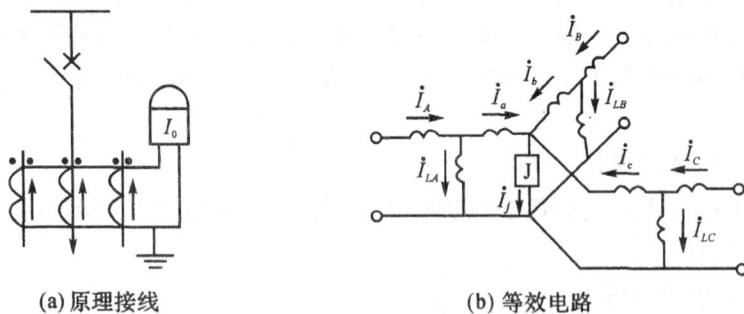

(a) 原理接线　　　　(b) 等效电路

图 8-7　零序电流过滤器

由于电流互感器采用三相星形接线方式，在中性线上所流过的电流就是 $3\dot{I}_0$，因此在实际使用中，零序电流过滤器并不需要专门的一组电流互感器，而是接入相间保护用的电流互感器的中性线上就可以了。

零序电流过滤器会产生不平衡电流，图 8-8 所示为一个电流互感器的等效电路，考虑励磁电流 I_L 的影响后，二次电流和一次电流的关系应为：

$$\dot{I}_2 = \frac{1}{n_{TA}}(\dot{I}_1 - \dot{I}_L) \tag{8-18}$$

因此，零序电流过滤器的等效电路可用图 8-7（b）来表示，此时流入继电器的电流为：

$$\dot{I}_j = \dot{I}_a + \dot{I}_b + \dot{I}_c = \frac{1}{n_{TA}}[(\dot{I}_A - \dot{I}_{LA}) + (\dot{I}_B - \dot{I}_{LB}) + (\dot{I}_C - \dot{I}_{LC})]$$

$$= \frac{1}{n_{TA}}(\dot{I}_A + \dot{I}_B + \dot{I}_C) - \frac{1}{n_{TA}}(\dot{I}_{LA} + \dot{I}_{LB} + \dot{I}_{LC}) \tag{8-19}$$

在正常运行和一切不伴随有接地的相间短路时，三个电流互感器一次侧电流的相量和必然为零，因此流入继电器中的电流就是不平衡电流，为：

$$\dot{I}_j = \frac{1}{n_{TA}}(\dot{I}_{LA} + \dot{I}_{LB} + \dot{I}_{LC}) = \dot{I}_{bp} \tag{8-20}$$

零序电流过滤器的不平衡电流是由三个电流互感器的励磁电流不相等而产生的。而励磁电流的不相等，则是由于铁芯的磁化曲线不完全相同以及制造过程中的工艺差别而引起的。当系统发生相间故障时，电流互感器的一次侧流过的电流最大且包含非周期分量，因此不平衡电流也达到了最大值。

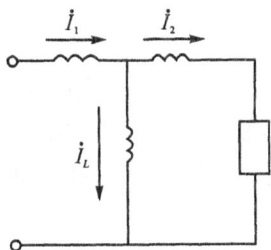

图 8-8　电流互感器的等效电路　　　　　　图 8-9　零序电流互感器接线示意图

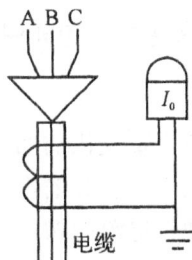

对于采用电缆引出的送电线路，广泛地采用了零序电流互感器的接线以获得零序电流。

如图 8-9 所示，电流互感器就套在三相电缆外面，互感器的一次侧电流是 $\dot{I}_A + \dot{I}_B + \dot{I}_C$，只当一次电流有零序电流时，在互感器的二次侧才有相应的零序电流输出，所以称它为零序电流互感器。它与零序电流过滤器相比，主要的优点是没有不平衡电流，同时接线也更简单。

2. 零序电压的获得

为了获得零序电压，通常采用图 8-10（a）所示的三个单相式电压互感器或图 8-10（b）所示的三相五柱式电压互感器。其一次绕组结成星形并将中性点接地，其二次绕组接成开口三角形，这样从 m、n 端子得到的输出电压为 $\dot{U}_{mn} = \dot{U}_a + \dot{U}_b + \dot{U}_c = 3\dot{U}_0$。

此外，当发电机的中性点经电压互感器（或消弧线圈）接地时，如图 8-10（c）所示，从它的二次绕组中也能够取得零序电压。

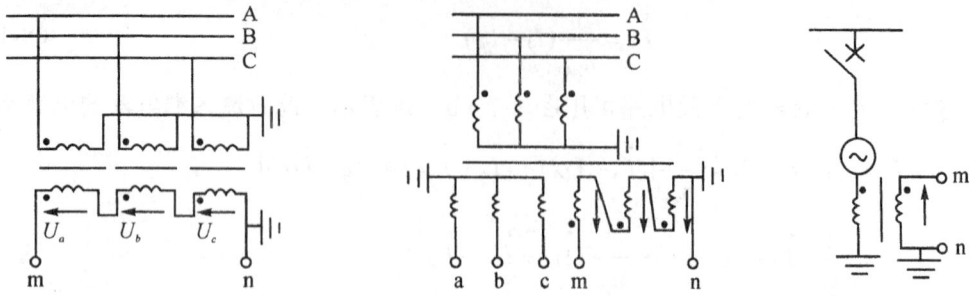

（a）用三个单相式电压互感器　　（b）用三相五柱式电压互感器　　（c）接于发电机中性点的电压互感器

图 8-10　取得零序电压的接线图

实际上在正常运行和电网相间短路时，由于电压互感器的误差以及三相系统对地不完全平衡，在开口三角形侧也可能有数值不大的电压输出，此电压为不平衡电压，用 $\dot{U}_{bp}$ 表示。此外，当系统中存在有三次谐波分量时，由于三相中的三次谐波电压是同相位的，在零序电压过滤器的输出端也有三次谐波电压输出。对于反应于零序电压而动作的保护装置，应该考虑躲开它们的影响。

8.2.2　无时限零序电流速断保护

图 8-11 所示为一中性点直接接地系统，线路上发生接地短路时，流过保护 2 的零序电流随接地短路点的位置变化的曲线如图上曲线所示。零序Ⅰ段与相间电流保护的Ⅰ段分析类似，为了保证选择性，保护 2 的零序Ⅰ段的保护范围不能超过本线路末端，即相邻线路保护 1 的出口，因此其动作电流应按以下原则整定。

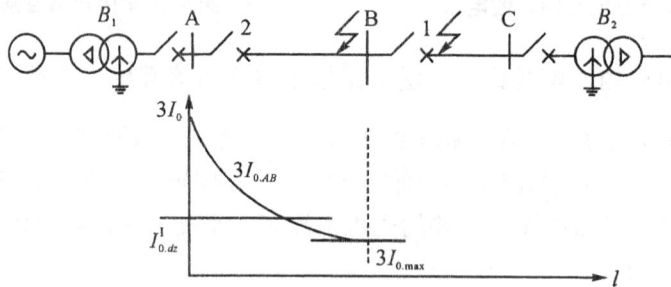

图 8-11　零序Ⅰ段动作说明

（1）按躲过本线路末端单相/两相接地短路时出现的最大零序电流整定。

整定公式为

$$I_{0.dz}^{I} = K_k 3 I_{0.\max} \tag{8-21}$$

式中，可靠系数 K_k 一般取 1.2～1.3；

$I_{0.\max}$ 取线路末端发生接地短路时流过保护装置的最大零序电流。

$I_{0.\max}$ 的计算应选择使零序电流最大的运行方式和接地类型。一般运行方式取保护安装侧变压器中性点接地数目最多，而被保护线路末端变压器不接地或接地数目最少。而故障类型选择单相接地 $K^{(1)}$ 或两相接地 $K^{(1,1)}$ 需要通过比较才能确定。下面进行分析。

假定系统正序综合阻抗 $Z_{1\Sigma}$ 等于负序综合阻抗 $Z_{2\Sigma}$，那么单相接地故障时，正、负、零三序网络是串联的，有

$$I_0^{(1)} = \frac{E_1}{2Z_{1\Sigma} + Z_{0\Sigma}} \tag{8-22}$$

而两相接地故障时，正、负、零三序网络是并联的，有

$$I_0^{(1,1)} = \frac{E_1}{Z_{1\Sigma} + 2Z_{0\Sigma}} \tag{8-23}$$

所以，单相接地零序电流与两相接地零序电流之比为

$$\frac{I_0^{(1)}}{I_0^{(1,1)}} = \frac{1 + 2\dfrac{Z_{0\Sigma}}{Z_{1\Sigma}}}{2 + \dfrac{Z_{0\Sigma}}{Z_{1\Sigma}}} \tag{8-24}$$

当 $Z_{0\Sigma} > Z_{1\Sigma}$ 时，$I_0^{(1)} > I_0^{(1,1)}$；当 $Z_{1\Sigma} > Z_{0\Sigma}$ 时，$I_0^{(1,1)} > I_0^{(1)}$。

（2）按躲过断路器三相不同期合闸时所出现的最大零序电流整定。

整定公式为

$$I_{0.dz}^I = K_k 3 I_{0.bt} \tag{8-25}$$

式中，可靠系数一般取 1.1～1.2；

$I_{0.bt}$ 是断路器三相不同期合闸时的最大零序电流。

由于 $I_{0.bt}$ 只在不同时合闸期间存在，持续时间比较短，若保护的动作时间大于断路器三相不同期合闸时间，则可以不考虑本条整定原则。

零序Ⅰ段的最终定值可取以上两条原则中较大的。

零序Ⅰ段的动作时间也是取决于继电器本身的动作时间，可按 0s 整定。

零序Ⅰ段的灵敏度校验也是计算最小保护范围，一般要求最小保护范围应大于 15%。

与相间电流保护Ⅰ段相比，零序电流Ⅰ段有以下优点：一是零序Ⅰ段虽然也不能保护本线路的全长，但保护范围通常比相间Ⅰ段长；二是由于零序电流受系统运行方式变化的影响较小，所以保护范围较稳定。

8.2.3 带时限零序电流速断保护

零序电流保护Ⅱ段的工作原理及整定原则，与相间短路的电流保护Ⅱ段相似。下面以图 8-12 所示网络为例，说明零序Ⅱ段的整定过程。

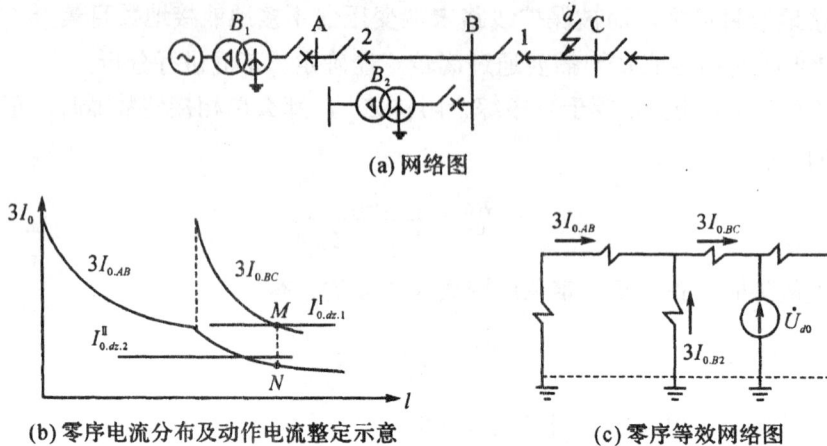

(a) 网络图

(b) 零序电流分布及动作电流整定示意

(c) 零序等效网络图

图 8-12　零序Ⅱ段动作说明

1. 动作电流的整定

零序Ⅱ段的动作电流应与相邻线路的零序Ⅰ段相配合，即按躲过相邻线路的零序Ⅰ段保护范围末端接地短路时，流过本保护的最大零序电流整定。

整定公式为

$$I_{0.dz.A}^{II} = K_k I_{0.dz.B}^{I} / K_{0.fz.min} \qquad (8-26)$$

式中，可靠系数 K_K 取 $1.1 \sim 1.2$；

$I_{0.dz.B}^{I}$ 为相邻线路零序Ⅰ段的定值；

$k_{0.fz.min}$ 为最小零序分支系数，其值等于相邻线路零序Ⅰ段保护范围末端 d 点接地短路时，流经故障线路的零序电流与流经整定线路的零序电流之比的最小值，为

$$K_{0.fz.min} = (\frac{I_{0.BC}}{I_{0.AB}})_{min} \qquad (8-27)$$

引入零序分支系数的原因同电流Ⅱ段引入正序分支系数的原因一样：由于有其他分支的存在使得流过配合保护的零序电流和流过整定保护的零序电流不再相同，由图 8-12（c）的零序网络图可知，$3I_{0.AB} \neq 3I_{0.BC}$。因此，需要把故障时流过配合保护的电流 $3I_{0.BC}$ 折算到流过整定保护的电流 $3I_{0.AB}$，这个折算关系通过零序分支系数 $K_{0.fz}$ 来完成，如图 8-12（b）由 M 点折算到 N 点，然后考虑可靠系数进行计算。

2. 动作时限的整定

整定原则为比相邻下一线路零序Ⅰ段多出一个时间级差 $\Delta t = 0.5s$，即

$$t_{0.A}^{II} = t_{0.B}^{I} + \Delta t \qquad (8-28)$$

3. 灵敏度的校验

按被保护线路末端接地短路时，流过的最小零序电流 $3I_{0.min}$ 校验。即

$$K_{lm} = \frac{3I_{0.min}}{I_{0.dz}^{II}} \qquad (8-29)$$

要求 $K_{lm} > 1.5$。

若灵敏度不满足要求，可用两个灵敏度不同的零序Ⅱ段保护。保留这个 0.5s 的零序Ⅱ段，用以快速切除正常运行方式和最大运行方式下线路上所发生的接地故障；同时再增加一个与相邻线路的零序Ⅱ段配合的零序Ⅱ保护，它能保证在各种运行方式下线路上发生接地故障时具有灵敏度，自然时间定值也要与相邻线路Ⅱ段时间定值配合，即 $t = 2\Delta t$。此外，也可以改用接地距离保护。

8.2.4　零序过电流保护

零序Ⅲ段保护的作用相当于相间短路的过电流保护，在一般情况下是作为后备保护使用的，但在中性点直接接地系统的终端线路上可作主保护使用。

由于零序Ⅲ段在正常运行及相间短路时均不应动作，此时零序电流继电器中流过有不平衡电流 I_{bp}，所以应按照躲过最大的不平衡电流整定。最大不平衡电流出现在下级线路出口处三相短路时。此外，还要考虑各保护之间在灵敏系数上应相互配合。所以有以下整定原则。

（1）按躲过本线路末端三相短路时出现的最大不平衡电流整定。

$$I_{0.dz}^{III} = K_k I_{bp.max} \tag{8-30}$$

式中，可靠系数 K_k 取 1.2～1.3；

$I_{bp.max}$ 为本线路末端发生三相短路时流过保护的最大不平衡电流。

（2）按与相邻线路的零序Ⅲ段配合整定。即本保护的零序Ⅲ段的保护范围不能超出相邻线路零序Ⅲ段的保护范围，也就是保证了与相邻线路间零序Ⅲ段在灵敏度上的配合，整定公式为：

$$I_{0.dz.A}^{III} = K_k I_{0.dz.B}^{III} / k_{0.fz.min} \tag{8-31}$$

式中，可靠系数取 1.1～1.2；

$I_{0.dz.B}^{III}$ 是相邻线路零序Ⅲ段的动作电流；

$K_{0.fz.min}$ 是最小零序分支系数，即当整定保护与配合保护间具有分支支路时考虑的折算关系。

根据运行经验，按以上原则整定的零序Ⅲ段定值，一般都比较小（二次值约为 2～4A），因此在本电压级网络中发生接地故障时它都可能启动，为了保证保护的选择性，各保护的动作时限必须按照阶梯原则来整定。如图 8-13 所示的网络中，安装在受端变压器 B_1 上的零序Ⅲ段保护 4 可以是瞬时动作的，因为在变压器三角形侧的任何故障都不能在星形侧引起零序电流，因此不需要考虑和保护 1～3 的配合关系。

其他保护按照选择性的要求，依据时间定值的阶梯原则，保护 5 应比保护 4 高出一个时间阶梯，保护 6 又应比保护 5 高出一个时间阶梯等等，即满足：

$$t_A^{III} = t_B^{III} + \Delta t \tag{8-32}$$

式中，t_B^{III} 表示相邻线路的零序Ⅲ段时间定值；t_A^{III} 表示本线路的零序Ⅲ段时间定值。

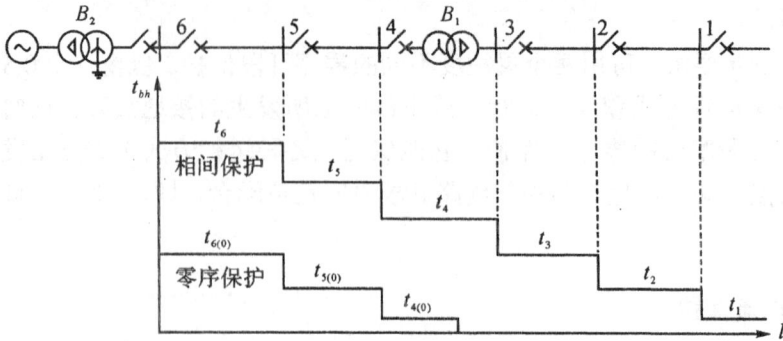

图 8-13　零序过电流保护的时限特性

图 8-13 中也绘出了相间短路过电流保护的动作时限，它是从保护 1 开始逐级配合的。由此可见，在同一线路上的接地短路零序过电流保护要比相间短路的过电流保护具有更小的时限，这是它的一个优点。

零序Ⅲ段的灵敏度校验，当作为本线路近后备时，按本线路末端接地短路时，流过保护的最小零序电流校验，要求 $K_{lm} > 1.3 \sim 1.5$；当作为相邻元件的远后备保护时，应按照相邻线路末端接地短路时流过本保护的最小零序电流来校验，要求 $K_{lm} > 1.2$。

8.2.5　零序方向电流保护

1. 方向性零序电流保护的工作原理

在双侧或多侧电源的网络中，电源处变压器的中性点一般至少有一台要接地，由于零序电流的实际流向是由故障点流向各个中性点接地的变压器，因此在变压器接地数目比较多的复杂电网中，就需要考虑零序电流保护动作的方向性问题。

图 8-14（a）所示的电网中，两侧电源处的变压器中性点均直接接地，当 d_1 点接地短路时，其零序等效网络如图 8-14（b）所示，按照选择性要求，应该由保护 1 和 2 动作切除故障，但零序电流 $\dot{I}_{0.d1}$ 也流过保护 3，可能会引起它误动作；同样，当 d_2 点接地短路时，其零序等效网络如图 8-14（c）所示，应该由保护 3 和 4 动作，但零序电流 $I_{0.d2}$ 流过保护 2，也可能使其误动作。以上情况与相间电流保护类似。因此，必须在零序电流保护中增加

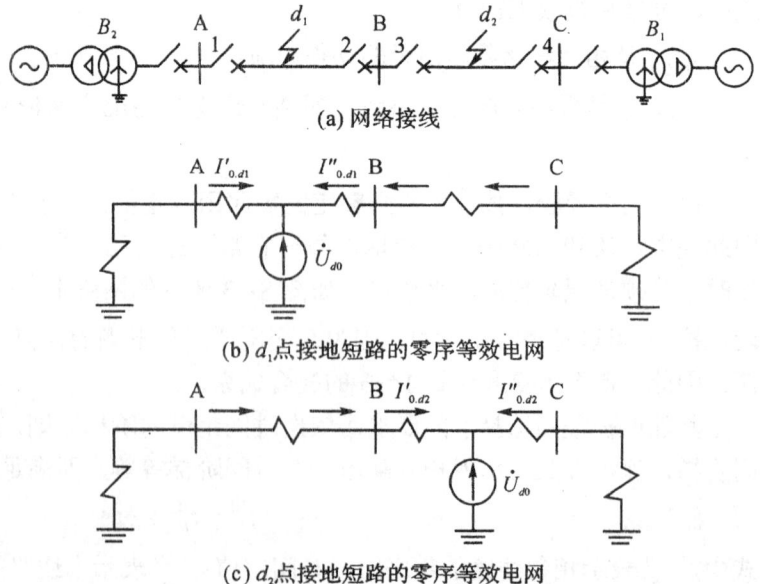

(a) 网络接线

(b) d_1 点接地短路的零序等效电网

(c) d_2 点接地短路的零序等效电网

图 8-14　零序方向保护的工作原理分析

功率方向元件，利用正方向和反方向故障时，零序功率方向的差别，来闭锁可能误动的保护，才能保证保护动作的正确。

2. 零序功率方向元件

零序功率方向元件接入零序电压 $3U_0$ 和零序电流 $3I_0$，反应于零序功率方向而动作，其工作原理与实现方法与相间短路的功率方向元件类似。所不同的是，当保护范围内部故障时，按规定的电流、电压正方向看，$3I_0$ 超前于 $3U_0$ 为 95°～110°（对应于保护安装地点背后的零序阻抗角为 85°～70° 的情况），$\varphi_{lm} = -95° \sim -110°$，继电器此时应正确动作，并应工作在最灵敏的条件之下。

目前电力系统中使用的整流型或晶体管型功率方向继电器的最大灵敏角均为 70°～85°，因此零序功率方向继电器这样接线：$U_j = -3U_0, I_j = 3I_0$，即将电流线圈与电流互感器之间同极性相连，而将电压线圈与电压互感器之间不同极性相连，此时，φ_j 为 70°～85°，恰好符合最灵敏的条件。但在微机型保护装置中，由于可以用软件实现 $U_j = -3U_0, I_j = 3I_0$ 的取值，因此输入装置的参数直接是 $3U_0$、$3I_0$。

由于中性点直接接地系统中发生接地故障时，越靠近故障点零序电压越高，因此零序功率方向元件没有电压死区。相反，当故障点距保护安装地点越远时，由于保护安装处的零序电压较低，零序电流较小，继电器可能不会起动，因此必须校验方向元件在这种情况下的灵敏度。例如当作为相邻元件的远后备保护时，应采用相邻元件末端短路时，在本保护安装处的最小零序电流、电压或功率（经电流、电压互感器转换到二次侧的数值）与功率方向继电器的最小起动电流、电压或启动功率之比来计算灵敏系数，并要求 $K_{lm} \geq 1.5$。

顺便指出，与相间短路电流方向保护类似，零序功率方向元件与零序电流元件也是"与"的关系，即只有两者都动作了才能开放保护去跳闸。

8.2.6　零序电流保护的评价

在中性点直接接地的高压电网中，由于零序电流保护简单、经济、可靠，作为辅助保护和后备保护得到了广泛应用，它与相间短路电流保护相比具有以下优点。

（1）零序过电流保护不仅灵敏度高，而且动作时限也较相间保护短。相间短路的过电流保护是按照躲最大负荷电流整定的，启动电流一般为 5～7A，而零序过流保护按躲不平衡电流整定，其值一般为 2～4A，由于发生单相接地短路时，故障相的电流与零序电流相等，因此零序过电流保护的灵敏度高。此外，由图 8-13 可见，零序过电流保护的动作时限要比相间短路保护短。

（2）相间短路的电流保护受系统运行方式变化的影响很大，而零序电流保护受系统运行方式变化的影响要小得多。当电力系统运行方式发生变化时，如果送电线路和中性点接地变压器位置、数目不变，则零序阻抗和零序等效网络就不变。而此时，系统的正序阻抗和负序阻抗要随着运行方式而变化，它们的变化将引起故障点处正、负、零三序电压间分配的改变，因而间接影响零序分量的大小。此外，由于线路零序阻抗远比正序阻抗大，一般 $X_0 = (2 \sim 3.5)X_1$，故线路短路时，零序电流曲线较陡，因而零序Ⅰ段的保护范围较大，也较稳定，零序Ⅱ段的灵敏系数也易于满足要求。

（3）当系统中发生某些不正常运行状态时，例如系统振荡、短时过负荷等，三相是对称的，相间短路的电流保护将受它们的影响而可能误动作，因而需要采取必要的措施予以防止，而零序保护则不受它们的影响。

（4）方向性零序电流保护没有电压死区，并且实现简单、经济、可靠。

在110kV及以上的高压和超高压电网中，单相接地故障约占全部故障的70%～90%，而且其他故障也往往是由单相接地故障发展起来的，零序电流保护能为绝大多数故障提供保护，具有明显的优越性，因而在中性点直接接地的电网中，获得了广泛的应用。

但零序电流保护也存在以下不足：

（1）对于短线路或运行方式变化很大的电网，保护往往不能满足系统运行所提出的要求；

（2）随着单相重合闸的广泛应用，在重合闸动作的过程中将出现非全相运行状态，再考虑系统两侧的电机发生摇摆，可能出现较大的零序电流，因而影响零序电流保护的正确工作，此时应从整定计算上予以考虑，或在单相重合闸动作过程中使之短时退出运行；

（3）当采用自耦变压器联系两个不同电压等级的网络时（例如110kV和220kV电网），则任一网络的接地短路都将在另一网络中产生零序电流，这将使零序保护的整定配合复杂化，并将增大第Ⅲ段保护的动作时限。

8.3　小电流接地系统单相接地时的保护方式

中性点不接地、中性点经消弧线圈接地、中性点经电阻接地等系统，都称为中性点非直接接地系统，又称小电流接地系统。由8.1节介绍可知，小电流接地系统发生单相接地故障时，由于故障点电流很小，而且三相之间的线电压仍然保持对称，对负荷的供电没有影响，因此在一般情况下都允许再继续运行 1～2 小时。在此期间，其他两相的对地电压要升高 $\sqrt{3}$ 倍，为了防止故障进一步扩大造成两点或多点接地短路，应及时发出信号，以便运行人员查找发生接地的线路，采取措施予以消除。

8.3.1　零序电压保护

在中性点非直接接地系统中，只要本级电压网络中发生单相接地故障，则在同一电压等级的所有发电厂和变电所的母线上，都将出现数值较高的零序电压。利用这一特点，在发电厂和变电所的母线上，一般都装设电网单相接地的监视装置。如图8-15所示，它利用接地后出现的零序电压，带延时动作于信号，表明本级电网中出现了单相接地。这种方法给出的信号是没有选择性的，要想发现故障具体在哪条线路上，还需要由运行人员依次短时断开每条线路，并继之将断开线路投入。当断开某条线路时，若零序电压信号消失，则表明故障是在该条线路上。

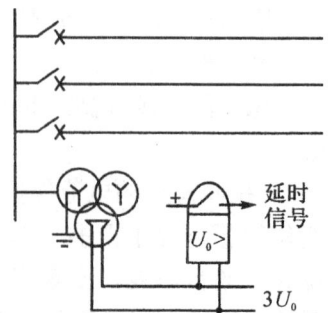

图 8-15　零序电压保护装置原理图

8.3.2　零序电流和零序功率方向保护

零序电流保护是利用故障线路零序电流较非故障线路大的特点来实现有选择地发出信号或动作于跳闸。根据网络的具体结构和对地电容电流的补偿情况，有时可以使用，而有时难于使用。保护的动作定值应大于本线路的电容电流，并要校验在本线路发生单相接地故障时的灵敏度。

零序功率方向保护是利用故障线路与非故障线路零序功率方向不同的特点来实现选择性的保护，动作于信号或跳闸。这种保护在中性点经消弧线圈接地，且采用过补偿工作方式时，难于适用。

8.3.3　小电流接地系统的接地选线装置

在单相接地时，一般只要求继电保护能选出发生接地的线路并及时发出信号，而不必跳闸；但当单相接地对人身和设备的安全有危险时，则应动作于跳闸。能完成这种任务的保护装置有时被称为"接地选线装置"。

接地选线装置除了利用接地故障时出现的零序电压判断接地故障的发生，零序电流的幅值大小判断可能的接地线路，以及利用线路的零序功率方向进一步确认故障线路外，还有利用接地故障时产生的暂态电流和谐波电流作为选线判断的依据。

习题 8

8-1　电力系统中性点的运行方式有哪些，各有什么特点？

8-2　中性点不接地系统发生单相接地时的零序电流特点如何？为何要装消弧线圈？消弧线圈的补偿方式有哪些？

8-3　中性点直接接地系统发生单相接地时的零序电压、电流和功率分布有何特点？

8-4　中性点直接接地系统中零序电流保护的整定原则如何？

8-5　零序功率方向继电器有死区吗？

8-6　零序电流保护与相间电流保护相比，各有什么特点？它们的应用范围如何？

8-7　小电流接地系统对于单相接地故障有哪些保护方式？

第9章

电网的其他线路保护

除电流保护、零序电流保护外，距离保护、高频保护也是电网输电线路的重要保护，自动重合闸与继电保护相配合能提高输电线路的供电可靠性。本章将介绍距离保护、高频保护、自动重合闸的基本原理和应用。距离保护因其保护范围稳定，灵敏性高等优点在多侧电源的高压及超高压复杂电网中得到广泛应用；高频保护因其可以实现瞬时切除被保护线路全长内的故障，无需延时，所以是 200kV 及以上电压等级电网的主保护；自动重合闸是提高输电线路供电可靠性的有力工具。

9.1 距离保护

9.1.1 距离保护的基本原理及构成

1. 距离保护的基本原理

电流保护虽具有简单、经济、可靠性高等优点，但存在保护动作范围受系统运行方式变化影响大的缺点，尤其是在长距离重负荷的高压线路及长、短线路的保护配合中，往往不能满足灵敏度要求，因此只能应用在 35kV 及以下电压等级的电网中，难以应用于更高电压等级的复杂网络中。为满足更高电压等级复杂网络快速、有选择性地切除故障元件的要求，必须采用性能更为完善的继电保护装置，距离保护就是其中的一种。

距离保护是同时利用短路时电压、电流变化的特征，测量电压与电流的比值，以反应故障点至保护安装地点之间的距离（或阻抗），并根据距离的远近而确定动作时间的一种保护装置。以图 9-1

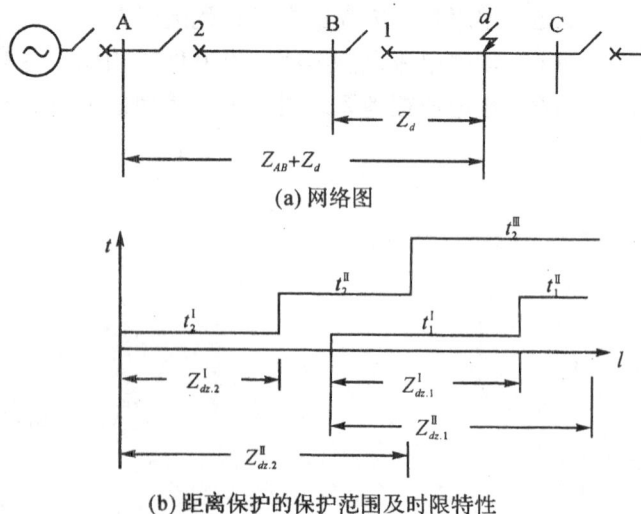

(a) 网络图

(b) 距离保护的保护范围及时限特性

图 9-1　距离保护的作用原理

所示系统为例,分析距离保护的基本原理。

假设图 9-1 所示系统分别在每段线路上装设有距离保护装置。距离保护装置的主要元件为距离(阻抗)继电器,它可根据其端子上所加的电压和电流来测得保护安装处至短路点间的阻抗值,此阻抗称为继电器的测量阻抗。电网正常运行时,保护安装处的电压为母线额定电压 $\dot{U}_n$,线路中流过的电流为线路负荷电流 $\dot{I}_{fh}$,保护测量到的阻抗为负荷阻抗 $Z_{fh} = \dfrac{\dot{U}_n}{\dot{I}_{fh}}$,一般较大。当线路发生短路时(d 点短路),保护安装处的电压为母线残余电压,其值远远小于额定电压;而流过线路的电流为短路电流,其值远远大于负荷电流,因此保护测量到的阻抗为短路阻抗,其值远远小于负荷阻抗。

保护测量到的短路阻抗大小与故障点到保护安装处的距离成正比,如图 9-1(a)中 d 点短路时,保护 1 和保护 2 测得的测量阻抗分别为 Z_d 和 $Z_{AB} + Z_d$。当短路点距保护安装处近时,保护的测量阻抗小,此时保护应该立即动作;当短路点距保护安装处远时,其测量阻抗增大,保护动作时间应该延长(由别的保护去切除故障),这样就能保证有选择地切除故障线路。

因此距离保护与电流保护相似,是采用按照动作范围划分的具有阶梯时限特性的阶段式保护。阶段式距离保护通常采用三段式,分别称为距离Ⅰ段、Ⅱ段和Ⅲ段。距离Ⅰ段和Ⅱ段共同作用,成为本线路的主保护;距离Ⅲ段是本线路的近后备保护和相邻线路的远后备保护。

图 9-1(b)示出了距离保护 1 和 2 各段的保护范围及时限特性。与电流保护相似,距离Ⅰ段也由于无法区分本线路末端故障和相邻线路出口故障,所以无法保护本线路全长,其保护范围约为本线路的 80%～85%,动作时限为保护装置本身固有的动作时间。为了切除本线路末端剩余 15%～20% 范围内的故障,距离Ⅱ段的保护范围为本线路全长,并延伸至下一相邻线路距离Ⅰ段保护范围的一部分(不伸出),动作时限也与相邻线路距离Ⅰ段相配合,并大一个时限级差。距离Ⅲ段是本线路和相邻线路的后备保护,它的保护范围较大,动作时限按阶梯原则整定,即本线路距离Ⅲ段应比相邻线路中距离Ⅲ段最大动作时限大一个时限级差。

由以上分析可见,距离保护具有以下特点。

(1)距离保护由于反应的是保护安装处到短路点的阻抗,因此受系统运行方式变化的影响较小。

(2)距离保护是一种低动作量的保护,即是反应阻抗降低而动作的阻抗保护。

(3)距离保护是一种阶段式保护,需要时间元件与阻抗元件相配合才能保证动作的选择性。

2. 距离保护的构成

无论是常规型距离保护,还是微机型距离保护,阶段式距离保护的逻辑构成原理是相同的,通常包含有起动元件、测量元件、时间元件、逻辑判别回路、振荡闭锁元件、电压互感器二次回路断线检测等主要元件及回路,如图 9-2 所示。

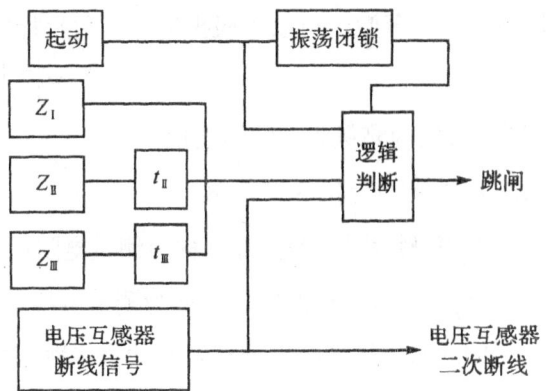

图 9-2　三段式距离保护的原理框图

（1）起动元件。起动元件的主要作用是发生故障时瞬时起动整套保护，因此要能判断被保护线路是否发生故障。常规型保护装置通常采用电流继电器、阻抗继电器或负序电流继电器作为起动元件；微机型保护装置通常采用相电流突变量或负序电流突变量算法来实现。

（2）阻抗测量元件。阻抗测量元件的作用是测量故障点到保护安装处阻抗的大小（距离的长短），判别故障是否发生在保护范围内，决定保护是否动作。阶段式距离保护有各阶段的测量元件，分别用于判断故障是否发生在本保护段的保护范围内。图 9-2 中的 Z_I、Z_{II}、Z_{III} 分别表示距离 I 段、II 段、III 段的阻抗测量元件。

（3）时间元件。时间元件用来实现阶段式距离保护各保护段的动作时限，以保证动作的选择性。图 9-2 中的 t_{II}、t_{III} 分别表示距离 II 段、III 段的动作时限。

（4）振荡闭锁元件。振荡闭锁元件是用来防止电力系统振荡时引起距离保护误动作，即在电力系统正常运行或发生振荡时，该元件将保护闭锁，而当电力系统发生短路时，该元件解除闭锁开放保护。

（5）电压互感器二次回路断线闭锁元件。电压互感器二次回路断线闭锁元件是用来防止电压互感器二次回路断线时距离保护误动作，即出现电压互感器二次回路断线时，该元件将保护闭锁，同时发出告警信号。

（6）逻辑判断回路。用以分析、判断保护是否动作，怎样动作发出跳闸命令。

在正常运行时，起动元件、振荡闭锁元件、距离 I~III 段的测量元件均不动作，距离保护可靠不动作；当系统发生短路时，起动元件动作起动保护装置，振荡闭锁元件开放保护，测量元件测量到故障点与保护安装处的阻抗若在保护范围内，则保护可出口跳闸。

9.1.2 阻抗元件及接线方式

1. 阻抗元件及其动作特性

阻抗元件是距离保护装置的核心元件。它的作用是测量故障点到保护安装处之间的阻抗（距离），并与整定值比较，以确定保护是否动作。

加入阻抗元件的电压 $\dot{U}_j$ 和电流 $\dot{I}_j$ 之比，即 $Z_j = \dfrac{\dot{U}_j}{\dot{I}_j}$ 就是阻抗元件的测量阻抗。由于测量阻抗是一个复数，可以用极坐标或直角坐标的形式表示为：

$$Z_j = |Z_j| \angle \varphi_j = R_j + X_j \tag{9-1}$$

式中，$|Z_j|$ 为测量阻抗的阻抗值；

φ_j 为测量阻抗的阻抗角；

R_j 为测量阻抗的实部，称为测量电阻；

X_j 为测量阻抗的虚部，称为测量电抗。

因此常用复平面来分析它的动作特性，并用一定的几何图形把它表示出来，如图 9-3 所示。

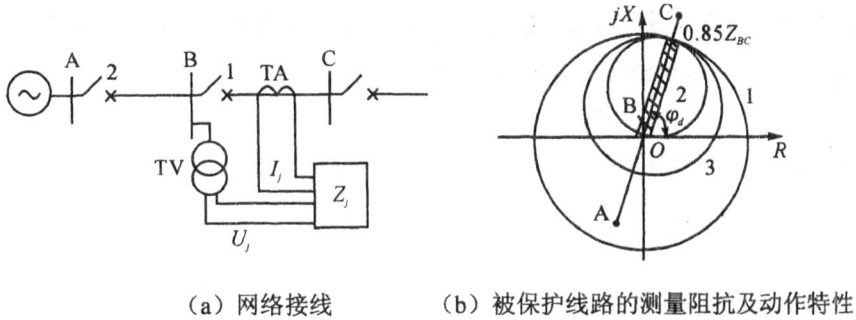

（a）网络接线　　　　　　（b）被保护线路的测量阻抗及动作特性

图 9-3　用复数平面分析阻抗元件的特性

以图 9-3（a）中线路 BC 的保护 1 为例，将阻抗继电器的测量阻抗画在复数阻抗平面上，如图 9-3（b）所示。线路的始端 B 位于坐标的原点 0，正方向线路的测量阻抗在第一象限，反方向线路的测量阻抗在第三象限内。正方向测量阻抗与 R 轴间的夹角为线路 BC 的阻抗角 φ_d。若保护 1 的距离 I 段整定为 $0.85Z_{BC}$，阻抗元件的动作范围就应包括 $0.85Z_{BC}$ 以内的阻抗，图中用阴影线表示。

由于阻抗元件是接于电压互感器 TV 和电流互感器 TA 的二次侧，其测量阻抗与系统一次侧的阻抗之间存在以下关系：

$$Z_j = \frac{U_j}{I_j} = \frac{U_B/n_y}{I_{BC}/n_l} = Z_d \frac{n_l}{n_y} \tag{9-2}$$

式中，U_B 为加入保护装置的一次电压，即母线 B 的电压；

I_{BC} 为接入保护装置的一次电流，即从 B 流向 C 的电流；

n_y 为电压互感器的变比；

n_l 为电流互感器的变比；

Z_d 为一次侧的测量阻抗。

因此，若保护装置的一次侧整定阻抗经计算后为 Z_d，那么，二次侧的整定阻抗应该选择为

$$Z_{zd} = Z_d \frac{n_l}{n_y} \tag{9-3}$$

为了减少过渡电阻以及互感器误差的影响，在被保护线路发生短路时，阻抗元件能可靠动作，同时为了便于制造和调试，阻抗元件的动作特性通常要被扩大，模拟型保护一般扩大为圆形动作特性，如图 9-3（b）所示，1 为全阻抗圆的动作特性，2 为方向阻抗圆的动作特性，3 为偏移阻抗圆的动作特性。此外，多边形的阻抗特性在微机型距离保护中获得广泛应用。

下面介绍几种常用的阻抗元件动作特性，其中圆动作特性的阻抗元件可以采用幅值比较式和相位比较式两种方式描述。

（1）全阻抗圆特性

全阻抗圆特性是以保护安装点为坐标原点和圆心，以整定阻抗 Z_{zd} 为半径所作的圆，如图

9-4 所示。显然，无论测量阻抗的阻抗角 φ_j 为何值，只要测量阻抗 Z_j 的幅值小于整定阻抗的幅值，测量阻抗就落于圆内，此时阻抗元件就动作。即圆内为动作区，圆外为不动作区。当测量阻抗正好位于圆周上时，阻抗元件刚好动作，此时对应的阻抗就是阻抗元件的动作阻抗 Z_{dz}。因此，具有全阻抗圆特性的阻抗元件的特点是保护没有方向性，即动作阻抗的大小与测量阻抗的阻抗角 φ_j 无关。

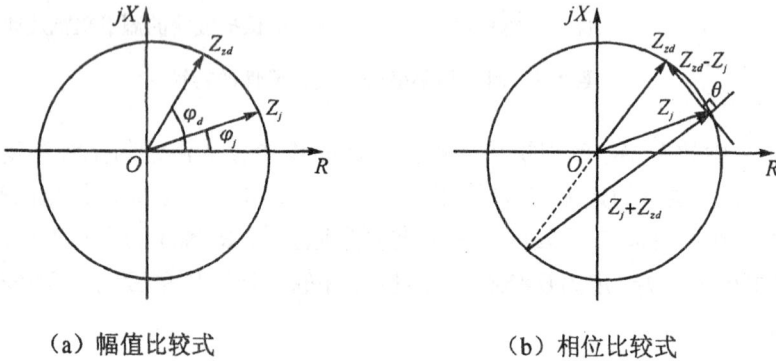

（a）幅值比较式　　　　　　　（b）相位比较式

图 9-4　全阻抗圆特性阻抗元件的动作特性

全阻抗圆特性的阻抗元件用幅值比较式来描述其动作特性，动作条件为：

$$|Z_j| \le |Z_{zd}| \tag{9-4}$$

幅值比较式是依据测量阻抗到圆心的距离小于圆的半径写出的。若把阻抗形式写成电压形式，则两边同乘加入阻抗元件的电流 $\dot{I}_j$，由于 $Z_j \dot{I}_j = \dot{U}_j$，则为：

$$\left| \dot{U}_j \right| \le \left| Z_{zd} \dot{I}_j \right| \tag{9-5}$$

用相位比较式来描述其动作特性，动作条件为：

$$-90° \le \theta = \arg \frac{Z_{zd} - Z_j}{Z_{zd} + Z_j} \le 90° \tag{9-6}$$

相位比较式是根据圆的直径所对的圆周角为 90° 写出的。同样把阻抗形式写成电压形式有：

$$-90^0 \le \theta = \arg \frac{Z_{zd} \dot{I}_j - \dot{U}_j}{Z_{zd} \dot{I}_j + \dot{U}_j} \le 90^0 \tag{9-7}$$

（2）方向阻抗圆特性

方向阻抗圆特性是以保护安装点为坐标原点，以整定阻抗 Z_{zd} 为直径且圆周通过坐标原点的圆，如图 9-5 所示。显然，当测量阻抗落在圆周上时，若测量阻抗的阻抗角 φ_j 不同，阻抗元件的动作阻抗值也不相同。当测量阻抗角等于整定阻抗角时，阻抗元件的动作阻抗最大，此时阻抗元件的保护范围最大，也最灵敏。为使阻抗元件工作在最灵敏条件下，常将阻抗元件的定值阻抗角整定为线路阻抗角。此外，当正方向短路时，测量阻抗在第 I 象限，如故障在保护范围内，测量阻抗就落在圆内，阻抗元件动作；反方向故障时，测量阻抗落在第 III 象限，阻抗元件可靠不动作。因此，这种特性的阻抗元件具有很好的方向性。但是，当保护安装处发生短路时，$\dot{U}_j = 0$，$Z_j = 0$，阻抗元件不动作，因此该特性的阻抗元件在保护安装处有"死区"。

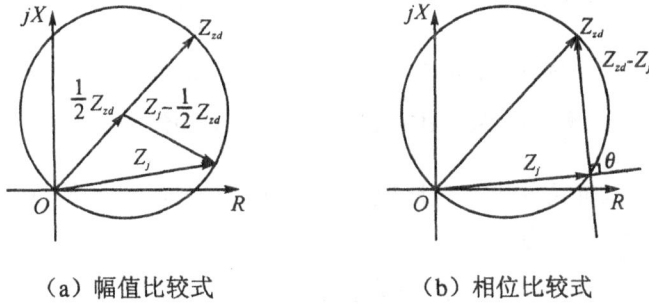

（a）幅值比较式　　　　　　（b）相位比较式

图 9-5　方向圆特性阻抗元件的动作特性

方向圆特性的阻抗元件用幅值比较式来描述其动作特性，根据测量阻抗到圆心的距离小于圆的半径，其动作条件为：

$$\left| Z_j - \frac{1}{2} Z_{zd} \right| \leq \left| \frac{1}{2} Z_{zd} \right| \qquad (9\text{-}8)$$

若写成电压形式，为：

$$\left| \dot{U}_j - \frac{1}{2} Z_{zd} \dot{I}_j \right| \leq \left| \frac{1}{2} Z_{zd} \dot{I}_j \right| \qquad (9\text{-}9)$$

用相位比较式来描述其动作特性，根据圆的直径所对的圆周角为 90°，其动作条件为：

$$-90° \leq \theta = \arg \frac{Z_{zd} - Z_j}{Z_j} \leq 90° \qquad (9\text{-}10)$$

写成电压形式有：

$$-90° \leq \theta = \arg \frac{Z_{zd} \dot{I}_j - \dot{U}_j}{\dot{U}_j} \leq 90° \qquad (9\text{-}11)$$

（3）偏移阻抗圆特性

如图 9-6 所示，偏移阻抗圆的特性是以保护安装点为坐标原点，以正向整定阻抗 Z_{zd} 与反向整定阻抗 $-\alpha Z_{zd}$ 的幅值之和 $|Z_{zd}| + |\alpha Z_{zd}|$ 为直径的圆，其半径为 $\frac{1}{2} |Z_{zd} + \alpha Z_{zd}|$，圆心坐标为 $Z_0 = \frac{1}{2} (Z_{zd} - \alpha Z_{zd})$。其中，$\alpha$ 通常称为偏移系数，是一个小于 1 的系数，实用中取 $\alpha = 0.1 \sim 0.2$。若 $\alpha = 1$，偏移圆特性就变为全阻抗圆特性，若 $\alpha = 0$，偏移圆特性就变为方向圆特性，因此，偏移特性圆介于这两者之间，如图 9-3（b）所示。具有偏移阻抗圆特性的阻抗元件的主要特点是保护动作在一定范围内具有方向性，且消除了保护安装处的"死区"。

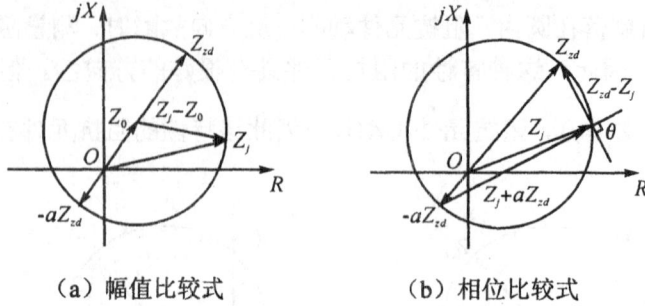

（a）幅值比较式　　　　（b）相位比较式

图 9-6　偏移阻抗圆特性阻抗元件的动作特性

偏移阻抗圆特性的阻抗元件用幅值比较式来描述其动作特性，根据测量阻抗到圆心的距离小于圆的半径，其动作条件为：

$$\left| Z_j - Z_0 \right| \le \left| Z_{zd} - Z_0 \right| \tag{9-12}$$

把圆心向量代入上式，得：

$$\left| Z_j - \frac{1}{2}(1-\alpha)Z_{zd} \right| \le \left| \frac{1}{2}(1+\alpha)Z_{zd} \right| \tag{9-13}$$

若写成电压形式，为：

$$\left| \dot{U}_j - \frac{1}{2}(1-\alpha)Z_{zd}\dot{I}_j \right| \le \left| \frac{1}{2}(1+\alpha)Z_{zd}\dot{I}_j \right| \tag{9-14}$$

用相位比较式来描述其动作特性，根据圆的直径所对的圆周角为 90°，其动作条件为：

$$-90° \le \theta = \arctan \frac{Z_{zd} - Z_j}{Z_j + \alpha Z_{zd}} \le 90° \tag{9-15}$$

写成电压形式有：

$$-90° \le \theta = \arctan \frac{Z_{zd}\dot{I}_j - \dot{U}_j}{\dot{U}_j + \alpha Z_{zd}\dot{I}_j} \le 90° \tag{9-16}$$

（4）多边形的阻抗特性

圆特性的阻抗元件在整定值较小时，动作特性圆也就比较小，区内经过渡电阻短路时，测量阻抗容易落在圆外，导致阻抗元件拒动；而当整定值较大时，动作特性圆也较大，负荷阻抗有可能落在圆内，导致阻抗元件误动。具有多边形特性的阻抗元件可以克服以上缺点，它耐受过渡电阻的能力和躲负荷阻抗的能力都较强，且在微机保护中容易实现，所以获得了广泛应用。

图 9-7 所示为一种典型的方向多边形阻抗特性。多边形以内为动作区，以外为非动作区，多边形的几条边为动作边界。其动作判据为：

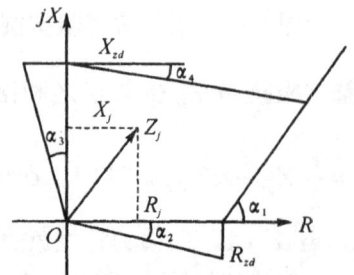

图 9-7　方向多边形阻抗特性

$$
\left.
\begin{array}{l}
-R_j \tan\alpha_2 \le X_j \le X_{zd} - \hat{R}_j \tan b\alpha_4 \\
-X_j \tan\alpha_3 \le R_j \le R_{zd} + \hat{X}_j \cot g\alpha_1
\end{array}
\right\}
\tag{9-17}
$$

其中，$\hat{R}_j = \begin{cases} 0 & R_j \le 0 \\ R_j & R_j > 0 \end{cases}$ ，$\hat{X}_j = \begin{cases} 0 & X_j \le 0 \\ X_j & X_j > 0 \end{cases}$

在实用中，只需整定 X_{zd} 和 R_{zd} 的值，其他参数（ $\alpha_1 \sim \alpha_4$ ）由软件确定。其中，通常取 $\alpha_1 = 45° \sim 60°$ ， $\alpha_4 = 7°$ ，这样能防止保护范围末端经过渡电阻短路时，测量阻抗中的电阻分量可能增大，保护不拒动；电抗分量可能减小，保护不误动。为保证保护安装处经过渡电阻短路时，保护能可靠动作，常取 $\alpha_2 = 15°$ ；为保证被保护线路发生金属性短路时保护能可靠动作，取 $\alpha_3 = 15°$ 。

上面在分析阻抗元件的动作特性时，常涉及 3 个阻抗概念，分别为测量阻抗 Z_j 、动作阻抗 Z_{dz} 和整定阻抗 Z_{zd} 。

（1）测量阻抗 Z_j 是由阻抗元件实际直接测量而获得的一个变量，它的大小由加入阻抗元件的电压 $\dot{U}_j$ 和电流 $\dot{I}_j$ 之比决定，即 $Z_j = \dfrac{\dot{U}_j}{\dot{I}_j}$ 。

（2）动作阻抗 Z_{dz} 是使阻抗元件刚好动作的测量阻抗。它的大小一般随着测量阻抗的相角而变化，只有全阻抗继电器例外。

（3）整定阻抗 Z_{zd} 是依据被保护线路所在系统的参数、被保护线路对其配置保护动作行为的要求，对保护装置预先规定的阻抗值，即整定阻抗对应着一定的保护范围。通常整定阻抗的相角就是线路阻抗角。在后面的整定计算中，下标为保持与电流保护一致，整定阻抗仍写为 Z_{dz} 。这与动作阻抗角等于线路阻抗角时，动作阻抗与整定阻抗相等一致，所以并不矛盾。

此外，在分析圆特性阻抗元件的动作特性时，常把阻抗比较形式写出电压比较形式，这是因为模拟式保护中最终比较的是电压量形式。电压量形式可归为两种，一种是直接从电压互感器引入的电压 $\dot{U}_j$ ，另一种是引入的电流互感器电流 $\dot{I}_j$ 在某一已知阻抗上的压降，如 $\dot{I}_j Z_{zd}$ 等。后者的电压是通过电抗互感器来实现的。电抗互感器的作用是将电流互感器的二次电流变换成与之成正比并超前其一定角度的电压，同时也起着将继电保护与电流互感器二次回路隔离以降低干扰的作用。

2. 阻抗元件的接线方式

阻抗元件的接线方式就是距离保护的接线方式，指接入阻抗元件一定相别电压和一定相别电流的组合方式。对阻抗元件的接线方式有以下两个要求：

（1）阻抗元件的测量阻抗应正比于短路点到保护安装处的距离，且与系统的运行方式无关；

（2）阻抗元件的测量阻抗应与故障类型无关，保护范围不应随故障类型变化而变化。

根据以上要求，反应相间短路的阻抗元件通常采用 0° 接线方式，反应接地短路的阻抗元件通常采用相电压和带零序电流补偿的相电流接线方式。

（1）相间短路阻抗元件的0°接线方式。反应相间短路的阻抗元件主要用在相间距离保护中。与功率方向继电器接线方式的定义类似，它是在三相对称，$\cos\phi=1$ 时，加入阻抗元件的电流与电压相位差的角度为0°的接线方式。实际上接入阻抗元件的电压和电流分别为线电压和线电流，如表9-1所示。这种接线方式，在三相短路、两相相间、两相接地短路中都能准确测距。

<table>
<tr><td colspan="3">表 9-1　0° 接线方式</td></tr>
<tr><td></td><td>U_j</td><td>I_j</td></tr>
<tr><td>A 相</td><td>U_{AB}</td><td>I_{AB}</td></tr>
<tr><td>B 相</td><td>U_{BC}</td><td>I_{BC}</td></tr>
<tr><td>C 相</td><td>U_{CA}</td><td>I_{CA}</td></tr>
</table>

<table>
<tr><td colspan="3">表 9-2　相电压和具有 $3KI_0$ 补偿的相电流接线</td></tr>
<tr><td></td><td>U_j</td><td>I_j</td></tr>
<tr><td>A 相</td><td>U_A</td><td>I_A+3KI_0</td></tr>
<tr><td>B 相</td><td>U_B</td><td>I_B+3KI_0</td></tr>
<tr><td>C 相</td><td>U_C</td><td>I_C+3KI_0</td></tr>
</table>

（2）接地短路阻抗元件的接线方式。反应接地故障的阻抗元件主要应用在接地距离保护中。它采用相电压和具有 $3KI_0$ 补偿的相电流接线，如表 9-2 所示。该接线能准确反应单相接地、两相接地和三相短路故障的故障阻抗。其中，K 为零序电流补偿系数，其值为

$$K=\frac{z_0-z_1}{3z_1} \tag{9-18}$$

式中，z_0、z_1 分别为线路每公里长度的零序阻抗和正序阻抗。K 本是复数，但一般认为零序阻抗角等于正序阻抗角，因而 K 可认为是一实数。

9.1.3　距离保护的整定计算与应用

与电流保护类似，距离保护一般也采用阶梯时限配合的三段式配置方式。当距离保护用于双侧电源的电力系统时，为便于配合，一般要求Ⅰ、Ⅱ段的测量元件具有明确的方向性，即采用具有方向性的阻抗元件。Ⅲ段为后备段，包括对本线路Ⅰ、Ⅱ段保护的近后备、相邻下一线路保护的远后备和反方向母线的后备，所以Ⅲ段通常采用带偏移特性的阻抗元件，用较长的延时保证其选择性。下面讨论各段保护具体的整定原则和整定过程。

1. 距离Ⅰ段

距离Ⅰ段为无延时的速动段。为保证下级线路出口发生短路时本保护Ⅰ段可靠不动作，其整定原则为：按躲开下一条线路出口短路整定。整定公式为：

$$Z_{dz.A}^{I}=K_k Z_{AB} \tag{9-19}$$

式中，$Z_{dz.A}^{I}$ 为本线路距离Ⅰ段的整定值；

K_k 为可靠系数，由于距离保护为欠量动作，所以可靠系数小于1，一般取 0.8～0.85；

Z_{AB} 为本线路阻抗。

2. 距离Ⅱ段

与电流保护类似，为保证选择性，距离Ⅱ段的保护范围不能超过相邻线路距离Ⅰ段的保

护范围，所以它的整定原则为：按与相邻线路的距离 I 段配合整定。整定公式为：

$$Z_{dz.A}^{II} = K_k(Z_{AB} + K_{fz.min} Z_{dz.B}^{I}) \tag{9-20}$$

式中，$Z_{dz.A}^{II}$ 为本线路距离 II 段的整定值；

K_k 为可靠系数，通常取 0.8；

$Z_{dz.B}^{I}$ 为相邻线路距离 I 段的定值；

$K_{fz.min}$ 为最小分支系数，与电流保护中的分支系数一样，当整定线路和配合线路间有分支存在时，流过两者的电流不同，保护感受到的阻抗也不同。分支系数就是为了完成这个折算任务。为保证选择性，分支系数应取各种情况下的最小值。

若被保护线路末端接有变压器时，距离 II 段应与变压器的快速保护相配合，保护范围不能超过变压器快速保护的范围，则整定公式为：

$$Z_{dz.A}^{II} = K_k(Z_{AB} + K_{fz.min} Z_b) \tag{9-21}$$

式中，K_k 可靠系数通常取为 0.7~0.75，因为变压器的阻抗误差通常较大；

Z_b 为相邻变压器的阻抗。

距离保护 II 段的动作时间为一个时间阶梯，即 $t = \Delta t$。

距离保护 II 段应能保护线路全长，所以本线路末端短路时应有足有的灵敏度，即要求

$$K_{lm} = \frac{Z_{dz.A}^{II}}{Z_{AB}} \geq 1.25 \tag{9-22}$$

若灵敏度不能满足，则应改为与相邻线路的距离 II 段配合整定，相应的动作时间也要与相邻距离 II 段配合。

3. 距离 III 段

距离 III 段的整定有以下几条原则：

（1）按躲最小负荷阻抗整定。同时考虑外部故障切除后，在电动机自起动时，III 段必须立即返回。其整定公式为：

$$Z_{dz.A}^{III} = \frac{1}{K_k K_h K_{zq}} Z_{fh.min} \tag{9-23}$$

式中，K_k 可靠系数，取 1.2~1.25；

K_h 为阻抗元件的返回系数，取 1.15~1.25；

K_{zq} 为电动机自起动系数，一般取 1.5~2.5；

$Z_{fh.min}$ 为最小负荷阻抗。一般当线路的负荷最大且母线电压最低时，负荷阻抗最小，其值为 $Z_{fh.min} = \frac{(0.9 \sim 0.95)U_n}{I_{fh.max}}$，其中，$U_n$ 为母线额定电压，$I_{fh.max}$ 为最大负荷电流。

需说明的是，若阻抗元件采用全阻抗特性，则该定值直接能用了。若采用的是方向圆特性，必须考虑动作阻抗随阻抗角的变化，因为上述整定的定值的阻抗角为负荷阻抗角 φ_{fh}，因此必须由躲开的负荷阻抗换算成整定阻抗角 φ_{zd} 下的阻抗值，整定阻抗由下式给出：

$$Z_{dz.A}^{\text{III}} = \frac{Z_{fh.\min}}{K_k K_h K_{zq} \cos(\varphi_{zd} - \varphi_{fh})} \tag{9-24}$$

两者间的换算关系如图 9-8 所示,图中 $Z_{dz.q}^{\text{III}}$ 表示换算前按式 9-23 计算的定值, $Z_{dz.h}^{\text{III}}$ 表示换算后按式 9-24 计算的定值,圆 1 为全阻抗特性,圆 2 为方向阻抗特性。

(2)按与相邻线路的距离Ⅱ段或Ⅲ段配合整定。

与相邻线路距离Ⅱ段配合时,整定公式为:

$$Z_{dz.A}^{\text{III}} = K_k(Z_{AB} + K_{fz.\min} Z_{dz.B}^{\text{II}}) \tag{9-25}$$

式中,各系数的选择与Ⅱ段整定中类似,分支系数也取各种情况下的最小值。

若与相邻线路Ⅲ段配合不能满足灵敏度要求,则改为与相邻线路距离Ⅲ段相配合。

距离Ⅲ段的最终定值应取以上原则计算结果中的小者。

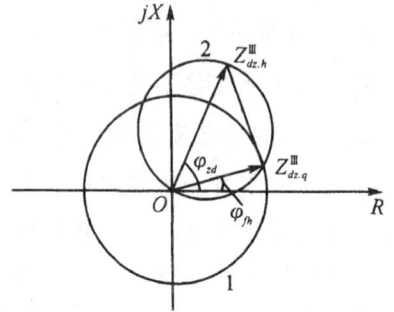

图 9-8 距离Ⅲ段起动阻抗的整定

距离Ⅲ段的灵敏度校验,应分别对近后备和原后备进行校验。作为近后备,按本线路末端短路校验,要求:

$$K_{lm} = \frac{Z_{dz.A}^{\text{III}}}{Z_{AB}} \geq 1.5 \tag{9-26}$$

作为远后备,按相邻线路末端短路校验,要求:

$$K_{lm} = \frac{Z_{dz.A}^{\text{III}}}{Z_{AB} + K_{fz.\max} Z_{BC}} \geq 1.2 \tag{9-27}$$

距离保护Ⅲ段的动作时间,应比与之相配合的相邻设备保护段动作时间大一个时间级差 Δt 。

需指出的是,上面整定计算时若采用的是一次系统的参数,整定结果实际应用时,应把一次值换算为二次系统参数值,换算关系为式 9-3。

4. 距离保护的应用

由于距离保护同时利用了短路时电压、电流的变化特征,通过测量故障阻抗来确定故障所处的范围,所以保护区稳定,灵敏性高,受系统运行方式变化的影响小,以上优点使它在多侧电源的高压及超高压复杂电网中得到广泛应用。

但由于距离保护Ⅰ段只能保护线路全长的 80%～85%,因而在双端电源网络中,有 30%～40%的区域内故障,有一侧保护需经 0.5s 延时后才能跳闸,这在 220kV 及以上电压等级的网络中不能满足电力系统稳定性对短路切除快速性的要求,因而只能在 110kV 系统中作主保护,在更高电压等级中只能作为后备保护。

此外,距离保护的构成、接线和算法,相对于电流保护来说,要复杂许多,因而装置本身的可靠性要稍差些。

9.1.4　影响距离保护正确工作的因素

影响距离保护正确工作的因素有许多，比如短路电流中的暂态分量、互感器的过渡过程、电压回路断线、输电线路的串联电容补偿等都会对距离保护的正确工作产生不利影响。下面主要介绍过渡电阻和电力系统振荡对距离保护的影响。

1. 短路点过渡电阻对距离保护的影响

短路点的过渡电阻 R_g 是指当相间短路或接地短路时，短路电流从一相流到另一相或从相导线流入地的途径中所通过的物质的电阻，这包括电弧、中间物质的电阻、相导线与地之间的接触电阻、金属杆塔的接地电阻等。实验证明，在相间短路时，过渡电阻主要由电弧电阻构成，电弧阻值的估算公式为：

$$R_g = 1050 \frac{L_g}{I_g} \tag{9-28}$$

式中，L_g 是指电弧的长度，单位为 m；

I_g 是指电弧电流的有效值，单位为 A。

在一般情况下，短路瞬间，电弧电流较大，电弧较短，弧阻较小；几个周期后，在风吹、空气对流和电动力等作用下，电弧逐渐伸长，弧阻逐渐变大。相间故障的电弧电阻一般在数欧至十几欧之间。

在导线对铁塔放电的接地短路中，铁塔及其接地电阻构成了过渡电阻的主要部分。铁塔的接地电阻与大地导电率有关，对于跨越山区的高压线路，铁塔的接地电阻可达数十欧。当导线通过树木或其他物体对地短路时，过渡电阻更高，难以准确计算。目前，我国对 500kV 线路接地短路的最大过渡电阻按 300Ω 估计，对 220kV 线路，则按 100Ω 估计。

单侧电源线路经过渡电阻 R_g 接地短路时，过渡电阻中的短路电流与保护安装处的电流为同一个电流，因此有：

$$U_j = I_j(Z_d + R_g) = I_j Z_j \tag{9-29}$$

即测量阻抗为 $Z_d + R_g$，因此过渡电阻的存在总是使阻抗元件的测量阻抗增大，阻抗角变小，从而使保护范围缩短。如图 9-9（a）所示的电网，当线路 BC 的始端 B 经 R_g 短路时，保护 1 的测量阻抗为 $Z_{j.1} = R_g$，保护 2 的测量阻抗为 $Z_{j.2} = Z_{AB} + R_g$。当 R_g 较大时，如图 9-9（b）所示，就可能出现保护 1 的测量阻抗落在 I 段保护区外，保护 2 的测量阻抗位于其 II 段范围内，使保护 2 的 II 段动作切除故障，从而失去了选择性并降低了故障切除速度。

由此可见，保护装置离短路点越近，受过渡电阻影响越大；同时保护装置的整定阻抗越小，保护线路越短，受过渡电阻的影响也越大。

而在双侧电源线路上，短路点的过渡电阻还可能使某些保护的测量阻抗减小。如图 9-10（a）所示的电网中，在线路 BC 始端经过渡电阻 R_g 三相短路时，I_d' 和 I_d'' 分别表示两侧电源供给的短路电流，则流过过渡电阻 R_g 的电流为 $I_d = I_d' + I_d''$，保护 1 和保护 2 的测量阻抗分别为：

$$Z_{j.1} = \frac{U_B}{I_d'} = \frac{I_d R_g}{I_d'} = R_g + \frac{I_d''}{I_d'} R_g = R_g + \left| \frac{I_d''}{I_d'} \right| R_g e^{j\alpha} \tag{9-30}$$

$$Z_{j.2} = \frac{U_A}{I_d'} = \frac{I_d' Z_{AB} + I_d R_g}{I_d'} = Z_{AB} + R_g + \left| \frac{I_d''}{I_d'} \right| R_g e^{j\alpha} \tag{9-31}$$

式中，α 为 I_d'' 超前 I_d' 的角度，其值可能为正也可能为负。

因此，保护 2 的测量阻抗落在以 $Z_{AB} + R_g$ 的末端为圆心，以 $\left| \frac{I_d''}{I_d'} R_g \right|$ 为半径的圆上，如图 9-10（b）所示的虚线圆上，因而过渡电阻的存在使总的测量阻抗可能变小也可能变大，从而使保护出现误动或拒动的可能。

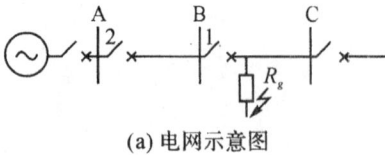

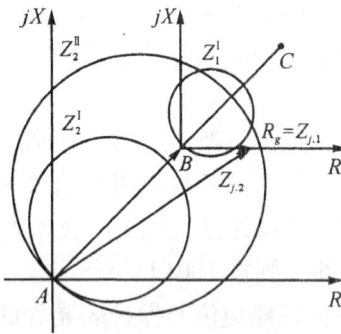

(a) 电网示意图

(a) 电网示意图

(b) 对距离保护的影响

(b) 对距离保护的影响

图 9-9 单侧电源过渡电阻的影响   图 9-10 双侧电源过渡电阻的影响

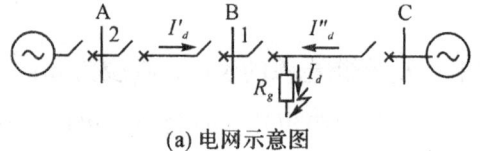

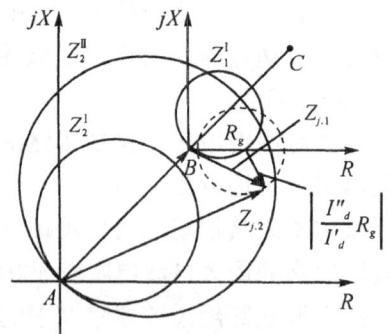

过渡电阻对距离保护的影响，不仅与短路点所处的位置有关，也与阻抗元件的动作特性有关。对于圆特性的方向阻抗元件来说，在保护区首端和末端短路时受过渡电阻的影响较大，而在保护区中部短路时，过渡电阻的影响较小。在整定值相同的情况下，动作特性在 +R 轴方向所占的面积越大，其受过渡电阻的影响就越小。此外，由于接地故障时过渡电阻远大于相间短路的过渡电阻，所以过渡电阻对接地距离元件的影响要大于对相间距离元件的影响。

为减小过渡电阻对距离保护的影响，最主要的措施是尽量采用能容许较大过渡电阻而不致拒动的阻抗元件，如在相同整定值的情况下，全阻抗元件在 +R 方向所占的面积要比方向阻抗元件大，所以它耐受过渡电阻的能力比方向阻抗元件强。

2. 电力系统振荡对距离保护的影响

电力系统中任意两个并列运行的电源间失去同步运行，出现功率大范围周期性变化的现象，称为电力系统振荡。振荡时两电源电动势间的夹角随时间做周期性变化，从而使系统中各点电压及阻抗元件测量阻抗的幅值和相位也作周期性的变化。振荡是电力系统的一种不正常运行状态，而不是故障状态，大多数情况下能够通过自动装置的调节自行恢复同步，或者由专门的振荡解列装置动作解开已经失步的系统，这时继电保护装置不应动作。若无计划的动作，切除了重要的联络线，不仅不利于振荡的自行恢复，而且可能扩大事故。所以在系统振荡时，应采取必要的措施，防止因阻抗元件动作而使距离保护误动。

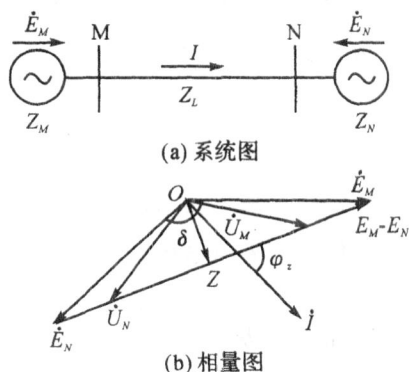

(a) 系统图

(b) 相量图

图 9-11　电力系统振荡示意图

电力系统发生振荡时，三相处于对称状态，因此可按一相进行分析。如图 9-11（a）所示的两侧电源系统，其 Z_M、Z_N 分别为 M、N 侧的电源阻抗，Z_L 为线路阻抗，因此总的阻抗 $Z_\Sigma = Z_M + Z_N + Z_L$；$\dot{E}_M$、$\dot{E}_N$ 分别为两侧电源电势。以 $\dot{E}_M$ 为参考相量，则 $\dot{E}_N$ 滞后于 $\dot{E}_M$ 的相位角为 δ，又称为振荡角，该角在 $0° \sim 360°$ 之间周期性变化。

设两侧电源电势的幅值相同，并且系统阻抗角和线路阻抗角相等，则振荡电流及系统各点的电压为：

$$\dot{I} = \frac{\dot{E}_M - \dot{E}_N}{Z_\Sigma} \tag{9-32}$$

$$\dot{U}_M = \dot{E}_M - \dot{I}\,Z_M \tag{9-33}$$

$$\dot{U}_N = \dot{E}_N + \dot{I}\,Z_N \tag{9-34}$$

上述各相量如图 9-11（b）所示，即线路各点的电压都在相量 $\dot{E}_M - \dot{E}_N$ 的连线上，其中，坐标原点到相量 $\dot{E}_M - \dot{E}_N$ 连线上的垂直距离点 Z 的电压最低，该点称为振荡中心。振荡中心不是线路的中点，而总是位于 Z_Σ 的中点，即系统阻抗的中点。若振荡角 $\delta = 0°$，则振荡电流为零，线路上各点电压均等于电源电势；若振荡角 $\delta = 180°$ 时，振荡电流最大，Z 点电压最小，正好位于坐标原点，即电压为零，相当于三相短路，距离保护将误动。

由此可见，振荡时振荡电流及各点的电压随振荡角 δ 在 $0° \sim 360°$ 作周期性变化。振荡中心的电压变化幅度最大。

电力系统振荡对距离保护影响的程度与保护安装位置、保护的动作特性和保护的动作时限有关。显然，保护装置安装处离振荡中心越近，受振荡的影响就越大，若振荡中心在保护范围以外或位于保护的反方向时，则在振荡的影响下距离保护不会误动作。保护的动作特性在阻抗平面上沿测量阻抗随振荡角 δ 变化方向所占的面积越大，受振荡的影响也越大。若保护动作时限大于系统振荡周期，保护装置将不受系统振荡的影响。距离保护的 Ⅰ、Ⅱ 段，由于动作时限较短，系统振荡时可能误动；而距离Ⅲ段，由于其动作时限较长，大于系统振荡周期，不会因振荡而误动。

为防止距离保护在电力系统振荡时误动作，距离保护装置中应设置振荡闭锁功能，当系统发生振荡时将保护闭锁，当系统发生故障时将保护开发。通常根据系统振荡和短路时电气量不同的特点来实现振荡闭锁功能。如电力系统振荡时，三相对称，无负序和零序分量，振荡电流和系统各点电压随振荡角 δ 周期性变化，但变化速度较缓慢，而电力系统短路一般不具有以上特点，因此常利用负序、零序分量是否出现（三相短路一般由不对称短路发展而来，短时也会有负序、零序分量）、或者利用电流变化率 $\dfrac{di}{dt}$ 和电压变化率 $\dfrac{du}{dt}$ 的不同来闭锁可能误动的保护。

需说明的是，因电流保护、功率方向保护等一般只应用在电压等级较低的中低压配电系统中，而这些系统出现振荡的可能性很小，振荡时保护误动的后果也不会太严重，所以不必在这些保护中采取措施。

9.2 高频保护

9.2.1 高频保护的基本概念

1. 高频保护的定义

电压为 220kV 及以上的电力系统，为了保证其并列运行的稳定性和提高输送功率，在很多情况下，都要求保护装置能无延时地从线路两侧切除被保护线路上任何一点的故障。而前面介绍的电流保护、距离保护都是依靠 I 段来快速反应被保护线路始端的一部分故障，对于末端故障只能靠有延时的 II 段来切除，因此不能满足要求。由此可见，为了实现远距离输电线路全线的快速切除故障，就必须采用新的保护——纵联保护。

所谓纵联保护，就是用某种通信通道将输电线两端的保护装置纵向联系起来，将各端的电气量传送到对端进行比较，以判断故障是在本线路范围内还是线路范围之外，从而决定是否切断被保护线路。

输电线的纵联保护随着所采用的通道不同，在装置原理、结构、性能和适用范围等方面具有很大差别。比如有敷设专用电缆作为通道的纵联差动保护，由于敷设造价高一般仅限于短线路；有利用微波通信的纵联保护；还有利用光纤作为信号传递媒介的光纤纵差保护等。下面主要介绍利用输电线路载波通道作为通信通道的高频保护。

高频保护是一种比较成熟和完善的全线故障快速动作的保护。它利用输电线路载波进行信息的传送，它将信号调制成 40～500kHz 的高频信号，在输电线路传送工频 50Hz 电流的同时，再加载传送高频信号。因此，常把电力线载波通道称为高频通道，把利用高频通道作为信号传输通道的线路保护称为高频保护。由于高频保护不需要单独架设通信线路，具有经济、可靠的优点，因此广泛应用于高压和超高压输电线路中。

高频保护的定义可归纳为：将线路两端的电流相位或功率方向转化为高频信号，然后利用输电线路本身构成高频电流通道，将此信号送至对端，以比较两端电流的相位或功率方向，决定保护是否动作，这种保护称为线路的高频保护。由此可见高频保护具有以下特点：不反应被保护范围以外的故障；定值选择上无需和下一条线路或其他相邻设备相配合，故可以实现瞬时切除被保护线路全长内的故障，无需延时，所以是 220kV 及以上电压等级电网的主保护。

高频保护按工作原理的不同可以分为方向高频保护和相差高频保护两类。

（1）方向高频保护的基本原理是比较被保护线路两端的功率方向。若均为正，则判定为内部故障；若有一侧方向为负，则判为外部故障。因此，方向高频保护是通过比较被保护线路两端的短路功率方向来判断故障所在。

（2）相差高频保护的基本原理是比较被保护线路两侧的电流相位。若线路两侧电流间的相位差为 0°，则判为内部故障；若线路两侧电流间的相位差为 180°，则判为外部故障。因此，相差高频保护是通过比较被保护线路两端电流的相位关系来判断故障所在。

2. 高频通道的构成原理

高频信号的传输途径有两种，一种是利用输电线路的两相作为高频信号的传输通道，称为相—相制高频通道；另一种是利用输电线路的一相和大地作为高频信号的传输通道，称为相—地制高频通道。我国广泛采用相—地制高频通道，它只需在线路的一相上装设构成高频通道的设备，比较经济；缺点是高频信号的衰耗和受到的干扰比较大。图 9-12 所示，为相—地制高频通道的构成，下面介绍主要设备的作用。

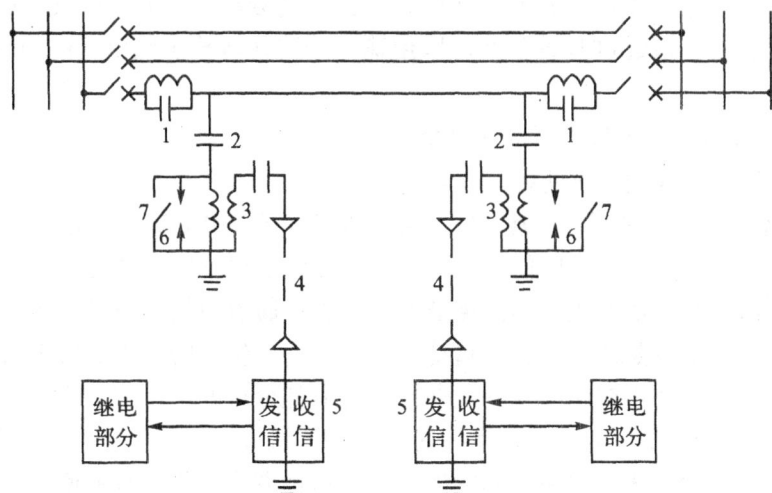

图 9-12　高频通道构成示意图

1—高频阻波器　2—耦合电容器　3—连接滤波器　4—高频电缆
5—高频收发信机　6—保护间隙　7—接地闸刀

（1）高频阻波器。它串联在线路两端，用于将高频信号限制在本线路内传输。它由电感和可调电容组成，对高频信号工作在并联谐振状态，阻止高频信号通过，而对 50Hz 信号呈现很小阻抗（约 0.04Ω），不会影响工频电流的传输。

（2）耦合电容器。又称结合电容器。它与连接滤波器共同配合，将高频信号传输到线路上，同时使高频收、发信机与工频高压输电线路隔离。对工频电流呈现很大阻抗，能阻止工频电压侵入高频收、发信机；对高频电流呈现很小的阻抗，高频电流可以顺利通过。

（3）连接滤波器。它由一个可调节的空心变压器及连接至高频电缆一侧的电容器组成。它与耦合电容器共同组成一个"带通滤波器"。线路侧线圈的电感与耦合电容器的电容共同组成高频串联谐振回路，高频电缆侧线圈的电感与电容也组成高频串联谐振回路，使信号频带的高频电流能顺利通过。

（4）高频电缆。用来将室内继电保护屏上的收、发信机与安装在户外配电装置的连接滤波器相连。由于高频信号的频率很高，普通的电缆会引起很大的衰耗，所以采用高频电缆，它的高频损耗小、抗干扰能力强。

（5）高频收发信机。它是接收和发送高频信号的装置。高频发信机将需要传输的信号调制成高频信号后，通过通道送到对端的收信机，也可为自己的收信机所接收；高频收信机收到本端或对端发送的高频信号后进行解调，还原为保护装置所需要的信息。

（6）保护间隙。作为过电压保护用，当产生过电压时，放电间隙被击穿而接地，保护高频收、发信机不被损坏。

（7）接地闸刀。是在调试或检修高频收发信机、连接滤波器时，用来进行安全接地，以保证人身和设备的安全。

上述的高频阻波器、耦合电容器、连接滤波器、高频电缆、高频收发信机也被称为输电线路的高频加工设备。通过这些设备就可以使输电线路在传输工频电流的同时还能传输高频信号。

3. 高频通道的工作方式及高频信号的分类

高频通道的工作方式主要有两种。

（1）经常无高频电流方式。正常运行时高频发信机不工作，高频通道中无高频电流通过；当电力系统故障时，发信机由继电保护装置的起动元件起动发信，通道中才有高频电流出现。这种方式又称为故障时发信方式。其优点是可以减少对通道中其他信号的干扰，可以延长收发信机的使用寿命；缺点是故障时首先起动发信机发信，保护的动作需要延长一段时间，以确认高频通道正常；需要定期起动发信机来检查通道是否良好。目前，广泛采用这一方式。

（2）经常有高频电流方式。正常运行时高频发信机处于工作状态，高频通道中始终有高频电流通过，所以这种方式也称为长期发信方式。这种方式的优点是能使高频通道处于经常的监视状态，发现问题可以及时处理，可靠性高；故障时省去了检查高频通道的时间，可加快保护装置的动作速度。缺点是收发信机的使用年限减少，通道间的干扰增加。

高频信号按其作用可分为高频闭锁信号、允许信号和跳闸信号等类型。

（1）闭锁信号。它是制止保护动作，将高频保护闭锁的信号。没有收到闭锁信号是保护动作于跳闸的必要条件。当外部故障时，由靠近故障点一端的保护发出闭锁信号，将两端的保护闭锁；而当内部故障时，两端都不发闭锁信号，因而也收不到闭锁信号，保护就可动作于跳闸。

（2）允许信号。它是允许保护动作于跳闸的高频信号。收到允许信息是高频保护动作的必要条件。当内部故障时，两端的保护应同时向对端发出允许信号，使保护装置能够动作于跳闸；而当外部故障时，有一侧保护不发允许信号，所以对端也不能跳闸。

（3）跳闸信号。它是线路对端保护发来的，直接使保护动作于跳闸的信号。保护装置只要收到对端发来的跳闸信号，不管本侧保护是否起动均应动作于跳闸。实现这种保护时，实际上是利用装设在每一端的电流速断、距离 I 段或零序电流速断等保护，当其保护范围内部故障而动作于跳闸时，还向对端发出跳闸信号，可以不经过其它控制元件而直接使对端的断路器跳闸。

常用的方向高频保护装置有闭锁式（采用闭锁信号）和允许式（采用允许信号）两种工作方式。微机型方向高频保护装置，一般可以通过设置控制字来选择其工作方式。

9.2.2 高频闭锁方向保护的基本原理

目前广泛应用的高频闭锁方向保护，是通过比较被保护线路两侧的功率方向，以判别是内部故障还是外部故障。它是以高频通道经常无电流，而在外部故障时发闭锁信号的发式构成。闭锁信号是由短路功率为负的一侧发出，此信号被两侧收发信机接收后闭锁保护。

下面利用图 9-13 所示的故障情况来说明高频闭锁方向保护的作用原理。设故障发生在线路 BC 内，则短路功率 S_d 的方向如图所示。通常规定，从母线流向线路的功率方向为正方向；从线路流向母线的功率方向为负方向。因而保护 3 和保护 4 的功率方向均为正，故保护 3、4 都不发出高频闭锁信号，因而在保护起动后，就可瞬间动作而跳开 BC 线路两端的断路器。

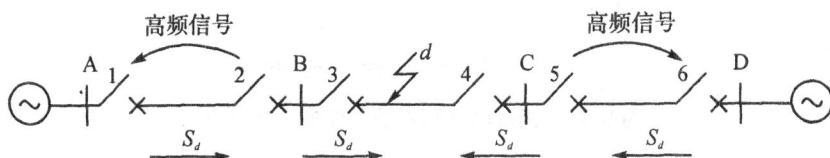

图 9-13

图 9-13 高频闭锁方向保护的作用原理对于非故障线路 AB 和 CD，其靠近故障点侧的保护功率方向为负，则该端的保护 2 和保护 5 发出高频闭锁信号。此信号一方面被自己的收信机接收，同时经过高频通道把信号送到对端的保护 1 和 6，使得保护装置 1、2 和 5、6 都收到高频信号闭锁，保护不会将线路 AB、CD 错误切除。

由于这种保护的工作原理是利用非故障线路的一端发出闭锁该线路两端保护的高频信号，故障线路两端不发出高频闭锁信号而使保护动作于跳闸，这样能保证在内部故障并伴随有通道破坏时（例如通道所在的一相接地或断线），保护装置仍然能够正确地动作，这是它的优点，也是这种高频信号工作方式获得广泛应用的主要原因之一。

9.2.3 相差动高频保护的基本原理

相差动保护的基本原理是比较被保护线路两端短路电流的相位。仍假定电流的正方向为由母线流向线路。如图 9-14（a）所示的电网，保护范围内部（d_1 点）故障时，在理想情况下，两端电流相位相同，如图 9-14（b）所示，两端保护应动作；而当保护范围外部（d_2 点）短路时，两端电流相位相差180°，如图 9-14（c）所示，两端保护不应动作。

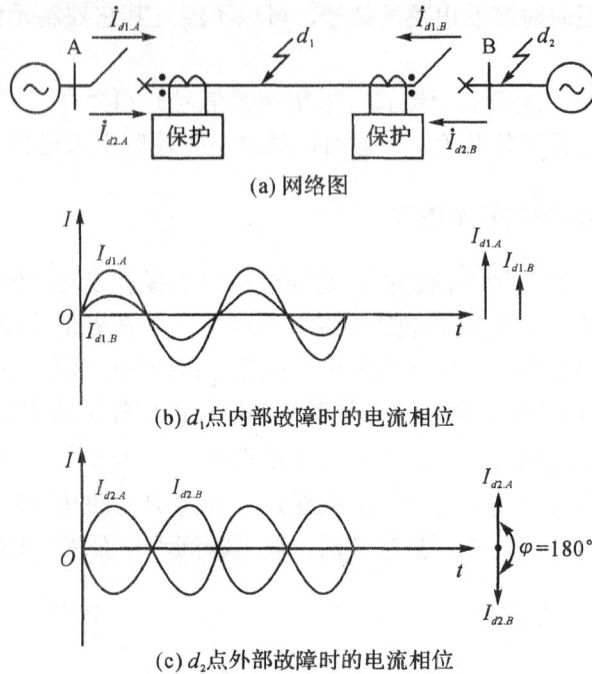

(a) 网络图

(b) d_1 点内部故障时的电流相位

(c) d_2 点外部故障时的电流相位

图 9-14 相差动高频保护工作的基本原理

为满足以上要求，当采用高频通道经常无电流，而在有外部故障时发出高频电流（即闭锁信号）的方式来构成保护时，实际上可以做成当短路电流为正半周，使它操作高频发信机发出高频电流，而在负半周不发，如此不断地交替进行。

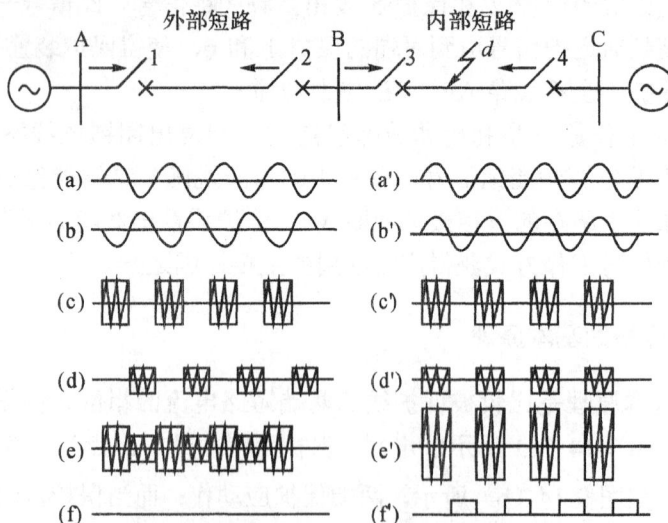

（a、b）1、2 端的输出电流　　（a′、b′）3、4 端的输出电流

（c、d）1、2 端发出的高频信号　　（c′、d′）3、4 端发出的高频信号

（e、e′）线路 AB、BC 上收信机所接收的信号

（f、f′）线路 AB、BC 上收信机的输出信号

图 9-15 相差动高频保护动作原理的说明

这样当保护范围内部故障时，由于两端的电流同相位，如图 9-15 中的（a'）和（b'），它们将同时发出闭锁信号也同时停止闭锁信号，如图中的（c'）和（d'）所示，因此，从两端收信机所收到的高频电流就是间断的，如中的（e'）。

当保护范围外部故障时，由于两端电流的相位相反，如图 9-15 中的（a）和（b），两个电流仍然在它的正半周发出高频信号，因此两个高频电流发出的时间就相差180°，如图（c）和（d）所示。这样两端收信机所收到的总信号就是一个连续不断的高频电流，如图（e）所示。由于信号在传输中有衰耗，因此，送到对端的信号幅值要小一些。

由此可见，对于相差动高频保护，在外部故障时，由对端送来的高频脉冲信号正好填满本端高频脉冲的空隙，使本端的保护闭锁。填满本端高频脉冲空隙的对端高频脉冲就是一种闭锁信号，而在内部故障时，没有这种填满空隙的脉冲，就构成了保护动作跳闸的必要条件。因此，相差动高频保护也是一种传送闭锁信号的保护。

9.3　自动重合闸

9.3.1　自动重合闸概述

1. 自动重合闸在电力系统中的作用

电力系统中的故障，绝大多数发生在输电线路上。而电网运行经验表明，送电线路（特别是架空线路）的故障大部分是瞬时性的。例如雷击过电压引起绝缘子表面闪络，大风引起的短时碰线，通过鸟类身体或树枝等物落在导线上引起的短路等。瞬时性故障在线路被继电保护迅速断开以后，电弧熄灭，故障就消除，此时若能闭合断路器，就能马上恢复该线路的供电。与此相对的是永久性故障，例如线路倒杆、断线、绝缘子击穿或损坏等引起的故障。这类故障在线路被断开后，故障仍然存在，即使再合上断路器，也会被继电保护再次跳开，不能恢复供电。

由于送电线路的瞬时性故障所占比例较大，因此在线路被保护断开后再进行一次合闸就有可能大大提高供电可靠性。自动重合闸装置就是当断路器断开后（跳闸），能自动将断路器重合的一种自动装置。

自动重合闸通常不进行瞬时性故障或永久性故障的判断，在保护跳开后经预定延时将断路器重新合闸。因此，对瞬时性故障重合闸能够成功，对永久性故障则不能重合成功。通常定义自动重合闸的成功率为重合成功的次数与总动作次数之比，显然成功率主要取决于瞬时性故障占总故障的比例。据运行资料统计，自动重合闸成功率一般在 60%～90% 之间，经济效益很高。而自动重合闸装置本身的投资很低，工作可靠，因而在电力系统中获得广泛应用。

自动重合闸的作用可以归纳为以下几点：

（1）对瞬时性故障，可迅速恢复供电，从而能提高供电的可靠性。

（2）对两侧电源线路，可提高系统并列运行的稳定性，从而提高线路的输送容量。

（3）可以纠正由于断路器或继电保护误动作引起的误跳闸。

但是，自动重合闸由于本身不能判断故障是瞬时性还是永久性，所以若重合于永久性故障时，将产生一些不利影响，如：

（1）使电力系统又一次受到故障的冲击。

（2）使断路器的工作条件进一步恶化，因为它在短时间内连续两次切断短路电流。这种情况对于油断路器必须加以考虑，因为在第一次跳闸时，由于电弧的作用已使绝缘介质的绝缘强度降低，因而第二次跳闸是在绝缘强度已经降低的不利条件下进行的。所以油断路器在采用重合闸后，其遮断容量也要有不同程度的降低。

2. 对自动重合闸的基本要求

（1）在下列情况下，重合闸不应动作：

①由值班人员手动操作或通过遥控装置将断路器断开时。

②手动投入断路器，由于线路上有故障，而随即被继电保护将其断开时。因为此时故障基本是永久性故障，如隐患未消除或保安的接地线忘记拆除等。

（2）除上述情况外，当断路器由继电保护动作或其他原因而跳闸后，重合闸均应动作，使断路器重新合闸。为此，应采用由控制开关的位置与断路器位置不对应的原则来启动重合闸，即当控制开关在合闸位置而断路器实际上在断开位置时，使重合闸启动进行一次重合。

（3）自动重合闸装置的动作次数应符合预先的规定，如一次或两次，而不允许任意多次重合。一次式重合闸只动作一次，当重合于永久性故障而再次跳闸以后，不应该再动作；二次式重合闸能够动作二次，当第二次重合于永久性故障而跳闸以后，不应该再动作。

（4）自动重合闸在动作后应能自动复归，准备好再次动作。但对 10kV 及以下电压的线路，如当地有值班人员时，为简化重合闸的实现，也可以采用手动复归的方式。

（5）自动重合闸的合闸时间应能整定，并有可能在重合闸以前或以后加速继电保护的动作，以便更好地与继电保护配合，加速切除故障。

（6）在双侧电源的线路上实现重合闸时，应考虑合闸时两侧电源间的同步问题。

（7）当断路器处于不正常状态而不允许实现重合闸时，应能将自动重合闸装置闭锁。

3. 自动重合闸的分类

（1）根据重合闸控制的断路器所接通或断开的电力元件不同，可将重合闸分为线路重合闸、变压器重合闸和母线重合闸等。

目前在 10kV 及以上的架空线路和电缆与架空线路混合线路上，广泛采用重合闸装置，只有在个别由于系统条件的限制，不能使用重合闸，如断路器遮断容量不足、防止出现非同期情况、防止在特大型汽轮发电机出口重合于永久性故障时产生更大的扭转力矩，而对轴系造成损坏等。

变压器内部故障多是永久性故障，因而当变压器的主保护（瓦斯保护、差动保护等）动作后不重合，仅当后备保护动作时才启动重合闸。

由于单母线或双母线的变电所在母线故障时会造成全停或部分停电的严重后果，有必要在枢纽变电所装设母线重合闸，并根据运行条件，事先安排好哪些元件重合、哪些元件不重合、哪些元件在一定条件下才重合。若母线上的线路及变压器都装有三相重合闸，使用母线重合闸时不需要增加设备和回路，只要在母线保护动作时不去闭锁那些预计重合的线路或变压器，实现比较简单。

（2）根据重合闸控制断路器连续合闸次数的不同，可将重合闸分为多次重合闸和一次重合闸。

多次重合闸一般使用在配电网中与分段器配合，自动隔离故障区段，是配电自动化的重要组成部分。而一次重合闸主要用于输电线路，提高系统稳定性。

（3）根据重合闸控制断路器相数的不同，可将重合闸分为三相重合闸、单相重合闸、综合重合闸等。

三相重合闸是无论线路发生何种类型的故障，继电保护装置都将三相断路器断开，重合闸启动后将三相断路器合上，若永久性故障，继电保护再次动作跳开三相，不再重合。若选用三相重合闸能满足系统稳定性要求的，应当选用三相重合闸，如单电源线路都宜采用三相重合闸。只有在线路发生单相接地故障时，若使用三相重合闸不能满足稳定要求，会出现大面积停电或重要用户停电，才选用单相重合闸或综合重合闸。

单相重合闸是在线路发生单相短路时跳开单相，然后经一定延时重合单相，若不成功再跳开三相的重合闸方式。这是由于运行经验表明，在 220～500kV 的架空线路上，由于线间距离大，绝大部分短路故障都是单相接地短路，因此若把发生故障的一相断开，而未发生故障的两相继续运行，然后进行单相重合，能大大提高供电可靠性和系统并列运行的稳定性。单相重合闸装置需装设故障选相元件以决定跳哪一相。

在实现单相重合闸时把实现三相重合闸的问题结合在一起考虑，构成的重合闸称为综合重合闸。其工作原理为：线路发生单相接地短路时跳开单相，然后进行单相重合，重合不成功则跳开三相而不再进行重合；线路发生各种相间短路时跳开三相，然后进行三相重合，若重合不成功，仍跳开三相，不再进行重合。综合重合闸装置需要装设故障类型判别元件和故障选相元件。

9.3.2　三相一次自动重合闸

1. 单侧电源线路的三相一次自动重合闸

当线路上无论发生何种类型的故障，继电保护都将动作跳开三相，然后重合闸起动，经预定延时发出重合脉冲，将三相断路器一起合上。若故障是瞬时性的，重合成功；若故障是永久性的，继电保护将再次跳开三相，不再重合。因此单侧电源送电线路的三相一次自动重合闸装置比较简单，其工作原理框图如图 9-16 所示。

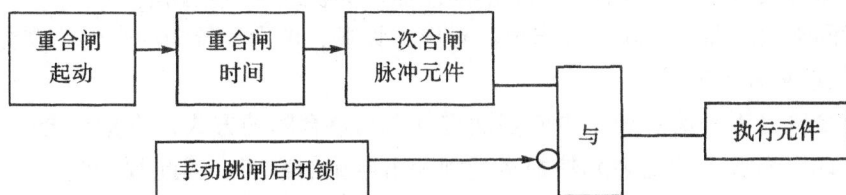

图 9-16　三相一次重合闸工作原理框图

（1）重合闸起动元件：当断路器由继电保护动作跳闸或其他非手动原因跳闸之后，重合闸均应启动。起动方式通常有两种，一种是控制开关 KK 位置与断路器位置不对应(优先采用)，另一种是保护装置起动。

（2）重合闸时间元件：启动元件启动后，时间元件开始计时，达到预定的延时后，发出一个短暂的合闸脉冲命令。重合闸时间是可以整定的。

（3）一次合闸脉冲元件：主要用来保证重合闸装置只重合一次。当重合闸时间到后，会发出一个可以合闸脉冲命令，并开始计时，准备重合闸的整组复归，复归时间一般为15～25s。在这个时间内，即使再有重合闸时间元件发出的命令，它也不再发出可以合闸的第二个命令。因此能保证在一次跳闸后有足够的时间合上（对瞬时故障）和再次跳开（对永久故障）断路器，而不会出现多次重合。

（4）手动跳闸后闭锁元件：由于手动跳开断路器时，也会启动重合闸回路，为保证手动跳闸后不致重合，设置闭锁环节，使之不形成合闸命令。

（5）执行元件：用于启动合闸回路和信号回路，还可与保护配合，实现重合闸后加速保护。

2. 双侧电源线路三相一次重合闸

单侧电源线路的三相一次重合闸比较简单，原因是在单侧电源的线路上不需要考虑电源间同步的检查问题。而双侧电源线路的三相一次重合闸还要考虑以下两个问题：

（1）时间的配合问题。当线路上发生故障时，两侧保护可能以不同的延时跳闸，此时必须保证两侧断路器均跳闸后，故障点有足够的去游离时间，以使重合闸有可能成功。

（2）同期问题。线路发生故障跳闸以后，存在重合闸时两侧系统是否同步、以及是否允许非同步合闸的问题。

因此，双侧电源线路的重合闸，应根据电网的接线方式和运行情况，选用不同的重合闸方式。双侧电源线路上的主要重合闸方式有以下几种：

（1）快速自动重合方式。

快速重合闸是指继电保护快速断开两侧断路器后在0.5～0.6s内使之再次重合。在现代高压输电线路上，采用快速重合闸是提高系统并列运行稳定性和供电可靠性的有效措施，因为在这样短的时间内，两侧电源电动势角摆开不大，系统不可能失去同步，即使两侧电动势角摆大了，冲击电流对电力元件、电力系统的冲击均在可以耐受范围内，线路重合后很快会拉入同步。使用快速重合闸需要具备下列条件：

①线路两侧均装有全线故障瞬时动作的保护，如纵联差动保护等。

②线路两侧都装有可以进行快速重合的断器，如快速空气断路器等。

③重合瞬间输电线路中出现的冲击电流对电力设备、电力系统的冲击性均在允许范围内。

（2）非同期重合闸方式。

非同期重合闸是不考虑系统是否同步而进行自动重合闸的方式，它期望合闸后系统能自动拉入同步，此时系统中各电力元件都将受到冲击电流的影响，因此须校验冲击电流。若冲击电流超过允许值，则不允许采用非同期重合方式。

（3）检同期的自动重合闸方式。

当必须满足同期条件才能合闸时，使用检同期重合闸。检同期重合闸有以下几种方式：

①系统的结构保证线路两侧不会失步。电力系统之间电气上有紧密联系时，比如有3个以上联系的线路或3个紧密联系的线路，由于同时断开所有联系的可能性很小，所以当任一条线路断开之后又进行重合闸时，都不会出现非同步合闸的问题，可以直接使用不检同步重合闸方式。

②在双回线路上检查另一条有电流的重合方式。在没有其他旁路联系的双回线路上，当不能采用非同步重合闸时，可采用检定另一回线路上是否有电流的重合闸。当另一回线路上有电流时，即表示两侧电源仍保持联系，一般是同步的，因此可以重合。这种方式的优点是电流检定比同步检定简单。

③必须检定两侧电源确实同步之后，才能进行重合。为此可在线路的一侧采用检查线路无电压先重合，因另一侧断路器是断开的，不会造成非同期合闸；待一侧重合成功后，在另一侧采用检定同步的重合闸，如图 9-17 所示。

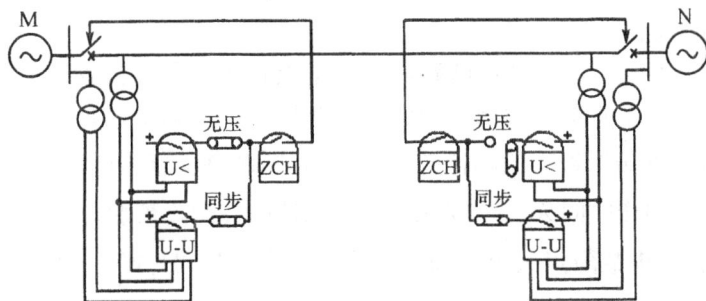

图 9-17　具同步检定和无压检定的重合闸方式示意图

在两侧的断路器上，除装有单侧电源线路的重合闸装置外，在线路的一侧（M 侧）装有低电压继电器，用以检查线路上有无电压，当无电压时允许重合闸重合（检无压侧）；在线路的另一侧（N 侧）装有同步检定继电器，用以同步检定，当检测母线电压与线路电压间满足同期条件时允许重合闸重合（检同步侧）。

当线路短路时，两侧断路器跳闸以后，线路失去电压，M 侧低电压继电器首先动作，经自动重合闸将断路器投入。若 M 侧重合不成功，则断路器再次跳闸，此时由于线路 N 侧没有电压，同步检定继电器不动作，N 侧重合闸不会启动。若 M 侧重合闸成功，N 侧同步检定继电器在两侧电源符合同步条件后再进行重合，恢复正常供电。

使用检定线路无电压方式重合闸的一侧（M 侧），通常也投入同步检定继电器，使两者的触点并联工作。这是因为在正常工作情况下，若由于某种原因，如保护误动、误碰跳闸机构等，使检无压 M 侧误跳闸时，线路上仍有电压，重合闸会无法进行，这是一个很大的缺陷。为此，在检无压侧同时投入同步检定继电器，这样在上述情况下，同步检定继电器工作，可将误跳闸的断路器重新合闸。

由于检无压 M 侧断路器如重合于永久性故障，就将连续两次切断短路电流，所以工作条件比 N 侧恶劣，为此，通常两侧都装设低电压继电器和同步检定继电器，利用连结片定期切换其工作方式，以使两侧工作条件接近相同。要注意的是，在使用同步检定的一侧，绝对不允许同时投入无压检定继电器。

3. 重合闸动作时限的选择原则

（1）单侧电源线路的三相重合闸

为了尽可能缩短供电中断的时间，重合闸的动作时限原则上越短越好。但要保证重合成功，还需要带一定的时限，这是因为：

①断路器跳闸后，故障点电弧熄灭并使周围介质恢复绝缘强度需要一定的时间，只有在这个时间后进行合闸才有可能成功。

②在断路器动作跳闸后，其触头周围绝缘强度的恢复及消弧室重新充满油需要一定的时间，同时其操作机构恢复原状准备好再次动作也需要一定的时间。重合闸必须在这个时间以后才能向断路器发出合闸脉冲，否则若重合于永久性故障时不能再次跳闸，可能发生断路器爆炸的严重事故。

③如果重合闸是采用保护装置起动方式，其动作时限还应加上断路器的跳闸时间。

根据我国一些电力系统的运行经验，重合闸的最小时间一般为 0.3～1.0s。

（2）两侧电源线路的三相重合闸

其时限除上述要求外，还须考虑线路两侧继电保护以不同时限切除故障的可能性。按最不利的情况考虑，每一侧的重合闸都应该以本侧先跳闸，对侧后跳闸作为整定时间的依据。如图 9-20 所示，假设本侧保护 1 的动作时间为 $t_{bh.1}$，断路器动作时间为 $t_{DL.1}$，对侧保护 2 的动作时间为 $t_{bh.2}$，断路器动作时间为 $t_{DL.2}$，则在本侧跳闸后，对侧还需经过（$t_{bh.2} + t_{DL.2} - t_{bh.1} - t_{DL.1}$）的时间才能跳闸，再考虑故障点灭弧和周围介质去游离的时间 t_u，则先跳闸一侧重合闸的动作时间应整定为：

$$t_{ZCH} = t_{bh.2} + t_{DL.2} - t_{bh.1} - t_{DL.1} + t_u \tag{9-35}$$

当线路上装设三段式电流或距离保护时，$t_{bh.1}$ 应采用本侧 I 段的动作时间，而 $t_{bh.2}$ 应采用对侧 II 段（或 III 段）保护的动作时间。

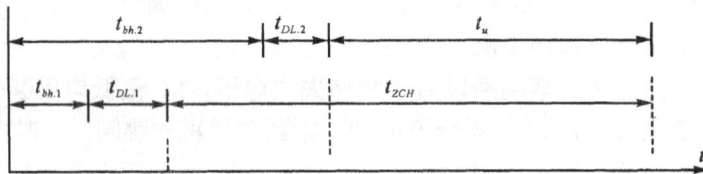

9-20 双侧电源线路重合闸动作时限配合的示意图

4. 自动重合闸与继电保护的配合

继电保护可利用重合闸提供的便利条件，加速切除故障。继电保护与重合闸配合时，一般有重合闸前加速保护和重合闸后加速保护两种方式。

（1）重合闸前加速保护

重合闸前加速保护一般简称为"前加速"。图 9-21 所示的网络图中，假设每条线路都装设有过电流保护，其时间定值是按照阶梯原则配合的，那么当靠近电源端的线路 l_1 故障时，保护 1 的动作时限就很长。保护 1 处装设有重合闸装置。为了加速故障的切除，可在保护 1 处采用重合闸前加速保护方式，即当在任何一条线路（l_1、l_2、l_3）上任一点故障，第一次都由保护 1 瞬时无选择性动作切除故障，然后进行重合闸。若重合成功，就能恢复正常供电，若重合不成功，即是永久性故障，第二次动作按照保护的选择性来切除故障。

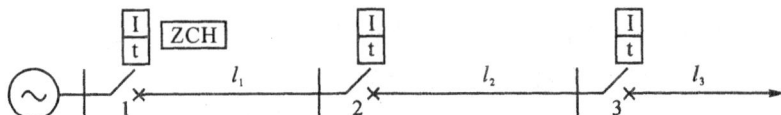

图 9-21　重合闸前加速保护的网络示意图

采用前加速的优点有：能快速切除瞬时性故障，保证发电厂和重要变电所的母线电压在 0.6~0.7 倍额定电压以上，从而保证厂用电和重要用户的电能质量，并且使用设备少，只需装设一套重合闸装置。

前加速保护也存在缺点，如重合于永久性故障时再次切除故障的时间可能很长，装设有自动重合闸装置的断路器动作次数多，若该断路器或重合闸装置拒绝合闸，将扩大停电范围等。

前加速保护主要用于 35kV 以下由发电厂或重要变电所引出的直配线路上，以便快速切除故障，保证母线电压。

（2）重合闸后加速保护（简称"后加速"）

重合闸后加速保护一般简称为"后加速"。图 9-22 所示的网络图中，每条线路上均装有选择性的保护和自动重合闸装置。当线路第一次故障时，保护有选择的动作，然后进行重合。若是永久性故障，重合后则加速保护动作瞬时切除故障，与第一次动作是否带有时限无关。

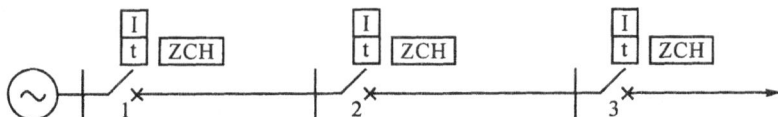

图 9-22　重合闸后加速保护的网络示意图

后加速保护广泛应用于 35kV 以上的网络及对重要负荷供电的送电线路上。因为这些送电线路上一般都装有性能比较完备的保护装置，第一次有选择性地切除故障的时间均较短（Ⅰ 段或 Ⅱ 段），而在重合闸后加速保护动作，可更快地切除永久性故障。

后加速保护的优点是第一次跳闸是有选择性的，不会扩大停电范围。在重要的高压电网中，一般不允许保护无选择性动作而后靠重合闸来纠正，即不能采用前加速方式。此外，后加速方式使再次切除故障的时间加快，有利于系统并联运行的稳定性。

后加速保护的缺点是第一次切除故障可能带有时限。此外，每个断路器上都需要装设一套重合闸，比前加速方式略为复杂。

习题 9

9-1　距离保护的基本原理是什么？

9-2　阻抗元件的动作特性有哪些？

9-3　距离保护的接线方式如何？距离保护的整定计算原则又如何？

9-4　影响距离保护正确工作的因素有哪些？

9-5　高频保护的定义及特点是什么？常用的高频保护原理有哪些？

9-6　高频通道的工作方式及高频信号的分类有哪些？

9-7 简述电流保护、零序电流保护、距离保护以及高频保护各自的应用范围。

9-8 对自动重合闸的有哪些要求？其分类如何？

9-9 双侧电源线路三相一次自动重合闸的主要方式有哪些？

9-10 重合闸与继电保护的配合方式有哪些？并简述它们的优缺点和应用。

第10章

发电机、变压器的继电保护

发电机和变压器是电力系统中十分重要、也十分贵重的电力元件，它们的故障会对供电可靠性和电能质量带来严重的影响，因此，必须根据它们的容量和重要程度考虑装设性能良好、工作可靠的继电保护装置。本章将介绍发电机和变压器的常见故障类型、不正常运行状态及各种保护的配置原则，重点介绍它们的主保护纵差动保护，同时介绍发电机的横联差动保护以及它们的后备保护。

10.1 发电机、变压器的保护配置

10.1.1 发电机的故障、不正常运行状态及保护配置原则

在电力系统中运行的发电机容量，小型的为 6～12MW，大型的为 200～600MW。由于发电机的容量相差悬殊，在设计、结构、工艺、励磁乃至运行等方面都有很大的差异，这就使发电机及其励磁回路可能发生的故障、故障机率和不正常工作状态有所不同。

发电机的故障类型主要有定子绕组相间短路、定子一相绕组内的匝间短路、定子绕组一相绝缘破坏引起的单相接地、转子绕组（励磁回路）一点接地或两点接地、转子励磁回路励磁电流消失等。

发电机的不正常运行状态主要有：由外部短路引起的定子绕组过电流；由于负荷超过发电机额定容量而引起的三相对称过负荷；由外部不对称短路或不对称负荷而引起的发电机负序过电流；由于突然甩负荷而引起的定子绕组过电压；由于励磁回路故障或强励时间过长而引起的转子绕组过负荷；由于汽轮机主汽门突然关闭而引起的发电机逆功率等。

对于发电机可能发生的故障和不正常运行状态，应根据发电机的容量有选择地装设以下保护：

（1）对 1MW 以上发电机的定子绕组及其引出线的相间短路，应装设纵差动保护。

（2）对直接连于母线的发电机定子绕组单相接地故障，当发电机电压网络的接地电容电流大于或等于 5A 时（不考虑消弧线圈的补偿作用），应装设动作于跳闸的零序电流保护；当接地电容电流小于 5A 时，则装设作用于信号的接地保护。

对于发电机变压器组，一般在发电机电压侧装设作用于信号的接地保护；当发电机电压侧接地电容电流大于 5A 时，应装设消弧线圈。

　　容量在 100MW 及以上的发电机，应装设保护区为 100％的定子接地保护，保护带延时动作于信号，必要时也可以动作于切机。

　　（3）对于发电机定子绕组的匝间短路，当定子绕组星形接线、每相有并联分支且中性点侧有分支引出时，应装设横差保护；200MW 及以上的发电机有条件时可装设双重化横差保护。

　　（4）对于发电机外部短路引起的过电流，可采用下列保护方式：

　　①负序过电流及单元件低电压启动过电流保护，一般用于 50MW 及以上的发电机；

　　②复合电压（指负序电压及线电压）启动的过电流保护，一般用于 1MW 以上的发电机；

　　③过电流保护，用于 1MW 及以下的小型发电机；

　　④带电流记忆的低压过流保护，用于自并励发电机。

　　（5）对于由不对称负荷或外部不对称短路而引起的负序过电流，一般在 50MW 及以上的发电机上装设负序过电流保护。

　　（6）对于由对称负荷引起的发电机定子绕组过电流，应装设接于一相电流的过负荷保护。

　　（7）对于水轮发电机定子绕组过电压，应装设带延时的过电压保护。

　　（8）对于发电机励磁回路的一点接地故障，对 1MW 及以下的小型发电机可装设定期检测装置；对 1MW 以上的发电机应装设专用的励磁回路一点接地保护。

　　（9）对于发电机励磁消失故障，在发电机不允许失磁运行时，应在自动灭磁开关断开时连锁断开发电机的断路器；对采用半导体励磁以及 100MW 及以上采用电机励磁的发电机，应增设直接反应发电机失磁时电气参数变化的专用失磁保护。

　　（10）对于转子回路的过负荷，在 100MW 及以上，并且采用半导体励磁系统的发电机上，应装设转子过负荷保护。

　　（11）对于汽轮发电机主汽门突然关闭而出现的发电机变电动机运行的异常运行方式，为防止损坏汽轮机，对 200MW 及以上的大容量汽轮发电机宜装设逆功率保护；对于燃气轮发电机，应装设逆功率保护。

　　（12）对于 300MW 及以上的发电机，应装设过励磁保护。

　　（13）其他保护：如当电力系统振荡影响机组安全运行时，在 300MW 机组上，宜装设失步保护；当汽轮机低频运行会造成机械振动，叶片损伤，对汽轮机危害极大时，可装设低频保护；当水冷发电机断水时，可装设断水保护等。

　　为了快速消除发电机内部的故障，在保护动作于发电机断路器跳闸的同时，还必须动作于自动灭磁开关，以断开发电机励磁回路，使定子绕组中不再感应出电动势，继续供给短路电流。

10.1.2　变压器的故障、不正常运行状态及保护方式

　　变压器的故障可以分为油箱内和油箱外两种。油箱内的故障包括绕组的相间短路、接地短路、匝间短路以及铁芯的烧损等。对变压器来讲，这些故障都是十分危险的，因为油箱内故障时产生的电弧，不仅会损坏绕组的绝缘、烧损铁芯，而且由于绝缘材料和变压器油因受热分解而产生大量的气体，有可能引起变压器油箱的爆炸，因此必须尽快切除这些故障。油箱外的故障，主要是套管和引出线上发生相间短路及接地短路。实践表明，变压器套管和引出线上的相间短路、接地短路、绕组的匝间短路是比较常见的故障形式；而变压器油箱内发

生相间短路的情况比较少。

变压器的不正常运行状态主要有：变压器外部故障引起的过电流，负荷长时间超过额定容量引起的过负荷，风扇故障或漏油等原因引起冷却能力的下降等。这些不正常运行状态会使变压器绕组和铁芯过热。此外，对于中性点不接地运行的星形接线变压器，外部接地短路时有可能造成变压器中性点过电压，威胁变压器的绝缘；大容量变压器在过电压或低频率等异常运行工况下会使变压器过励磁，引起铁芯和其他金属构件的过热。变压器处于不正常运行状态时，继电保护应根据其严重程度，发出告警信号，使运行人员及时发现并采取相应的措施，以确保变压器的安全。

为防止变压器在发生各种类型故障和不正常运行时造成不应有的损失，变压器一般应装设以下继电保护装置：

（1）瓦斯保护。

变压器油箱内部故障时，除了变压器各侧电流、电压变化外，油箱内的油、气、温度等非电气量也会变化。因此变压器保护分电气量保护和非电气量保护两种，瓦斯保护属于非电气量保护，它反应于油箱内部所产生的气体或油流而动作，能反应变压器油箱内的各种故障。其中轻瓦斯保护动作于信号，重瓦斯保护动作于跳开变压器各电源侧的断路器。

应装设瓦斯保护的变压器容量界限是：800kVA 及以上的油浸式变压器和 400kVA 及以上的车间内油浸式变压器。

（2）纵差动保护或电流速断保护。

对变压器绕组、套管及引出线上的故障，应根据容量的不同，装设差动保护或电流速断保护。

纵差动保护适用于：并列运行的变压器，容量为 6300kVA 以上时；单独运行的变压器，容量为 10000kVA 以上时；发电厂厂用工作变压器和工业企业中的重要变压器，容量为 6300kVA 以上时。

电流速断保护用于 10000kVA 以下的变压器，且其过电流保护的时限大于 0.5s 时。

对于 2000kVA 以上的变压器，当电流速断保护的灵敏性不能满足要求时，也应装设纵差动保护。

上述各保护动作后，均应跳开变压器各电源侧的断路器。

（3）外部相间短路时，应采用的保护。

对于外部相间短路引起的变压器过流，应采用下列保护：

①过电流保护，一般用于降压变压器，保护装置的整定值应考虑事故状态下可能出现的过负荷电流；

②复合电压起动的过电流保护，一般用于升压变压器及过电流保护灵敏性不满足要求的降压变压器上；

③负序电流及单相式低电压起动的过电流保护，一般用于大容量升压变压器和系统联络变压器；

④阻抗保护，对于升压变压器和系统联络变压器，当采用②、③的保护不能满足灵敏性和选择性要求时，可采用阻抗保护。

（4）外部接地短路时，应采用的保护。

对中性点直接接地电网，由外部接地短路引起的过电流时，如变压器中性点接地运行，应装设零序电流保护。

对自耦变压器和高、中压侧中性点都直接接地的三绕组变压器，当有选择性要求时，应增设零序方向元件。

当电力网中部分变压器中性点接地运行，为防止发生接地短路时，中性点接地的变压器跳开后，中性点不接地的变压器（低压侧有电源）仍带接地故障继续运行，应根据具体情况，装设专用的保护装置，如零序过电压保护，中性点装放电间隙加零序电流保护等。

（5）过负荷保护。

对 400kVA 以上的变压器，当数台并列运行，或单独运行并作为其他负荷的备用电源时，应根据可能过负荷的情况，装设过负荷保护。过负荷保护接于一相电流上，并延时动作于信号。对于无经常值班人员的变电所，必须根据过负荷保护可动作于自动减负荷或跳闸。

（6）过励磁保护。

高压侧电压为 500kV 及以上的变压器，对频率降低和电压升高而引起的变压器励磁电流的升高，应装设过励磁保护。在变压器允许的过励磁范围内，保护作用于信号，当过励磁超过允许值时，可动作于跳闸。过励磁保护反应于实际工作磁密和额定工作磁密之比（称为过励磁倍数）而动作。

（7）其他保护。

对变压器温度及油箱内压力升高和冷却系统故障，应按现行变压器标准的要求，装设可作用于信号或动作于跳闸的装置。

10.2 发电机、变压器的差动保护

10.2.1 发电机比率制动式纵差保护

1. 纵差动保护原理

电流纵（联）差动保护原理建立在基尔霍夫电流定律的基础之上，具有良好的选择性，能灵敏、快速地切除保护区内的故障，因而被广泛地应用在能够方便地取得被保护元件各端电流的发电机、变压器、电动机、母线等元件中作为元件保护的主保护。

纵差动保护是比较被保护设备各引出端电气量（如电流）大小和相位的一种保护。以图 10-1 所示被保护设备为例，设被保护设备有 n 个引出端，各个端子的电流相量如图所示，定义流入为电流正方向，则当被保护设备正常运行或设备外部发生短路时，恒有：

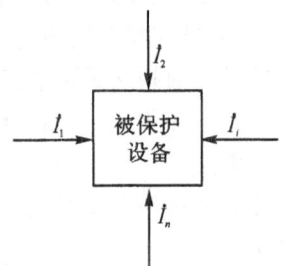

图 10-1 纵差保护原理示意图

$$\sum_{i=1}^{n} \dot{I}_i = 0 \qquad (10-1)$$

而当被保护设备本身发生短路时，设短路电流为 I_d，则有

$$\sum_{i=1}^{n} \dot{I}_i = \dot{I}_d \tag{10-2}$$

因此，以被保护设备各端子电流的相量和为动作参数的电流继电器，在正常运行或被保护设备外部发生各种短路时，该继电器中理论上没有电流，保护可靠不误动；当被保护设备本身发生短路时，巨大的短路电流全部输入该继电器，保护灵敏动作，这就是纵差动保护的基本原理。发电机纵差动保护只反映发电机本身的相间短路，并且迅速、灵敏地切除故障，但不能做相邻其他元件的后备保护。

由于一次电流 I_i 必须经电流互感器 TA 才能引入电流继电器，设互感器的电流变比为 $n_a = \dfrac{I_i}{I_i'}$，正常运行或外部短路电流经互感器传变后，由于电流互感器的误差（主要是饱和的影响），虽然式 10-1 成立，但各二次电流的相量和 $\sum_{i=1}^{n} \dot{I}_i' \neq 0$，即有不平衡电流 I_{bp}，实际工程计算中有

$$\dot{I}_{bp} = \sum_{i=1}^{n} \dot{I}_i' \approx K_{fzq} K_{tx} f_i I_{d.\max} / n_a \tag{10-3}$$

式中，K_{fzq} 为非周期系数，考虑外部短路暂态非周期分量电流对互感器饱和的影响，一般取 $1.5 \sim 2.0$。

K_{tx} 为电流互感器的同型系数，若互感器同型，取 0.5，若不同型，则取 1。

f_i 为电流互感器比值误差，工程中以 10% 误差计，因此 $f_i = 0.1$。

$I_{d.\max}$ 为外部短路时流过被保护设备的最大短路电流（周期性分量）。

为防止纵差保护在外部短路时误动，继电器的动作电流应躲过不平衡电流，即

$$I_{dz} = K_k I_{bp} = K_k K_{fzq} K_{tx} f_i I_{d.\max} / n_a \tag{10-4}$$

式中，可靠系数取 $1.3 \sim 1.5$。

发电机纵差动保护在差动保护区内发生两相金属性短路时，应有灵敏度，即

$$K_{lm} = \frac{I_{d.\min}^{(2)} / n_a}{I_{dz}} \tag{10-5}$$

式中，$I_{d.\min}^{(2)}$ 为发电机纵差保护区内发生机端两相金属性短路时的最小短路电流。

按此计算出的灵敏度一般比较大，发电机纵差保护的灵敏度很高。但实际上发电机定子绕组在中性点附近发生短路时，若短路匝数很少，特别是经过渡电阻短路时，流入纵差保护的电流不大，保护存在动作死区。因此在确保外部短路不误动的情况下，尽量降低差动保护的动作电流。下面讨论对发电机内部故障有较高灵敏度、外部短路能可靠不误动的比率制动式差动保护。

2. 比率制动式纵差保护的基本原理

按式 10-4 整定的差动保护动作定值较大，因为它是以最大外部短路电流下不误动为条件整定的，有可能在发电机内部相间短路时拒动。能否让动作电流随外部短路电流的增大而增大，以保证在外部短路电流小一些时动作电流定值能降低，这样内部相间短路时能有更高的

灵敏度。

如图 10-2 所示，发电机每相首末两端电流各为 I_1、I_2，纵差保护继电器的差动线圈匝数为 W_{cd}，制动线圈匝数为 W_{zd1} 和 W_{zd2}，若有 $W_{zd1} = W_{zd2} = 0.5W_{cd}$，那么差动继电器的差动安匝为 $\dot{I}_{cd} W_{cd} = (\dot{I}'_1 - \dot{I}'_2)W_{cd}$；制动安匝为 $(\dot{I}'_1 W_{zd1} + \dot{I}'_2 W_{zd2}) = 0.5(\dot{I}'_1 + \dot{I}'_2)W_{cd}$。为了方便，直接以电流表示：

差动电流：
$$\dot{I}'_{cd} = \dot{I}'_1 - \dot{I}'_2 = (\dot{I}_1 - \dot{I}_2)/n_a \tag{10-6}$$

制动电流：
$$\dot{I}'_{zd} = (\dot{I}'_1 + \dot{I}'_2)/2 = (\dot{I}_1 + \dot{I}_2)/2n_a \tag{10-7}$$

当发电机纵差保护区外发生短路时，$\dot{I}_1 = \dot{I}_2 = \dot{I}_d$，$\dot{I}'_{cd} = 0$，$\dot{I}'_{zd} = \dot{I}_1/n_a = \dot{I}_d/n_a$，制动作用很大，动作作用理论上为零，保护可靠不动作。外部短路电流 I_d 越大，制动电流 I'_{zd} 越大，而差动电流仅为不平衡电流，大小由式 10-3 决定，即差动电流也随外部短路电流的增大而增大。因此，差动保护的制动电流、差动电流都随外部短路电流线性增大，如图 10-3 所示。制动电流 I'_{zd} 随外部短路电流而增大的性能，称为"比率制动特性"，即图 10-3 中的折线 BC。

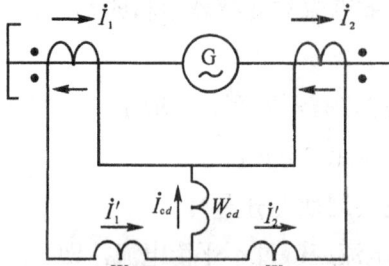

图 10-2 发电机比率制动式纵差保护原理图

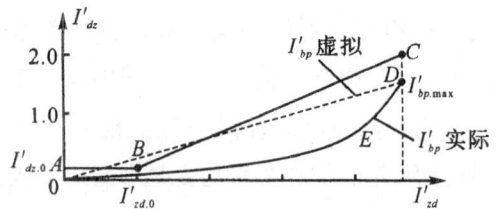

图 10-3 发电机纵差保护的比率制动特性

当发电机正常运行时，各相电流不大于互感器一次额定电流，这时纵差保护的不平衡电流 I_{bp} 不应由式 10-3 计算，而应按躲负荷状态下的最大不平衡电流计算，数值很小，因此完全不需要比率制动特性，只用最小动作电流 $I'_{dz.0}$ 就可避越负荷状态下的最大不平衡电流，如图 10-3 中的水平线 AB。

3. 发电机比率制动式纵差保护的整定计算

发电机的比率制动式纵差保护只需计算图 10-3 中的 A、B、C 三点。下面分别进行介绍。

（1）最小动作电流 $I'_{dz.0}$（A 点）

A 点的整定原则是保证差动保护在最大负荷状态下不误动。

由于继电保护用的电流互感器 TA 在额定电流下，5P 级和 10P 级比误差分别为 ±1% 和 ±3%。所以选取以下定值是充分安全的：

$$I'_{dz.0} = (0.1 \sim 0.2)I'_{2n} \tag{10-8}$$

式中，I'_{2n} 为发电机额定电流的二次值。

无根据地增大 $I'_{dz.0}$ 是有害的和没必要的，但尽可能地减小最小动作电流的值以达到最大限度地缩小保护动作死区，是切实可行的。

（2）比率制动特性起始点（拐点 B）：

拐点 B 应小于或等于电流互感器 TA 二次额定电流 I'_{2n}，当外部短路电流大于一次额定电流时，差动保护开始呈现比率制动特性，所以

$$I'_{zd.0} \leq I'_{1n}/n_a = I'_{2n} \tag{10-9}$$

（3）最大外部短路电流下的 C 点：

在外部最大三相短路电流下，纵差保护的最大不平衡电流由式 10-3 决定，即图中的 D 点，保护的动作电流，可按式 10-4 计算，即 C 点。可用最大制动系数 $K_{zd.max}$ 确定 C 点，按定义有

$$K_{zd.max} = \frac{I'_{dz.max}}{I'_{zd.max}} = K_k * K_{fzq} * K_{tx} * f_i \tag{10-10}$$

式中，若取 $K_k = 1.5$，$K_{fzq} = 2.0$，$K_{tx} = 0.5$，$f_i = 0.1$，那么有 $K_{zd.max} = 0.15$。

至此，发电机差动保护的比率制动特性完全确定。这种比率制动特性的发电机纵差保护的灵敏度校验，一定能满足大于 2.0 的要求，因此不需计算了。

需注意的是：$K_{zd.max}$ 是 C 点的制动系数，而不是 BC 的斜率。此外，外部短路时纵差保护因互感器引起的实际不平衡电流是 OED，而不是虚直线 OD，所以它完全位于比率制动特性 ABC 之下，不会在外部短路时误动。

10.2.2 变压器纵差动保护

1. 变压器纵差保护与发电机纵差保护的不同

变压器纵差动保护也可采用比率制动式，达到外部短路不误动和内部短路灵敏动作的目的，变压器纵差保护在以下几个方面与发电机纵差保护不同。

（1）变压器外部短路时不平衡电流增大。因为变压器各侧的额定电压、电流不同，电流互感器 TA 的型号一定不同，各侧接线也不尽相同，使得各侧电流相位可能不一致，这使得变压器外部短路时不平衡电流增大，因此变压器纵差保护的最大制动系数比发电机的大，灵敏度相对低。

（2）变压器高压绕组常有调压分接头，有的还要求带负荷调压，从而使已调整平衡的二次电流破坏，不平衡电流增大，使变压器纵差保护的最小动作电流和制动系数都要相应增大。

（3）对匝间短路，发电机差动是不起作用的，而变压器差动有作用，因为匝间短路通过铁心磁路的耦合，改变了各侧电流的大小和相位，使得变压器差动保护能起作用。

（4）纵差保护均不能反应发电机定子绕组或变压器绕组的开焊故障，但变压器依靠瓦斯保护或压力保护可反应绕组的开焊。

（5）变压器纵差保护范围除包括各侧绕组外，还包括铁心，即不仅有电路还有磁路，所以违反了纵差保护的理论基础——基尔霍夫电流定律。因此外部故障时，变压器各侧电流的相量和 $\sum_{i=1}^{n} \dot{I}_i = \dot{I}_L \neq 0$，$\dot{I}_L$ 为变压器的励磁电流。

　　显然，励磁电流是变压器差动保护的不平衡电流。正常运行时，变压器的励磁电流很小，不会影响变压器纵差保护的工作性能；当外部短路时，由于电压的下降，励磁电流更小。然而当变压器处于稳态过励磁时，铁心严重饱和，励磁电抗降低，励磁电流剧增，稳态励磁电流可能高达 0.43 倍的额定电流，对于最小动作电流为（0.2～0.4）倍额定电流的变压器差动保护，会造成误动作

　　此外，变压器在空载合闸时的暂态过励磁电流，其值可达额定电流的 8～10 倍，这样大的暂态励磁电流通常称为"励磁涌流"，它流入差动保护也会引起差动保护的误动。下面介绍励磁涌流的产生机理和特点。

　　2. 单相变压器励磁涌流的产生机理

　　以一台单相变压器空载合闸为例说明励磁涌流的产生机理。图 10-4 为变压器铁心的磁化特性，为作图解释方便，饱和曲线 SP 的斜率被夸大了，实际要平坦的多。将保护曲线近似看作直线 SP，与纵轴交于 S 点，定义该点磁通为饱和磁通 ϕ_s，当 $\phi < \phi_s$ 时，励磁电流 $i_L \approx 0$，而 $\phi > \phi_s$ 时，励磁电流随 ϕ 线性增长，i_L 与 ϕ 波形相同。

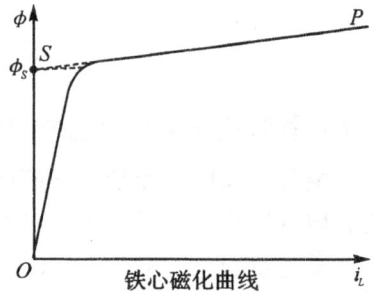

图 10-4　铁心磁化曲线

　　励磁涌流 i_L 是由铁心饱和引起的。变压器电压与磁通之间的关系为 $u = \dfrac{\mathrm{d}\phi}{\mathrm{d}t}$，假设在 $t = 0$ 时合闸，变压器的电压为

$$u(t) = U_m \sin(\omega t + \alpha) \tag{10-11}$$

则

$$\phi(t) = -\phi_m \cos(\omega t + \alpha) + \phi_m \cos\alpha + \phi_r \tag{10-12}$$

式中，ϕ_m 为稳态磁通的幅值，等于 U_m / ω；

　　ϕ_r 为合闸前铁心中的剩磁，其大小和方向与变压器切除时刻的电压（磁通）有关。

　　其中，磁通表达式中的第一项为稳态（强迫）磁通，后二项为维持 $t = 0$ 时磁通不能突变而产生的暂态（自由）磁通，若计及损耗，它应该是衰减的非周期性质的。电压与磁通的波形如图 10-5 所示。

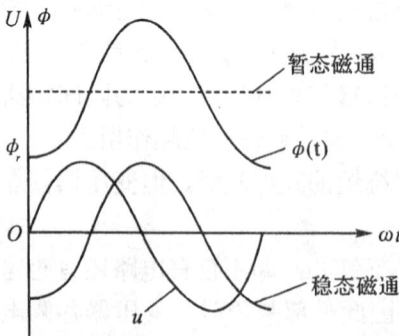

图 10-5　变压器的磁通

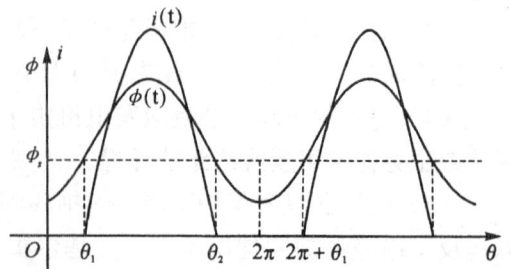

图 10-6　变压器的励磁涌流

变压器空载合闸时的暂态过程中，磁通 $\phi(t)$ 可能会大于变压器的饱和磁通 ϕ_s，造成变压器铁芯的饱和。若铁芯的剩磁 $\phi_r > 0$，合闸半个周期后磁通达到最大值 $2\phi_m \cos\alpha + \varphi_r$。最严重的情况是在电压过零时刻（$\alpha = 0$）合闸，磁通的最大值为 $2\phi_m + \varphi_r$，远大于饱和磁通 ϕ_s，造成变压器严重饱和，产生很大的励磁电流，即励磁涌流。u 为正弦波，磁化特性近似为直线 SP，所以 $\phi(t)$ 和 $i_L(t)$ 也是正弦波，又因为 $\phi < \phi_s$ 时，$i_L \approx 0$，所以 i_L 在一个周期内有两段约为零（$\omega t = 0 \sim \theta_1$ 和 $\theta_2 \sim 2\pi$），即 $i_L(t)$ 在一个周期内存在间断，如图 10-6 所示。

间断角是区别励磁涌流和短路电流的一个重要特征，饱和越严重间断角越小。下面给出单相变压器励磁涌流的主要特点：

（1）在变压器空载合闸时，励磁涌流是否发生以及涌流的大小与合闸角有关，合闸角 $\alpha = 0$ 和 $\alpha = \pi$ 时励磁涌流最大。

（2）励磁涌流中包含有很大成分的非周期分量，波形完全偏离时间轴的一侧，并且出现间断，涌流越大，间断角越小。

（3）励磁涌流的幅值可达到额定电流的 6～8 倍，它含有大量的高次谐波分量，以二次谐波为主。

此外，励磁涌流的大小和衰减时间，与外加电压的相位、铁芯中剩磁的大小和方向、电源容量的大小、回路的阻抗以及变压器容量的大小和铁芯性质等有关。对于三相变压器而言，无论在任何瞬间合闸，至少有两相要出现程度不同的励磁涌流。

根据以上特点，在变压器差动保护中防止励磁涌流引起差动保护误动的方法有：

（1）采用速饱和中间变流器；

（2）鉴别短路电流与励磁涌流波形的差别，如间断角鉴别的方法；

（3）利用二次谐波制动的方法。

由于速饱和原理的差动保护动作电流大、灵敏度低，已逐渐被淘汰，后两种方法获得了广泛的应用。

3. 变压器纵差保护的整定计算

（1）比率制动特性的整定

①最小动作电流 $I_{dz.0}'$。

$$I_{dz.0}' = K_k(2f_{i(n)} + \Delta U + \Delta m)I_{2n}' \tag{10-13}$$

式中，可靠系数 K_k 取 1.3～1.5；

$f_{i(n)}$ 为电流互感器在额定电流下的比值误差，$f_{i(n)} = \pm 0.03$（10P），± 0.01（5P）；

ΔU 为变压器分接头调节引起的误差；

Δm 为电流互感器和辅助电流互感器未完全匹配引起的误差，$\Delta m \approx 0.05$。

一般情况下，可取 $I_{dz.0}' = (0.20 \sim 0.50)I_{2n}'$

②拐点电流 $I_{zd.0}'$。

可选取 $I_{zd.0}' \leq 1.0I_{2n}'$。

③最大制动系数 $K_{zd.\max}$。

外部短路时的最大不平衡电流为：

$$I_{bp.\max} = K_{tx}K_{fzq}f_iI_{s.\max} + \Delta U_H I_{s.H.\max} + \Delta U_M I_{s.M.\max} + \Delta m_I I_{s.I.\max} + \Delta m_{II}I_{s.II.\max} \quad (10\text{-}14)$$

式中，电流互感器的同型系数 K_{tx} 取 1.0（不同型）；

电流互感器的非周期系数 $K_{fzq} = 1.5\sim2.0$（5P 或 10P 型）或 1.0（TP 型 TA）；

f_i 电流互感器的比值误差，取 0.1；

$I_{s.\max}$ 为流过靠近短路点侧电流互感器的最大外部短路周期分量电流；

$I_{s.H.\max}$ 和 $I_{s.M.\max}$ 分别为流过调压侧（高、中压侧）的最大周期分量电流；

ΔU_H 和 ΔU_M 为变压器高、中压侧分接头改变引起的相对误差，一般取调整范围的一半。

$I_{s.I.\max}$ 和 $I_{s.II.\max}$ 分别为流过非靠近故障点的另两侧（I、II 侧）的最大周期分量电流；

Δm_I 和 Δm_{II} 为由于 I、II 侧的 TA（包括辅助 TA）变比不完全匹配而产生的误差，初选均可取 0.05。

对于双绕组变压器，式 10-14 可简化为：

$$I_{bp.\max} = (K_{tx}K_{fzq}f_i + \Delta U + \Delta m)I_{s.\max} \quad (10\text{-}15)$$

因此，最大制动系数为

$$K_{zd.\max} = K_k\frac{I_{bp.\max}}{I_{zd}} \quad (10\text{-}16)$$

式中，制动电流 I_{zd} 与纵差保护原理、制动回路接线方式有关，对双圈变来说，$I_{zd} = I_{s.\max}$。

至此，图 10-3 中的比率制动特性 A、B、C 三点确定。

④内部短路的灵敏度校验

在系统最小运行方式下，计算变压器出口金属性短路的最小短路电流 $I_{s.\min}$（周期分量），同时计算相应的制动电流 I'_{zd}，由继电器的比率制动特性查找出对应制动电流 I'_{zd} 的继电器动作电流 I'_{dz}，则

$$K_{lm} = \frac{I_{s.\min}}{I'_{dz}} \quad (10\text{-}17)$$

要求 $K_{lm} \geq 2.0$。

（2）差动速断保护的定值整定

为了加速切除变压器严重的内部短路故障，常常增设差动速断保护，其动作电流按照躲励磁涌流来整定，即

$$I_{dz} = K_kI_{L.\max} \quad (10\text{-}18)$$

式中，可靠系数 K_k 取 $1.15\sim1.3$；

$I_{L.\max}$ 为变压器实际的最大励磁涌流，它很难准确确定，对于大型发电机－变压器组，一般取（2~3）额定电流，对于降压变，常取（4~8）额定电流。

若降压变高压侧短路时不能满足灵敏度大于 1.2 的要求，就取消差动速断保护。

（3）变压器纵差保护中防止励磁涌流引起误动的措施整定

①二次谐波对基波之比（ $I_2 \big/ I_1$ ），通常取 $\dfrac{I_2}{I_1} \geq 15\% \sim 20\%$ 。

②间断角闭锁原理判据，间断角整定为 $\theta_J \geq 65°$ ，或者用涌流导数波形的间断角 θ_d 和波宽 θ_w 实现闭锁，取 $\theta_d \geq 65°$ ， $\theta_w \leq 140°$ 。

10.2.3　发电机的横联差动保护

发电机的纵差保护是比较发电机定子绕组首末两端电流构成的差动保护；而发电机的横差保护是将发电机定子绕组分成几部分，比较不同部分分支绕组的电流构成的差动保护，称为横差保护。

发电机横差保护对定子绕组相间短路和匝间短路都有作用，并兼顾分支开焊故障，但对机端外部引线短路是无保护作用的。横差保护有裂相横差保护和单元件横差保护。

1. 裂相横差保护

在大容量发电机中，由于额定电流很大，其每相都是由两个或两个以上并联分支绕组组成的，在正常运行的时候，各绕组中的电动势相等，流过相等的负荷电流。当同相内非等电位发生匝间短路时，各绕组中的电动势就不再相等，因而会出现因电动势差而在各绕组间产生的环流。利用这个环流，可以实现对发电机定子绕组匝间短路的保护，构成裂相横差动保护。以一个每相具有两个并联分支绕组的发电机为例，发生不同性质的同相内部短路时，裂相横差动保护的原理可由图 10-7 来说明。

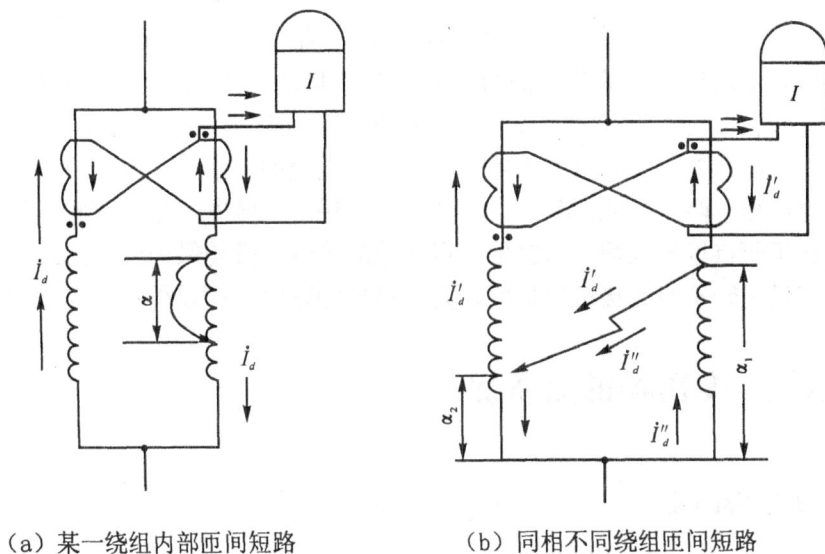

（a）某一绕组内部匝间短路　　　　　　（b）同相不同绕组匝间短路

图 10-7　发电机匝间短路的裂相横差保护

（1）由图 10-7（a）所示的一个分支绕组内部发生匝间短路时，两个分支绕组的电动势将不再相等，出现环流 $\dot{I}_d$ ，这时在差动回路中将会有 $I_{d\cdot j} = \dfrac{2I_d}{n_{TA}}$ ， n_{TA} 为电流互感器的变比，当此电流大于起动电流时，保护可靠动作。但是当短路匝数 α 较小时，环流较小，有可能小于起动电流，所以保护有死区。

（2）由图 10-7（b）所示的同相的两个并联分支绕组间发生匝间短路时，只要这两个分支绕组短路点存在电动势差（可理解为 $\alpha_1 \neq \alpha_2$ 时），分别产生两个环流 I_d' 和 I_d''，此时差动电流为 $I_{d.j} = \dfrac{2I_d'}{n_{TA}}$，当此电流大于起动电流，保护也可靠动作。

2. 单元件横差保护（也称零序横差保护）

单元件横差保护适用于具有多分支的定子绕组，且有两个以上中性点引出端子的发电机。一台发电机只装设一个横差保护，接于中性点之间。它能反应定子绕组匝间短路、分支线棒开焊及机内绕组相间短路。其原理如图 10-8 所示。

正常或外部短路时，发电机中性点连线上不会有电流产生，实际中存在不平衡电流，但流过单元件的不平衡电流要比裂相横差动保护中的小，因为没有两组 TA 特性不一致造成的不平衡电流。所以无制动特性的裂相横差保护一次动作值整定为

图 10-8 单元件横差动保护接线原理图

$$I_{dz} = （0.3 \sim 0.4）I_{1n} \tag{10-19}$$

而单元件横差保护的一次动作值可整定为

$$I_{dz} = （0.2 \sim 0.3）I_{1n} \tag{10-20}$$

需说明的是，上述单元件横差保护的定值中没有考虑三次谐波电流的影响，经验表明在很多情况下存在较大的三次谐波不平衡电流。因此，单元件横差保护需要具有性能良好的三次谐波滤过器，才能在整定计算时不需考虑三次谐波电流的影响。

此外，发电机转子两点接地故障时，转子励磁磁场严重畸变，横差保护可能误动。所以，若发电机装有转子两点接地保护，当发生一点接地故障时，横差保护应改为经短延时（0.5s），再跳闸停机；若没装转子两点接地保护时，则不必增加延时，横差保护瞬时跳闸合理。

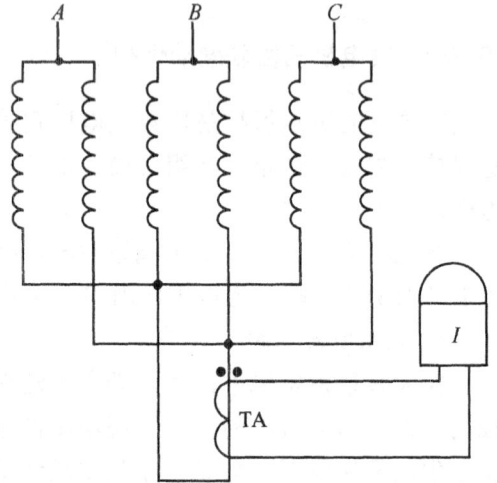

10.3 发电机、变压器的后备保护

10.3.1 相间短路后备保护

1. 过电流保护

过电流保护是最简单的一种后备保护，主要用于降压变压器、1MW 及以下与其他发电机或电力系统并列运行的发电机。动作电流的整定如下：

（1）按躲过最大负荷电流 $I_{fh.max}$ 整定：

$$I_{dz} = \frac{K_k}{K_h} I_{fh.max} \tag{10-21}$$

式中，可靠系数 $K_k = 1.2 \sim 1.3$；

返回系数 $K_h = 0.85 \sim 0.95$；

$I_{fh.max}$ 应考虑一台最大容量并列运行的发电机或变压器被切除时流过被保护设备的最大负荷电流。若有同容量 n 台设备，切除一台，则 $I_{fh.max} = \frac{n}{n-1} I_n$，$I_n$ 为设备的额定电流。

（2）当降压变压器低侧接有大型电动机时，应考虑电动机自起动系数 K_{zq}，此时动作电流应如下整定：

①变压器外部短路切除后，电动机自起动

$$I_{dz} = \frac{K_k}{K_h} K_{zq} I''_{fh.max} \tag{10-22}$$

式中，$I''_{fh.max}$ 为正常最大负荷电流（一般为 I_n）。若电动机只切除部分，则引入剩余系数 K_{sy}，

$K_{sy} = \dfrac{I_{余下负荷}}{I_{总负荷}}$。

②当由自动重合闸或备用电源自动投入使电动机自起动

$$I_{dz} = K_k K_{zq} I''_{fh.max} \tag{10-23}$$

上与式 10-22 不同之处在于不需考虑返回系数。该两式中，K_{zq} 与变压器电压等级、负荷性质、负荷与电源间的等值阻抗有关。参考如下：单台电动机取 $4 \sim 8$；纯动力电动机取 $2 \sim 3$；综合性电动机取 $1.5 \sim 2.5$。

一般变电站以综合性负荷为主，且总有一部分次要电动机在低压工况下被首先切除，这时对于 110kV 降压变电所，低压 $6 \sim 10$kV 自起动系数取 $1.5 \sim 2.5$；中压 35kV 取 $1.5 \sim 2.0$。对于 220kV 降压变电所，经验数值自起动系数为 $1.5 \sim 2.0$。

（3）按与低压侧母线分段断路器的过电流保护配合整定

$$I_{dz} = 1.1 I_{dz.fd} + I_{fh} \tag{10-24}$$

式中，$I_{dz.fd}$ 为分段断路器过电流保护的动作电流；

I_{fh} 为变压器所在母线的正常负荷电流。

过电流保护的动作电流应选择以上 I_{dz} 中的最大者作为定值。

（4）灵敏度校验

$$K_{lm} = I^{(2)}_{d.min} / I_{dz} \tag{10-25}$$

式中 $I^{(2)}_{d.min}$ 为后备保护区末端发生两相金属性短路时流过保护的最小电流。要求灵敏度大于 1.2。

2. 低电压起动的过电流保护

当过电流保护的灵敏度不够时，可采用低压起动的过电流保护。主要用于升压变或容量

较大的降压变。

（1）动作电流的整定

按变压器额定电流整定，不必考虑电动机自起动和并列变跳闸引起的最大负荷电流。

$$I_{dz} = \frac{K_k}{K_h} I_n \qquad (10\text{-}26)$$

式中，可靠系数和返回系数同式 10-21。

（2）动作电压的整定

①按正常运行时可能出现的最低电压 $U_{\min}$ 整定。

$$U_{dz} = \frac{U_{\min}}{K_k K_h} \qquad (10\text{-}27)$$

式中，$U_{\min}$ 为 $0.9U_n$；

可靠系数取 $1.1 \sim 1.2$；

返回系数取 $1.05 \sim 1.25$。

②按电动机自起动时的电压整定。

当低压继电器由变压器低压侧互感器供电时

$$U_{dz} = (0.5 \sim 0.6)U_n \qquad (10\text{-}28)$$

当低压继电器由变压器高压侧互感器供电时

$$U_{dz} = 0.7U_n \qquad (10\text{-}29)$$

（3）灵敏度校验

电流继电器的灵敏度校验与过电流保护相同。

低电压继电器的灵敏度校验按下式进行，有

$$K_{lm} = \frac{U_{dz}}{U_{C.\max}} \qquad (10\text{-}30)$$

式中，$U_{C.\max}$ 为校验点发生三相金属性短路时，保护安装处的最高残压。要求灵敏度大于 1.2。

3. 复合电压启动的过电流保护

复合电压启动的过电流保护宜用于 1MW 以上的发电机和升压变压器，系统联络变压器和过流保护灵敏度不能满足要求的降压变压器。

（1）电流元件按躲过发电机或变压器的额定电流整定，计算公式同式 10-26。

（2）低电压元件按躲电动机自起动条件整定。一般取 $U_{dz} = (0.5 \sim 0.6)U_n$。

（3）负序电压元件按躲过正常运行时出现的不平衡电压整定。一般可实测或根据电力系统运行规程的规定取 $U_{2dz} = 0.06U_n$。

（4）灵敏度校验

电流继电器和低电压继电器的灵敏度校验公式同低压起动的过电流保护。负序电压继电器的灵敏度系数按下式计算：

$$K_{lm} = \frac{U_{2d.\min}}{U_{2dz}} \qquad (10\text{-}31)$$

式中，$U_{2d.min}$ 为保护区末端两相金属性短路时，保护安装处的最小负序电压。要求灵敏度大于 1.5。

4. 低阻抗保护

当电流、电压保护不能满足灵敏度要求或网络保护间有配合要求时，可用低阻抗保护作为相间故障的后备保护。通常用于 330～500kV 大型升压及降压变压器，作为变压器引线、母线、相邻线相间短路后备保护。但对于发电机绕组内部相间短路或匝间短路，装在发电机机端的阻抗保护反应很不灵敏，起不到后备保护的作用。

10.3.2　接地短路后备保护

接地短路后备保护只讨论中性点直接接地系统。一般做变压器内部绕组、引线、母线和线路接地故障的后备保护，要与相邻线路的接地保护在灵敏度和时间上配合。

1. 中性点直接接地的普通变压器接地后备保护

由两段式零序电流保护构成，零序过流继电器接在中性点回路电流互感器的二次侧。

（1）零序电流 I 段整定按与相邻线路零序电流的 I 段或 II 段配合整定。

$$I_{0.dz}^{I} = K_k I_{0.dz.l}^{I/II} / K_{0.fz} \qquad (10\text{-}32)$$

式中，可靠系数 $K_k = 1.2$；

$I_{0.dz.l}^{I/II}$ 为相邻线路零序电流的 I 段或 II 段定值；

零序分支系数 $K_{0.fz} = \dfrac{I_{0流过故障线路}}{I_{0流过本保护}}$，在配合线路零序电流保护 I 段或 II 段保护区末端接地时的零序分支系数。

110kV 或 220kV 变压器零序 I 段以 $t_1 = t_0 + \Delta t$（t_0 为配合段时间）跳母联或母分断路器，以 $t_2 = t_1 + \Delta t$ 跳变压器各侧开关；330kV 或 500kV 变压器高压侧零序 I 段只设一个时限，即 $t_1 = t_0 + \Delta t$ 跳本侧开关。

（2）零序电流 II 段按与相邻线路零序电流的后备段配合整定。

$$I_{0.dz}^{II} = K_k I_{0.dz.l}^{II} / K_{0.fz} \qquad (10\text{-}33)$$

式中，可靠系数 $K_k = 1.2$；

$I_{0.dz.l}^{II}$ 为相邻线路零序过电流保护后备段的电流定值；

零序分支系数 $K_{0.fz}$，是在配合线路零序电流保护后备段保护区末端发生接地故障时，流过故障线路的零序电流与流过本保护的零序电流之比。

110kV 或 220kV 变压器零序过电流 II 段以 $t_3 = t_{1.max}$（线路零序过流后备段动作时间）$+ \Delta t$ 跳母联或母分，$t_4 = t_3 + \Delta t$ 跳变压器各侧开关；330kV 或 500kV 变压器高压侧 II 段只设一个时限，$t_3 = t_{1.max} + \Delta t$ 跳各侧开关。

（3）灵敏度校验

$$K_{lm} = \frac{3I_{0.d.min}}{I_{0.dz}} \qquad (10\text{-}34)$$

式中，$3I_{0.d.\min}$ 为 I 段或 II 段保护区末端接地短路时流过保护安装处的零序电流。

2. 中性点可能接地或不接地运行的变压器接地后备保护

应配置两种接地后备保护，一种接地保护用于中性点直接接地运行状态，通常采用前面介绍的两段式零序电流保护。另一种用于中性点不接地运行式，这种保护的配置、整定值计算与变压器中性点绝缘水平、过电压保护方式以及并联运行的变压器台数有关。

（1）中性点全绝缘变压器

应增设零序过电压保护，过电压定值按下式整定。

$$U_{0.\max} \le U_{0.dz} \le U_{0.\min} \qquad (10\text{-}35)$$

式中，$U_{0.\max}$ 为在部分中性点接地电网中发生单相接地时，保护安装处可能出现的最大零序电压 $U_{0.\max}$；$U_{0.\min}$ 为中性点直接接地系统的电压互感器，在失去接地中性点时发生单相接地，开口三角绕组可能出现的最低电压。

考虑中性点直接接地系统具有 $X_{0\Sigma}/X_{1\Sigma} \le 3$，一般取 $U_{0.dz}$ =180V。时间一般只需躲过暂态过电压的时间，通常小于 0.3s。

（2）分级绝缘且中性点装放电间隙的变压器

此类变压器应增设反应零序电压和间隙放电电流的零序电压电流保护。

根据经验，保护的一次动作电流可取 100A，零序过电压取 180V，动作延时一般不超过 0.3s，跳变压器各侧。

（3）分级绝缘且中性点不装设放电间隙的变压器

此类变压器应装设零序电流电压保护。当由两组以上变压器并联运行时，零序电流电压保护先切除中性点不接地的变压器，后切除接地变压器。电流元件的整定及灵敏系数校验同前面介绍的零序过电流保护；零序过电压元件取 180V；切除中性点不接地变压器的时间一般不大于 0.3s。这种保护方案使几台变压器之间互相有联系，二次接线复杂，一般不推荐使用。

习题 10

10-1　发电机可能发生哪些故障和不正常运行状态？通常需要配置哪些保护？

10-2　变压器可能发生哪些故障和不正常允许状态？通常需要配置哪些保护？

10-3　为何要采用比率制动式差动保护？

10-4　变压器差动保护中的不平衡电流与发电机差动保护中的相比，有何不同？

10-5　变压器励磁涌流是怎样产生的？励磁涌流有何特点？与哪些因素有关？

10-6　发电机的横联差动保护与纵差动保护有何不同，它有死区吗？

10-7　发电机、变压器常用的后备保护有哪些？

第11章

线路和绕组中的波过程

线路与绕组中的波过程是分析和计算大气过电压的理论基础，本章主要介绍了波过程的物理概念及波动方程通解的物理意义。对线路的波过程的分析和计算进行了重点阐述，具体包括：采用彼德逊法则计算波过程，线路末端开路、短路、端接储能组件后的折、反射规律和多次折射和反射计算等。论述了平行多导线系统中的耦合系数计算和电晕对导线上波过程的影响。在介绍变压器单相绕组波过程基本规律的基础上，对三相绕组在不同接线方式下的波过程分别进行了分析。最后对旋转电机绕组中波过程的特点及其对进波陡度的限制要求进行了阐述。

11.1　波过程概述

11.1.1　波过程的基本定义

"波过程"就是电磁波的传播过程。在本书中主要是指电压波（或电流波）在输电线路、电缆、变压器、电机等电力系统设备上的传播过程，故又称线路和绕组中的波过程。电力系统中的过电压绝大多数发源于输电线路，在发生雷击或进行操作时，线路上都可能产生以行波形式出现的过电压波，其实质是能量沿着导线等传播的过程。

11.1.2　分布参数电路中波的传播过程

在冲击电压波的作用下，输电线路、电缆、变压器绕组、电机绕组等元件的等值电路与工频电源和线路不长的情况不同，必须采用分布参数电路来表示，因此分析波过程通常需要采用分布参数电路。所以我们也可以说，波过程实际上就是分布参数电路的过渡过程。

图 11-1（b）给出了如图 11-1（a）所示的均匀无损耗单导线线路的分布参数等值电路（无损耗的线路就是假设导线的电阻和对地电导为零），线路参数可以看成是由无数很小的长度单元 dx 连续分布构成，每一个单元的电感和对地电容分别表示为 $L_0 dx$、$C_0 dx$，其中 L_0、C_0 为单位长度导线的电感和对地电容。显然，对于均匀无损耗单导线线路来说，这是一个最为精确的等值电路。对于一般的输电线路来说，除了上述分布参数等值电路以外，还有几种近似的集中参数等值电路，如输电线路的 π 和 T 型等值电路。但是，在雷电冲击过电压波或操作

冲击过电压波的作用下，由于过电压的等效频率很高，采用集中参数等值电路进行等效会带来很大的误差[17,23]，因此在这种情况下必须要采用分布参数等值电路。下面我们就图 11-1 均匀无损单导线的分布参数等值电路为例，对波在线路上的传播过程进行简要的说明。

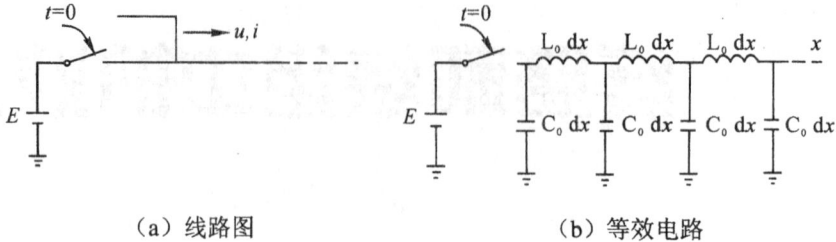

（a）线路图　　　　　　　（b）等效电路

图 11-1　均匀无损单导线线路

设在 $t = 0$ 时线路合闸于直流电源上，靠近电源的线路电容立即充电，同时向相邻的电容放电。由于无损导线电感的作用，较远处的电容要间隔一段时间才能充上一定数量的电荷，并再向更远处的电容放电。这样电容依次充电，沿线路逐渐建立起电场，并将电场能储存于线路对地电容中，由此充电电容会在导线周围建立起电场，从而形成了一个以一定的速度沿 x 方向向前传播的电压波。在电容充放电时，将有电流流过导线的电感，在导线的周围建立起磁场。因此和电压波相对应的，还有一电流波以同样速度沿 x 方向流动。

综上所述，电压波和电流波沿线路的传播过程实质上就是电磁波的传播过程。这种以波的形式沿线路传播的电压波、电流波又称为"行波"。沿 x 正方向传播的波称为前行波，沿 x 反方向前进的波则称为反行波。

显然，上述沿线路传播的电压波、电流波不仅是时间 t 的函数，而且还与空间位置 x 有关。这也是分布参数电路与集中参数电路的最本质区别。

11.1.3　分布参数电路的适用与其中的波过程

需要采用分布参数电路来处理的问题主要有两大类：一是长线路，二是高频电压，包括像雷电冲击电压波这样快速变化的电压波形。

分布参数电路（或波过程）的最根本特点是电压、电流不但是时间 t 的函数，而且也是空间位置 x 的函数，即 $u = f(x, t), i = f'(x, t)$。而通常的集中参数电路中的电压、电流一般仅仅是时间 t 的函数，与空间位置 x 无关，即 $u = f(t), \quad i = f'(t)$。

11.2　均匀无损单导线线路中的波过程

11.2.1　波动方程及其解

实际电网中并不存在均匀无损单导线，为了分析和理解线路波传播的本质和规律，我们可以暂时忽略线路电阻和对地电导。均匀无损耗单导线的单元等值电路如图 11-2 所示，根据电感、电容上电压电流的关系可得：

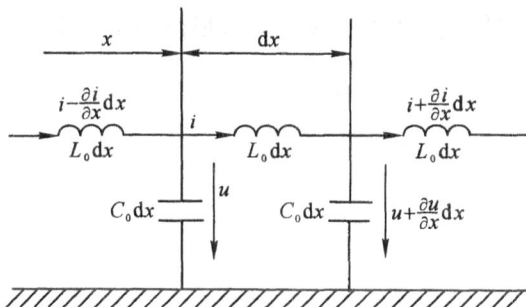

图 11-2　均匀无损单导线的单元等值电路

$$u - (u + \frac{\partial u}{\partial x}dx) = L_0 dx \frac{\partial i}{\partial t}$$

$$(i - \frac{\partial i}{\partial x}dx) - i = C_0 dx \frac{\partial u}{\partial t}$$

整理可得：

$$-\frac{\partial u}{\partial x} = L_0 \frac{\partial i}{\partial t} \tag{11-1}$$

$$-\frac{\partial i}{\partial x} = C_0 \frac{\partial u}{\partial t} \tag{11-2}$$

由方程（11-1）对 x 求偏导数，再由方程（11-2）对 t 求偏导数，然后消去变量 i 即可推得方程（11-3）；并用类似的方法再消去变量 u 即可得出方程（11-4）：

$$\frac{\partial^2 u}{\partial x^2} = L_0 C_0 \frac{\partial^2 u}{\partial t^2} \tag{11-3}$$

$$\frac{\partial^2 i}{\partial x^2} = L_0 C_0 \frac{\partial^2 i}{\partial t^2} \tag{11-4}$$

方程（11-3）和方程（11-4）是描述线路上 x 点处在时刻 t 的电压和电流方程（又称为波动方程）。它的解为：

$$u(x,t) = u_q(x-vt) + u_f(x+vt) \tag{11-5}$$

$$i(x,t) = \frac{1}{Z}[u_q(x-vt) - u_f(x+vt)] = i_q(x-vt) + i_f(x+vt) \tag{11-6}$$

式中：v 为波速；Z 为线路的波阻抗；$u_q(x-vt)$ 和 $u_f(x+vt)$ 分别为电压的前行波和反行波；$i_q(x-vt)$ 和 $i_f(x+vt)$ 则为电流的前行波和反行波。其中

波速为：

$$v = \frac{1}{\sqrt{L_0 C_0}} \tag{11-7}$$

波阻抗为：

$$Z = \sqrt{\frac{L_0}{C_0}} \tag{11-8}$$

11.2.2 描述行波在均匀无损耗单导线上传播基本规律的四个重要方程

为方便起见，将 $u_q(x-vt)$、$u_f(x+vt)$、$i_q(x-vt)$ 和 $i_f(x+vt)$ 分别写成 u_q、u_f、i_q 和 i_f，将 $u(x,t)$、$i(x,t)$ 分别写为 u、i，则可得出描述行波在均匀无损耗单导线上传播基本规律的四个重要方程为：

$$u = u_q + u_f \tag{11-9}$$

$$i = i_q + i_f \tag{11-10}$$

$$\frac{u_q}{i_q} = Z \tag{11-11}$$

$$\frac{u_f}{i_f} = -Z \tag{11-12}$$

由此可见，导线上任何一点的电压或电流，等于通过该点的前行波与反行波之和；前行波电压与电流之比等于波阻抗 Z；反行波电压与电流之比等于 $-Z$。从这四个方程出发，再加上边界条件和起始条件，可求解各种类型的波过程问题。

11.2.3 波动方程解的物理意义

1. 前行波和反行波

下面用行波的概念来分析波动方程解的物理意义。

首先讨论式（11-5），电压 u 的第一个分量 $u_q(x-vt)$，设任意波形的电压波 $u_q(x-vt)$ 沿线路 x 传播，如图 11-3 所示，假定在 $t=t_1$ 时刻线路上任意位置 x_1 点的电压值为 u_a，当 $t=t_2$ 时刻（$t_2 > t_1$），电压值为 u_a 的点到达 x_2，则 x_2 应满足：

$$x_1 - vt_1 = x_2 - vt_2$$

即：
$$x_2 - x_1 = v(t_2 - t_1)$$

由式（11-7）可知，波速 v 恒大于 0，又因为 $t_2 - t_1 > 0$，所以 $x_2 - x_1 > 0$。由此可见，$u_q(x-vt)$ 表示沿 x 的正方向以波速 v 向前行进的电压波，故称为电压前行波。类似地，可以证明 $u_f(x+vt)$ 表示沿 x 的反方向行进的电压波，称为电压反行波。完全同样地，可以得到 $i_q(x-vt)$ 表示沿 x 的正方向行进的电流波，称电流前行波；$i_f(x+vt)$ 表示沿 x 的反方向行进的电流波，称电流反行波。

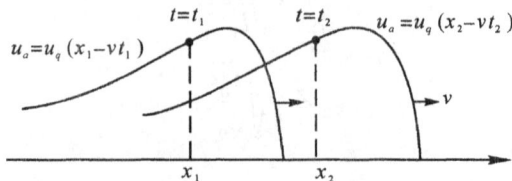

图 11-3　行波的运动

2. 波速

以电压前行波为例，由图 11-3 可得，电压前行波 $u_q(x-vt)$ 由任意一点 x_1 经过 t_2-t_1 的时间传播到 x_2，显然，波的传播速度为：

$$v = \frac{x_2 - x_1}{t_2 - t_1} = \frac{1}{\sqrt{L_0 C_0}} \tag{11-13}$$

由电磁场理论可以知道，架空单导线的 L_0 和 C_0 可由下式求得：

$$L_0 = \frac{\mu_0 \mu_r}{2\pi} \ln \frac{2h_d}{r} \quad (\text{H}/\text{m}) \tag{11-14}$$

$$C_0 = \frac{2\pi \varepsilon_0 \varepsilon_r}{\ln \dfrac{2h_d}{r}} \quad (\text{F}/\text{m}) \tag{11-15}$$

式中 h_d——导线对地平均高度（m）；

r——导线半径（m）；

ε_0——真空介电常数，$\varepsilon_0 = \dfrac{1}{4\pi \times 9 \times 10^9}$ (F/m)；

ε_r——相对介电常数，对于架空线而言，其周围媒质为空气，故 $\varepsilon_r \approx 1$；

μ_0——真空导磁系数，$\mu_0 = 4\pi \times 10^{-7}$ (H/m)；

μ_r——相对导磁系数，对于架空线可取 1。

把单位长度导线的 L_0 和 C_0 代入式（11-7）得：

$$v = \frac{1}{\sqrt{\varepsilon_0 \varepsilon_r \mu_0 \mu_r}} = \frac{3 \times 10^8}{\sqrt{\varepsilon_r \mu_r}} \text{m}/\text{s} \tag{11-16}$$

对架空线，$\varepsilon_r = 1$，$\mu_r = 1$，所以 $v = 3 \times 10^8 (\text{m/s}) = C$（真空中的光速）。

对于电缆，$\varepsilon_r \approx 4$，$\mu_r = 1$，所以 $v = 1.5 \times 10^8 (\text{m/s}) \approx C/2$，约为光速的一半。

3. 波阻抗

根据电磁波传播的有关理论，波在传播过程中必须遵循其单位长度线路上存储的电场能量 $\dfrac{1}{2} C_0 u_q^2$ 和单位长度线路上存储的磁场能量 $\dfrac{1}{2} L_0 i_q^2$ 相等这一基本规律，即

$$\frac{1}{2} C_0 u_q^2 = \frac{1}{2} L_0 i_q^2 \tag{11-17}$$

由此可得

$$\frac{u_q}{i_q} = \sqrt{\frac{L_0}{C_0}} = Z$$

由此可见，波阻抗 Z 实际上是波在线路上传播时同方向的电压波与电流波之间必须满足的一个比例常数。显然，它具有阻抗的量纲，单位亦为欧姆（Ω），故称为波阻抗。它是波过程计算中的一个很重要的参数。

把式（11-14）和（11-15）代入式（11-8）得：

$$Z = \frac{1}{2\pi} \sqrt{\frac{\mu_0 \mu_r}{\varepsilon_0 \varepsilon_r}} \ln \frac{2h_d}{r} \qquad (11\text{-}18)$$

对架空线（ $\mu_r = 1$ ， $\varepsilon_r \approx 1$ ），故有：

$$Z = 60 \ln \frac{2h_d}{r} \quad (\Omega) \qquad (11\text{-}19)$$

对于一般架空线路，其波阻抗约为 $Z \approx 300$ （分裂导线）～500（单导线）（ Ω ）。

对于电缆线路，因为芯线和外皮之间的距离很近，故其单位长度对地电容 C_0 比架空线路大得多。因此电缆的波阻抗比架空线要小得多，大约在 $10 \sim 50\,\Omega$ 之间。

4. 分布参数的波阻抗与集中参数电路中的电阻的异同

波阻抗和电阻在某些方面的确比较相似，例如，波阻抗等于电压前行波和电流前行波的比值，而电阻也等于其上的电压与流过电流的比值；波阻抗和电阻的量纲相同，都是欧姆；另外，对于在电源后面接一个波阻抗为 Z 的线路与在该电源后面接一个阻值等于线路波阻抗 Z 的电阻这两种不同情况，电源出口处的电压、电流、功率关系完全相同，也就是说，仅从电源来看，后面接一个波阻抗为 Z 的线路与接一个阻值等于线路波阻抗 Z 的电阻对电源来说是完全一样的。因此，一条波阻抗为 Z 的线路也可以用一个集中参数电阻 $R = Z$ 来等效。

但是波阻抗和电阻却又有本质的不同，主要表现在以下几个方面：

（1）波阻抗从电源吸收的功率和能量以电磁波的形式沿导线向前传播，能量以电磁能的形式储存在导线周围介质中，并没有被消耗掉。而电阻从电源吸收的功率和能量则均转化成热能被消耗掉了。

（2）如果导线上既有前行波、又有反行波时，导线上电压和电流的比值并不等于波阻抗，即：

$$\frac{u(x,t)}{i(x,t)} = \frac{u_q + u_f}{i_q + i_f} = Z \frac{u_q + u_f}{u_q - u_f} \neq Z$$

而电阻的阻值就等于电压和电流的比值。

（3）波阻抗 Z 的数值只与导线单位长度的电感和电容 L_0、 C_0 有关，与线路长度无关。而一条线路的电阻是与线路长度成正比的。

11.3　行波的折射和反射

11.3.1　产生行波折射和反射的原因：线路参数发生突变

由于波在传播过程中必须满足单位长度线路上存储的电场能量 $\frac{1}{2}C_0 u_q^2$ 和磁场能量 $\frac{1}{2}L_0 i_q^2$ 相等这一基本规律，即：

$$\frac{1}{2}C_0 u_q^2 = \frac{1}{2}L_0 i_q^2$$

如果线路参数 L_0、 C_0 和波阻抗 Z 在某一节点上发生突变，为了满足上述公式必然会引起线路上的电压波和电流波发生相应改变，这样就会在该节点上产生行波的折射与反射。例如行波从波阻抗较大的架空线路传入波阻抗较小的电缆线路，或相反地从电缆传入架空线路；或波从线路传到接有集中阻抗的线路终端等情况下都会发生行波的折射与反射。

11.3.2 折射波和反射波的计算

设有一波阻抗为 Z_1 的线路 1 与另一波阻抗为 Z_2 的线路 2 在节点 A 处相连，一个无限长直角波 u_{1q} 从线路 1 向线路 2 传播，如图 11-4 所示。就节点 A 而言，第一条线路的前行波 u_{1q} 就是投射到 A 点的入射波。入射波在节点 A 产生折反射，入射波经节点 A 而折射到 Z_2 上来的折射波就形成了第二条线路的前行波 u_{2q}；入射波经节点 A 反射形成了向线路 1 反方向传播的反射波即为第一条线路的反行波 u_{1f}。

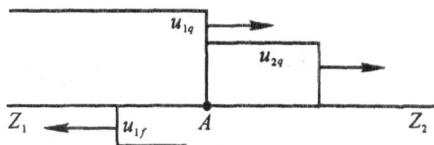

图 11-4 行波的折射与反射

在线路 1 中除了前行波 u_{1q}、i_{1q} 外，还将出现反行波 u_{1f}、i_{1f}。因此在反射波到达之处，线路 1 上的总的电压和电流应为：

$$u_1 = u_{1q} + u_{1f}$$

$$i_1 = i_{1q} + i_{1f}$$

设线路 2 为无限长，节点 A 后面的线路中没有反行波或节点 A 后面的线路中反射波 u_{2f} 尚未到达节点 A，则此时线路 2 上就只有前行波而没有反行波。因此线路 2 上的总的电压和电流为：

$$u_2 = u_{2q}$$

$$i_2 = i_{2q}$$

根据边界条件，电压和电流在 A 点必须连续。因此，在节点 A 处，线路 Z_1 侧的电压、电流必须等于线路 Z_2 侧的电压、电流。于是有：

$$\left.\begin{array}{r} u_{1q} + u_{1f} = u_{2q} \\ i_{1q} + i_{1f} = i_{2q} \end{array}\right\} \tag{11-20}$$

上式中，$i_{1q} = \dfrac{u_{1q}}{Z_1}$，$i_{1f} = -\dfrac{u_{1f}}{Z_1}$，$i_{2q} = \dfrac{u_{2q}}{Z_2}$，将它们代入上式即可求得行波在线路节点 A 处的折射电压、反射电压与入射电压之间的关系为：

$$\left.\begin{array}{r} u_{2q} = \dfrac{2Z_2}{Z_1 + Z_2} u_{1q} = \alpha u_{1q} \\ u_{1f} = \dfrac{Z_2 - Z_1}{Z_1 + Z_2} u_{1q} = \beta u_{1q} \end{array}\right\} \tag{11-21}$$

式中，α、β 分别称为电压折射系数和电压反射系数，其值为：

$$\left.\begin{aligned}\alpha &= \frac{2Z_2}{Z_1 + Z_2}\\ \beta &= \frac{Z_2 - Z_1}{Z_1 + Z_2}\end{aligned}\right\}\tag{11-22}$$

α 值永远是正的，其值处于 $0 \leq \alpha \leq 2$ 的范围；β 值可正可负，且 $-1 \leq \beta \leq 1$。α、β 之间满足下列关系：

$$\alpha = 1 + \beta$$

11.3.3　几种特殊情况下的折射波与反射波

1. **线路末端开路（即 $Z_2 = \infty$）：电压加倍，电流变零**

当线路末端开路时，相当于在末端接一条波阻抗为 ∞ 的导线，采用公式（11-22）即可计算得到此时 $\alpha = 2$，$\beta = 1$，即 $u_{2q} = 2u_{1q}$，$u_{1f} = u_{1q}$。同时，可求得反射电流和折射电流为：

$$\left.\begin{aligned}i_{1f} &= -\frac{u_{1f}}{Z_1} = -\frac{u_{1q}}{Z_1} = -i_{1q}\\ i_{2q} &= i_{1q} + i_{1f} = \frac{u_{1q}}{Z_1} - \frac{u_{1q}}{Z_1} = 0\end{aligned}\right\}$$

上述结果如图 11-5 所示。计算表明：当电压波到达开路末端时，将发生全反射。全反射的结果是使线路末端电压上升到入射波电压的两倍。同时，电流波则发生了负的全反射，电流波负反射的结果使线路末端的电流变为零。此时，入射波的磁场能量将全部转变为电场能量。

由于过电压波传至开路末端时会发生全反射，它将使开路末端的电压上升为入射波电压的两倍，这对绝缘来说往往是很危险的，因此，在考虑过电压保护时尤其要对此引起高度重视。

2. **线路末端短路（接地）（即 $Z_2 = 0$）：电压变零，电流加倍**

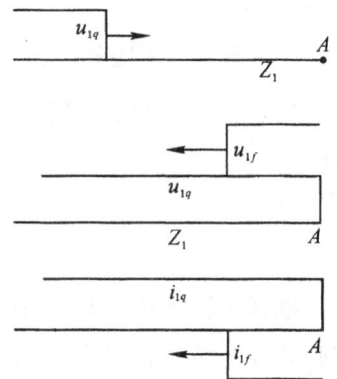

图 11-5　末端开路时的电压波和电流波

线路末端短路，$Z_2 = 0$，$\alpha = 0$，$\beta = -1$。这样就可以得到 $u_{2q} = 0$，$u_{1f} = -u_{1q}$。而反射电流和折射电流则为：

$$\left.\begin{aligned}i_{1f} &= -\frac{u_{1f}}{Z_1} = \frac{u_{1q}}{Z_1} = i_{1q}\\ i_{2q} &= i_{1q} + i_{1f} = 2i_{1q}\end{aligned}\right\}$$

上述结果如图 11-6 所示。计算表明：当电压波到达短路末端时将发生负的全反射，负反射的结果使线路末端电压下降为零。同时，电流波则发生正的全反射，电流波全反射的结果使线路末端的电流上升为入射波电流的两倍。此时入射波的电场能量将全部转化为磁场能量。

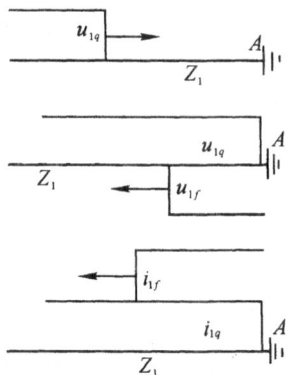

图 11-6　末端短路时的电压波与电流波　　　图 11-7　末端接负载电阻 $R = Z_1$ 时的电压波和电流波

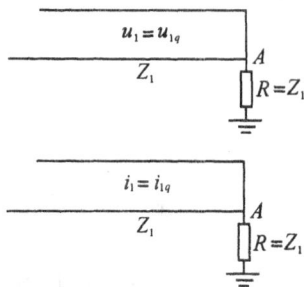

3. 线路末端接匹配电阻 $R = Z_1$（即 $Z_2 = R$）：不会产生行波的折射和反射

如果仅从行波的折、反射的观点来看，节点后面接一只电阻 R 与接一条波阻抗 $Z = R$ 的线路是一样的（见第一节有关波阻抗和电阻的讨论），因此这种情况就相当于两条线路相连而波阻抗 $Z_1 = Z_2$ 的情况。根据式（11-22）即可得到此时 $\alpha = 1$，$\beta = 0$。显然，当 $Z_1 = Z_2$ 时波不会发生折、反射，因此当波投射到 $R = Z_1$ 的末端电阻时也不会发生波的折反射，如图 11-7 所示，故该电阻又特别称为匹配电阻。但是，与两条波阻抗 $Z_1 = Z_2$ 的线路直接相连的情况有所不同的是，在末端接匹配电阻的情况下入射波的电磁波能量将全部被电阻 R 吸收并转变为热量。

11.3.4　计算折射波的等值电路（彼德逊法则）

1. 彼德逊法则

彼德逊法则就是把原来需要采用分布参数电路计算的波过程转化成集中参数等值电路，使得波过程的计算重新变成大家已经十分熟悉的集中参数电路的计算，从而使得整个计算变得简便、快捷。

彼德逊法则可以适用于对各种复杂的波过程进行计算，例如，一条线路后面接有多条不同波阻抗的分布参数线路和若干集中参数 R、L、C 组件等复杂情况。而前面所讨论的行波的折反射计算公式（11-21）则仅仅适用于一条线路后面接一条线路或一个电阻这种比较简单的情况。

2. 采用彼德逊法则画系统的集中参数等值电路

对于如图 11-8（a）所示的较复杂的分布参数电路，可以采用彼德逊法则得到如下两种集中参数等值电路，分别如图 11-8（b）和 11-8（c）所示。

（1）电压源集中参数等值电路

如果给出的是线路 1 上的电压入射波 u_{1q}，则通常采用电压源集中参数等值电路计算线路上的波过程，如图 11-（b）所示。其中：

①入射波线路 1 可以用数值等于电压入射波两倍的等值电压源 $2u_{1q}$ 和数值等于线路波阻抗 Z_1 的电阻串联来等效。

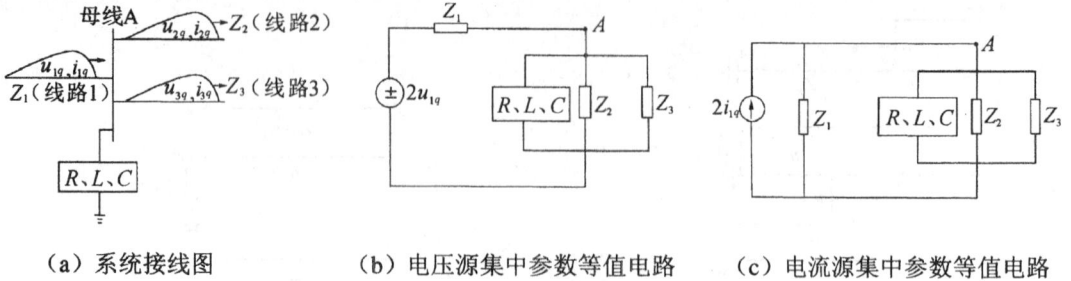

（a）系统接线图　　　　（b）电压源集中参数等值电路　　　（c）电流源集中参数等值电路

图 11-8　波过程集中参数等值电路（彼德逊法则）

②折射波线路 2、3 分别可以用数值等于该线路波阻抗 Z_2、Z_3 的电阻来等效。

③ R、L、C 等其它集中参数组件均保持不变。

利用这一法则，可以把波过程的计算问题转化为大家都很熟悉的集中参数电路的计算问题，从而使计算变得容易和快捷。

（2）电流源集中参数等值电路

在实际应用中，当入射波为雷电流的情况下（即此时相当于给出了线路 1 上的电流入射波 i_{1q} 的情况），采用彼德逊法则的另一种等值电路形式——电流源集中参数等值电路计算波过程会更加方便。根据电压源与电流源的等效变换（诺顿定理），把图 11-8（b）中的电压源变成电流源的形式，即可得到图 11-8（c）电流源集中参数等值电路。

3. 从物理上来看，彼德逊法则实际上就是电路原理中的戴维南等效定理在分布参数电路中的推广。

事实上，上述等值电路就是戴维南定理的应用。对节点 A 左边的线路 1，可以采用戴维南定理将其用一个等值电压源和内阻串联来等效。其等值电压源的电动势等于线路 1 末端 A 点开路时的电压，显然此时 A 点的开路电压为入射波电压的两倍 $2u_{1q}$；电源的内阻就等于由 A 点往左边看长线路 1 的入端阻抗，它就等于线路 1 的波阻抗 Z_1。而对于 A 右边的线路 2、3，由于线路上没有入射波，故此时其等值电压源的电动势为零，因此可以直接用一个数值等于该线路波阻抗的电阻来等效。

4. 彼德逊法则的适用条件

必须注意，利用上述集中参数等值电路计算节点电压和折射波有一定的适用范围：

（1）入射波必须是沿分布参数线路传来的；

（2）节点 A 后面的线路中没有反行波，或节点 A 后面的线路中反射波尚未到达节点 A 时。

5. 采用彼德逊法则计算复杂系统波过程的参考步骤（以图 11-8 所示的系统为例，假设线路 2、3 为无限长，不考虑线路 2、3 上出现反射波或反行波的情况）

采用彼德逊法则计算复杂系统波过程，一般是首先利用集中参数等效电路计算节点上的电压，由此得到后面各条线路上的电压折射波，然后即可方便地计算出其它各个参数。具体的计算步骤可参考如下：

（1）画出集中参数等值电路，如图 11-8（b）（或图 11-8（c））所示。

（2）计算节点 A 上的电压 U_A（或回路中的电流）。

（3）线路 2、3 上的电压折射波就等于节点 A 上的电压 U_A，即 $u_{2q} = U_A$，$u_{3q} = U_A$。

（4）线路 2、3 上的电流折射波分别为 $i_{2q} = \dfrac{u_{2q}}{Z_2}$，$i_{3q} = \dfrac{u_{3q}}{Z_3}$。

（5）线路 1 上的电压入射波为 u_{1q}，则电流入射波 $i_{1q} = \dfrac{u_{1q}}{Z_1}$。

（6）线路 1 上的电压反射波为 $u_{1f} = U_A - u_{1q}$，则电流入射波 $i_{1f} = -\dfrac{u_{1f}}{Z_1}$。

（7）线路 2、3 上的电流就等于其电流折射波，即 $i_2 = i_{2q} = \dfrac{u_{2q}}{Z_2}$，$i_3 = i_{3q} = \dfrac{u_{3q}}{Z_3}$。

（8）线路 2、3 上的电压就等于其电压折射波，即 $u_2 = u_{2q} = U_A$，$u_3 = u_{3q} = U_A$。

（9）线路 1 上的电压、电流为入射波和反射波之和，即 $u_1 = u_{1q} + u_{1f}$；$i_1 = i_{1q} + i_{1f}$。

（10）再由节点 A 上的电压 U_A 计算流过节点 A 上的各个 R、L、C 元件中的电流。

（11）再由上述电压、电流计算有关感兴趣元件上的其它参数，如功率等。

11.3.5　例题及求解

【例 11-1】　一幅值为 100kV 的无限长直角波从一条波阻抗 $Z_1 = 400\Omega$ 的架空线路进入一条波阻抗 $Z_2 = 20\Omega$ 的电缆线路，求进入电缆的折射波电压、电流和架空线路上的反射波电压、电流。

解：入射波电压为：$u_{1q} = 100\text{kV}$

电压折射系数为：$\alpha = \dfrac{2Z_2}{Z_1 + Z_2} = \dfrac{2 \times 20}{400 + 20} = \dfrac{2}{21}$

电压反射系数为：$\beta = \dfrac{Z_2 - Z_1}{Z_1 + Z_2} = \dfrac{20 - 400}{400 + 20} = -\dfrac{19}{21}$

折射波电压为：$u_{2q} = \alpha u_{1q} = \dfrac{2}{21} \times 100 = 9.52\ \text{kV}$

折射波电流为：$i_{2q} = \dfrac{u_{2q}}{Z_2} = \dfrac{9.52}{20} = 0.48\ \text{kA}$

反射波电压为：$u_{1f} = \beta u_{1q} = -\dfrac{19}{21} \times 100 = -90.48\ \text{kV}$

反射波电流为：$i_{1f} = -\dfrac{u_{1f}}{Z_1} = -\dfrac{-90.48}{400} = 0.23\ \text{kA}$。

【例 11-2】　试求如图 11-9 所示变电所母线上的电压幅值，其中 Z 为架空出线的波阻抗（约 400Ω），Z' 为电缆出线的波阻抗（约 $32\Omega\ \Omega$）。从一条架空线上侵入的过电压幅值为 $U_0 = 600\text{kV}$。

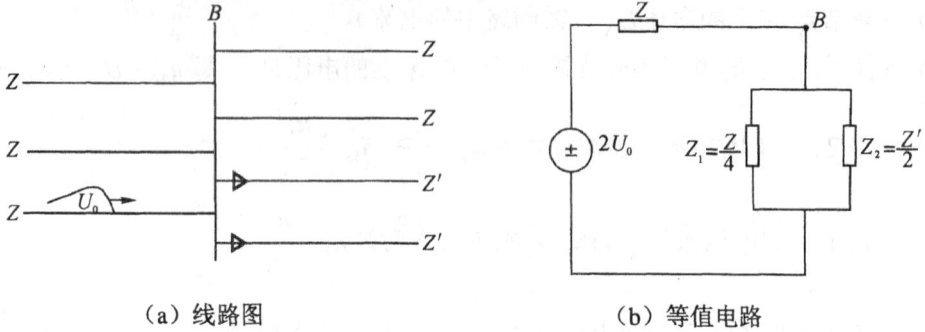

（a）线路图　　　　　　　　（b）等值电路

图 11-9　有多条出线的变电所母线电压的计算

解：根据彼德逊法则，可以画出其等值电路如图 11-9（b）所示。

$$Z_1 = 400/4 = 100 \ \Omega$$

$$Z_2 = 32/2 = 16 \ \Omega$$

$$U_0 = u_{1q} = 600\text{kV}$$

母线上的电压幅值 U_B 为：

$$U_B = \frac{2U_{1q}}{Z + (\frac{Z_1 \times Z_2}{Z_1 + Z_2})} \times (\frac{Z_1 \times Z_2}{Z_1 + Z_2}) = \frac{2 \times 600}{400 + \frac{100 \times 16}{100 + 16}} \times \frac{100 \times 16}{100 + 16} = 40 \ \text{kV} \ 。$$

【例 11-3】　　一幅值等于 1000A 的冲击电流波从一条波阻抗 $Z_1 = 500\Omega$ 的架空线路流入一根波阻抗 $Z_2 = 50\Omega$ 的电缆线路，在二者连接的节点 A 上并联有一只阀式避雷器的工作电阻 $R = 100\Omega$，如图 11-10 所示。试求：

（1）进入电缆的电压波与电流波的幅值；

（2）架空线路上的电压反射波与电流反射波的幅值；

（3）流过避雷器的电流幅值 I_R。

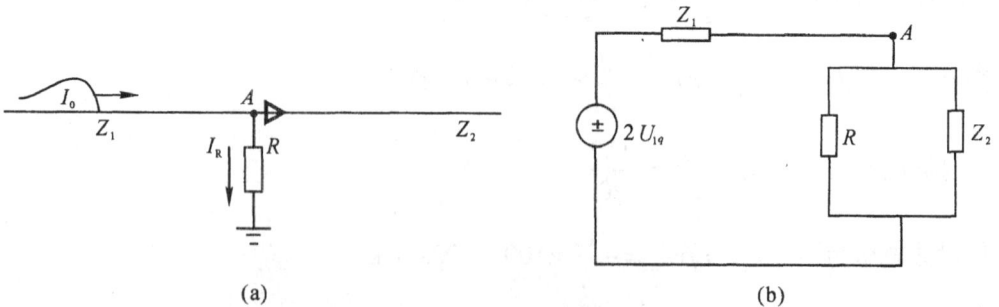

（a）　　　　　　　　　　　　　（b）

图 11-10　例 9-3 线路图与等值电路

解：线路 1 电流入射波幅值　　$I_{1q} = I_0 = 1000A$

线路 1 电压入射波幅值　　$U_{1q} = U_0 = I_{1q}Z_1 = 1000 \times 500 = 500 \ \text{kV}$

根据彼德逊法则，可以画出其等值电路如图 11-10（b）所示。

节点 A 上的电压幅值为:

$$U_A = \frac{2U_{1q}}{Z_1 + (\frac{R \times Z_2}{R + Z_2})} \times (\frac{R \times Z_2}{R + Z_2}) = \frac{2 \times 500}{500 + \frac{100 \times 50}{100 + 50}} \times \frac{100 \times 50}{100 + 50} = 62.5 \text{ kV}$$

（1）进入电缆的电压波与电流波的幅值为:

$$U_{2q} = U_A = 62.5 \text{ kV}$$

$$I_{2q} = \frac{U_{2q}}{Z_2} = \frac{62.5}{50} = 1.25 \text{ kA}$$

（2）架空线路上的电压反射波与电流反射波的幅值为:

$$U_{1f} = U_A - U_{1q} = 62.5 - 500 = -437.5 \text{ kV}$$

$$I_{1f} = -\frac{U_{1f}}{Z_1} = -\frac{-437.5}{500} = 0.875 \text{ kA}$$

（3）流过避雷器的电流幅值 I_R 为:

$$I_R = \frac{U_A}{R} = \frac{62.5}{100} = 0.625 \text{ kA} 。$$

【例 11-4】 一幅值 $U_0 = 1000kV$ 的无限长直角波从一条波阻抗 $Z_1 = 500\Omega$ 的架空线路经一串联电阻 $R = 550\Omega$ 与一根波阻抗 $Z_2 = 50\Omega$ 的电缆线路相连，如图 11-11 所示。试求:

（1）流入电缆的电压折射波与电流折射波;

（2）节点 A 处的电压反射波与电流反射波;

（3）串联电阻上流过的电流和消耗的功率。

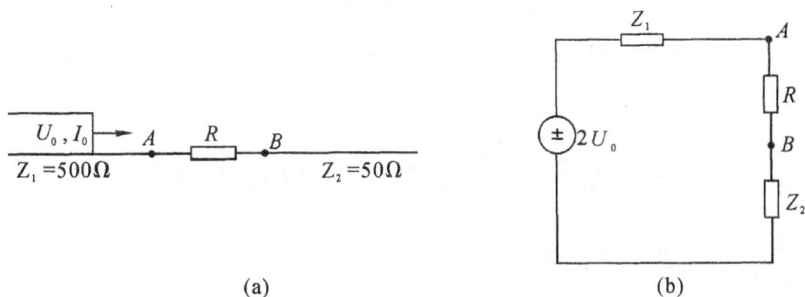

图 11-11 例 9-4 线路图与等值电路

解: 电压入射波为: $U_{1q} = U_0 = 1000 \text{ kV}$

根据彼德逊法则，可以画出其等值电路如图 11-11（b）所示。

节点 B 上的电压为:

$$U_B = \frac{2U_{1q}}{Z_1 + R + Z_2} \times Z_2 = \frac{2 \times 1000}{500 + 550 + 50} \times 50 = 90.91 \text{ kV}$$

节点 A 上的电压为:

$$U_A = \frac{2U_{1q}}{Z_1 + R + Z_2} \times (R + Z_2) = \frac{2 \times 1000}{500 + 550 + 50} \times (550 + 50) = 1090.91 \text{ kV}$$

（1）进入电缆的电压折射波与电流折射波为：

$$U_{2q} = U_B = 90.91 \text{ kV}$$

$$I_{2q} = \frac{U_{2q}}{Z_2} = \frac{90.91}{50} = 1.82 \text{ kA}$$

（2）架空线路上的电压反射波与电流反射波的幅值为：

$$U_{1f} = U_A - U_{1q} = 1090.91 - 1000 = 90.91 \text{ kV}$$

$$I_{1f} = -\frac{U_{1f}}{Z_1} = -\frac{90.91}{500} = -0.18 \text{ kA}$$

（3）串联电阻上流过的电流和消耗的功率为：

$$I_R = \frac{U_A - U_B}{R} = \frac{1090.91 - 90.91}{550} = 1.82 \text{ kA}$$

$$P_R = \frac{(U_A - U_B)^2}{R} = \frac{(1090.91 - 90.91)^2}{550} = 1818.18 \text{ MW} \text{ 。}$$

11.4 行波通过串联电感和并联电容

11.4.1 无限长直角波通过串联电感

接线如图 11-12（a）所示。根据彼德逊法则画出其相应的等值电路如图 11-12（b）所示。借助于电路原理中的一阶电路的过渡过程分析方法，不难求出第二条线路中的电压折射波 u_2 为：

$$u_2 = u_{2q} = i_{2q}Z_2 = \frac{2u_{1q}Z_2}{Z_1 + Z_2}(1 - e^{-\frac{t}{\tau_L}}) = \alpha u_{1q}(1 - e^{-\frac{t}{\tau_L}}) \tag{11-23}$$

式中，$\tau_L = \dfrac{L}{Z_1 + Z_2}$ 为电路的时间常数。

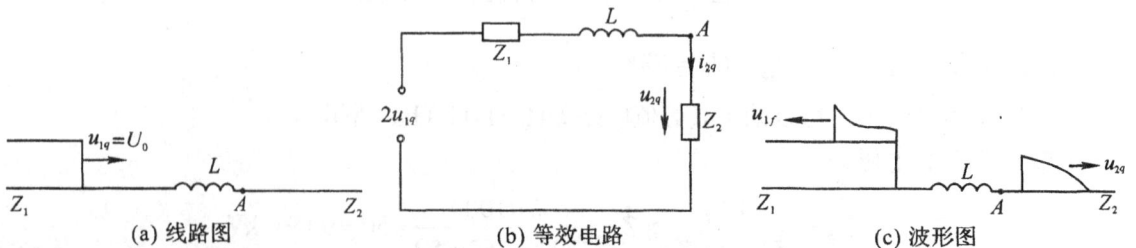

(a) 线路图   (b) 等效电路   (c) 波形图

图 11-12 行波通过串联电感

由于 $i_1 = i_{1q} + i_{1f} = i_2 = i_{2q}$，因此有 $\dfrac{u_{1q}}{Z_1} - \dfrac{u_{1f}}{Z_1} = \dfrac{u_{2q}}{Z_2}$，由此可推得：

$$u_{1f} = \frac{Z_2 - Z_1}{Z_1 + Z_2} u_{1q} + \frac{2Z_1}{Z_1 + Z_2} u_{1q} e^{-\frac{t}{\tau_L}} \tag{11-24}$$

11.4.2　无限长直角波通过并联电容

接线如图 11-13（a）所示。根据彼德逊法则画出其相应的等值电路如图 11-13（b）所示。同样采用一阶电路的过渡过程分析方法，可以求出第二条线路中的电压折射波 u_2 为

$$u_2 = u_C = u_{2q} = \frac{2u_{1q} Z_2}{Z_1 + Z_2} (1 - e^{-\frac{t}{\tau_C}}) = \alpha u_{1q} (1 - e^{-\frac{t}{\tau_C}}) \tag{11-25}$$

式中，$\tau_C = C \dfrac{Z_1 \times Z_2}{Z_1 + Z_2}$ 为电路的时间常数。

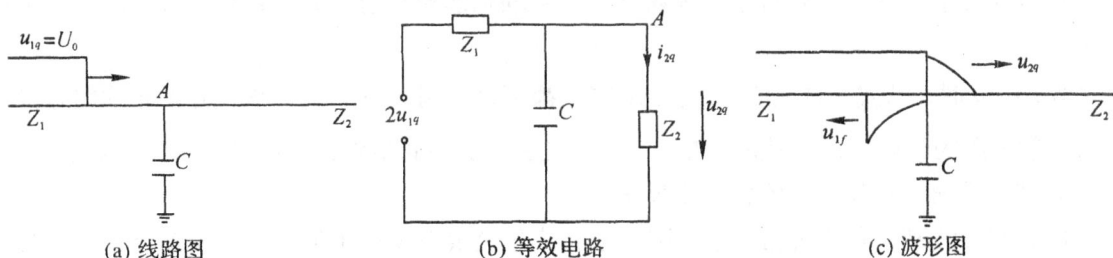

(a) 线路图　　　　　　　(b) 等效电路　　　　　　　(c) 波形图

图 11-13　行波通过并联电容

由于 $u_1 = u_{1q} + u_{1f} = u_2 = u_{2q}$，由此可得：

$$u_{1f} = u_{2q} - u_{1q} = \frac{Z_2 - Z_1}{Z_1 + Z_2} u_{1q} - \frac{2Z_2}{Z_1 + Z_2} u_{1q} e^{-\frac{t}{\tau_C}} \tag{11-26}$$

11.4.3　无限长直角波通过串联电感和并联电容后折射波的最大陡度

对式（11-23）和式（11-25）进行求导，可以得到：

$$\frac{du_{2q}}{dt} = \frac{\alpha u_{1q}}{\tau_L} e^{-\frac{t}{\tau_L}} \tag{11-27}$$

$$\frac{du_{2q}}{dt} = \frac{\alpha u_{1q}}{\tau_C} e^{-\frac{t}{\tau_C}} \tag{11-28}$$

上式中，$\alpha = \dfrac{2Z_2}{Z_1 + Z_2}$ 即为线路 1 对线路 2 的电压折射系数。

由式（11-27）、式（11-28）可知，线路 2 中的电压最大陡度均出现在 $t = 0$ 时。

在串联电感情况下的最大陡度为：

$$\left(\frac{\mathrm{d}u_{2q}}{\mathrm{d}t}\right)_{\max} = \frac{\alpha u_{1q}}{\tau_L} = \frac{2Z_2 u_{1q}}{L} \tag{11-29}$$

在并联电容情况下的最大陡度为：

$$\left(\frac{\mathrm{d}u_{2q}}{\mathrm{d}t}\right)_{\max} = \frac{\alpha u_{1q}}{\tau_C} = \frac{2u_{1q}}{Z_1 C} \tag{11-30}$$

11.4.4　串联电感和并联电容对波过程的影响

1. 降低波头陡度

从上面讨论可知，一波头陡度为无穷大的无限长直角波通过串联电感或并联电容后，将由直角波变成陡度较小的指数波，使波头的陡度减小。电感、电容愈大，则波头陡度愈小。根据这一原理，在电力设备的防雷保护中常常采用串联电感或并联电容来减小雷电波的进波陡度，以尽量减小雷电波对设备的冲击作用。

2. 在无限长的直角波作用下，串联电感或并联电容对折射波的最终稳态值并不会产生影响

当 $t \to \infty$ 时，从式（11-23）和式（11-25）都可以得到 $u_{2q} = \alpha u_{1q}$，这就是两根线路直接相连时折射电压的计算公式。因此，L、C 的存在并不会对折射波的最终稳态值产生影响。

3. 串联电感或并联电容的各自适用场合

电感在行波刚刚到达时相当于开路，它将产生全反射使电压加倍。利用这一特点，当设备前面需要加装避雷器时，电感通常直接装在避雷器的后面，利用波到达瞬间电感使电压加倍升高的特点保证避雷器可靠动作，如图 11-14（a）所示。同时，电感还可以起到降低波头陡度的作用。串联电感的方法通常用在变电所进线段的防雷保护中。

在设备前面不需要加装避雷器的场

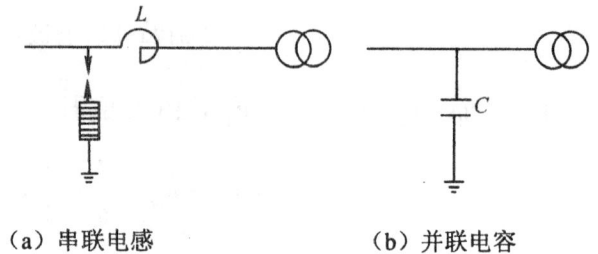

（a）串联电感　　　　　　　（b）并联电容

图 11-14　串联电感和并联电容的应用

合，考虑到采用并联电容降低波头陡度的方法比采用串联电感的方法更为经济，故在实际中更多地采用并联电容来降低波头陡度，如图 11-14（b）所示。

11.4.5　例题及求解

【例 11-5】　一幅值为 100kV 的无限长直角波沿波阻抗为 50Ω 的电缆侵入发电机绕组（其波阻抗为 800Ω）。绕组每匝长度为 3m，其匝间绝缘耐压为 600V，波在电机绕组内的传播速度 v 为 6×10^7 m/s，试求为保护发电机匝间绝缘所需串联电感或并联电容的数值。

解：电机绕组所允许承受的侵入波的最大陡度为：

$$\left.\frac{\mathrm{d}u_2}{\mathrm{d}t}\right|_{\max} = \left.\frac{\mathrm{d}u_2}{\mathrm{d}l}\right|_{\max} \frac{\mathrm{d}l}{\mathrm{d}t} = \left.\frac{\mathrm{d}u_2}{\mathrm{d}l}\right|_{\max} v = \frac{600}{3}\times6\times10^7 = 12\times10^9 \text{ V/s}$$

当用串联电感时，根据式（11-29）可得：

$$L = \frac{2Z_2 U_{1q}}{(\frac{\mathrm{d}u_{2q}}{\mathrm{d}t})_{\max}} = \frac{2 \times 800 \times 10^5}{12 \times 10^9} = 13.3 \times 10^{-3}(H) = 13.3 \ \mathrm{mH}$$

当用并联电容时，根据式（11-30）可得：

$$C = \frac{2U_{1q}}{Z_1(\frac{\mathrm{d}u_{2q}}{\mathrm{d}t})_{\max}} = \frac{2 \times 10^5}{50 \times 12 \times 10^9} = 0.33 \times 10^{-6}(F) = 0.33 \ \mu F$$

　　显然，0.33μF 的电容器比 13.3mH 的电感线圈的成本低得多，故一般都采用并联电容的方案。

11.5　行波的多次折射与反射

11.5.1　行波多次折射与反射的出现场合

　　行波在波阻抗或阻抗发生变化的节点上会产生波的折射与反射。在电网中，常常会遇到行波在一段线路的两个节点间来回多次折、反射的情况，例如直配电机往往通过电缆段然后接到架空线上，当一个雷电波沿着架空线入侵时，行波将在电缆段的两个节点间产生多次折、反射。

　　下面将以两条无限长线路之间接入一段有限长线路的典型情况为例，说明如何采用网格法来计算行波的多次折反射过程，如图 11-15 所示。

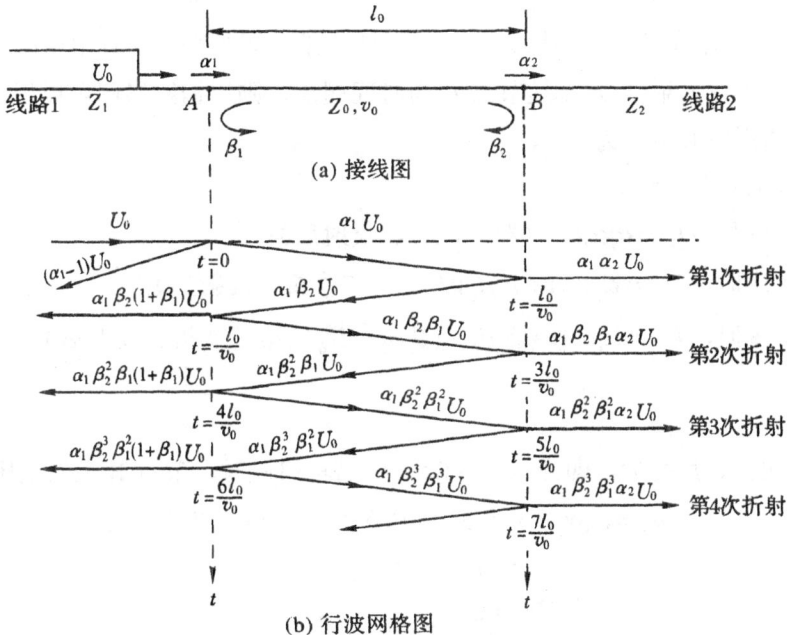

图 11-15　计算多次折、反射的网络图

11.5.2 网格法计算行波的多次折射、反射

计算行波的多次折、反射通常采用网格法（图），如图 11-15（b）所示。

图 11-15 所示一波阻抗为 Z_0、长度为 l_0 的线路连接于波阻抗为 Z_1 和 Z_2 的线路之间，假设波阻抗为 Z_1、Z_2 的线路是无限长的。若有一无限长直角波 U_0 自线路 Z_1 向线路 Z_0 入侵，则波在波阻抗为 Z_0 的线路的两个节点 A、B 之间将发生多次折、反射。假设行波通过节点 A 时，从 Z_1 线路到 Z_0 线路的折射系数为 α_1；行波通过节点 B 时，从 Z_0 线路到 Z_2 线路的折射系数为 α_2，反射系数为 β_2；当行波反方向由中间段线路 Z_0 向线路 Z_1 方向传播时在节点 A 上的反射系数为 β_1，则：

$$\left.\begin{array}{l} \alpha_1 = \dfrac{2Z_0}{Z_1 + Z_0}, \quad \alpha_2 = \dfrac{2Z_2}{Z_0 + Z_2} \\[3mm] \beta_1 = \dfrac{Z_1 - Z_0}{Z_1 + Z_0}, \quad \beta_2 = \dfrac{Z_2 - Z_0}{Z_2 + Z_0} \end{array}\right\} \tag{11-31}$$

侵入波 U_0 自线路 1 到达节点 A，在节点 A 上发生折、反射，折射波 $\alpha_1 U_0$ 在线路 Z_0 上继续向前传播，经过 $\tau = \dfrac{l_0}{v_0}$ 时间后（l_0 为中间段线路的长度，v_0 为中间段线路上波传播的速度）到达节点 B，在节点 B 上发生第一次折、反射，折射波 $\alpha_1 \alpha_2 U_0$ 自节点 B 继续沿线路 2 向前传播，而在节点 B 产生的第一个反射波 $\alpha_1 \beta_2 U_0$ 则向节点 A 传去；该反射波再经过一个 τ 时间后到达节点 A，在节点 A 再一次发生折、反射，此时在节点 A 所产生的反射波 $\alpha_1 \beta_2 \beta_1 U_0$ 又将沿着 Z_0 向节点 B 回传，又经过一个 τ 时间后再次到达节点 B，在节点 B 上发生第二次折、反射，第二个折射波 $\alpha_1 \beta_2 \beta_1 \alpha_2 U_0$ 自节点 B 继续沿线路 2 向前传播，而在节点 B 产生的第二个反射波 $\alpha_1 \beta_2^2 \beta_1 U_0$ 则再一次向节点 A 回传回去；……如此类推，即可得到计算用如图 11-15（b）所示的行波网格图。若以入射波 U_0 到达节点 A 为时间起点，则根据网格图可以很容易地写出节点 B 在不同时刻的折射波电压为：

当 $0 \leq t < \tau$ 时，$U_B = 0$；

当 $\tau \leq t < 3\tau$ 时，$U_B = \alpha_1 \alpha_2 U_0$（第一次折、反射后）；

当 $3\tau \leq t < 5\tau$ 时，$U_B = \alpha_1 \alpha_2 (1 + \beta_1 \beta_2) U_0$（第二次折、反射后）；

当 $5\tau \leq t < 7\tau$ 时，$U_B = \alpha_1 \alpha_2 [1 + \beta_1 \beta_2 + (\beta_1 \beta_2)^2] U_0$（第三次折、反射后）；

……
……

当经过 n 次折、反射后，即当 $(2n-1)\tau \leq t < (2n+1)\tau$ 时，节点 B 上的电压为：

$$\begin{aligned} u_B &= \alpha_1 \alpha_2 [1 + \beta_1 \beta_2 + (\beta_1 \beta_2)^2 + \cdots + (\beta_1 \beta_2)^{n-1}] U_0 \\ &= U_0 \alpha_1 \alpha_2 \frac{1 - (\beta_1 \beta_2)^n}{1 - \beta_1 \beta_2} \end{aligned} \tag{11-32}$$

当 $t \to \infty$ 时，即 $n \to \infty$ 时，$(\beta_1 \beta_2)^n \to 0$，故节点 B 上的最终电压幅值为：

$$U_B = U_0 \alpha_1 \alpha_2 \frac{1}{1 - \beta_1 \beta_2} \qquad (11\text{-}33)$$

将式（11-31）中的 α_1、α_2、β_1、β_2 代入上式即得：

$$U_B = \frac{2Z_2}{Z_1 + Z_2} U_0 = \alpha U_0 \qquad (11\text{-}34)$$

不难看出，式（11-34）中的 α 也就是波从波阻抗为 Z_1 的线路 1 直接向波阻抗为 Z_2 的线路 2 传播时的折射系数。它说明线路 2 上的最终电压幅值只由 Z_1 和 Z_2 来决定，而与中间线路的波阻抗 Z_0 无关。

虽然中间段线路的存在不会对它的最终幅值产生影响，但是它会对第二条线路上的电压波形（尤其是波头和波头陡度）产生很大的影响。现就各种具体情况分别讨论如下：

1. $Z_0 < Z_1$ 和 $Z_0 < Z_2$

显然，此时 β_1、β_2 均为正值，因而每次折射波都是正的，故总的电压 u_B 逐次叠加而增大，如图 11-16（a）所示。

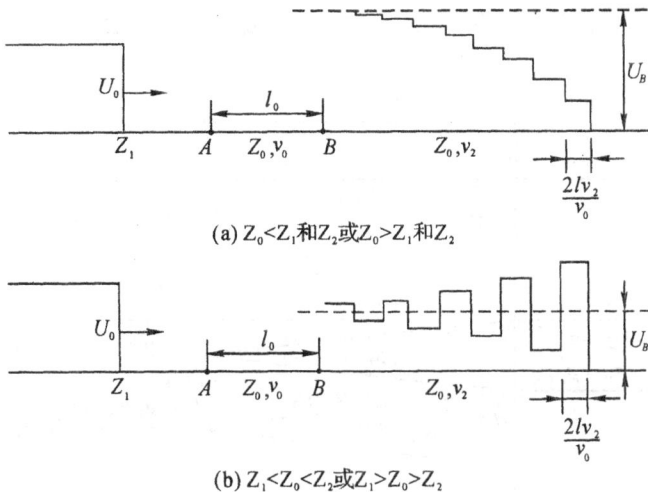

(a) $Z_0 < Z_1$ 和 Z_2 或 $Z_0 > Z_1$ 和 Z_2

(b) $Z_1 < Z_0 < Z_2$ 或 $Z_1 > Z_0 > Z_2$

图 11-16　不同波阻抗组合下的 U_B 的波形

2. $Z_0 > Z_1$ 和 $Z_0 > Z_2$

此时 β_1、β_2 皆为负值，但其乘积 $(\beta_1 \beta_2)$ 仍为正值，故每次折射波也都为正的，因此电压 u_B 的变化波形与前面情况相同。

3. $Z_2 < Z_0 < Z_1$ 或 $Z_2 > Z_0 > Z_1$

两种情况下的 β_1、β_2 一正一负，其乘积 $(\beta_1 \beta_2)$ 为负值，这时输出的折射波的情况是一次为正，下一次为负。因此，在这两种情况下，输出电压 u_B 的波形将是振荡的，如图 11-16（b）所示。

11.5.3　例题及求解

【例 11-6】　在一条长架空输电线（波阻抗 $Z_1 = 400\Omega$）与一座变电所之间接有一段长 150m、波阻抗为 80Ω 的电缆段，设变电所中各种设备的影响相当于一只 10000Ω 的电阻，如图 11-17 所示。如果架空线上出现了一个幅值为 $U_0 = 90\text{kV}$ 的电压波通过电缆传入变电所，波在该电缆中的传播速度约为 $150\text{m}/\mu\text{s}$，原始波 U_0 到达架空线和电缆之间节点 A 的瞬间为时间的起算点 $t = 0$，试求：

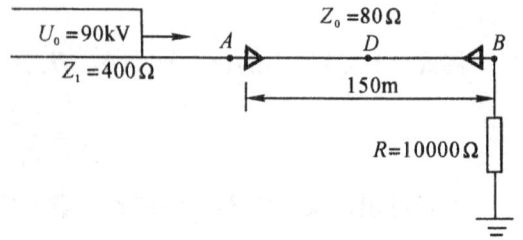

图 11-17　例 9-6 线路图

（1）在设备节点 B 上出现第二次电压升高时，该处的电压为多少？又出现这一现象与原始波 U_0 到达架空线和电缆之间节点 A 的瞬间相隔多少时间？

（2）时间很长以后，B 点的电压与电流；

（3）AB 中点 D 处在 $t = 2\mu\text{s}$ 时的电压与电流；

（4）A 点在 $t = 2\mu\text{s}$ 时的电压与电流。

解：画出计算用网格图如图 11-18 所示，波从 A 点传到 B 点时间 $t = 150/150 = 1\mu\text{s}$，从 B 点回传到中点 D 所需要的时间 $t = 0.5\mu\text{s}$，$Z_1 = 400\Omega$，$Z_0 = 80\Omega$，$Z_2 = R = 10000\Omega$。

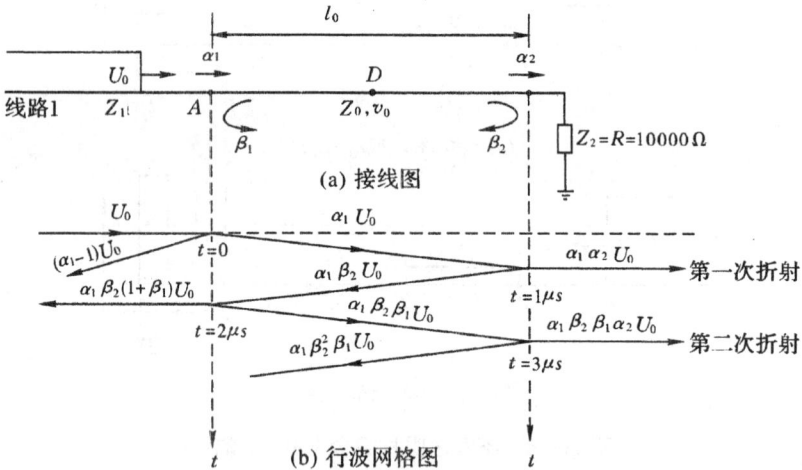

图 11-18　计算多次折、反射的网格图

在节点 A：

当波由 Z_1 传入 Z_0 时，电压折射系数为：

$$\alpha_1 = \frac{2Z_0}{Z_1 + Z_0} = \frac{2 \times 80}{400 + 80} = \frac{1}{3}$$

当波由 Z_0 传向 Z_1 时，电压反射系数为：

$$\beta_1 = \frac{Z_1 - Z_0}{Z_1 + Z_0} = \frac{400 - 80}{400 + 80} = \frac{2}{3}$$

当波由 Z_0 加到 R 上时，电压反射系数为：

$$\beta_2 = \frac{R - Z_0}{R + Z_0} = \frac{10000 - 80}{10000 + 80} = 0.984$$

当波由 Z_0 加到 R 上时，电压折射系数（由于此时后面接的是电阻而不是一条线路，严格意义上来说不能称为电压的折射，但是作为计算仍然可以这样做）为：

$$\alpha_2 = \frac{2Z_2}{Z_2 + Z_0} = \frac{2 \times 10000}{10000 + 80} = 1.984$$

（1）当 $t = 3\mu s$ 时，在设备节点 B 上出现第二次电压升高，此时该处的电压为：

$$U_B = \alpha_1 \alpha_2 (1 + \beta_1 \beta_2) U_0$$
$$= \frac{1}{3} \times 1.984 \times 90 \times (1 + \frac{2}{3} \times 0.984)$$
$$= 98.57 \ kV$$

节点 B 上出现第二次电压升高与原始波 U_0 到达架空线和电缆之间节点 A 的瞬间相隔时间为 $3\mu s$。

（2）当 $t \to \infty$ 时，B 点的电压与电流为：

$$u_B = \frac{2Z_2}{Z_1 + Z_2} U_0 = \frac{2 \times 10000}{400 + 10000} \times 90 = 173.08 \ kV$$

$$i_B = \frac{u_B}{R} = \frac{173.08}{10000} = 0.0173(kA) = 17.3 \ A$$

（3）当 $t = 2\mu s$ 时在 AB 中点 D 处的电压与电流为：

$$u_D = \alpha_1 U_0 + \alpha_1 \beta_2 U_0 = \frac{1}{3} \times 90 \times (1 + 0.984) = 59.52 \ kV$$

$$i_D = \frac{\alpha_1 U_0}{Z_0} + \frac{\alpha_1 \beta_2 U_0}{-Z_0} = \frac{\frac{1}{3} \times 90}{80}(1 - 0.984) = 0.006(kA) = 6.00 \ A$$

（4）当 $t = 2\mu s$ 时 A 点的电压与电流为：

$$u_D = \alpha_1 U_0 + \alpha_1 \beta_2 U_0 + \alpha_1 \beta_1 \beta_2 U_0$$
$$= \frac{1}{3} \times 90 \times (1 + 0.984 + \frac{2}{3} \times 0.984) = 79.2 \ kV$$

$$i_D = \frac{\alpha_1 U_0}{Z_0} + \frac{\alpha_1 \beta_2 U_0}{-Z_0} + \frac{\alpha_1 \beta_1 \beta_2 U_0}{Z_0}$$

$$= \frac{\frac{1}{3} \times 90}{80}(1 - 0.984 + \frac{2}{3} \times 0.984) = 0.25 \ kA$$

11.6 行波在平行多导线系统中的传播

11.6.1 平行多导线系统中的传播方程

1. 平行多导线系统中传播方程的推导思路

通过引入波速 v 的概念，就可以将静电场中的麦克斯韦方程应用于平行多导线系统，并由此推导出平行多导线系统中的电压电流传播方程。

下面首先将说明如何将静电场中的电压与电荷的关系借助于波速 v 转变为电压与电流的关系。

根据静电场的概念，当单位长度导线上有电荷 q_0 时，其对地电压 $u = \dfrac{q_0}{C_0}$（C_0 为单位长度导线的对地电容）。如 q_0 以速度 v（$= \dfrac{1}{\sqrt{L_0 C_0}}$）沿着导线运动，则在导线上将有一个以速度 v 传播的电压波 u 和电流波 i，电流与电压的关系为：

$$i = q_0 \times v = u C_0 \frac{1}{\sqrt{L_0 C_0}} = \frac{u}{Z}$$

式中，$Z = \sqrt{\dfrac{L_0}{C_0}}$ 为导线波阻抗。

2. n 根平行多导线系统中的电压电流传播方程（仅考虑线路上只有单行波时的情况）

在 n 根平行多导线组成的系统中，其静电方程为：

$$\left.\begin{array}{l} u_1 = \alpha_{11} q_1 + \alpha_{12} q_2 + \cdots + \alpha_{1n} q_n \\ u_2 = \alpha_{21} q_1 + \alpha_{22} q_2 + \cdots + \alpha_{2n} q_n \\ \cdots\cdots\cdots\cdots\cdots\cdots\cdots\cdots\cdots \\ u_n = \alpha_{n1} q_1 + \alpha_{n2} q_2 + \cdots + \alpha_{nn} q_n \end{array}\right\} \tag{11-35}$$

式中 $u_1, u_2, \cdots, u_n$ 是导线 $1, 2, \cdots, n$ 上的电位，$q_1, q_2, \cdots, q_n$ 是单位长度导线上的电荷，α_{kk} 和 α_{kj} 是自电位系数和互电位系数，它们的值取决于导线的几何尺寸和布置，可以由下式计算：

$$\left.\begin{array}{l} \alpha_{kk} = \dfrac{1}{2\pi \varepsilon_r \varepsilon_0} \ln \dfrac{2h_k}{r_k} \\[3mm] \alpha_{kj} = \dfrac{1}{2\pi \varepsilon_r \varepsilon_0} \ln \dfrac{d_{kj'}}{d_{kj}} \end{array}\right\} \tag{11-36}$$

式中 h_k 及 r_k 分别为导线 k 的离地高度和半径，d_{kj} 为导线 k 与导线 j 之间的距离，$d_{kj'}$ 为导线 k 与导线 j 的地面镜象 j' 之间的距离，如图 11-19 所示。

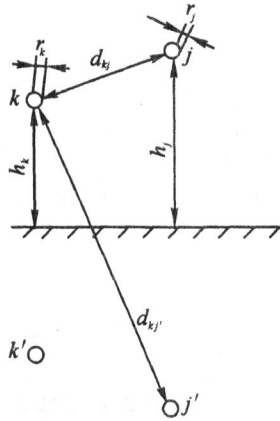

图 11-19　n 根平行多导线系统

若将式（11-35）中右边的电荷 q_k 乘以 v 便得到电流 i_k，即 $q_k v = i_k$；而电位系数除以速度 v 则具有阻抗的量纲，即 $Z_{ij} = \dfrac{\alpha_{ij}}{v}$，于是可以把式（11-35）改写为：

$$\left.\begin{array}{l} u_1 = Z_{11}i_1 + Z_{12}i_2 + \cdots + Z_{1n}i_n \\ u_2 = Z_{21}i_1 + Z_{22}i_2 + \cdots + Z_{2n}i_n \\ \cdots\cdots\cdots\cdots\cdots\cdots\cdots\cdots\cdots\cdots\cdots \\ u_n = Z_{n1}i_1 + Z_{n2}i_2 + \cdots + Z_{nn}i_n \end{array}\right\} \tag{11-37}$$

式中 Z_{kk} 称为导线 k 的自波阻抗，Z_{kj} 称为导线 k 与导线 j 之间的互波阻抗。这就是 n 根平行多导线系统中的电压电流传播方程。

对于架空线路来说：

$$\left.\begin{array}{l} Z_{kk} = 60\ln\dfrac{2h_k}{r_k} \\[2mm] Z_{kj} = Z_{jk} = 60\ln\dfrac{d_{kj'}}{d_{kj}} \end{array}\right\} \tag{11-38}$$

由于对称性，$Z_{kj} = Z_{jk}$。

3. 导线上同时有前行波和反行波存在时 n 根平行多导线系统的电压电流传播方程

这种情况下，对 n 根导线系统中的每一根导线（如第 k 根导线）可以列出下列方程组

$$\left.\begin{array}{l} u_k = u_{kq} + u_{kf}, \quad i_k = i_{kq} + i_{kf} \\ u_{kq} = Z_{k1}i_{1q} + Z_{k2}i_{2q} + \cdots + Z_{kn}i_{nq} \\ u_{kf} = -[Z_{k1}i_{1f} + Z_{k2}i_{2f} + \cdots + Z_{kn}i_{nf}] \end{array}\right\} \tag{11-39}$$

式中 u_{kq}、u_{kf}——导线 k 上的电压前行波和电压反行波；

i_{kq}、i_{kf}——导线 k 上的电流前行波和电流反行波。

n 根导线就可以列出 n 个方程组，再加上边界条件即可以分析在这种情况下多导线系统中的波的传播问题。

11.6.2　双导线系统中的耦合问题

设有一个两根平行导线系统，其中 1 为避雷线（有时也称为地线），2 为对地绝缘的导线，如图 11-20（a）。假定雷击塔顶，则避雷线上就会有一个电压波 u_1 向前传播，该电压波会通过导地线之间的耦合在导线上产生耦合电压。下面将利用前面所讨论的电压电流传播方程来研究这个问题。

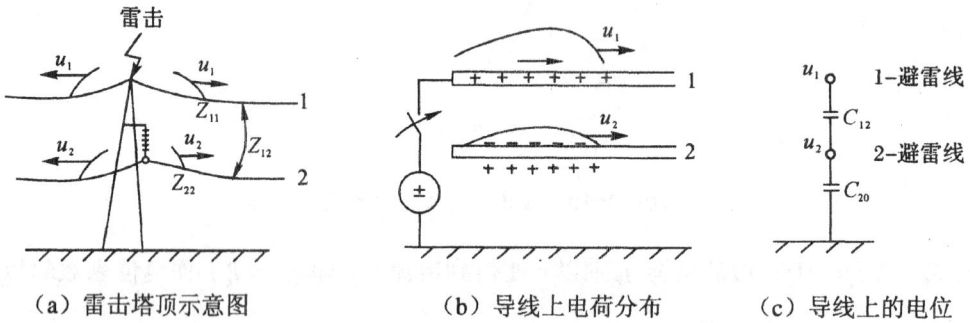

（a）雷击塔顶示意图　　　　（b）导线上电荷分布　　　　（c）导线上的电位

图 11-20　两导线系统的耦合关系

1. 耦合系数

由于导线 2 对地绝缘，导线 2 上不可能有电流流过，故此时 $i_2 = 0$；但由于导线 2 处于避雷线 1 中向前传播的行波 u_1 所产生的电磁场内，所以还是会通过静电感应在其上产生一个电压波 u_2，根据多导线系统的电压电流传播方程可得：

$$u_1 = Z_{11}i_1 + Z_{12}i_2$$
$$u_2 = Z_{21}i_1 + Z_{22}i_2$$

由于 $i_2 = 0$，因此有：

$$u_2 = \frac{Z_{21}}{Z_{11}}u_1 = K_{12}u_1$$

式中 K_{12}——避雷线 1 对导线 2 的耦合系数，其值为互波阻抗与自波阻抗的比值。即：

$$K_{12} = \frac{Z_{21}}{Z_{11}} \tag{11-40}$$

因为 $Z_{21} < Z_{11}$，所以耦合系数 $K_{12} < 1$，其值约为 0.2～0.3，它是输电线路防雷计算中的一个重要参数。

2. 耦合系数与作用于绝缘子串上的电压之间的关系

由图 11-20（b）可知，导线 2 上的电压 u_2 与电压 u_1 极性相同（导线 2 上的电压 u_2 实际上就是电压 u_1 在导、地线间的电容 C_{12} 和导线对地电容 C_{20} 之间的分压），此时避雷线与导线之间的电位差 Δu 为：

$$\Delta u = u_1 - u_2 = (1 - \frac{Z_{21}}{Z_{11}})u_1 = (1 - K_{12})u_1$$

从上式可知，当不计耦合系数时，绝缘子串承受的电压 $\Delta u = u_1$。当计及耦合系数时，绝缘子串上承受的电压为 $\Delta u = (1 - K_{12}) u_1$。显然，耦合系数 K_{12} 愈大，作用于绝缘子串上的电压愈小，愈有利于绝缘子串的安全运行。由此可见，耦合系数对防雷保护可以产生较大的影响。在某些多雷地区，为了减少绝缘子串上的电压，有时还在导线下面再另外架设一根地线——即通常所说的耦合地线，以增大导、地线之间的耦合系数。

11.6.3　典型问题分析

本节较常见的典型题目主要有以下几种：

（1）由导线和避雷线组成的双导线系统中的耦合问题。

求解要点：由于导线通过绝缘子串对地绝缘，故此时通过导线的电流为零。

（2）双避雷线铁塔中的导、地线之间的耦合问题。

求解要点：首先要充分利用系统的对称性；另外，此时导线上的电流也应为零。

（3）电缆中缆芯、缆皮间的耦合问题，并由此推导出电缆中的集肤效应。

求解要点：由于通过缆皮的电流 i_2 所产生的磁通全部与缆芯相交链，缆皮的自波阻抗 Z_{22} 等于缆芯与缆皮间的互波阻抗 Z_{12}，即 $Z_{22} = Z_{12}$；而缆芯电流 i_1 所产生的磁通中只有一部分与缆皮相交链，所以缆芯的自波阻抗 Z_{11} 将大于缆芯与缆皮间的互波阻抗 Z_{12}，即 $Z_{11} > Z_{12}$。

（4）对称三相系统中电压波沿着三相导线同时入侵的情况下，求此时的三相等值波阻抗问题。

求解要点：主要是利用其对称性。

11.6.4　例题及求解

【例 11-7】　某 220kV 输电线路架设两根避雷线，它们通过金属杆塔彼此连接，如图 11-21 所示。求雷击塔顶时线路上的两根避雷线与各相导线间的耦合系数。

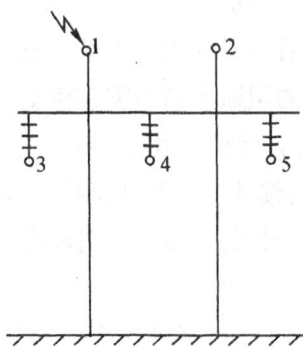

图 11-21　双避雷线线路的耦合系数

解：因为导线 3、4、5 是对地绝缘的，故 $i_3 = i_4 = i_5 = 0$。根据多导线系统的电压电流方程可得：

$$u_1 = Z_{11} i_1 + Z_{12} i_2$$

$$u_2 = Z_{21} i_1 + Z_{22} i_2$$

$$u_3 = Z_{31}i_1 + Z_{32}i_2$$

$$u_4 = Z_{41}i_1 + Z_{42}i_2$$

$$u_5 = Z_{51}i_1 + Z_{52}i_2$$

由于两根避雷线的对称性，有：

$$Z_{11} = Z_{22}，\quad Z_{12} = Z_{21}，\quad Z_{13} = Z_{31}，\quad Z_{23} = Z_{32}，\quad i_1 = i_2，\quad u_1 = u_2$$

代入方程即可求得边相导线 3 上的电压为：

$$u_3 = \frac{Z_{13} + Z_{23}}{Z_{11} + Z_{12}} u_1 = K_{1,2-3} u_1$$

两避雷线对边相导线 3 的耦合系数为：

$$K_{1,2-3} = \frac{u_3}{u_1} = \frac{Z_{13} + Z_{23}}{Z_{11} + Z_{12}} = \frac{Z_{13}/Z_{11} + Z_{23}/Z_{11}}{1 + Z_{12}/Z_{11}} = \frac{K_{13} + K_{23}}{1 + K_{12}}$$

式中： $K_{1,2-3}$——避雷线 1、2 对导线 3 的耦合系数；

K_{13}，K_{23}，K_{12}——导线 1 对 3，2 对 3，1 对 2 之间的耦合系数；

显然，$K_{1,2-5} = K_{1,2-3}$，而 $K_{1,2-3} \neq K_{13} + K_{23}$。

同理可求得两避雷线对中相导线 4 的耦合系数为：

$$K_{1,2-4} = \frac{u_4}{u_1} = \frac{K_{14} + K_{24}}{1 + K_{12}} = \frac{2K_{14}}{1 + K_{12}}$$

【例 11-8】 如图 11-22 所示，分析电缆缆芯和缆皮的耦合关系。

解：当行波电压 u 到达电缆的始端时，可能引起接在此处的保护间隙或管式避雷器的动作，使缆芯和缆皮连在一起，成为两条并联支路，故 $u_1 = u_2 = u$。设沿电缆缆芯有一电流波 i_1 传播，

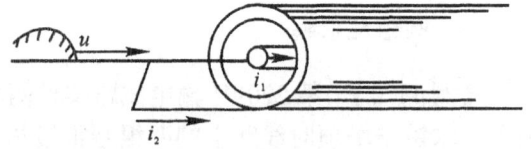

图 11-22　行波沿电缆的缆芯缆皮传播

沿电缆缆皮有电流 i_2 传播，于是缆芯与缆皮成为二平行导线系统。

由于通过缆皮的电流 i_2 所产生的磁通全部与缆芯相交链，缆皮的自波阻抗 Z_{22} 等于缆芯与缆皮间的互波阻抗 Z_{12}，即 $Z_{22} = Z_{12}$；而缆芯电流 i_1 所产生的磁通中只有一部分与缆皮相交链，所以缆芯的自波阻抗 Z_{11} 大于缆芯与缆皮间的互波阻抗 Z_{12}，即 $Z_{11} > Z_{12}$。

如果缆芯与缆皮同时有一相同电压波 u 传入，则可列出方程：

$$u = Z_{11}i_1 + Z_{12}i_2$$

$$u = Z_{21}i_1 + Z_{22}i_2$$

即：

$$Z_{11}i_1 + Z_{12}i_2 = Z_{21}i_1 + Z_{22}i_2$$

因为 $Z_{22} = Z_{12}$，故上式可简化为：

$$Z_{11}i_1 = Z_{21}i_1$$

而 $Z_{11} > Z_{12}$，在此条件下仍要满足上式，则 i_1 必须为零。这意味着，电流不能沿缆芯流过，全部电流被"驱逐"到缆皮中去。其物理含义为：当电流在缆皮上传播时，缆芯上就会感应出与缆皮电压相等的电动势，阻止了电流向缆芯中流通，这与导线中的集肤效应相类似。这

一现象在直配发电机的防雷保护接线中得到广泛的应用。

【例 11-9】 一对称三相系统，电压波沿着三相导线同时入侵，如图 11-23 所示。求此时的三相等值波阻抗。

解：根据多导线系统的电压电流方程可得：

$$u_1 = Z_{11}i_1 + Z_{12}i_2 + Z_{13}i_3$$

$$u_2 = Z_{21}i_1 + Z_{22}i_2 + Z_{23}i_3$$

$$u_3 = Z_{31}i_1 + Z_{32}i_2 + Z_{33}i_3$$

图 11-23 波沿三相导线同时入侵

因三相导线对称分布，故有：

$$Z_{11} = Z_{22} = Z_{33} = Z , \quad Z_{12} = Z_{23} = Z_{31} = Z_m , \quad i_1 = i_2 = i_3 = i , \quad u_1 = u_2 = u_3 = u$$

代入方程即可解得：

$$u = Zi + 2Z_m i = (Z + 2Z_m)i$$

每相导线的等值波阻抗为：

$$Z_{单相} = Z + 2Z_m$$

三相导线的等值波阻抗为：

$$Z_{三相} = \frac{u}{3i} = \frac{Z + 2Z_m}{3}$$

上式表明，三相同时进波时，每相导线的等值波阻抗增大为 $Z + 2Z_m$，其值比单相导线单独存在时大，这主要是由于相邻导线中的电流通过互波阻抗在该导线上产生感应电压，从而使其波阻抗相应增大的缘故。

11.7 冲击电晕对线路上波过程的影响

11.7.1 引起行波衰减和变形的因素

引起行波衰减和变形的因素很多，主要有导线电阻、大地电阻、绝缘的泄漏电导与介质损耗（后者只存在于电缆线路中）、极高频或陡波下的辐射损耗和冲击电晕等众多原因，但其中冲击电晕则是引起行波的衰减和变形的最主要原因。因此，本节将重点研究冲击电晕对导线上波过程的影响。

11.7.2 冲击电晕对导线上波过程的影响

1. 使耦合系数增大

当导线上出现电晕以后，相当于增大了导线的半径，根据式（11-38）和（11-40）可知，这时导线的自波阻抗将减小，而互波阻抗仍基本保持不变，所以线间的耦合系数将会增大。

根据公式（11-40）计算的耦合系数为不考虑电晕时的耦合系数，它只决定于导线的几何尺寸及其相互位置，所以又称为几何耦合系数 k_0，出现电晕后，耦合系数由原来的 k_0 增大到 k，

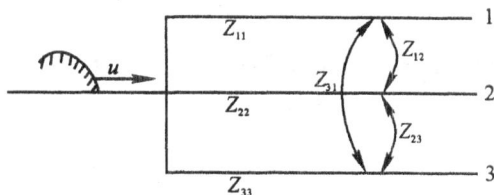

可以表示为：

$$k = k_1 \cdot k_0 \qquad (11\text{-}41)$$

式中： k_1 ——耦合系数的电晕校正系数；

k_0 ——几何耦合系数。

表 11-1　耦合系数的电晕校正系数 k_1

线路电压等级 （kV）	20～35	60～110	154～330	500
双避雷线	1.1	1.2	1.25	1.28
单避雷线	1.15	1.25	1.3	—

2. 使导线波阻抗减小

导线上出现电晕后，相当于增大了导线的半径，这将使导线对地电容 C_0 增大，由于 $Z = \sqrt{\dfrac{L_0}{C_0}}$，显然，$C_0$ 的增大将使导线的波阻抗下降。

当出现冲击电晕时，一般线路的波阻抗可减小 20～30%，此时单根导线和避雷线的波阻抗通常可取为 $400\,\Omega$，双避雷线的并联波阻抗可取为 $250\,\Omega$。

3. 使波速减小

由于 $v = \dfrac{1}{\sqrt{L_0 C_0}}$，显然，导线对地电容 C_0 的增大将使导线的波速下降。当电晕比较强烈时，架空线路上的波速一般可降低至 0.75 倍光速。

4. 引起波的衰减与变形（即波在传播过程中幅值衰减，波形发生畸变）

导线上出现电晕时，会引起波的衰减与变形。引起波幅值的衰减的原因主要是电晕本身所产生的能量损耗。而导致波形发生畸变的原因主要是由于整个电压波形中电压超过导线电晕起始电压部分波形的运动速度和电压低于导线电晕起始电压部分波形的运动速度不一致所造成的。

由电晕引起的行波衰减与变形的典型图形如图 11-24 所示。图中曲线 $u_0(t)$ 表示原始波形，曲线 $u_l(t)$ 表示行波传播距离 l 后的波形。从图中可以看出当电压高于电晕起始电压 U_C 后，由于电晕使线路的对地电容增大，从而使这部分波的运动速度减慢（将小于光速）；而在电压低于 U_C 的部分，由于不会发生电晕这部分波形仍将以光速向前运动。这样，过电压波在向前运动的过程中就会使上下两部分波形产生相对位移，从而使波形发生畸变。

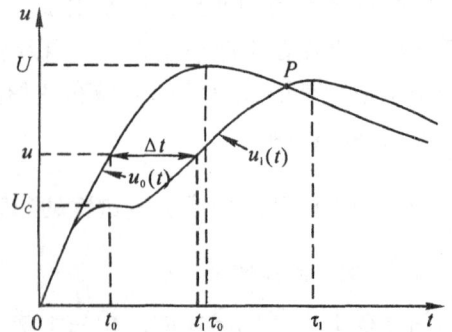

图 11-24　冲击电晕引起的行波衰减与变形

对于电压大于 U_C 的某一电压 u 点，由于产生了电晕，它将以小于光速的某一速度向前运动，在行经距离 l 后它就会比原始波形落后了一段时间 Δt，也就是说，由于电晕的作用使行波的波头被拉长了。Δt 既与行波传播距离 l 有关，也与电压 u 有关，规程建议采用如下经验公式来进行计算：

$$\Delta t = t_l - t_0 = l(0.5 + \frac{0.008u}{h}) \quad \mu s \tag{11-42}$$

式中：l——行波传播距离，km；

$\quad\quad$ u——行波电压值，kV；

$\quad\quad$ h——导线平均对地高度，m。

如令 $u = U$（电压波的幅值，kV），则 t_0 就变成了原始波的波前时间 τ_0，而 t_1 即为行波传播距离 l 后的波前时间 τ_1，因此有：

$$\tau_l = \tau_0 + l(0.5 + \frac{0.008U}{h}) \quad \mu s \tag{11-43}$$

利用冲击电晕会引起行波衰减和变形的特性，通常采用设置进线段的方法作为变电所防雷的一个主要保护措施，故上述经验公式将会在今后变电所进线段防雷保护一节中得到应用，并进行相关计算。

11.8 变压器绕组中的波过程

由于电力变压器在运行中与输电线路直接连在一起，因此它们常常会受到来自输电线路上的雷电冲击过电压的侵袭。由于变压器绕组本身可以看作是一个由许多电感电容组成的复杂等值网络，在冲击电压波的作用下必然会在绕组中产生强烈的电磁振荡过程，在绕组的主绝缘（绕组对地和对其他两相绕组的绝缘）和纵绝缘（一个绕组内部的匝间、层间、线饼间等绝缘）上出现过电压，危及变压器绕组的主绝缘和纵绝缘。因此，在确定变压器绝缘结构和变电所防雷保护接线时，有必要对冲击波作用下的变压器绕组中波过程的基本规律进行研究。

本节主要是通过分析直流电压 U_0 突然合闸于变压器绕组的典型情况，借此掌握绕组中波过程的基本规律。在具体分析中要注意以下两点：

（1）雷电冲击波作用下，变压器绕组中的波过程应该采用分布参数电路进行分析。

（2）变压器绕组中的波过程的分析的总体思路：对于单相变压器（单相绕组），主要是采用绕组中电压的起始分布、稳态分布和最大电压包络线这三个概念进行分析；而对于三相变压器，则总是首先把它转化成单相绕组的情况，然后再按单相绕组的分析方法进行分析。

11.8.1 单相绕组中的波过程

1. 变压器绕组的简化等值电路

（1）单相变压器绕组的简化等值电路

在冲击电压的作用下，除了绕组的电感外，还必须计及绕组的对地电容和绕组的纵向匝间电容，如果忽略变压器绕组匝间的互感及绕组的损耗，可以得到单相变压器绕组的简化等值电路如图 11-25 所示。其中 K_0、C_0、L_0 分别表示绕组单位长度的纵向电容（匝间电容）、对地电容和单位长度的电感，l 是绕组的总长度。绕组末端（也就是变压器的中性点）可能接地，也可能不接地，在图中用开关 S 的合上和打开这两个不同的位置来表示。

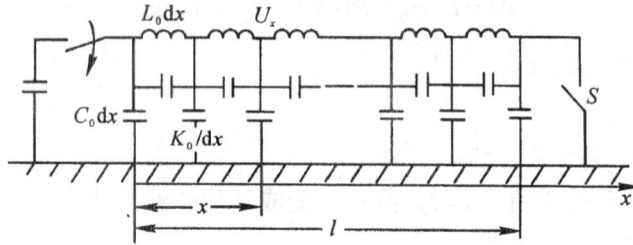

图 11-25　单相变压器绕组等值电路

（2）将绕组中的电位分布按时间分为三个不同阶段进行研究：

① 绕组的起始电位分布：即合闸（$t=0$）直角波开始作用瞬间，变压器绕组中的电压起始分布。

② 绕组的稳态电位分布：即在无穷长直角波长期作用下（即 $t \to \infty$）绕组中的电压稳态分布。

③ 过渡过程中的电压震荡：即电压由起始分布（$t=0$）向稳态分布（$t \to \infty$）过渡的过程中绕组中各点的电压震荡情况。

2. 绕组中的起始电压分布

（1）在合闸瞬间（$t=0$）绕组的等值电路

在合闸瞬间（$t=0$），由于电感中电流不能突变，故电感中没有电流流过，可近似当作开路，等值电路可以进一步简化为如图 11-26（a）所示。显然，此时变压器绕组的电压起始分布由 C_0、K_0 所决定。 由于对地电容 $C_0 \mathrm{d}x$ 的分流作用，电流沿纵向电容 $\dfrac{K_0}{\mathrm{d}x}$ 的分布是不均匀的。愈靠近绕组首端的纵向电容 $\dfrac{K_0}{\mathrm{d}x}$ 上流过的电流愈大。这必然会造成沿绕组的电压起始分布的不均匀，愈靠近绕组首端的纵向电容上的电压降愈大。

如果沿绕组高度方向取一段 $\mathrm{d}x$ 来讨论，如图 11-26（b）所示，由于匝间电容沿绕组的高度方向是串联的，故应为 $\dfrac{K_0}{\mathrm{d}x}$。

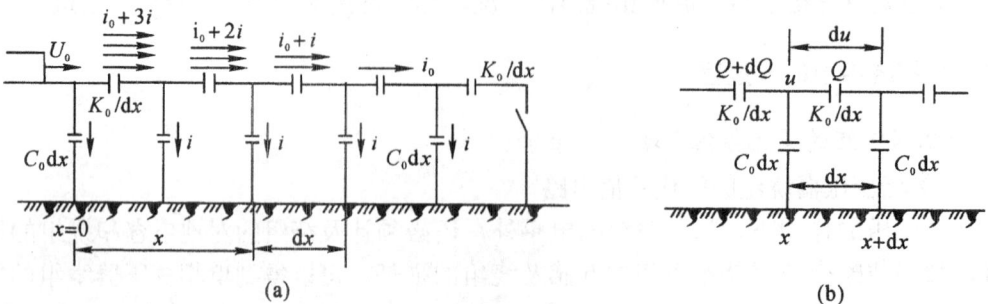

(a)　　　　　　　　　　　　　　(b)

图 11-26　决定电压起始分布时的等值电路

（2）绕组中的电压起始分布

在图 11-26（b）中，假设 $\dfrac{K_0}{dx}$ 上有一电荷 Q，即 $Q = \dfrac{K_0}{dx} du$，而它前面一个 $\dfrac{K_0}{dx}$ 上的电荷应为 $Q + dQ$，其中 $dQ = C_0 dxu$，即：

$$Q = \frac{K_0}{dx} du$$

$$\frac{dQ}{dx} = C_0 u$$

将上述两式合并化简得：

$$\frac{d^2 u}{dx^2} - \frac{C_0}{K_0} u = 0 \tag{11-44}$$

再令 $\alpha = \sqrt{\dfrac{C_0}{K_0}}$，则可得到绕组中的电压起始分布应该满足下列微分方程，即：

$$\frac{d^2 u}{dx^2} - \alpha^2 u = 0 \tag{11-45}$$

根据上述微分方程，再结合绕组末端（中性点）接地方式的边界条件，即可求出绕组中的电压起始分布。

①末端（中性点）接地时的电压起始分布

边界条件为：在首端 $x = 0$ 处，$u = U_0$；末端 $x = l$ 处，$u = 0$。于是可解得此时的电压起始分布为：

$$u(x) = U_0 \frac{\mathrm{sh}\,\alpha(l - x)}{\mathrm{sh}\,\alpha l} \tag{11-46}$$

其中：$\alpha = \sqrt{\dfrac{C_0}{K_0}}$，$l$ —— 绕组的总长度，x —— 距离绕组首端的距离。

②末端（中性点）不接地时的电压起始分布

边界条件为：

在首端 $x = 0$ 处，$u = U_0$；

而在末端 $x = l$ 处，由于开关打开，流过最后一个纵向电容上的电流为零，因此其极板上的电荷也必然为零，所以有 $Q = \dfrac{K_0}{dx} du = K_0 \dfrac{du}{dx} = 0$，即 $\dfrac{du}{dx} = 0$。

由上述边界条件即可解得此时的电压起始分布为：

$$u(x) = U_0 \frac{\mathrm{ch}\,\alpha(l - x)}{\mathrm{ch}\,\alpha l} \tag{11-47}$$

图 11-27 分别给出了在无穷长直角波的作用下绕组末端接地时和绕组末端不接地时两种情况下，不同的 αl 值所对应的绕组起始电压分布曲线。

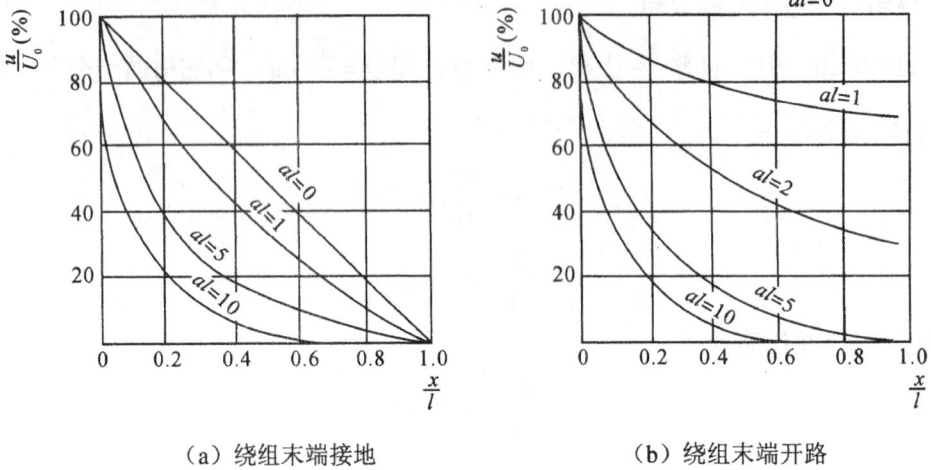

（a）绕组末端接地　　　　　　　　　（b）绕组末端开路

图 11-27　在不同的 αl 值下，绕组电压起始分布的变化

（3）绕组中的电压起始分布的特点

①实际中，变压器绕组在末端接地和末端不接地两种情况下的电压起始分布基本相同。

当 $\alpha l > 5$ 时，$\operatorname{sh}\alpha l \approx \operatorname{ch}\alpha l$，此时两种情况下的绕组的起始电压分布曲线基本相同，从图 11-27 也可以明显看出这一点。

由于一般的变压器 αl 之值为 5～15，平均约为 10。因此，实际中变压器绕组在末端接地和末端不接地情况下的电压起始分布基本上是一样的。

②变压器绕组的电压起始分布是极不均匀的。在绕组的首端电位梯度（电压降）最大，大部分电压降落在绕组首端附近（这主要是因为对地电容 $C_0 \mathrm{d}x$ 的分流作用使得流过靠近首部的纵向电容 $K_0/\mathrm{d}x$ 上的电流越来越大所造成的，见图 11-26）。

绕组中最大的电位梯度出现在绕组的首端，其绝对值为：

$$\frac{\mathrm{d}u}{\mathrm{d}x}\bigg|_{\max} = \left|\frac{\mathrm{d}u}{\mathrm{d}x}\right|_{x=0} = U_0\alpha = \frac{U_0}{l}\alpha l \qquad (11\text{-}48)$$

式中 $\dfrac{U_0}{l}$ —— 绕组的平均电位梯度。

绕组首端的电位梯度将比整个绕组中的平均电位梯度大 αl 倍。因此，绕组首端的纵绝缘应该得到加强。

③变压器绕组的电压起始分布不均匀程度与 αl 有关，αl 越大，则绕组中的电压起始分布越不均匀。

（4）变压器的入口电容 C_T

在分析变电所防雷保护时，因雷电冲击波作用时间很短，试验表明，在这期间，变压器绕组电感中流过电流很小，可以忽略。因此，此时变压器对于变电所中的波过程的影响可用一集中电容 C_T 来代替，它实际上就是图 11-26 所示电容链的总的等值电容。C_T 称为变压器的入口电容。

变压器绕组的入口电容一般处于 500～6000pF 的范围。不同电压等级变压器的入口电容值如表 11-2 所示。

表 11-2　变压器的入口电容值

额定电压（kV）	35	110	220	330	500
入口电容（pF）	500～1000	1000～2000	1500～3000	2000～5000	4000～6000

3. 绕组中的稳态电压分布

（1）绕组的稳态电位分布：在无限长直角波的长期作用时（即 $t \to \infty$），绕组中的稳态电压分布仅由绕组的直流电阻决定。

（2）绕组末端接地时的稳态电位分布

当 $t \to \infty$ 时，在电压 U_0 的作用下，绕组的稳态电压将按绕组电阻分配，由于绕组电阻是均匀分布的，所以其稳态电压分布也是均匀分布的。此时其稳态电压分布可用下式表示：

$$u_\infty(x) = U_0(1 - \frac{x}{l}) \tag{11-49}$$

（3）绕组末端不接地时的稳态电位分布

绕组末端不接地情况下，绕组中各点的电位应均等于 U_0，其电压分布可用下式表示：

$$u_\infty(x) = U_0 \tag{11-50}$$

综上所述，两种情况下绕组中的起始电压分布和稳态电压分布分别如图 11-28 曲线 1 和曲线 2 所示。

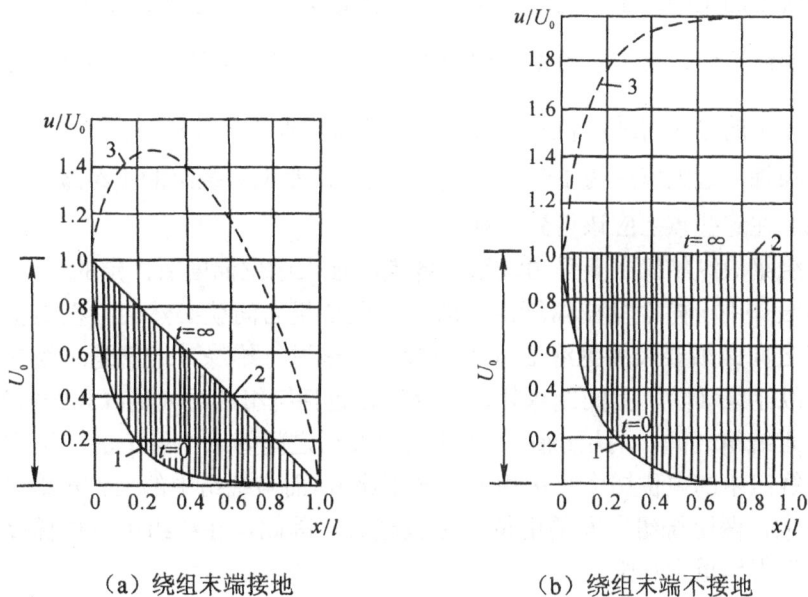

（a）绕组末端接地　　　　　　（b）绕组末端不接地

图 11-28　振荡过程中绕组的电压分布

1—起始电压分布；2—稳态电压分布；3—最大电压包络线

4. 绕组中的振荡过程

（1）由于变压器绕组中的起始电压分布和稳态电压分布不同，因此从起始分布到稳态分布（即 t 从 $0 \sim \infty$ 的中间阶段）必然要经过一个复杂的 LC 电磁振荡过程。

（2）电磁振荡的激烈程度与起始分布和稳态分布之间的差值直接相关。两者之间的差值越大，电磁振荡越激烈。

（3）最大电位包络线

在振荡过程中绕组中各点出现最大电位的时间是不同的。如果把所有时刻中各点上所出现的最大电位记录下来，并连接起来就得到了最大电位包络线。

（4）各点最大电位的求取

若不计损耗，该振荡过程和所有的自由振荡一样，绕组中各点可能达到的最大对地电位应等于该点的电压稳态值 u_∞ 再加上在振荡过程中该点在理论上所可能达到的最大电压振幅 $u_\infty - u_0$，即：

$$u_{\max} = u_\infty + (u_\infty - u_0) = 2u_\infty - u_0 \qquad (11\text{-}51)$$

式中，u_∞、u_0——分别表示稳态电压和起始电压。

这样，只要将各点的稳态电压分布曲线 2 与起始电压分布曲线 1 之间的差值（实际上也就是各点在振荡过程中所能产生的最大电压振幅）叠加到稳态电压分布曲线 2 上，即可得到绕组中各点最大电位包络线分别如图 11-28（a）、（b）中曲线 3 所示。

（5）变压器绕组的主绝缘和纵绝缘的讨论

综上所述，有以下几点结论：

①变压器绕组的主绝缘主要是由绕组中各点的最大对地电位所决定的。

末端接地的绕组中，最大对地电位将出现在距离绕组首端约 $\frac{l}{3}$ 处，其值可达 $1.4U_0$ 左右；末端不接地绕组中的最大对地电位将出现在绕组末端，理论上其值可高达 $2.0U_0$ 左右（实际上由于绕组内的损耗，最大值约为 $1.5 \sim 1.8U_0$）。因此，变压器绕组的主绝缘（也就是绕组中各点的对地绝缘）在这些点上应该得到加强。

②变压器绕组的纵绝缘主要是由绕组中各点的最大电位梯度所决定的。

当过电压波作用于整个变压器绕组上时，每匝绕组之间就必然会存在电位差，因此，变压器每匝绕组之间必须要采用绝缘油纸等绝缘材料来进行绝缘，这就是绕组的匝间绝缘，也称为变压器的纵绝缘（除了匝间绝缘外，纵绝缘还包括绕组的层间绝缘和线饼间绝缘）。

通常把两匝绕组之间、两层绕组之间和两个线饼之间等纵绝缘上的电压称为梯度电压。显然，它仅与绕组中的电位梯度直接相关（成正比），而与绕组中的最大对地电位无关。绕组中电位梯度越大，两匝绕组之间的电位差也就越大。因此，在绕组中电位梯度最大的地方相应的纵绝缘应该得到重点加强。

③无论是末端接地的绕组还是末端不接地的绕组，两种情况下绕组中的最大电位梯度均出现在 $t = 0$ 合闸瞬间的绕组首端位置，其值等于 $U_0\alpha$，该最大电位梯度为绕组平均电位梯度的 αl 倍（αl 的平均值约为 10）。因此，在变压器绕组的首部其纵绝缘应该得到重点加强。

5. 侵入波波形对振荡过程的影响

（1）侵入波电压的陡度越陡，绕组的起始电压分布和稳态电压分布之间的差异越大，绕组内部的振荡过程将越激烈，绕组中各点出现的最大对地电位和最大电位梯度也越大。

（2）在截波作用情况下绕组中的最大电位梯度将比全波作用时更大。

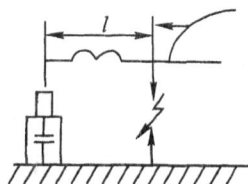

(a) 排气式避雷器动作或设备绝缘闪络造成截波

当雷电波侵入变电所时，如果发生排气式避雷器动作或其他电气设备的绝缘闪络，将造成侵入波被突然截断，形成如图 11-29 所示的截波。该截波可以看成是两个电压波形 u_1 与 u_2 的相互叠加。这时在正极性的全波 u_1 进入绕组不久，一个陡度更大极性相反的负极性陡波电压 u_2 也很快抵达绕组首端，这样一波未平，一波又起，两轮振荡叠加在一起，将产生更加激烈的振荡，从而在绕组中产生很大的电位梯度，危及绕组的纵绝缘。

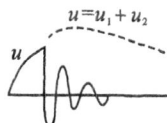

(b) 截波波形

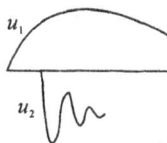

(c) 分解波

图 11-29　冲击截波及其波形分解

11.8.2　变压器绕组内部的自我保护

显然，起始电压分布和稳态电压分布之间的不同是造成绕组内部产生电磁振荡的根本原因。因此，改善起始电压分布使之尽可能地接近于稳态电压分布，就可以降低绕组中各点在振荡过程中所可能出现的最大对地电位和最大电位梯度。

造成起始电压分布和稳态电压分布不一致的原因是绕组对地电容的分流作用，由此可以采取以下两种改善措施：

1. 横补偿

利用与出线端相连的附加电容 C'（通过在绕组首端加电容环或采用屏蔽线匝实现）上流出的电流 i' 补偿对地电容 C_0 的分流电流 i''。如果能使 $i' \approx i''$，则可以使所有纵向电容 K_0 上流过的电流基本接近相等，从而达到使起始电压分布尽量均匀化的目的，如图 11-30 所示。

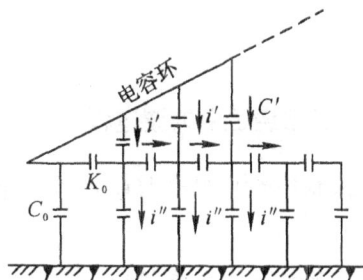

图 11-30　电容环补偿对地电容电流示意图

2. 纵补偿

尽量加大纵向电容 K_0 的数值，以削弱对地电容电流的影响。工程上通常采用纠结式绕组来达到这个目的。

如图 11-31 是连续式绕组的情况。图 11-31（a）为绕组的布置图，图 11-31（b）为它的电气接线图，图（c）是由 1、10 两点看进去的全部串联的匝间电容接线图。显然：

$$C_{1-10} = C_{1-2} + C_{2-3} + C_{3-4} + C_{4-5} + C_{6-7} + C_{7-8} + C_{8-9} + C_{9-10} = \frac{C'}{8} \qquad (11-51)$$

式中 C'——为相邻两匝间的电容。

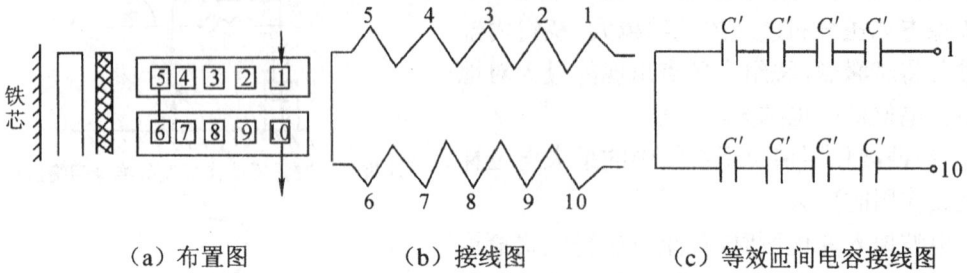

（a）布置图　　　　　（b）接线图　　　　　（c）等效匝间电容接线图

图 11-31　连续式绕组

如图 11-32 是纠结式绕组的情况。此时由 1、10 两点看进去的全部串联的匝间电容为：

$$C_{1-10} = C_{1-6} + C_{5-10} = \frac{C'}{2}$$　　　　（11-52）

这样，使等效的匝间电容大为增加，从而达到改善变压器绕组起始电压分布的目的。

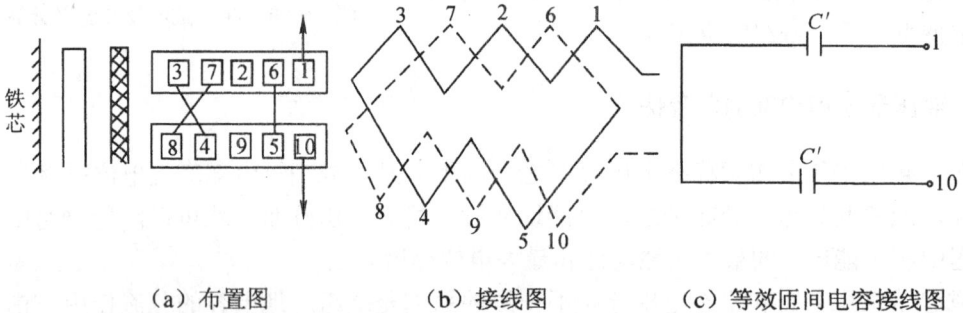

（a）布置图　　　　　（b）接线图　　　　　（c）等效匝间电容接线图

图 11-32　纠结式绕组

11.8.3　三相绕组中的波过程

1. 三相绕组中波过程的规律与单相绕组基本相同，但具体又与三相绕组的不同接线方式有关。

2. 星形接法中性点接地（Y_0）

对于中性点接地的星形接法，每一相绕组都可以看成是一个末端接地的独立绕组，其分析方法以及每相绕组中的过电压值均与单相绕组末端接地时的情况完全相同。因此，此时不论单相、两相或三相进波，进波相中的波过程均与末端接地的单相绕组的波过程完全相同。

3. 星形接法中性点不接地（Y）

（1）三相同时进波时，其各相绕组中的波过程与末端不接地的单相绕组的波过程相同，中性点最大电位可达首端进波电压的两倍。

（2）若仅有一相进波（假设过电压波 U_0 从 A 相入侵，如图 11-33（a）所示），由于绕组对冲击波的阻抗远大于线路波阻抗，故可近似地把线路波阻抗当作零，即此时 B、C 两相绕组的首端均可以近似地看成接地。这样，从 A 点到接地点之间可以看成一个单相末端接地绕组，它由绕组 BO 和 CO 并联再与 AO 串联组成。

B、C 两相绕组的并联基本上不会对电压起始分布产生影响，如图 11-33（b）中的曲线 1 所示。但它将会对稳态电压分布产生影响，由于电压的稳态分布取决于电阻，B、C 两相绕组并联的结果使其合成电阻只有 A 相电阻的一半，故中性点 O 的稳态电压应为 $\frac{1}{3}U_0$。这样，在振荡过程中中性点 O 可能出现的最大对地电位将不会超过 $\frac{2}{3}U_0$。

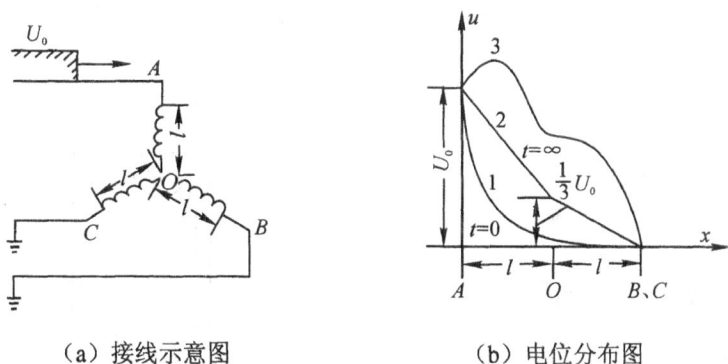

（a）接线示意图　　　　（b）电位分布图

图 11-33　星形接线单相进波时的电压分布

1—起始分布；2—稳态分布；3—最大电压包络线

（3）当冲击电压波沿两相同时入侵时，可用叠加法（首先采用前述方法计算两相各自进波情况下的波过程，然后再将两者的结果进行叠加）来计算绕组中各点的对地电位。此时 A、B 两相各自单独进波时中性点电位可达 $\frac{2}{3}U_0$，故在 A、B 两相同时进波的情况下，中性点最大电位可达 $\frac{4}{3}U_0$。

4. 三角形接法

（1）单相绕组进波时（假定过电压波 U_0 从 A 点入侵，如图 11-34 所示），同样因为绕组对冲击波的阻抗远大于线路波阻抗，故 B、C 两端点相当于接地。因此在 AB、AC 两相绕组中的波过程与末端接地的单相绕组相同。而 BC 相绕组中由于没有波的进入，当然就没有波过程。

（2）两相和三相同时进波时可采用叠加法进行分析（以 AC 相绕组为例）。

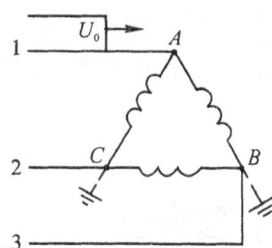

图 11-34　△接法一相进波时的等值接线

图 11-35（a）表示三相同时进波的情况，在图 11-35（b）中，虚线 1'和 2'表示从线路 1 进波时 AC 相绕组上的起始电压分布与稳态电压分布；虚线 1"和 2"表示从线路 2 进波时 AC 相绕组上的起始电压分布与稳态电压分布；而当线路 3 进波时，AC 相绕组上应该没有波过程，

因此其起始电压分布与稳态电压分布应均为零。这样，在三相同时进波的情况下， AC 相绕组上的总的起始电压分布应该是虚线 1′和虚线 1″的叠加，如图中实线 1（即 u_0）所示； AC 相绕组上的总的稳态电压分布应该是虚线 2′和虚线 2″的叠加，如图中实线 2（即 u_∞）所示。由此即可得到最大电压包络线 u_{max} 如图中虚线 3 所示。

由此可见，在三相同时进波的情况下，在振荡过程中最大的电压 U_{max} 将出现在每相绕组的中部，其值最高可达 $2U_0$。

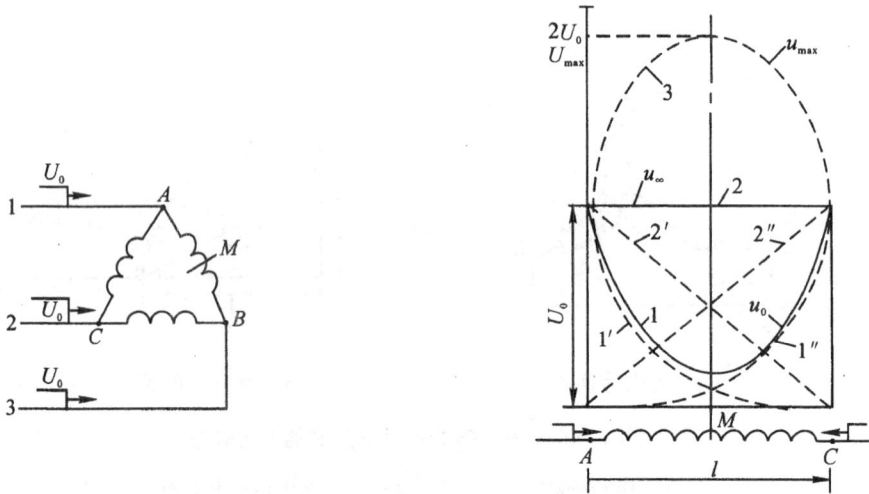

（a）示意图 （b）电压的起始分布、稳态分布和最大电压包络线

图 11-35   三相进波时△接法绕组的电压分布

11.8.4   冲击电压在绕组间的传递

1. 冲击电压在绕组间的传递途径

冲击电压在绕组间的传递途径主要有静电感应（耦合）和电磁感应（耦合）两种方式。

2. 绕组间的静电感应

（1）当过电压波开始入侵变压器绕组的初始阶段，由于电感中电流不能突变，所以这时绕组间的电压传递主要以静电耦合的方式进行，如图 11-36 所示。

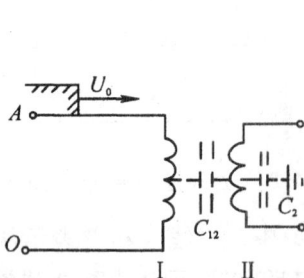

图 11-36   变压器绕组间的静电耦合

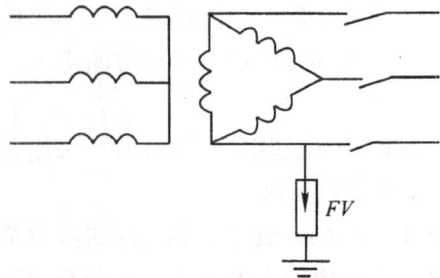

图 11-37   静电感应过电压的防护

（2）此时，经一次侧绕组传递到二次侧绕组上的电压为绕组 I 、 II 间的电容 C_{12} 和绕组 II 的对地电容 C_2 之间的分压。若绕组 I 首端所加的电压波幅值是 U_0，则传递至绕组 II 上的静电感应分量 U_2 为：

$$U_2 = \frac{C_{12}}{C_{12} + C_2} U_0 \tag{11-53}$$

式中： C_{12}——绕组 I 、 II 间的电容；

　　　　C_2——绕组 II 的对地电容。

（3）由于 U_2 一定小于 U_0，所以这个电压分量只有当波从高压绕组向低压绕组传递时才有可能对低压绕组的绝缘构成威胁（如果波从低压绕组向绝缘水平高得多的高压绕组传递，显然不可能对高压绕组的绝缘构成任何危害）。

（4）一般情况下低压绕组通常和很多线路或电缆连接， C_2 远大于 C_{12}，所以静电耦合分量一般都比较小，通常对绝缘不会构成威胁。但是，对于三绕组变压器，如果高压和中压侧均处于运行状态而低压侧开路，在这种情况下由于低压侧绕组的对地电容 C_2 较小，此时若从高压侧或中压侧有过电压波入侵时，静电耦合分量有可能危及低压绕组的绝缘，因此需要对其采取适当的保护措施。考虑这一电压分量将使绕组 II 中的三相导体的电位同时升高（即各相导体都带同一电位），所以只要用一只阀式避雷器 FV 接在任一相出线端上，就能为整个三相绕组提供保护，如图 11-37 所示。

3. 绕组间的电磁感应

（1）一次侧绕组在冲击电压作用下，绕组电感中会逐渐流过电流，所产生的磁通将在二次侧绕组中感应出电压，这就是电磁耦合分量。

（2）电磁耦合分量按绕组间的变比传递。在三相绕组中，它的大小还与绕组接线方式、来波相数等情况有关。

（3）对于电磁耦合分量，只有低压绕组进波这种情况才有可能对高压绕组的绝缘构成威胁。

由于低压绕组其相对的冲击强度（冲压耐压与额定相电压之比）较高压绕组大得多，因此，在高压绕组进波的情况下，凡高压绕组可以耐受的电压（加避雷器保护）按变比传递至低压侧时，对低压绕组不会产生危害。由此可见，对于电磁耦合分量，只有在低压绕组进波时，才有可能在高压绕组中引起危险，例如它往往成为配电变压器在低压侧线路遭受雷击时发生高压绕组绝缘击穿事故的原因。通常在采用紧贴每相高压绕组出线端安装三相避雷器组对这种过电压进行保护。

11.9　旋转电机绕组中的波过程

11.9.1　旋转电机绕组中波过程的特点

1. 旋转电机绕组中波过程与输电线路中的波过程相类似。

由于电机绕组的线圈分别深嵌在定子中彼此绝缘的各个铁芯槽里，且大容量电机往往是一个槽内只有一匝线圈（单匝），对于不在同一槽里的各线圈及各匝来说，它们之间的纵向电磁耦合都比较弱，因此可以忽略匝间电容的影响。这样，旋转电机绕组的等值电路就变得与输电线路一样了，即等值电路仅有电感和对地电容组成。因此，通常可以把旋转电机绕组近似看成是具有一定波阻抗和波速的线路那样来分析其波过程。

2. 旋转电机绕组波阻抗和波速应该是槽内、槽外的平均值。

电机绕组一般可以分为槽内、槽外两部分。由于这两部分中的绝缘介质不同，对地高度也不一样，因此槽内、外的波阻抗 Z 和波速 v 均不相同。通常所说的电机绕组的波阻抗、波速应该是指槽内、槽外的平均值。

11.9.2 进波陡度与旋转电机绕组匝间电压之间的关系

如果侵入波的陡度为 a（kV/μs），绕组一匝长度为 l_z（m），平均波速为 v（m/μs），则作用在匝间绝缘上的电压为：

$$u_z = a\frac{l_z}{v} \tag{11-54}$$

由上式可知，匝间电压与侵入波的陡度成正比。当侵入波陡度很大时，匝间电压可能会超过电机匝间绝缘的冲击耐压值，从而导致电机绝缘的损坏。

研究结果表明，为使一般电机的匝间绝缘不致损坏，应该将侵入波的陡度限制在 5kV/μs 以下。

习题 11

11-1 什么是波速、波阻抗？分布参数的波阻抗与集中参数电路中的电阻有何异同？

11-2 在何种情况下，应使用串联电感来降低侵入波的陡度？在何种情况下应使用并联电容？试举例。

11-3 冲击电晕对线路上的波过程会产生哪些影响？

11-4 为什么说冲击截波比全波对变压器绕组的影响更为严重？

11-5 分析变压器绕组在冲击电压作用下产生振荡的根本原因。引起绕组起始电压分布和稳态电压分布不一致的原因何在？

11-6 一根电容为 0.187μF/km、电感为 0.155mH / km 的电缆和一条电容为 0.00778μF/km、电感为 0.933mH/km 的架空线路相连。当一幅值为 50kV 的电压波沿着电缆传播到架空线上去，求节点上的电压幅值。

11-7 某变电所母线上接有三路出线，其波阻抗均为 500Ω。

（1）设有峰值为 1500kV 的过电压波沿线路 1 侵入变电所，求母线上的电压幅值。

（2）设上述电压沿线路 1 和线路 2 同时侵入，求母线上的过电压幅值。

11-8 一幅值等于 1000kV 的冲击电压波从一条波阻抗 $Z_1 = 400\Omega$ 的架空线路流入一根波阻抗 $Z_2 = 40\Omega$ 的电缆线路，在两者连接的节点 A 上并联有一只阀式避雷器的工作电阻 $R = 80\Omega$，如图 11-38 所示。试求：

（1）进入电缆的电压波与电流波的幅值；

（2）架空线上的电压反射波与电流反射波的幅值；

（3）流过避雷器的电流幅值 I_R。

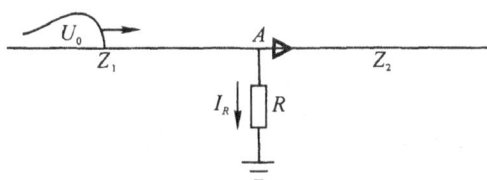

图 11-38　题 11-8 图

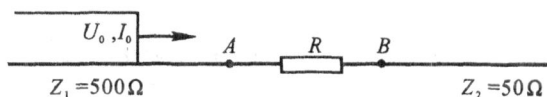

图 11-39　题 11-9 图

11-9　一条波阻抗等于 500Ω 的架空线经一串联电阻 R 与一根波阻抗等于 50Ω 的电缆相连（见图 11-39）。设原始波 U_0、I_0 为已知，从架空线传入电缆，而电阻 R 之值对应于所吸收的功率为最大时的阻值，试求：

（1）流入电缆的电压折射波与电流折射波；

（2）节点 A 处的电压反射波与电流反射波；

（3）因反射而返回架空线的功率和串联电阻所吸收的功率。

11-10　设有三根平行导线，其自波阻抗均为 500Ω、互波阻抗均为 100Ω，试决定当三根导线的首端同时进彼时，三根导线并联后的综合（三相）波阻抗及每根导线的等值波阻抗。

11-11　在一条长架空输电线（波阻抗 $Z_1 = 500\Omega$）与一座变电所之间接有一段长 600m、波阻抗为 50Ω 的电缆段，设变电所中各种设备的影响相当于一只 10000Ω 的电阻。在架空线上出现了一个幅值为 100kV 的电压波并传入电缆和变电所，波在该电缆中的传播速度约为 150m／μs。问在设备节点 B（见图 11-40）上出现第二次电压升高时，该处电压为若干？又出现这一现象与原始波 U_0 到达架空线和电缆间节点 A 的瞬间，相隔多少时间？

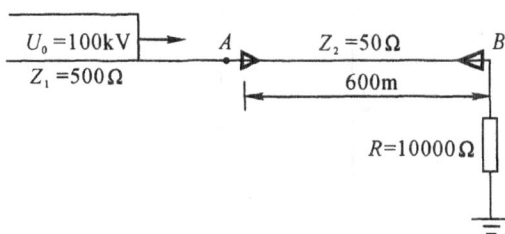

图 11-40　题 11-11 图

11-12　一条长架空线与一根末端开路、长 1km 的电缆相连（见图 11-41），架空线电容为 11.4pF／m、电感为 0.978μH／m；电缆具有电容 136pF／m、电感 0.75μH／m。一幅值为 10kV 的无限长直角波沿架空线传入电缆，试计算在原始波抵达电缆与架空线连接点 A 以后 38μs 时，电缆中点 M 处的电压值。

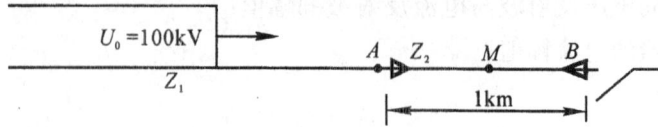

图 11-41　题 11-12 图

11-13　如图 11-42 所示，线路 B 端为短路状态时，试画出线路中点 C 的电压和电流波形。

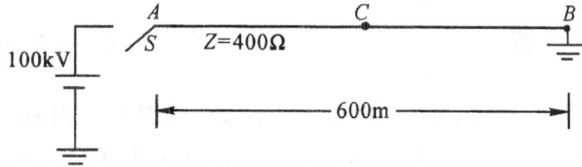

图 11-42　题 11-13 图

11-14　一条 110 kV 架空线路采用上字型杆塔，各有关尺寸如图 11-43 所示，单位为 m。导线直径为 21.5mm，弧垂为 5.3m；单地线的直径为 7.8mm，弧垂为 2.8m。试计算：

（1）地线 0、导线 2 的自波阻抗和它们之间的互波阻抗；

（2）导地线之间的耦合系数 k_{20}。

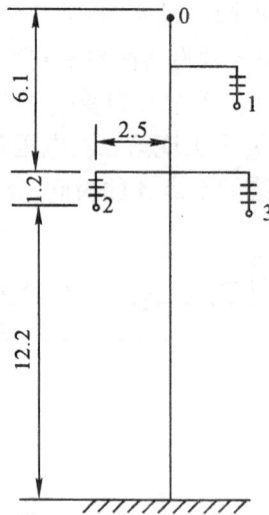

图 11-43　题 11-14 图

11-15　有一台变压器高压绕组对地的总电容 C =1920pF，总纵向电容 K =24pF，求在 100kV 直角波作用下的起始电位分布曲线。如果绕组共 60 个线段，求绕组始端的起始电位梯度、绕组始端第一个线段上的平均电位梯度和整个绕组的平均电位梯度。

11-16　某 220/10kV 变压器，高低压绕组之间的电容 C_{12} =4500pF，低压绕组对地电容 C_2 =9000pF。如 220kV 侧来波幅值为 500kV，在低压侧的静电感应电压会不会危及低压侧绝缘（10kV 侧全波试验电压为 75kV）？如在低压侧并联 0.1μF 的电容器，情况又如何？

第12章

雷电及防雷装置

本章主要介绍雷电放电的基本过程、雷电的主要电气参数和各种主要的防雷装置。在给出雷电的主要电气参数（如：雷电流、雷暴日、地面落雷密度和输电线路落雷次数等概念）的基础上，介绍了防雷装置避雷针和避雷线的保护作用原理、保护范围及其应用。着重阐述了避雷器的分类和它们的作用原理，包括阀型避雷器和氧化锌避雷器的结构、工作原理、主要电气参数等。最后分析了防雷接地的作用，并给出了接地电阻的简单估算方法。

12.1 雷电的电气参数

12.1.1 雷击时的等值电路

1. 雷击地面物体时的放电过程

雷云对大地或地面上物体的放电过程通常包括先导放电和主放电两个过程，另外由于雷云中往往会有几个电荷中心，故在整个雷电放电过程中经常会出现多次重复放电的现象。图12-1（a）是由高速旋转照相机拍摄的负雷云对地放电的典型照片。

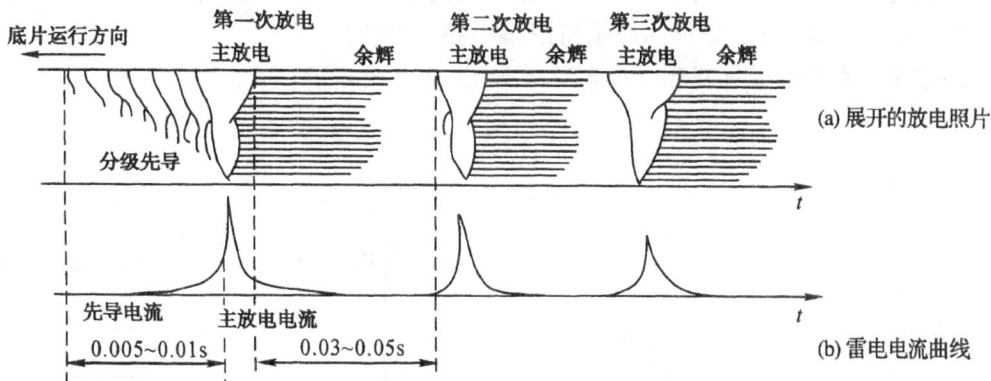

图 12-1　雷电放电发展过程

（1）先导放电过程

在雷云带有电荷后，其电荷往往会集中在几个带电中心，它们间的电荷数也不完全相等。当某一点的电荷较多，且在它附近的电场强度达到足以使空气绝缘发生击穿的程度（约 25～30kV/cm）时，空气便开始游离，使这一部分空气由原来的绝缘状态变为导电性的通道。该导电性通道将由雷云不断向地面伸展，这个过程通常称为先导放电。

在雷云对大地的第一次放电过程中，先导放电是不连续的，雷云对地面的先导放电是逐级向下发展的。每一级长度约 25～50m，每一级的伸展速度约 10^4km/s，各级之间有 30～90μs 的停歇，所以先导放电的平均发展速度只有 100～800km/s，约为光速的 1/1000 左右。因此，这种逐级向下发展的先导放电又称为分级先导。

先导通道具有良好的导电性，带有与雷云同极性的剩余负电荷，先导通道头部的对地电位基本与雷云的对地电位相同，可高达 10MV。另外，雷云与先导中的负电荷将在大地或地面物体上感应出大量的异号正电荷。

（2）主放电过程

当先导发展到接近地面或地面物体时，由于先导通道头部的极高电位，剩余的空气间隙中的电场强度将达到极高的程度，从而使空气发生强烈游离并产生高密度的等离子区。此区域沿先导通道自下而上迅速地向上传播，形成一条高电导率的等离子体通道，使先导通道以及雷云中的负电荷与大地中的正电荷发生强烈的中和，这个过程称为主放电过程。主放电发展的速度比先导放电的发展速度快得多，达到 1.5×10^7～1.5×10^8m/s（1/20～1/2 的光速）。在主放电发展的极短时间内（约 50～100μs），主放电通道中将流过幅值很大的电流，可高达几十至几百千安，使放电通道的温度急速升高至 2×10^4℃以上，从而形成了强烈的闪电和雷鸣。

主放电到达云端时，意味着主放电阶段结束。此时，雷云中剩下的电荷，将继续沿主放电通道下移，此时称为余辉放电阶段。余辉放电电流仅数百安，但持续的时间可达 0.03～0.15s。至此，第一次雷电放电结束。但是，由于雷云中可能存在多个电荷中心，因此，在实际中雷云放电往往是多重的，它会沿原来的放电通道出现第二次放电、第三次放电……，造成多重雷击，但此时先导不再是分级的，而是连续发展的。

综上所述，雷电放电主要由两个过程组成。首先是一个向下发展的先导放电过程；然后在先导放电击中地面物体后转变为一个向上发展的强烈的主放电过程，此时将有大量的正、负电荷沿先导通道逆向运动，使雷云的负电荷和先导通道中的剩余负电荷与大地中的正电荷发生强烈的中和，从而在雷击物体上流过巨大的雷电流 i，并在其上产生很高的雷电过电压 $u = iZ$（Z 为被击中地面物体的波阻抗或集中参数阻抗）。

2. 雷击放电的计算模型和等值电路（如图 12-2 所示）

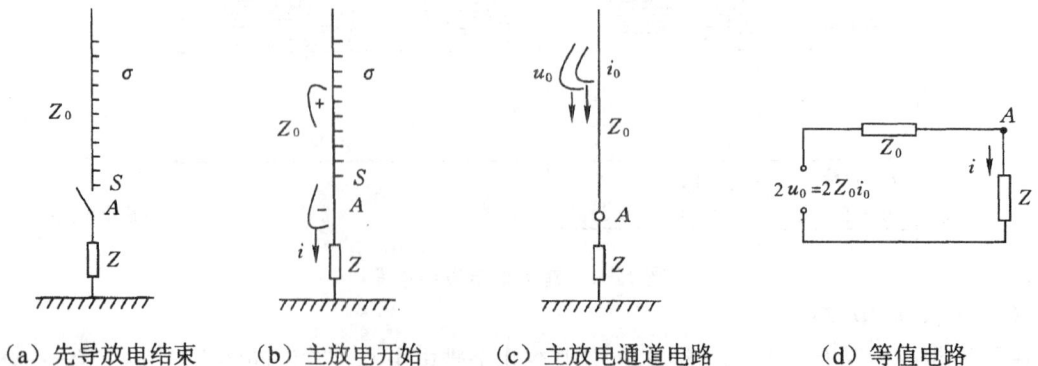

（a）先导放电结束　　（b）主放电开始　　（c）主放电通道电路　　（d）等值电路

图 12-2　雷击放电计算模型

（1）由于先导通道具有较好的导电性，它与导线具有一定的相似性。因此，它一定程度上也具有分布参数的特征，可以近似假定它是一个具有电感、电容等均匀分布参数的导电通道，称为雷电通道，其波阻抗为 Z_0，如图 12-2（a）所示。

图中 Z 是被击物体与大地（零地位）之间的阻抗，σ 为先导放电通道中电荷的线密度，在开关 S 未闭合之前相当于先导放电阶段。

（2）当先导通道击中物体时，主放电即开始，相当于开关 S 合上。此时将有大量的正、负电荷沿先导通道逆向运动，使雷云中的负电荷和先导通道中的剩余负电荷与大地中的正电荷发生强烈的中和，如图 12-2（b）所示。

（3）可以把先导通道击中物体开始主放电的过程看做是沿着波阻抗为 Z_0 的无限长的雷电通道，自天空向地面传来的前行波 u_0、i_0（$u_0 = i_0 Z_0$）到达 A 点，从而在节点 A 上产生波的折反射的过程，如图 12-2（c）。

（4）由图 12-2（c）运用彼德逊法则，即可得到雷击物体时的等值电路如图 12-2（d）所示。

图 12-2（c）、（d）中的 Z_0 为雷电通道的波阻抗。u_0 和 i_0 则是从雷云向地面传来的前行电压波和电流波。

（5）此时，流过雷击点 A 并通过阻抗 Z 的主放电电流——即雷电电流为：

$$i_A = 2i_0 \frac{Z_0}{Z_0 + Z} \tag{12-1}$$

它将在 A 点产生很高的雷电冲击过电压 $u_A = i_A Z$，作用于被击中的物体上。

由式（12-1）可知，雷电波流经被击中物体的雷电电流与被击物体的波阻抗 Z（或集中参数阻抗 Z）相关。即使很厉害的雷电，只要被击中物体的波阻抗 Z（或集中参数阻抗 Z）很大，此时流过雷击点 A 并通过阻抗 Z 的雷电电流可能还是很小的。作为极端情况，当被击中物体的波阻抗 Z（或集中参数阻抗 Z）为无穷大时，不论打下来的雷电多么厉害，流过雷击点 A 的雷电电流始终为零。因此，如果想采用式（12-1）来定义雷电流显然是不合适的，因为它不能真实地反映雷电本身的强弱。

雷电流应该是一个能够客观反映雷电本身强弱的参数，它应该与外界条件（如被击中物体的阻抗 Z 的大小）无关。因此，在理论上我们通常把流经被击物体的阻抗为零时的雷电电流定义为"雷电流"，并用 i 来表示。显然，对于每一个打下来的雷电来说，它都是一个确定的值。

这样，由式（12-1）可以得到雷电流 $i = 2i_0$，或 $i_0 = \dfrac{i}{2}$。这意味着，假设该雷电的雷电流为 i，则雷电放电过程就可以等效地看成一个大小为 $\dfrac{i}{2}$（二分之一雷电流）的电流前行波（或一个大小为 $Z_0 \dfrac{i}{2}$ 的电压前行波），沿着波阻抗为 Z_0 的雷电通道传至波阻抗为 Z（或集中参数阻抗为 Z）的物体上时的波过程，如图 12-3 所示。

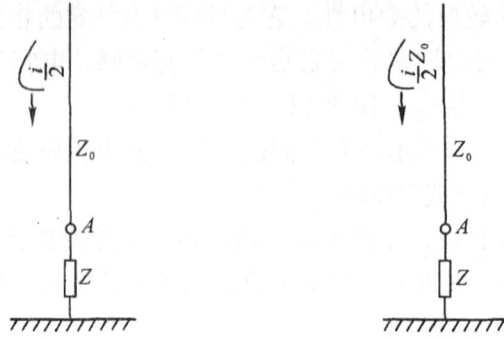

（a）等效雷电入射波为电流波　　　（b）等效雷电入射波为电压波

图 12-3　雷电放电的等效波过程

3. 雷电流的定义

一般把流经被击物体阻抗为零时的雷击电流定义为"雷电流"。

由于实际测量雷电流的地点都会存在较低的接地电阻，它一般不超过 30Ω，而雷电通道的波阻抗 Z_0 约为 300Ω，即 $R \ll Z_0$，因此当雷击中低接地电阻（一般为 $Z \leq 30\Omega$）物体时，流过该物体上的电流可以近似地认为等于雷电流。

12.1.2　雷电参数

1. 雷道波阻抗

目前，我国规程建议取雷电通道的波阻抗 Z_0 约为 300Ω。

2. 雷电流幅值

根据长期的实际测量结果，我国规程规定：

对于一般地区，雷电流幅值超过 I 的概率可按下式计算：

$$\lg P = -\frac{I}{88} \tag{12-2}$$

式中：I——雷电流幅值，kA；

　　　P——幅值超过 I 的雷电流出现的概率。

例如，雷击时出现大于 88kA 雷电流幅值的概率 P 约为 10%。

对于陕南以外的西北地区、内蒙古自治区的部分地区等雷电活动较弱的地区（这类地区的年平均雷暴日数一般在 20 及以下），其雷电流幅值也较小，此时雷电流幅值概率可改用下式计算：

$$\lg P = -\frac{I}{44} \tag{12-3}$$

3. 雷电流波前时间、波前陡度及波长

（1）根据有关实测结果，在线路防雷计算时，规程规定取雷电流波头时间为 2.6μs。另外，由于波长对防雷计算结果几乎没有影响，为简化计算，一般可视波长为无限长。

（2）通常认为雷电流的陡度 a 与幅值 I 之间存在线性的关系，即幅值愈大，陡度也愈大。

规程规定，雷电流的平均陡度可取为 $\alpha = \dfrac{I}{2.6}$ kA/μs 。

（3）实测表明，雷电流波前陡度的最大极限值一般可取 50kA/μs 。

4. 雷电流的计算波形

雷电流常用的典型等值计算波形主要有双指数波、斜角波、斜角平顶波和等值半余弦波等四种，如图 12-4 所示。

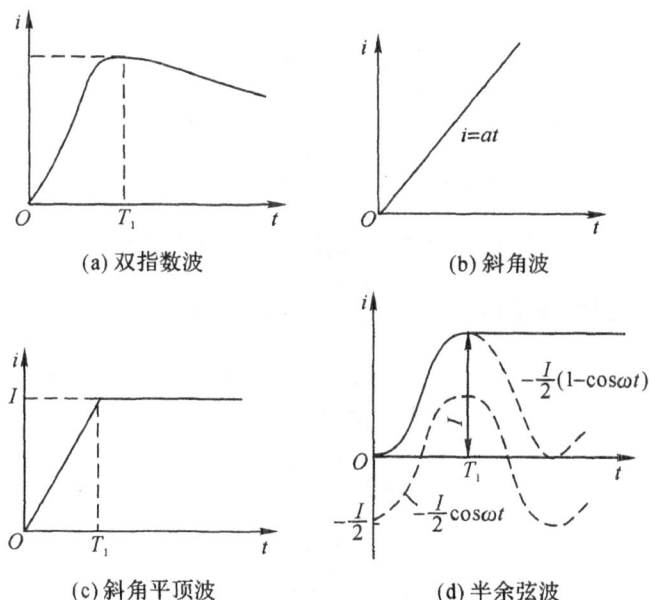

图 12-4　雷电流的等值计算波形

（1）双指数波——较少采用

$$i = I_0(e^{-\alpha t} - e^{-\beta t}) \tag{12-4}$$

式中 α、β 是两个常数。

这是与实际雷电流波形最为接近的等值计算波形，但由于计算比较繁复，故较少采用。

（2）斜角波——主要用于雷电流波前部分波过程的简单模拟分析

$$i = at \tag{12-5}$$

式中：a——波前陡度，kA/μs。

由于这种波形的数学表达式很简单，用来分析与雷电流波前有关的波过程比较方便。

（3）斜角平顶波——很常用

$$\left.\begin{array}{ll} i = at & (t \leq T_1) \\ i = aT_1 = I & (t > T_1) \end{array}\right\} \tag{12-6}$$

其陡度 a 可由给定的雷电流幅值 I 和波头时间 T_1 决定，$\alpha = \dfrac{I}{T_1}$，在防雷保护计算中，雷电

流波头时间 T_1 采用 2.6μs。这样，a 可取为 $\dfrac{I}{2.6}$ kA/μs。

这种波形用于分析发生在 10μs 以内的各种波过程，有很好的等值性。在实际计算中很常用。

（4）等值半余弦波——只有在设计特殊大跨越、高杆塔时采用

与斜角波头相比，实际中的雷电流波头部分的波形更接近于半余弦波。因此雷电流波前部分也可以采用下式来表示：

$$i = \frac{I}{2}(1 - \cos \omega t) \qquad (12-7)$$

式中：I ——雷电流幅值，kA；

ω ——角频率，由波头时间 T_1 决定，$\omega = \dfrac{\pi}{T_1} = \dfrac{\pi}{2.6}$。

这种等值波形多用于分析雷电流波头的作用。此时最大陡度出现在波头中间位置，

与实际雷电波的情况比较接近。在 $t = \dfrac{T_1}{2}$ 处，波头的最大陡度为：

$$a_{\max} = \left(\frac{\mathrm{d}i}{\mathrm{d}t}\right)_{\max} = \frac{I\omega}{2} \qquad (12-8)$$

平均陡度：

$$\alpha = \frac{I}{T_1} = \frac{I\omega}{\pi} \qquad (12-9)$$

显然：

$$\frac{a_{\max}}{a} = \frac{I\omega/2}{I\omega/\pi} = \frac{\pi}{2}$$

由此可见，采用半余弦波时的最大波前陡度要比采用斜角波时的波前陡度大 $\dfrac{\pi}{2}$ 倍。因此，采用余弦波头的计算结果将比采用斜角波头的计算结果更严格。但是，对于一般线路杆塔来说，采用余弦波头计算得到的雷击塔顶电位与采用更便于计算的斜角平顶波计算的结果非常接近。因此，在实际中一般只有在设计特殊大跨越、高杆塔时，才用半余弦波来计算。

5. 雷暴日与雷暴小时

表示某地区雷电活动强度的指标主要有雷暴日与雷暴小时。

（1）雷暴日 T_d 是该地区每年中出现打雷的天数（即在 1 天内，只要听到雷声就算作一个雷暴日）。

（2）雷暴小时是该地区每年中有雷电的小时数（即在 1 个小时内，只要听到雷声就算作一个雷暴小时）。据统计，我国大部分地区雷暴小时与雷暴日的比值约为 3。

（3）各地的雷电活动强度可以有很大的差异。

根据长期统计的结果，在我国规程中绘制了全国平均雷暴日分布图，可用作防雷设计的依据。全年平均雷暴日数为 40 的地区为中等雷电活动强度区，如长江流域和华北的某些地区；年平均雷暴日不超过 15 日的为少雷区，如西北地区；超过 40 日的为多雷区，如华南某些地区。

6. 地面落雷密度和输电线路落雷次数

雷云对地面的放电频度可用地面落雷密度 γ 来表示。规程规定：每一雷暴日、每平方公里地面遭受雷击的次数称为地面落雷密度。

世界各国对 γ 的取值不尽相同，通常认为年雷暴日数不同的地区的 γ 值也各不相同，一般 T_d 较大的地区 γ 值也较大。我国规程建议对雷暴日为 40 的地区，γ 取 0.07。

对于输电线路来说，由于其高出地面，因此可以将线路两侧一定宽度内的落雷吸引到线路上来。规程规定：对于一般高度的线路其受雷宽度为 $(b+4h)$，其中 h 为输电线路的平均高度（m），b 为两根避雷线之间的距离（m）。这样，若线路经过地区年平均雷暴日数 $T_d = 40$，则每年每 100km 长的输电线路上的落雷次数可以采用下式进行计算：

$$N = \gamma \times \frac{b+4h}{1000} \times l \times T_d = 0.07 \times \frac{b+4h}{1000} \times 100 \times 40 = 0.28(b+4h)$$

即：

$$N = 0.28(b+4h) \tag{12-10}$$

12.2　避雷针和避雷线

避雷针、避雷线可以防止雷电直接击中被保护物体，主要用于对直击雷的保护，以避免被保护物体直接遭受雷击；避雷器可以限制雷击线路时沿输电线路侵入变电所的雷电冲击波的幅值，保护变电所内电气设备的绝缘，因此主要用于对线路上的侵入波保护。

12.2.1　保护作用的原理

1. 避雷针（线）的保护原理可归纳为：当雷云的先导向下发展到离地面一定高度时，远远高出地面的避雷针（线）顶端会形成一个局部电场强度集中的区域，从而有可能在避雷针（线）顶端产生局部放电并形成向上的迎面先导，这将影响下行先导的发展方向。由于受避雷针、避雷线的向上先导的引导，雷电的向下先导将直接击中避雷针（线），然后通过与其相连的接地装置把巨大的雷电流直接泄入大地，从而使避雷针（线）周围的设备免遭雷击破坏。

2. 避雷针比较适宜于为发电厂和变电所这些相对比较集中的保护对象提供保护；而像架空线路这样伸展很广的保护对象，则通常应采用避雷线来进行保护。

3. 为了使雷电流顺利泄入地下和降低雷击点的过电压，避雷针和避雷线必须有足够截面的可靠接地引下线和良好的接地装置，其接地电阻应足够小。

12.2.2　保护范围

1. 避雷针和避雷线保护范围的定义

避雷针和避雷线的保护范围是指在某一范围内，物体遭受雷击的可能性小于 0.1% 的空间区域。

2. 避雷针保护范围的计算

（1）单支避雷针

单支避雷针的保护范围如图 12-5 所示。在被保护物高度 h_x 水平面上，其保护半径 r_x 可按下式计算：

$$\left.\begin{array}{l} 当 h_x \geq \dfrac{h}{2} 时，\quad r_x = (h - h_x)P \\[3mm] 当 h_x < \dfrac{h}{2} 时，\quad r_x = (1.5h - 2h_x)P \end{array}\right\} \qquad (12\text{-}11)$$

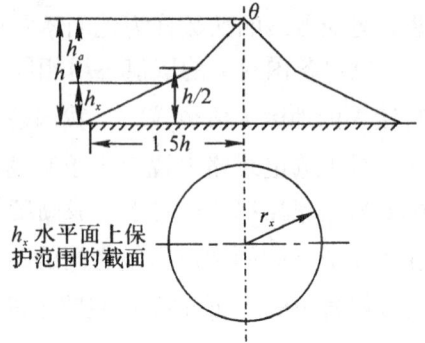

式中：h——避雷针高度，m；

$\quad\quad h_x$——被保护物高度，m；

$\quad\quad P$——高度修正系数，当 $h \leq 30\text{m}$ 时，$P = 1$；当

图 12-5　单支避雷针的保护范围

$30\text{m} < h \leq 120\text{m}$，$P = \dfrac{5.5}{\sqrt{h}}$。本节后面各计算公式中的 P 值亦与此相同。

（2）两支等高避雷针

由于两支针的联合屏蔽作用，两支等高避雷针联合保护范围比两避雷针各自单独的保护范围之和要大。其保护范围分为两针外侧的保护范围和两针内侧的保护范围两个部分，如图 12-6 所示。

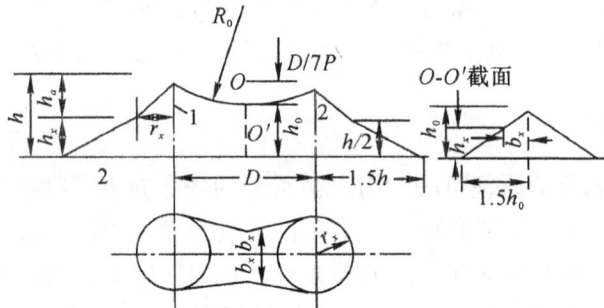

图 12-6　高度为 h 的两等高避雷针 1 及 2 的保护范围

两针外侧的保护范围仍然按单针避雷针的计算公式（12-11）确定。两针内侧的保护范围可利用下式求得：

$$\left.\begin{array}{l} h_0 = h - \dfrac{D}{7P} \\[3mm] b_x = 1.5(h_0 - h_x) \end{array}\right\} \qquad (12\text{-}12)$$

式中：D——两避雷针之间的水平距离，m；

$\quad\quad h_0$——两避雷针联合保护范围上部边缘最低点的高度，m；

$\quad\quad 2b_x$——两避雷针之间在 h_x 水平面上保护范围的最小宽度，m。

一般两针间的距离 D 不宜大于 $5h$。

（3）多支等高避雷针

　　三支等高避雷针的联合保护范围可以采用每两支针作为一对组合，分别采用公式（12-12）计算它们的联合保护范围。只要在被保护物高度的平面上各个两针之间的 $b_x > 0$，则三针组成的三角形中间部分将均处于三针联合保护范围之内，如图 12-7（a）所示。

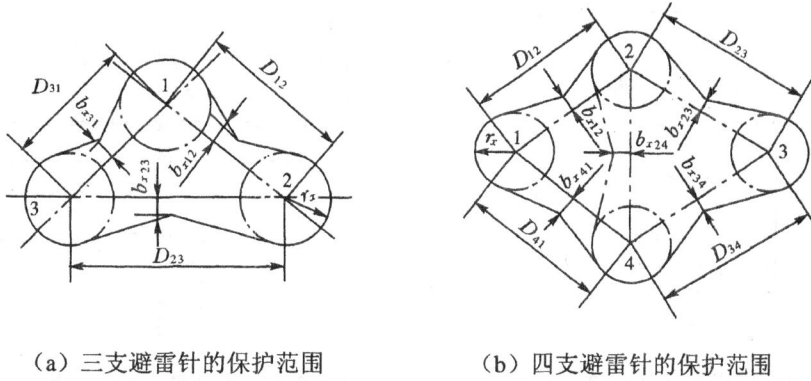

　　　　　（a）三支避雷针的保护范围　　　　　　　（b）四支避雷针的保护范围

图 12-7　多支等高避雷针的保护范围

　　四根以上的等高多支避雷针的保护范围，可以按每三支针作为一个组合分别确定它们的保护范围，然后再叠加到一起即可得到多针的联合保护范围，四支等高避雷针的保护范围如图 12-7（b）所示。

　　（4）两支不等高避雷针

　　其保护范围确定如图 12-8 所示。首先按两个单针分别做出其保护范围 A；然后由低针 2 的顶点作水平线，与高针 1 的保护范围交于点 3，再以点 3 为一假想等高避雷针的顶点，做出两等高避雷针 2 和 3 的保护范围 B。把保护范围 A 和保护范围 B 叠加即可得到两支不等高避雷针的总的保护范围。两针外侧的保护范围仍按单避雷针计算。

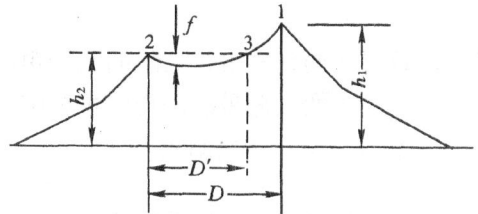

图 12-8　两支不等高避雷针 1 及 2 的保护范围

12.2.3　避雷线保护范围的计算 I（避雷线不是作为架空输电线路的保护时）

　　（1）单根避雷线

　　单根避雷线的保护范围如图 12-9 所示，其一侧保护半径可按下式计算：

$$\left.\begin{array}{l} 当 h_x \geq \dfrac{h}{2} 时，\ r_x = 0.47(h - h_x)P \\[2mm] 当 h_x < \dfrac{h}{2} 时，\ r_x = (h - 1.53 h_x)P \end{array}\right\} \tag{12-13}$$

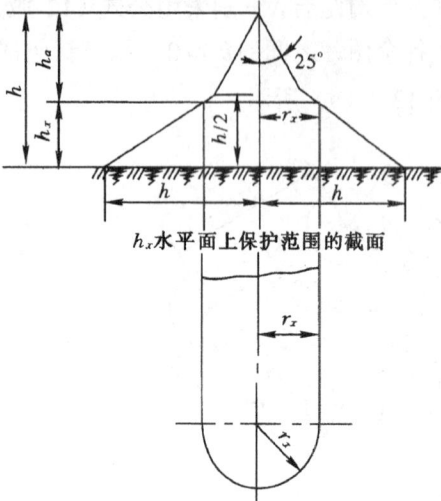

图 12-9　单根避雷线的保护范围

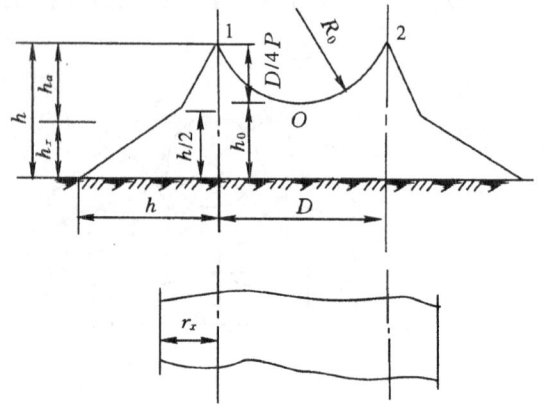

图 12-10　两根等高避雷线的联合保护范围

（2）两根等高避雷线

两根等高避雷线的联合保护范围如图 12-10 所示。避雷线外侧的保护范围仍按单避雷线的计算公式（12-13）确定，两根避雷线内侧的保护范围横截面则通过两根避雷线与保护范围上部边缘最低点 O 这三点所决定的圆弧来确定。O 点的高度为：

$$h_0 = h - \frac{D}{4P} \qquad （12-14）$$

式中：D——两根避雷线之间的水平距离，m；

　　　　h_0——两根避雷线联合保护范围上部边缘最低点的高度，m；

　　　　h——避雷线的高度，m。

12.2.4　避雷线的保护范围的计算Ⅱ（避雷线作为架空输电线路的保护时）

（1）采用避雷线保护架空输电线路时，其保护范围一般都采用保护角 α 来表示，这样更方便实用。

（2）保护角 α 的定义

保护角 α 是指避雷线同外侧导线的连线与垂直线之间的夹角，如图 12-11 所示。

（3）保护角 α 越小，避雷线对导线的屏蔽保护越可靠。对于 110kV 及以上的架空输电线路一般都沿全线装设避雷线。110kV 线路的保护角一般取 $20°\sim30°$；$220kV\sim330kV$ 双避雷线线路，一般采用 $20°$ 左右；500kV 一般不大于 $15°$。

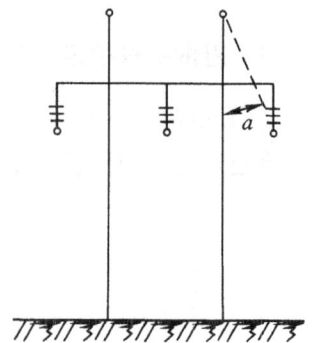

图 12-11　避雷线对导线的保护角

12.3　避雷器

12.3.1　避雷器的基本分类

避雷器是防止过电压损坏电力设备的保护装置。它实质上就是一个放电器，当雷电侵入波或操作过电压波超过某一电压值时，避雷器将先于与其相并联的被保护设备绝缘放电，使过电压值得到限制，从而使与其相并联的电力设备绝缘得到有效保护。避雷器的基本分类为：

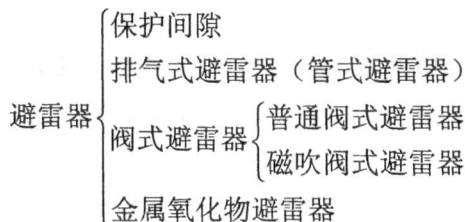

$$
避雷器\begin{cases}
保护间隙 \\
排气式避雷器（管式避雷器） \\
阀式避雷器\begin{cases}普通阀式避雷器 \\ 磁吹阀式避雷器\end{cases} \\
金属氧化物避雷器
\end{cases}
$$

12.3.2　各种避雷器的主要应用场合

（1）保护间隙和排气式避雷器：主要用于线路上的过电压保护，其作用是限制线路上的大气过电压。保护间隙主要用于 10kV 以下低压配电网线路的保护；而排气式避雷器主要用于发电厂、变电所进线段的保护和输电线路个别绝缘比较薄弱地段（如大跨距或交叉档距处）的保护。

（2）阀式避雷器和金属氧化物避雷器：主要用于变电所和发电厂中的过电压保护。在 220kV 及以下系统中主要用于限制大气过电压；而在超高压系统中除了主要用于限制大气过电压外，其中的磁吹阀式避雷器和金属氧化物避雷器还可以用来限制内部过电压或作为内部过电压的后备保护。

12.3.3　避雷器基本要求

避雷器放电时，首先把强大的冲击电流泄入大地，在冲击大电流流过后，工频短路电流将沿原冲击电流所形成的电弧通道继续流过，该电流通常称为"工频续流"。显然，避雷器必须要能够迅速地切断该工频续流，消除工频短路，只有这样才能保证电力系统迅速恢复正常运行。因此，对避雷器的基本技术要求主要有两条：

（1）在过电压的作用下，避雷器应该先于被保护电气设备放电，这主要依靠两者之间伏秒特性的配合来保证。

（2）避雷器应具有一定的熄弧能力，以便在工频续流第一次过零点时就能迅速可靠地切断工频续流。

12.3.4　保护间隙

1. 保护间隙常用双羊角状间隙，主要是利用其工频电弧在自身电动力和热气流作用下的易于向上运动的特性，使电弧伸长，从而达到使电弧易于自行熄灭的目的，如图 12-12 所示。

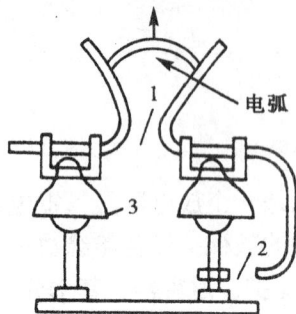

图 12-12　角形保护间隙

1—主间隙；2—辅助间隙；3—绝缘瓷瓶

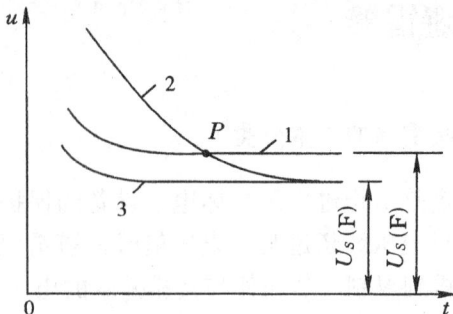

图 12-13　保护装置与被保护绝缘之间的伏秒特性配合

1—被保护绝缘；2—保护间隙或排气式避雷器；
3—阀式避雷器

2. 优缺点

其优点是：结构简单、价格低廉。

其缺点主要有：

（1）保护间隙的电场属于极不均匀电场，伏秒特性曲线比较陡峭，与被保护设备绝缘的伏秒特性很难配合。

对于极大多数被保护电气设备的绝缘，其电场一般都是经过均匀化的，其伏秒特性通常都比较平坦。而保护间隙的伏秒特性曲线比较陡峭，这样两者的伏秒特性很容易出现交叉现象，如图 12-13 曲线 1、2 所示。在陡波的作用下，由于放电的时间很短，击穿将发生在 P 点的左边。显然，此时被保护设备的绝缘将无法得到有效保护，因为它的击穿电压比保护间隙的放电电压更低。如果要使两者的伏秒特性不出现交叉，则必须将保护间隙的伏秒特性曲线 2 整个地移至被保护设备的伏秒特性曲线 1 的下面，但这又会造成保护间隙的静态击穿电压太低，从而可能会引起保护间隙在较低的内部过电压下频繁地出现不必要的动作（击穿），造成断路器不断跳闸，影响线路的正常供电。

作为比较，图中还同时绘出了阀式避雷器的伏秒特性（曲线 3）。显然，它的伏秒特性较平坦，易于与被保护设备绝缘的伏秒特性相配合。

（2）动作后会形成截波（如图 12-14 所示），对变压器的纵绝缘（匝间绝缘）会造成很大威胁，因此，它不适宜于保护诸如变压器、电抗器等绕组类的设备。

（3）间隙中没有专门的灭弧手段，熄弧能力很有限。它仅仅能够熄灭 10kV 低压配电网中整个系统容量较小时的单相接地短路电流，因此只能用于 10kV 的低压配电网中。否则，将会因无法灭弧而导致断路器跳闸、供电中断。

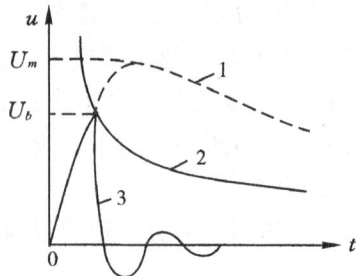

图 12-14　保护间隙的保护作用

1—过电压波；2—保护间隙的伏秒特性；
3—绝缘所受到的电压

12.3.5　排气式避雷器（管式避雷器）

1. 排气式避雷器实质上是一种具有较高熄弧能力的保护间隙。

2. 结构与作用原理

（1）结构

排气式避雷器的结构如图 12-15 所示。它由两个
间隙串联组成。一个暴露在大气中的称外火花间隙
S_2；另一个装在灭弧管内的称内火花间隙 S_1 或灭弧
间隙，该间隙的电极一端为棒形，另一端为环形。
灭弧管内层是由纤维、塑料或橡胶等产气材料制成
的产气管，外层为增大机械强度用的胶木管。

（2）工作原理

当雷电波侵入时，内外间隙同时击穿，雷电流
经间隙流入大地。然后，在系统工频电压作用下间

图 12-15　排气式避雷器

1—产气管；2—棒形电极；3—环形电极；
4—导线；S_1—内间隙；S_2—外间隙

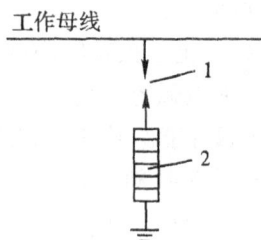

隙将流过工频续流，工频续流电弧所产生的高温使
管内产气材料分解出大量气体，管内压力急速升高，
高压气体由环形电极的开口孔喷出，形成强烈的纵吹作用，从而使电弧在工频续流第一次过
零点时就被熄灭。

增设外火花间隙 S_2 的目的是为了在正常运行时把灭弧管与工作电压隔开，以免管子中的
产气材料加速老化或在管壁受潮时发生沿面放电。

（3）使用中的注意事项——应进行工频续流的校合

排气式避雷器熄灭工频续流有上下限 I_{max}、I_{min}（有效值）的规定。使用时必须核算安装
处在各种运行情况下短路电流的最大值与最小值，它不能超过管式避雷器所能熄灭的工频续
流的上下限范围。否则，如果续流太大产气过多，管内气压太高将会造成管子炸裂；反之，
若续流太小产气过少，又会造成管内气压太低不足以熄弧。

3. 优缺点

排气式避雷器的熄弧能力比保护间隙强，具有较好的灭弧能力。但是，其他许多缺点都
与保护间隙相同。因此，目前它还是仅用于发电厂、变电所进线段的保护和输电线路个别绝
缘比较薄弱地段（如大跨距或交叉档距处）的保护。

12.3.6　阀式避雷器

1. 阀式避雷器的保护原理

阀式避雷器的保护作用主要靠间隙和阀片的相互配合来
完成，如图 12-16 所示。当过电压达到间隙动作电压，间隙动
作，巨大的冲击电流经阀片流入大地，由于阀片电阻的非线性
特性，其电阻在流过巨大的冲击电流时变得很小，故此时在阀
片上产生的电压（又称残压）将得到有效限制，使其低于被保

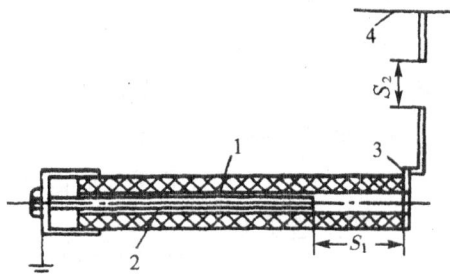

图 12-16　阀型避雷器原理结构图

1—间隙；2—电阻阀片

护设备的冲击耐压，从而使设备绝缘得到有效的保护；过电压过去以后，阀片将继续受到工频电压作用并流过工频续流，同样由于阀片电阻的非线性特性，此时阀片电阻值会增大许多，使流过间隙的工频续流受到限制，从而使间隙能在工频续流第一次过零瞬间就将其切断，使避雷器恢复正常状态。于是，电网又继续进行正常供电。

2. 适用范围

阀式避雷器在保护性能上对保护间隙和排气式避雷器的主要缺点进行了重大改进，在电力系统中被广泛使用，它主要适用于变电所和发电厂的防雷保护。

3. 阀式避雷器的分类与系列

（1）阀式避雷器 ⎰普通阀式避雷器 ⎱磁吹阀式避雷器 ⎰旋弧型磁吹避雷器 ⎱灭弧栅型磁吹避雷器

（2）普通型有 FS 型（配电型，适用 10kV 及以下配电网中电气设备的保护）和 FZ 型（变电所型，适用 220kV 及以下变电所电气设备的保护）两种系列；磁吹型有 FCZ 型（变电所型，适用 35～500kV 变电所电气设备的保护）和 FCD 型（旋转电机型，适用旋转电机的保护）两种系列。

（一）普通型阀式避雷器

阀式避雷器主要由火花间隙和非线性阀片电阻两个基本部件组成，如图 12-16 所示。

1. 火花间隙

普通型阀式避雷器的火花间隙由许多个如图 12-17 所示的接近均匀电场的小电极间隙串联组成。单个间隙的电极由黄铜冲压而成，二电极以云母垫圈隔开形成间隙，间隙距离为 0.5～1.0mm。中间电极之间的电场接近均匀电场。

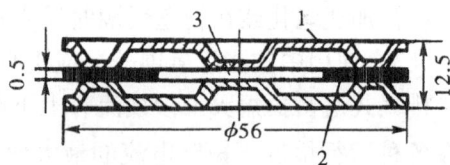

该火花间隙主要有以下几个作用：

（1）在系统正常工作时，间隙将电阻阀片与工作母线实现隔离，使工作电压不能作用于阀片上，避免阀片因长期流过短路电流发热使阀片烧坏。

图 12-17 单个火花间隙

1—黄铜电极；2—云母垫圈；3—间隙放电区

（2）由于火花间隙采用均匀电场电极组成，其伏秒特性较平坦，易于与被保护设备的伏秒特性相配合。

（3）由于火花间隙由许多小电极间隙串联组成，工频续流电弧将被这些间隙分割成许多短弧，使电弧容易熄灭。由此使火花间隙切断工频续流的能力大大加强，使火花间隙具有较好的灭弧性能。普通型阀式避雷器的火花间隙一般可以切断 80～100A 的工频续流。

2. 非线性阀片电阻

（1）阀片电阻的伏安特性

非线性电阻通常称为阀片电阻，普通型阀片电阻由金刚砂（SiC）和结合剂在 300～500℃烧结而成，其电阻值随流过电流的大小而变化，其伏安特性如图 12-18 所示。

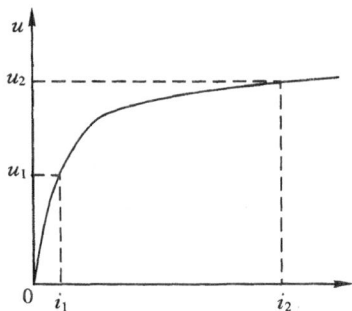

图 12-18　阀片的伏安特性

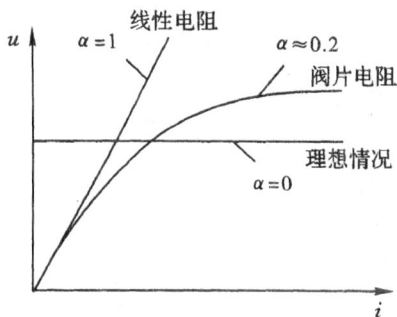

图 12-19　阀片的伏安特性

i_1—工频续流；u_1—工频电压；i_2—雷电流；u_2—残压

该阀片电阻有一个很有趣的特点，就是在流过小电流（如工频续流）时电阻大（$R_1 = \dfrac{u_1}{i_1}$），而在流过很大的电流（如雷电流）时电阻小（$R_2 = \dfrac{u_2}{i_2}$）。这使得它在电流很大的情况下具有很好的限压作用。

阀片电阻伏安特性也可以采用下式表示：

$$u = Ci^{\alpha} \tag{12-15}$$

式中：C——常数；

　　　α——非线性指数，普通型阀片的 α 一般在 0.2 左右。

显然，α 愈小，说明阀片的非线性程度愈高，保护性能愈好。最理想的情况是 $\alpha = 0$，此时无论电流如何变化电压均保持恒定，即 $u = C$，伏安特性呈一水平直线；而对于普通线性电阻，即为 $\alpha = 1$ 的情况。它们的伏安特性比较如图 12-19 所示。

（2）阀片电阻的作用

①避免出现对绝缘不利的截波。

如果避雷器中只有火花间隙，雷电冲击波使火花间隙击穿后将导致直接对地短路，出现对绝缘（尤其是纵绝缘）十分不利的截波。而在火花间隙后面串了阀片电阻后，随着火花间隙击穿，雷电流将迅速通过阀片电阻，避雷器上的电压不会降至零，从而避免了严重的截波。

②限制工频续流以利于熄弧。

阀片电阻在流过工频续流时电阻会变得较大，因此在火花间隙中串入阀片电阻可以较好地限制工频续流，使火花间隙更容易熄灭电弧。

③限制作用于被保护设备上的冲击电压，使设备绝缘得到有效保护。

由于阀片的非线性特性，其电阻在流过巨大的冲击电流时变得很小，故在阀片上产生的残压将得到有效限制，从而使被保护设备的绝缘得到有效保护。

（3）避雷器的残压

①避雷器的冲击放电电压 U_{ch} 和残压 U_R 的概念

在雷电冲击电压的作用下，阀式避雷器动作过程中的电压波形变化如图 12-20 曲线 4 所示。当雷电冲击电压达到火花间隙的冲击放电电压 U_{ch} 时，火花间隙击穿放电，避雷器上的电压随之下降；但雷电流马上就会紧接着流过阀片电阻，避雷器上的电压又将立即随着雷电流的增加而增加，并在雷电流达到最大值时其上的电压也达到最大值 U_R（通常称为残压）；接着随着雷电流的不断衰减避雷器上的电压也缓缓下降。因此，此时避雷器上的最大电压为冲击放电电压 U_{ch} 和残压 U_R 两者之间的最大值。

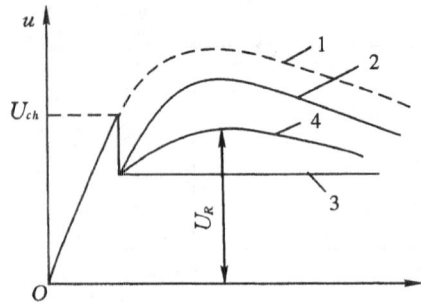

图 12-20　火花间隙放电后，不同阀片构成的工作电阻上的电压波形

1—原始过电压波；2—线性电阻；3—理想阀片；4—SiC 阀片

②残压 U_R 的定义

显然，避雷器阀片电阻上的最大电压与雷电流大小直接相关，这样残压将随雷电流大小而变，这将使我们在进行绝缘配合时感到十分不方便。因此，有必要对残压的雷电流值进行特别规定。在实际中，避雷器的残压都是统一指流过避雷器的雷电流大小为 5kA（330kV 及以上的电压等级为 10kA）时的残压。对于一般避雷器，其冲击放电电压 U_{ch} 通常与 5kA 下的残压 U_R 基本相同。

（4）阀片电阻的通流容量

通流容量表示阀片通过电流的能力。

①普通型阀式避雷器

我国对于 35～220kV 的电网，通常采用普通型阀式避雷器。

根据实测统计，在采用规程建议的防雷结线的 35～220kV 变电所中，流经阀式避雷器的雷电流超过 5kA 的概率是非常小的，因此我国对 35～220kV 的普通型阀式避雷器一般以 5kA 作为设计依据（我国规定普通型阀片的通流容量为波形 20/40μs、幅值 5kA 的冲击电流和幅值 100A 的工频波各 20 次），此类电网中的电气设备绝缘水平也以避雷器 5kA 下的残压作为绝缘配合的依据。

②磁吹型阀式避雷器

对于 330kV 及以上电压等级的电网，通常采用磁吹型阀式避雷器。

由于 330kV 及以上电压等级电网的线路绝缘水平较高，雷电侵入波的幅值也相应地比较高，故此时流过避雷器的雷电流会比 35～220kV 电网中相应避雷器中流过的雷电流（5kA）更大，但一般也不会超过 10kA。因此，对于 330kV 及更高电压等级的电网，我国规定取 10kA 作为阀式避雷器设计标准（我国规定磁吹型阀片的通流容量为通过 20/40μs、10kA 的冲击电流和 2000μs、800～1000A 的方波各 20 次），电气设备的绝缘水平则以避雷器 10kA 下的残压作为绝缘配合的依据。

3. 火花间隙上的并联分路均压电阻

阀式避雷器火花间隙是由多个小火花间隙串联组成，由于对地杂散电容的分流作用，使流过每个小火花间隙的电流均不相同，愈靠近高压端的火花间隙流过的电流愈大，如图 12-21 所示。这将会造成电压沿火花间隙串的不均匀分布，靠近高压端的火花间隙由于承受电压较高不容易灭弧，造成灭弧困难。此外，电压的不均匀分布也会使避雷器的工频放电电压过低，它可能会造成避雷器在较低的内部过电压下发生动作，这也是不允许的。

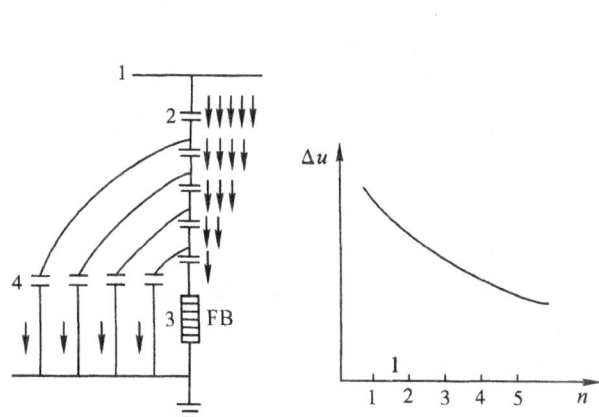

（a）间隙杂散电容示意图　　　　（b）电压分布

图 12-21　杂散电容对间隙电压分布的影响

1—线路；2—放电间隙；3—阀片；4—杂散电容；
Δu—间隙压降；　n—间隙序号

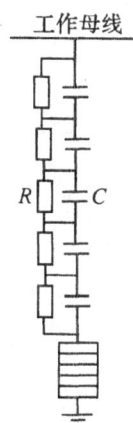

图 12-22　在间隙上并联分路均压电阻

C—间隙电容；　R—并联电阻

为了克服上述缺点，可以采用在阀式避雷器火花间隙上并联均压电阻的方法，如图 12-22 所示。

在工频电压的作用下，由于此时的频率较低，火花间隙的容抗较大，流过并联电阻中的电阻电流比流过火花间隙中的电容电流更大，故此时电压分布主要取决于并联电阻。只要各并联电阻的阻值相等，则各间隙上的电压分布就基本相等。因此，采用并联均压电阻可以提高避雷器的灭弧电压和工频放电电压，增强避雷器的灭弧能力。

在冲击电压作用情况下，由于冲击电压的等值频率很高，电容的容抗将大大减小，故此时电容的阻抗将小于并联电阻，间隙上的电压分布将主要取决于电容分布。由于间隙对地杂散电容的存在，故此时冲击电压沿火花间隙的分布仍然是很不均匀的，它会导致火花间隙冲击放电电压降低，但这对于限制雷电过电压幅值反而是有利的。

对于多个间隙的高压避雷器，如果采用了并联分路均压电阻，其冲击放电电压反而会低于工频放电电压，冲击系数常小于 1。冲击放电电压降低、工频放电电压适当提高以及灭弧性能的改善正是我们所希望达到的结果，显然，并联均压电阻明显起到了改善避雷器保护性能的作用。

由于均压电阻将长期处于系统额定工作相电压的作用之下，均压电阻中会长期流过电流（即避雷器的泄漏电流）。因此，所采用的并联电阻应有足够的热容量。通常均压电阻采用以 SiC 为主要材料的非线性电阻，其优点主要是热容量大、热稳定性好。

4. 普通阀式避雷器的主要电气参数

（1）额定电压 U_n

指使用该避雷器的电网额定电压，也就是正常运行时作用于避雷器上的工频额定工作电压。

（2）灭弧电压

指避雷器在能够保证可靠地熄灭工频续流电弧的条件下，允许加在避雷器上的最高工频电压。灭弧电压应当大于避雷器工作母线上所可能出现的最高工频电压。

对于 110kV 及以上的中性点直接接地的系统，灭弧电压应大于系统额定（线）电压的 80%；对于 35kV 及以下的中性点不接地系统（包括经消弧线圈接地），灭弧电压应大于系统额定（线）电压的 100%～110%。

（3）工频放电电压

指在工频电压作用下，避雷器将发生放电的电压值。

为避免避雷器在内过电压下动作，35kV 及以下和 110kV 及以上的避雷器的工频放电电压应分别大于系统最大工作相电压的 3.5 倍和 3.0 倍。

（4）冲击放电电压

指在标准冲击波作用下避雷器的放电电压。它应当低于被保护设备绝缘的冲击击穿电压。一般避雷器的冲击放电电压通常与其 5kA（对 330kV 及以上电压等级为 10kA）下的残压基本相同。

（5）残压

指冲击电流通过避雷器时在阀片电阻上产生的电压降。我国现行标准规定：通过避雷器的额定雷击冲击电流，220kV 及以下系统取 5kA，330kV 及以上的超高压系统取 10kA，其波形统一取 $8/20\mu s$。因此，避雷器的残压都是统一指在上述标称电流作用下避雷器阀片电阻上的电压降。显然，避雷器残压愈低，则保护性能愈好。

（6）保护比

指避雷器残压与灭弧电压（幅值）之比。保护比愈小，说明残压愈低或灭弧电压愈高，保护性能愈好。普通型阀式避雷器的保护比约为 2.3～2.5，磁吹型阀式避雷器约为 1.7～1.8。

（7）切断比

它等于避雷器工频放电电压的下限与灭弧电压（幅值）之比。这是表示火花间隙灭弧能力的一个技术指标，切断比越接近于 1，说明该火花间隙的灭弧性能越好、灭弧能力越强。

（二）磁吹型阀式避雷器（磁吹避雷器）

1. 适用范围

与普通型阀式避雷器相比较，它具有更高的灭弧能力、通流能力和较低的残压。因此它适宜用于电压等级较高（330kV 及以上电压等级）变电所电气设备的保护以及绝缘水平较弱的旋转电机的保护。

2. 结构与工作原理

磁吹避雷器的原理和结构与普通型阀式避雷器基本相同，主要区别在于采用了灭弧能力较强的磁吹火花间隙和通流能力较大的高温阀片。

3. 阀片电阻

磁吹避雷器的阀片电阻一般都经过高温（1350～1390℃）焙烧，这样就可以提高允许通过的工频续流值，增大通流能力。它的通流容量比低温阀片大得多，允许通过 $20/40\mu s$、10kA 的冲击电流和 $2000\mu s$、800～1000A 的方波各 20 次。但其非线性特性较低温普通型阀片稍差一些，其非线性阀性指数 $\alpha \approx 0.24$。

4. 磁吹火花间隙

磁吹火花间隙主要是利用磁场对电弧所产生的电动力，迫使间隙中的电弧加速运动、旋转或拉长，使弧柱中的去游离作用增强，从而大大提高其灭弧能力，它可以切断高达 450A 左右的工频续流。

5. 避雷器的保护性能

由于磁吹避雷器的灭弧能力大大加强，可以减少原来普通阀式避雷器中为了将工频续流限制在 80～100A 所需要的阀片电阻数量，从而使得避雷器的残压下降，明显改善了避雷器的保护性能。

6. 磁吹避雷器的类型

磁吹避雷器主要有旋弧型和灭弧栅型两种类型。

（1）旋弧型磁吹避雷器

它是利用由外界永久磁铁所产生的磁场，使电弧在磁场中受电动力的作用沿着圆形间隙高速旋转（如图 12-23 所示），使弧柱得到快速冷却，加速去游离过程，由此使间隙的灭弧能力得到明显提高，它能可靠切断幅值为 300A 的工频续流。这种磁吹间隙主要用于电压较低的磁吹避雷器中，例如保护旋转电机的 FCD 系列磁吹避雷器。

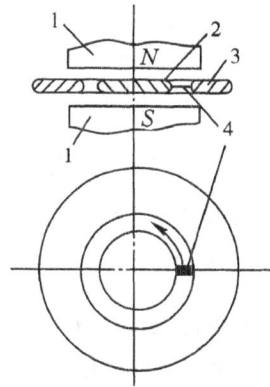

图 12-23　旋弧型磁吹间隙结构示意图
1—永久磁铁；2—内电极；3—外电极；4—电弧
（箭头表示电弧旋转方向）

（2）灭弧栅型磁吹避雷器

①磁吹火花间隙

其间隙是一对羊角状电极，中间有一个轴向的磁场穿过，基本结构和电弧运动如图 12-24 所示。在磁场的作用下，电动力 F 使电弧不断拉长，电弧最终进入灭弧栅中，可达起始长度的数十倍。灭弧栅由陶瓷或云母玻璃制成，电弧在其中受到强烈去游离而熄灭，使间隙绝缘强度迅速恢复。这种磁吹火花间隙具有很强的灭弧能力，可以切断高达 450A 左右的工频电流，为普通间隙的 4 倍多。另外，由于电弧被拉长、冷却，电弧电阻明显增大，从而可以与阀片电阻一起来共同限制工频续流，因而这种火花间隙又称为"限流间隙"。计入电弧电阻的限流作用，还可以适当减少阀片电阻的数目，因而也有助于降低避雷器的残压。

②结构与工作原理

图 12-25 为这种避雷器的结构示意图。

在冲击过电压的作用下，主间隙 3 和辅助间隙 2 被同时击穿，放电电流经辅助间隙 2、主间隙 3 和阀片电阻 7 流入大地，限制了过电压幅值。辅助间隙是必需的，如果没有辅助间隙，巨大的冲击电流势必会流过磁吹线圈 1，此时线圈的电感会形成很大的电抗，与阀片电阻一起产生很高的残压。

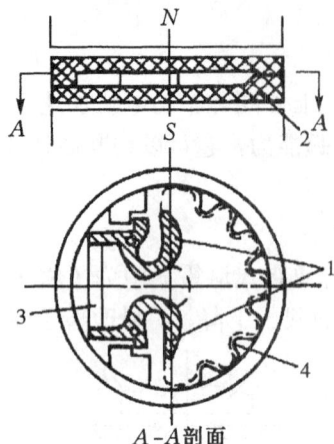

图 12-24 磁吹式火花间隙

1—间隙电极；2—灭弧盒；
3—并联电阻；4—灭弧栅

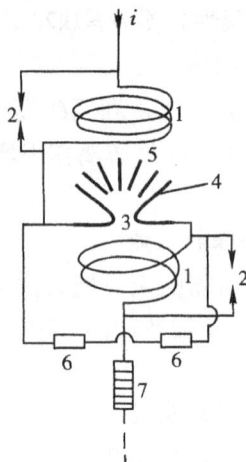

图 12-25 灭弧栅型磁吹避雷器的结构示意图

1—磁吹线圈；2—辅助间隙；3—主间隙；4—主电极；
5—灭弧栅；6—分路电阻；7—阀片电阻

当冲击电压波顺利入地后，避雷器上会继续流过工频续流，此时线圈的感抗将变得很小，磁吹线圈 1 上的压降很低，不能维持辅助间隙 2 上的电弧，所以辅助间隙中的电流很快转入磁吹线圈中，电弧自动熄灭。这样，工频续流将通过磁吹线圈 1 并产生磁吹磁场，主间隙 3 中的工频续流电弧在该磁场的作用下被迅速拉长吹入灭弧栅 5 的狭缝中，电弧迅速熄灭。

这种磁吹间隙一般用于电压等级较高的磁吹避雷器中，例如保护变电所用的 FCZ 系列磁吹避雷器。

（三）金属氧化物避雷器

金属氧化物避雷器（MOA）是一种新型避雷器，这种避雷器的阀片通常以氧化锌为主要原料经高温烧结而成，因此也称为氧化锌避雷器。

1. 氧化锌避雷器的结构特点

其结构上最大的特点就是取消了火花间隙，因此结构非常简单，仅由相应数量的氧化锌阀片密封在瓷套内组成。

2. 氧化锌阀片的伏安特性

氧化锌阀片具有极其优异的非线性伏安特性。在正常额定工作电压的作用下，其阻值很大（电阻率高达 $10^{10} \sim 10^{11} \Omega \cdot cm$），通过的阻性电流一般仅为 $10 \sim 15 \mu A$，接近于绝缘状态。而在过电压的作用下，阻值会急剧减小，其伏安特性仍可用下式表示：

$$u = Ci^{\alpha}$$

氧化锌阀片的 α 一般只有 0.01～0.04，接近于理想伏安特性，即使在大冲击电流（例如 10kA）下，α 也不会超过 0.1，因此其伏安特性的非线性要比碳化硅阀片好得多。

氧化锌阀片和碳化硅阀片的伏安特性比较如图 12-26 所示。如果两者在 $I = 10kA$ 时残压基本相同，那么在额定工作相电压作用下，SiC 阀片中会流过数百安培的电流，因此必须要用火花间隙加以隔离；而 ZnO 阀片在额定工作相电压作用下流过的电流却只有几十微安，也就是说，在工作电压下氧化锌阀片实际上相当于一绝缘体。因此金属氧化物避雷器可以不必再用串联间隙隔离阀片电阻，成为无间隙避雷器。

2. 氧化锌避雷器的特点

与传统的有间隙碳化硅阀式避雷器相比，金属氧化物避雷器具有一系列优点：

（1）无间隙

由于省去了串联火花间隙，使结构大大简化，高度大为降低；使变电装置之间的距离缩

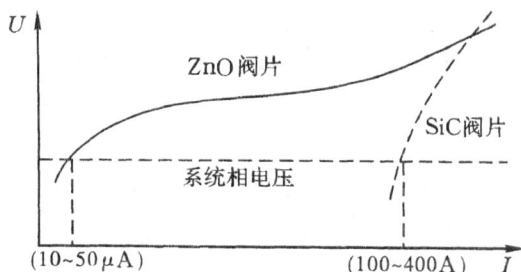

图 12-26　ZnO 阀片与 SiC 阀片的伏安特性比较

短，减少了变电所占地面积，节省变电所的投资。

另外，由于元件单一通用，结构简单，特别适合于大规模自动化生产，造价低。此外它还具有尺寸小、重量轻、运行维护方便等众多优点。

（2）保护性能好，可以降低变电所中的雷击过电压。

虽然在 10kA 雷电流下 ZnO 避雷器的残压与 SiC 避雷器不相上下（或仅仅略低一些），但由于后者只有在串联间隙放电后（即过电压升至避雷器的冲击放电电压时）才可将电流和过电压能量进行泄放，而前者由于没有串联间隙在整个过电压过程中一直都有电流流过，不断泄放过电压的能量，从而抑制了过电压的发展，因此可以降低作用在变电所电气设备上的最终过电压幅值。

另外，由于取消了火花间隙，金属氧化物避雷器在陡波头下伏秒特性的上翘要比碳化硅阀型避雷器小得多，平坦的伏秒特性曲线将更有利于绝缘配合。金属氧化物避雷器的这种优越的陡波响应特性（伏秒特性），对于具有平坦伏秒特性的 SF_6 气体绝缘变电所（GIS）的过电压保护尤为适合。

（3）无续流、动作负载轻、耐重复动作能力强

金属氧化物避雷器在过电压后流过的工频续流为微安级，实际上可视为没有续流。因此，实际上它在雷电或操作过电压作用下只吸收过电压能量，不吸收工频续流能量，故动作负载较轻；再加上氧化锌阀片的通流能力要远大于碳化硅阀片，因此金属氧化物避雷器可以耐受多重雷击和重复动作操作过电压的作用。

（4）通流容量大，能制成重载避雷器

ZnO 避雷器由于没有串联间隙，其通流能力完全不受串联间隙可能会被巨大的冲击电流灼伤的制约，而仅与阀片本身的通流能力有关。由于氧化锌阀片单位面积的通流能力要比碳化硅阀片大 4～4.5 倍，因而可以用来对能量很大的操作过电压进行保护。另外，它还可以进一步通过多柱阀片并联或多个避雷器并联的方法来进一步提高其通流容量（而这对于 SiC 阀式避雷器是无法实现的），制造出用于特殊保护对象的重载避雷器，解决长电缆系统、大容量电容器组等的过电压保护。

（5）耐污性能好

由于没有串联间隙，可避免出现因瓷套表面不均匀染污或带电清洗使瓷套表面电位分布不均匀而造成的串联火花间隙放电电压不稳定现象。因此这种避雷器具有较好的耐污性能和抗带电水冲洗性能。

金属氧化物避雷器具有上述众多优点，在电力系统中正在得到越来越广泛的应用。可以说，ZnO 避雷器是避雷器发展的主要方向，ZnO 避雷器取代 SiC 避雷器已是大势所趋。

3. 金属氧化物避雷器的主要电气参数

（1）避雷器额定电压

即在系统发生短时工频电压升高时，在一段相对较长的时间内避雷器能够耐受的最大工频电压有效值。系统发生短时工频电压升高时，电压将直接加在 ZnO 阀片上，避雷器必须要能够承受这种短时的工频电压升高。（实际上，把这个电压称为"避雷器额定电压"似乎有点勉强，容易引起误解）

（2）允许最大持续运行电压（MCOV）

避雷器能够长期持续运行的最大工频电压有效值，它一般应等于系统的最高工作相电压。

（3）起始动作电压

通常把避雷器通过 1mA 电流时的电压 U_{1mA} 作为起始动作电压。该电压大致处于 ZnO 阀片伏安特性曲线由小电流区上升部分进入大电流区平坦部分的转折处，可以认为此时避雷器开始进入动作状态，并开始发挥限制过电压的作用，所以，该起始动作电压也称为转折电压。

（4）残压

指放电电流通过 ZnO 避雷器时在避雷器上所产生的电压峰值。ZnO 避雷器的残压一般可以分以下三种：

①雷电冲击电流下的残压 $U_{R(l)}$：电流波形为 8/20μs，标称放电电流为 5kA、10kA、20kA；

②操作冲击电流下的残压 $U_{R(s)}$：电流波形为 30～100/60～200μs，电流峰值为 0.5kA、1kA、2kA；

③陡波冲击电流下的残压 $U_{R(st)}$：电流波前时间为 1μs，电流峰值与雷电冲击情况下的标称放电电流相同。

（5）压比

是指 ZnO 避雷器通过波形为 8/20μs 的标称冲击放电电流时的残压与起始动作电压之比。例如 10kA 压比为 U_{10kA}/U_{1mA}。压比越小，表示通过冲击大电流时的残压越低，避雷器的保护性能越好。目前 ZnO 避雷器的压比大约为 1.6～2.0。

（6）荷电率（AVR）

是指允许最大持续运行电压的幅值与起始动作电压之比，即：

$$AVR = \frac{\sqrt{2}MCOV}{U_{1mA}} \qquad (12\text{-}16)$$

荷电率是表示阀片上电压负荷程度的一个重要参数。荷电率的大小对于阀片的老化速度有很大的影响，太高的荷电率会使阀片的老化大大加快，影响避雷器的安全运行；但太低的荷电率又会造成不经济，影响避雷器的经济性能。因此，选择一个合理的荷电率对于 ZnO 避雷器的安全经济运行十分重要。荷电率一般采用 45%～75%。在中性点不接地或经消弧线圈接地的系统中，由于单相接地时健全相电压可以升高至线电压，故一般应选用较低的荷电率；而在中性点直接接地系统中，工频电压的升高不太严重，故可以选用较高的荷电率。

（7）保护比

指避雷器在标称雷电冲击放电电流下的残压与允许最大持续运行电压（幅值）之比，即：

$$保护比 = \frac{U_{R(l)}}{\sqrt{2}MCOV} = \frac{压比}{荷电率} \tag{12-17}$$

保护比愈小，说明残压愈低，保护性能愈好。

12.4　防雷接地

12.4.1　接地与防雷接地

1. 接地一般可分为四种：工作接地、保护接地、静电接地和防雷接地。

（1）工作接地：根据电力系统正常运行的需要而设置的接地，例如三相系统中的中性点的接地。

（2）保护接地：为了保护人身安全，防止因电气设备绝缘劣化而使外壳带电危及工作人员安全。

（3）静电接地：对于易燃、易爆场所的金属物体，当其上蓄有静电后，往往会爆发火花，以致造成爆炸或火灾。因此要对这些金属物体（如贮油罐等）接地。

（4）防雷接地：用来将雷电流顺利泄入地下，以减小由它所引起的雷电过电压，防止过电压对电力设备绝缘造成危害。

2. 对于工作接地、保护接地和静电接地，接地电阻是指在工频或直流电流流过时的电阻，通常称工频（或直流）接地电阻；而对于防雷接地，接地电阻是指雷电冲击电流流过时的电阻，故又称冲击接地电阻。

3. 防雷接地与工作接地、保护接地、静电接地的主要区别

从物理过程看，防雷接地与另外三种接地相比较，主要有以下两个特点：一是雷电流的幅值大；二是雷电流的变化快，等值频率高。

12.4.2　冲击电流流经接地装置入地时的火花效应和电感效应

1. 火花效应，使冲击接地电阻小于工频接地电阻

雷电流的幅值很大，此时经接地体流出的电流密度 ρ 也很大，这样会在接地体表面附近的土壤中产生很大的电场强度（$E = \rho\delta$）。当该电场强度超过土壤的击穿场强时，接地体周围的土壤会发生击穿并产生局部火花放电，使土壤电导增大，其效果相当于增大了接地体的有效尺寸，因而使冲击接地电阻减小。

同一接地装置在幅值很高的雷电冲击电流的作用下，由于电极周围局部土壤击穿的电火花使其冲击接地电阻小于工频接地电阻的这一现象就称为火花效应。

2. 电感效应，使冲击接地电阻大于工频接地电阻

雷电流的等值频率高，会使接地装置本身呈现明显的电感作用，它会阻止雷电流向接地

体的远端流去，其结果将使得远端的接地体得不到充分利用，使接地体的冲击接地电阻高于工频接地电阻，这一现象称为电感效应。

3. 接地装置的冲击系数 α_{ch}

$$\alpha_{ch} = \frac{R_{ch}}{R_g} \qquad (12\text{-}18)$$

式中：R_{ch} 为冲击接地电阻，R_g 为工频接地电阻。

12.4.3 防雷接地装置的形式及其电阻估算方法

（一）接地装置的形式

接地装置 $\begin{cases} \text{自然接地装置：是指现成的钢筋混凝土杆、铁塔基础、发电厂和变} \\ \qquad\qquad\text{电所的构架基础等可以直接加以利用的接地物体。} \\[2ex] \text{人工接地装置} \begin{cases} \text{以垂直接地体为主的垂直接地体} \\ \text{以各种形状水平接地体为主的水平接地体} \\ \text{由水平接地体和垂直接地体混合组成的复合接地装置} \end{cases} \end{cases}$

水平接地体一般是作为发电厂、变电所等大型接地网的主要接地方式；垂直接地体一般是作为避雷针、避雷线、避雷器等需要集中接地电力设施的主要接地方式；另外，在发电厂、变电所等大型接地网的建设中还常常采用复合接地装置。

（二）接地电阻估算公式

1. 单根垂直接地体

当 $l \gg d$ 时：

$$R_g = \frac{\rho}{2\pi l} \ln \frac{8l}{d} - 1 \quad (\Omega) \qquad (12\text{-}19)$$

式中：ρ——土壤电阻率，$\Omega \cdot m$；

l——接地体的长度，m；

d——接地体的直径，m。

如果接地体不是用钢管或圆钢制成，那么可以将别的钢材的几何尺寸按下面的公式折算成等效的圆钢直径，然后再利用式（12-19）进行计算。当采用扁钢时，取等效直径 $d = 0.5b$，b 是扁钢宽度；当采用角钢时，取 $d = 0.84b$，b 是角钢每边宽度。

2. 多根垂直接地体

由于多根并联垂直接地体在扩散电流时相互之间会存在屏蔽影响，造成散流困难，故 n 根垂直接地体并联后的接地电阻并不等于 $\frac{R_g}{n}$，而是要更大一些。此时的接地电阻为：

$$R_g' = \frac{R_g}{n\eta} \qquad (12\text{-}20)$$

式中：η—— 利用系数 < 1。

3. 水平接地体

$$R_g = \frac{\rho}{2\pi l}(\ln\frac{l^2}{dh} + A) \qquad (12\text{-}21)$$

式中： h——水平接地体埋深，m；

l——水平接地体的总长度，m；

A——形状系数，表 12-1 列出了不同形状水平接地体的形状系数，它反映了因受屏蔽影响而使接地电阻增加的系数。

d——接地体的直径，m。当采用扁钢时 $d = 0.5b$ ， b 是扁钢宽度；当采用角钢时 $d = 0.84b$ ， b 是角钢每边宽度。

表 12-1 水平接地体的形状系数

序号	1	2	3	4	5	6	7	8
接地体形状	—	∟	人	○	＋	□	✳	✳
形状系数	-0.6	-0.18	0	0.48	0.89	1	3.03	5.65

4. 接地网

发电厂与变电所的接地，一般采用以水平接地体为主组成的接地网。接地网的接地电阻可用以下公式进行简单估算：

$$R = \frac{0.44\rho}{\sqrt{S}} + \frac{\rho}{l} \approx 0.5\frac{\rho}{\sqrt{S}} \qquad (12\text{-}22)$$

式中： l——接地体（包括水平与垂直）总长度，m；

S——接地网的总面积，m²。

5. 接地体的利用系数 η

多根垂直接地体之间或者复式接地装置的各个接地体之间会存在相互屏蔽作用，它将妨碍每个接地体向土壤中扩散电流，使接地装置的利用情况变差。因此，这些接地装置的总电导会小于各个接地体电导之和，通常可用利用系数 η （ $\eta < 1$ ）来表示。

6. 过分伸长接地体由于电感效应对防雷接地作用有限

在土壤电阻率较高的岩石地区，通常通过加大接地体的尺寸、增加水平埋设的扁钢长度等伸长接地体的方式来减少接地电阻。但对于防雷接地，由于雷电流等值频率很高，过分伸长接地体会由于电感效应使接地装置后面部分的接地体实际上根本就没有起到散流作用。通常，伸长接地体只是在 40～60m 的范围内有效，超过这一范围接地阻抗基本上就不再变化（值得指出的是，若此时采用接地电阻摇表进行测量，可能会发现接地电阻还是在明显减少，这是因为此时测得的是工频接地电阻而不是冲击接地电阻）。

7. 由上面的讨论可知，由于电感效应，防雷接地一般都需要就地集中埋设。

12.4.4　发电厂和变电所的接地

1. 首先根据安全接地和工作接地要求, 敷设一个整个变电所和发电厂的统一的接地大网。

2. 然后再在避雷针、避雷线和避雷器下面加设局部的集中接地体以满足防雷接地的要求。

值得指出的是, 由于电感效应不可以采用前者(全所或全厂的统一接地网)代替后者(集中防雷接地)。

12.4.5　输电线路的防雷接地

每一基杆塔下面一般都应敷设集中接地体, 并与避雷线可靠连接。

习题 12

12-1　雷电流是怎样定义的?

12-2　试分析排气式避雷器与保护间隙的异同点。

12-3　说明阀式避雷器中残压、灭弧电压、保护比和切断比的定义和含义。

12-4　与普通阀式避雷器相比较, 氧化锌避雷器具有哪些明显的优势?

12-5　某原油罐直径为 10m, 高出地面 10m, 若采用单根避雷针保护, 且要求避雷针与罐距离不得少于 5m, 试计算该避雷针应有的高度。

12-6　某 220kV 变电所, 土壤电阻率为 $3 \times 10^2 \Omega \cdot m$, 变电所面积为 $100 \times 100 m^2$, 试估算该变电所接地网工频接地电阻。

第13章

输电线路的防雷保护

本章主要介绍了输电线路上的两种过电压——感应雷过电压和直击雷过电压的产生及计算方法；同时介绍了提出衡量输电线路防雷性能的两个重要指标：耐雷水平和雷击跳闸率，以及它们的计算方法；最后阐述了输电线路的主要防雷措施。

13.1 概述

13.1.1 输电线路的防雷性能（耐雷性能）指标

衡量输电线路防雷性能（耐雷性能）优劣主要有两个技术指标：耐雷水平和雷击跳闸率。线路的耐雷水平越高、雷击跳闸率越低，则线路的耐雷性能越好。

13.1.2 耐雷水平

雷击线路时尚不至于使其绝缘发生闪络的最大雷电流幅值（kA）称为线路的耐雷水平。显然，低于耐雷水平的雷电流击于线路不会使线路绝缘发生闪络。

13.1.3 雷击跳闸率

雷击跳闸率是指在统一折算到每年雷暴日数 $T_d = 40$ 的条件下，每 100km 长的输电线路每年因雷击而引起的跳闸次数，其单位为"次/（100km·40 雷暴日·年）"。

由于实际中线路长度不可能正好等于 100km，线路所在地区的雷暴日数也不可能正好是 40，但为了评估位于不同地区、长度各异的输电线路的耐雷性能，必须将它们折算到相同的条件（100km，40 雷暴日）下，只有这样才能进行相互比较。因此，通过雷击跳闸率这一指标可以衡量和比较各地区输电线路的耐雷性能优劣。

13.1.4 输电线路上的大气过电压种类

输电线路上出现的大气过电压主要有直击雷过电压和感应雷过电压两种。一般直接雷过电压对电力系统的危害更严重。

13.2 输电线路的感应雷过电压

13.2.1 感应雷过电压的形成机理

当雷电放电的先导通道带着与雷云同号的电荷（通常是负电荷）向大地发展时，先导与大地间的电场如图 13-1（a）所示。沿导线轴线方向的电场强度分量 E_x 将导线两端与雷云异号的正电荷吸引到靠近先导通道的一段导线上，成为束缚电荷；导线上的负电荷则由于 E_x 的排斥作用而使其向两端运动，经线路的泄漏电导和系统的中性点而流入大地。但因为此时先导通道发展速度不大，所以导线上电荷的运动也很缓慢，由此而引起的导线中的电流也很小。同时由于导线对地泄漏电导的存在，导线电位将与远离雷云处的导线电位相同，如果忽略线路工作电压，就可以认为此时导线的电位仍然保持零电位。即在导线高度处，由导线上正束缚电荷产生的电位正好被先导通道的负电荷产生的电位所抵消。

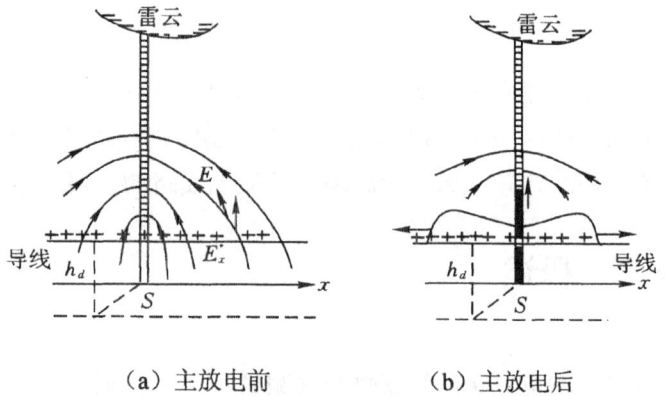

（a）主放电前　　　　（b）主放电后

图 13-1　感应雷过电压形成示意图

h_d —导线高度；S —雷击点与导线间的距离

当雷电先导击中线路附近的地面并开始主放电时，先导通道中的负电荷自下而上被迅速中和，由先导通道中负电荷所产生的电场迅速减弱，使导线上的正束缚电荷得到迅速释放，形成电压波（正极性）沿导线向两侧运动，这种由于先导通道中电荷所产生的静电场突然消失而引起的感应电压称为感应过电压的静电分量。与此同时，主放电过程中所产生的强大雷电流会在雷电通道周围空间建立起一个强大的脉冲磁场，使导线上产生很高的感应电压，由于先导通道中雷电流所产生的磁场变化而引起的感应电压称为感应过电压的电磁分量。

综上所述，感应过电压包括静电和电磁两个分量。感应过电压的静电分量是由先导通道中电荷所产生的静电场突然消失而引起的；而感应过电压的电磁分量则是由雷电通道中强大的雷电流所产生的磁场变化而引起的。

13.2.2 感应过电压的特点

（1）感应过电压的极性与雷电的极性正好相反。

（2）感应过电压同时存在于三相导线，相间不存在电位差，故一般只能引起相对地闪络，而不会产生相间闪络。

（3）感应过电压的幅值不高，一般不会超过 500kV，因此，它对 110kV 及以上电压等级线路的绝缘不会构成威胁，仅在 35 kV 及以下的水泥杆线路中可能会产生一些闪络事故。

13.2.3　感应过电压的计算

1. 当雷击点离开线路的距离 S（垂直距离）大于 65m 时，导线上感应过电压的计算

此时雷往往会击中附近地面和周围其它物体，而不会击中线路。根据线路是否架设避雷线，可以分以下两种情况分别计算线路上的感应过电压。

（1）导线上方无避雷线。导线上的感应过电压最大值 U_{gd}（kV）为：

$$U_{gd} = 25\frac{I \times h_d}{S} \tag{13-1}$$

式中：S——雷击点与线路的垂直距离，m；

　　　h_d——导线悬挂的平均高度，m；

　　　I——雷电流幅值（kA）。

（2）导线上方挂有避雷线，导线上的感应雷过电压最大值 U_{gd}（kV）为：

$$U'_{gd} = U_{gd}(1 - k_0\frac{h_b}{h_d}) \tag{13-2}$$

式中：k_0——为避雷线与导线间的几何耦合系数；

　　　h_d——导线悬挂的平均高度；

　　　h_b——避雷线悬挂的平均高度。

式（13-1）和（13-2）只适用于 $S > 65m$ 的情况。更近的落雷，事实上将因线路的引雷作用而直接击于线路。当雷击杆塔或杆塔附近的避雷线（针）时，导线上感应过电压应该采用下面公式进行计算。

2. 雷击线路杆塔时，导线上感应过电压的计算

（1）无避雷线的线路

$$U_{gd} = ah_d \tag{13-3}$$

式中：a——感应过电压系数，kV/m，其数值等于以 kA/μs 计的雷电流平均陡度，即 $a = \frac{I}{2.6}$。

（2）有避雷线的线路

$$U'_{gd} = ah_d(1 - k_0\frac{h_b}{h_d}) \tag{13-4}$$

13.3　输电线路的直击雷过电压和耐雷水平

输电线路遭受直击雷可能出现下面三种不同的情况，如图 13-2 所示：

（1）雷击杆塔塔顶及塔顶附近避雷线（以下简称雷击塔顶），可能会造成"反击"，使线路绝缘子发生冲击闪络；

（2）雷击档距中央的避雷线，可能会造成导、地线之间的空气间隙发生击穿；

（3）雷绕过避雷线而击于导线，也称绕击，通常会造成线路绝缘子串发生冲击闪络。

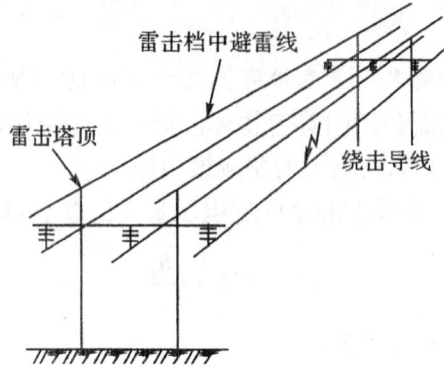

图 13-2　有避雷线线路发生直击雷的三种可能情况

13.3.1　雷击杆塔塔顶时的线路耐雷水平

1. "反击"的概念

在图 13-3 中，当雷击杆塔时，极大部分雷电流 i_{gt} 会通过杆塔接地装置流入大地。巨大的雷电流会在杆塔电感和杆塔接地电阻上产生很高的电位，使原来应该被认为电位为零的接地杆塔反而带上了高电位。此时杆塔将通过绝缘子串对导线逆向放电，造成闪络。由于这种闪络是由接地杆塔的电位升高所引起的，故又称为"反击"。

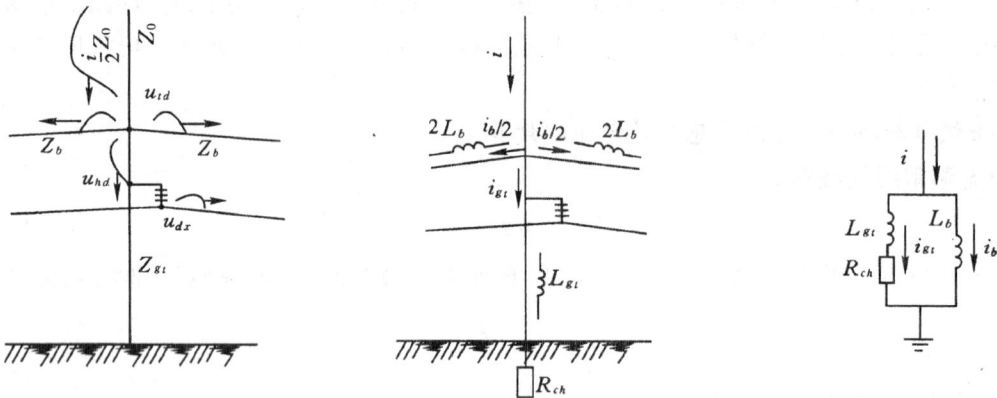

（a）雷击塔顶时的电位分布　　　（b）雷击塔顶时的电流分布　　　（c）计算塔顶电位的等效电路

图 13-3　雷击塔顶

2. 雷击塔顶时，作用于绝缘子串上的各个电压分量与绝缘子串两端电压之间的关系

（1）绝缘子串杆塔一侧横担高度处的电位 U_{hd}

U_{hd} 是由流过杆塔部分的雷电流分量 i_{gt} 在杆塔横担至大地之间的塔身电感和杆塔接地电阻上产生的电压降，显然，它与雷击具有相同的极性。

（2）绝缘子串导线一侧的电位 U_{dx}，它包括以下三个电压分量：

①感应过电压分量 U'_{gd}

根据上一节的讨论可知，雷击塔顶时会在导线上产生与雷电极性相反的感应过电压，可以由公式（13-4）计算得到。

②耦合电压分量 kU_{td}

雷电流通过杆塔电感和杆塔接地电阻时会在杆塔顶部产生很高的电压，又称塔顶电位，用 U_{td} 表示。该塔顶电位 U_{td} 将以过电压波的形式向两侧避雷线传去，由此将会通过耦合在导线上产生耦合电压分量 kU_{td}。显然，它与塔顶电位 U_{td} 具有相同的极性，即与雷击同极性。

③导线工作电压

导线上工作电压的极性是不断交替变化的，从严考虑应取其与雷击反极性，此时作用于绝缘子串上的电压更大，情况更严重。但在通常的情况下，由于导线上的工作电压不大，一般可以忽略不予考虑。

综上所述，导线上的电位为：

$$U_{dx} = kU_{td} - U'_{gd}$$

（3）作用于绝缘子串两端的电压 U_j

线路绝缘子串上两端总的电压 U_j 应该是杆塔横担高度处电位 U_{hd} 和导线电位 U_{dx} 两者之差，即：

$$U_j = U_{hd} - U_{dx} = U_{hd} - kU_{td} + U'_{gd} \tag{13-5}$$

式中：k ——导、地线之间考虑电晕修正的耦合系数。

3. 线路绝缘子串上两端电压幅值 U_j 的计算

根据雷击塔顶时雷电流的分布及等值电路图（如图 13-3 所示），假设雷击塔顶时流过的总的雷电流为 i，考虑到两侧避雷线的分流作用，流过杆塔的电流 i_{gt} 肯定会小于总的雷电流 i，通常把杆塔的电流 i_{gt} 与雷电流 i 的比值定义为杆塔分流系数 β。显然，它一定小于 1，β 的具体取值可参见表 13-1。

表 13-1　一般长度档距的线路杆塔分流系数 β

线路额定电压（kV）	避雷线根数	β 值
110	1 2	0.90 0.86
220	1 2	0.92 0.88
330	2	0.88
500	2	0.88

由杆塔分流系数，即可得到流经杆塔的电流 i_{gt} 为：

$$i_{gt} = \beta i \tag{13-6}$$

由此可以得到塔顶电位 U_{td} 为：

$$u_{td} = R_{ch}i_{gt} + L_{gt}\frac{di_{gt}}{dt} = \beta R_{ch}i + \beta L_{gt}\frac{di}{dt} \qquad (13\text{-}7)$$

式中： R_{ch} ——杆塔接地电阻，Ω；

L_{gt} ——杆塔总电感，μH；

应该指出，如果杆塔很高（例如大于 40m），就不宜再用一集中参数电感 L_{gt} 来表示，而应该采用分布参数杆塔波阻抗 Z_{gt} 来进行计算，表 13-2 中同时也列出了杆塔波阻抗的参考值。

表 13-2　杆塔电感和波阻抗的参考值

杆塔型式	杆塔单位高度电感（μH/m）	杆塔波阻抗（Ω）
无拉线钢筋混凝土单杆	0.84	250
有拉线钢筋混凝土单杆	0.42	125
无拉线钢筋混凝土双杆	0.42	125
铁塔	0.50	150
门型铁塔	0.42	125

杆塔横担高度处电位 U_{hd} 为：

$$u_{hd} = R_{ch}i_{gt} + L_{gt}\frac{h_h}{h_g}\frac{di_{gt}}{dt} = \beta R_{ch}i + \beta L_{gt}\frac{h_h}{h_g}\frac{di}{dt} \qquad (13\text{-}8)$$

式中： h_h ——横担对地高度，m；

h_g ——杆塔对地高度，m。

取雷电流的波前陡度 $\dfrac{di}{dt}$ 为其平均陡度，即 $\dfrac{di}{dt} = \dfrac{I}{2.6}$ ；并取雷电流 i 为其幅值 I ，则可得到各个电压的幅值。

塔顶电位幅值 U_{td} 为：

$$U_{td} = \beta R_{ch}I + \beta L_{gt}\frac{I}{2.6} = \beta I\left(R_{ch} + \frac{L_{gt}}{2.6}\right) \qquad (13\text{-}9)$$

杆塔横担高度处电位幅值 U_{hd} 为：

$$U_{hd} = \beta R_{ch}I + \beta L_{gt}\frac{h_h}{h_g}\frac{I}{2.6} = \beta I\left(R_{ch} + \frac{L_{gt}}{2.6}\frac{h_h}{h_g}\right) \qquad (13\text{-}10)$$

由公式（13-4）可得感应雷击过电压幅值 U'_{gd} 为：

$$U'_{gd} = ah_d\left(1 - k_0\frac{h_b}{h_d}\right) = \frac{I}{2.6}h_d\left(1 - \frac{h_b}{h_d}k_0\right) \qquad (13\text{-}11)$$

式中： h_d ——导线对地的平均高度，m；

h_b ——避雷线对地的平均高度，m；

k_0 ——导线、避雷线之间的几何耦合系数。

把式（13-9）、（13-10）、（13-11）分别代入式（13-5），即可推得线路绝缘子串上两端电压幅值 U_j 为：

$$U_j = \beta I(R_{ch} + \frac{L_{gt}}{2.6}\frac{h_h}{h_g}) - k\beta I(R_{ch} + \frac{L_{gt}}{2.6}) + \frac{I}{2.6}h_d(1 - \frac{h_b}{h_d}k_0)$$

$$= I[(1-k)\beta R_{ch} + (\frac{h_h}{h_g} - k)\beta\frac{L_{gt}}{2.6} + (1 - \frac{h_b}{h_d}k_0)\frac{h_d}{2.6}]$$

（13-12）

4. 雷击塔顶时线路的耐雷水平 I_1 的计算

当绝缘子串两端电压 U_j 超过线路绝缘子串的 50%冲击放电电压时，即 $U_j > U_{50\%}$ 时，导线与杆塔之间将发生闪络，造成"反击"，由此可得出雷击塔顶时线路的耐雷水平 I_1 为：

$$I_1 = \frac{U_{50\%}}{(1-k)\beta R_{ch} + (\frac{h_h}{h_g} - k)\beta\frac{L_{gt}}{2.6} + (1 - \frac{h_b}{h_d}k_0)\frac{h_d}{2.6}}$$

（13-13）

一般绝缘子串的 $U_{50\%}$ 在导线为正极性时较低。因为流入杆塔的雷电流大多数是负极性的，此时导线相对于杆塔处于正极性，因此，$U_{50\%}$ 应取绝缘子串的正极性 50%冲击放电电压。

5. 提高"反击"耐雷水平 I_1 的措施

如果雷击杆塔时雷电流超过线路的耐雷水平 I_1，就会引起线路闪络，造成"反击"。为了减少反击，我们必须提高线路的耐雷水平，由式（13-13）可以看出，提高"反击"耐雷水平 I_1 的措施主要有：

（1）加强线路绝缘（即提高 $U_{50\%}$）；

（2）降低杆塔接地电阻 R_{ch}；

（3）增大耦合系数 k；

（4）增大地线分流以降低杆塔分流系数 β，常用措施是将单避雷线改为双避雷线或在导线下方加装耦合地线。

13.3.2 雷击避雷线档距中央

1. 等值电路图及雷击点的电压

雷击避雷线档距中央如图 13-4（a）所示，根据彼德逊法则可画出它的等值电路图，如图 13-4（b）所示。于是雷击点 A 的电压 u_A 为：

$$u_A = 2 \times (\frac{i}{2}Z_0) \times \frac{\frac{Z_b}{2}}{Z_0 + \frac{Z_b}{2}} = i\frac{Z_0 Z_b}{2Z_0 + Z_b}$$

（13-14）

式中：i——雷电流。在计算中可以近似地取 $Z_0 = \frac{Z_b}{2}$。代入式（13-14）可得：

$$u_A = \frac{Z_b}{4}i$$

（13-15）

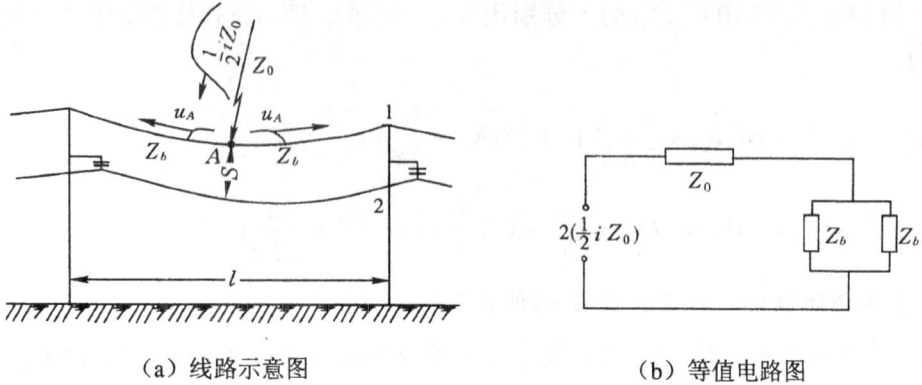

（a）线路示意图　　　　　　　　（b）等值电路图

图 13-4　雷击避雷线档距中央及其等值电路图

1—避雷线；2—导线；Z_0—雷电通道的波阻抗；Z_b—避雷线波阻抗

S—避雷线与导线之间的空气间隙；i—雷电流

2. 避雷线与导线之间的空气间隙 S 上所承受的最大电压

若雷电流取为斜角波头，即 $i = at$，代入式（13-15）则可得到：

$$u_A = \frac{Z_b}{4} at \tag{13-16}$$

因此，雷击点 A 处的电压 u_A 将随着时间的增加而线性增加。同时，这一电压波 u_A 将沿两侧避雷线向相邻杆塔传播，经过 $0.5\dfrac{l}{v}$ 时间（l 为档距长度——即两个杆塔之间的距离，v 为避雷线中的波速）到达杆塔。由于杆塔接地，在该处将发生电压的负反射，于是一个负的电压反射波将开始向雷击点 A 回传，又经过 $0.5\dfrac{l}{v}$ 时间，该负反射电压波到达 A 点，于是 A 点的电压 u_A 不再继续升高，此时 A 点电压达到最大值 U_A，即：

$$U_A = \frac{aZ_b l}{4v} \tag{13-17}$$

由于避雷线与导线之间的耦合作用，在导线上将产生耦合电压 kU_A，故雷击处避雷线与导线间的空气间隙 S 上所承受的最大电压 U_A 可以采用下式表示：

$$U_S = U_A(1-k) = \frac{aZ_b l}{4v}(1-k) \tag{13-18}$$

从式（13-18）可知，雷击避雷线档距中央时，雷击处避雷线和导线之间的空气间隙上的电压 U_S 与雷电流陡度 a 成正比，与档距长度 l 成正比。当该电压超过空气间隙的放电电压时，间隙将被击穿造成短路事故。为了防止该空气间隙被击穿，通常采取的办法是保证避雷线与导线之间有足够的空间距离 S。

根据理论分析和运行经验，我国规程规定档距中央导、地线之间的空气距离 S（m）可按下列经验公式选取：

$$S = 0.012l + 1 \tag{13-19}$$

式中：l——档距长度，m。

　　S——导线与避雷线之间的距离，m。

　　长期的运行经验表明，只要按上式确定档距中央导、地线之间的空气距离 S，雷击档中避雷线时，导、地线之间的空气间隙一般不会发生击穿。

　　考虑实际输电线路在设计时，通常都会满足 $S \geq 0.0121 + 1$ 这一条件，因此在计算线路的雷击跳闸率时，一般可以不必再计入雷击避雷线档中的这种情况。

13.3.3　绕击导线时的线路耐雷水平

1. 雷击点的电压

　　绕击导线的情况如图 13-5 所示，与式（13-15）的推导完全相类似，可以推导出此时雷击点 d 的电压 U_d 亦为：

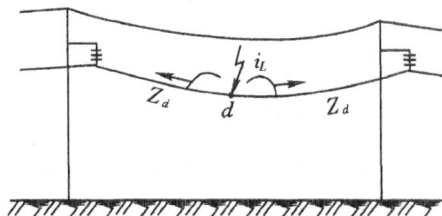

图 13-5　绕击导线

$$U_d = \frac{Z_d}{4} i$$

考虑过电压情况下导线上会出现电晕，取 Z_d 为 $400\,\Omega$，故有：

$$U_d = 100i \tag{13-20}$$

式中：i——雷电流。

2. 绕击导线时的线路耐雷水平 I_2 的计算

　　如果绕击时导线上的电压 U_d 超过绝缘子串的 50% 冲击闪络电压 $U_{50\%}$，则导线将发生冲击闪络。因此，绕击导线时的线路耐雷水平为：

$$I_2 = \frac{U_{50\%}}{100} \tag{13-21}$$

13.3.4　"反击"和"绕击"的线路耐雷水平的比较

表 13-3　有避雷线线路的反击耐雷水平和绕击耐雷水平比较

额定电压 U_n（kV）	110	220	330	500
反击耐雷水平 I_1（kA）	40～75	80～120	100～150	125～175
雷电流超过 I_1 的概率 P（%）	35～14	12～4	7～2	4～1
绕击耐雷水平 I_2（kA）	7	12	16	22
雷电流超过 I_2 的概率 P（%）	83	73	66	56

1. 线路的绕击耐雷水平较反击耐雷水平低得多。

2. 一旦线路发生绕击，大多数情况下都会使线路发生冲击闪络。即使对于 500 kV 的超高压线路，绕击时发生冲击闪络的概率也超过 56%。

3. 雷击塔顶时，大多数情况下线路都不会发生冲击闪络。对于 500 kV 的超高压线路，反击时发生冲击闪络的概率仅为 1～4%。

13.4　线路的雷击跳闸率

引起输电线路雷击跳闸，需要满足以下两个条件：

（1）雷电流超过线路耐雷水平，引起线路绝缘发生冲击闪络；

（2）当极短暂的雷电波过去后，冲击闪络有可能在导线上工作电压的作用下转变成稳定的工频电弧。一旦形成稳定的工频电弧，导线上将持续流过工频短路电流，从而造成线路跳闸停电。

13.4.1　建弧率

1. 建弧率：是指冲击闪络转变为稳定工频电弧的概率，用 η（%）来表示。

2. 建弧率的计算

冲击闪络转为稳定工频电弧的概率与闪络通道中的平均运行电压梯度有关，根据实验运行经验，建弧率 η（%）可用下式表示：

$$\eta = 4.5E^{0.75} - 14（\%）\qquad（13\text{-}22）$$

式中：E——绝缘子串的平均运行电压梯度，kV（有效值）/m。

对中性点直接接地系统：

$$E = \frac{U_n}{\sqrt{3}l_j}\qquad（13\text{-}23）$$

对中性点非直接接地系统（中性点绝缘或经消弧线圈接地）：

$$E = \frac{U_n}{2l_j + l_m}\qquad（13\text{-}24）$$

上两式中：U_n——线路额定电压（有效值），kV；

l_j——绝缘子串闪络距离，m；

l_m——木横担线路的线间距离，m。对铁横担和水泥横担线路，则 $l_m = 0$。

对于中性点不接地系统，单相闪络不会引起跳闸。只有在第二相导线也发生闪络时，才会造成相间短路而跳闸。因此，对于式（13-24），放电距离应该为绝缘子串长度的两倍，即 $2l_j$。

若 $E \leq 6$kV（有效值）/m 时，则建弧率很小，可近似认为 $\eta = 0$。

13.4.2　击杆率和绕击率的概念

1. 击杆率

雷击塔顶的次数与雷击线数总次数之比称为击杆率，用 g 表示。

根据运行经验，规程推荐击杆率取值如表 13-4 所示，由此即可计算出线路上雷击塔顶的次数。如果一条线路上的雷击线数总次数为 N，则该线路雷击塔顶的次数为 N_g。

表 13-4　击杆率

地形 ＼ 避雷线根数	0	1	2
平原	1/2	1/4	1/6
山区	—	1/3	1/4

2. 绕击率

通常把雷绕过避雷线击于导线（绕击）的次数与雷击线路总次数之比称为绕击率，用 P_α 表示。

显然，如果一条线路的雷击线路总次数为 N，则该线路上发生绕击的次数为 NP_α。

模拟试验和多年的现场运行经验表明，绕击概率与避雷线对外侧导线的保护角、杆塔高度和线路经过地区的地形地貌和地质条件有关，规程建议用下列公式计算：

$$\left. \begin{array}{l} 对平原线路：\lg P_\alpha = \dfrac{\alpha\sqrt{h}}{86} - 3.9 \\[3mm] 对山区线路：\lg P_\alpha = \dfrac{\alpha\sqrt{h}}{86} - 3.35 \end{array} \right\} \qquad (13\text{-}25)$$

式中：α——保护角，(°)；

$\qquad h$——杆塔高度，m。

山区线路因地面附近的空间电场受山坡地形等影响，其绕击率通常比平原线路高得多，一般大约为平原线路的 3 倍左右。

13.4.3　线路雷击跳闸率的计算

1. 对于有避雷线线路，雷击跳闸率 n 的计算一般只包括反击和绕击两种情况。

对于 110kV 及以上的输电线路，雷击线路附近地面时的感应过电压一般不会引起闪络。而在雷击档距中央避雷线时，由于在设计中导线与避雷线之间的距离一般都能满足 $S \geqslant 0.0121 + 1$ 这一条件，可以认为导、地线间的空气间隙不会发生击穿，故在计算线路的雷击跳闸率时一般也不必再计入这种情况。因此，在求 110kV 及以上有避雷线线路的雷击跳闸率时，一般只考虑雷击塔顶和雷绕击于导线这两种情况，然后将两者的结果相加即可得到线路的雷击跳闸率。

2. 雷击塔顶时的反击跳闸率 n_1 的计算

雷击塔顶时的反击跳闸率 n_1 [次/（100km·40 雷暴日·年）]可用下式表示：

$$n_1 = NgP_1\eta \qquad (13\text{-}26)$$

式中：N——每 100km 线路每年（40 个雷暴日）落雷次数，根据式（12-10）可得：

$\qquad N = 0.28(b + 4h)$ 次/（100km·40 雷暴日·年）；

$\qquad g$——击杆率，规程建议击杆率可取表 13-4 的数值；

$\qquad P_1$——雷电流幅值超过雷击塔顶耐雷水平 I_1 的概率，它可由式（12-2）计算得到，而耐

雷水平 I_1 则可以由式（13-13）计算得到；

η——建弧率，它可由式（13-23）或（13-24）计算得到。

显然，Ng 为在雷暴日数 $T_d = 40$ 的条件下每 100km 线路每年雷击塔顶的总次数；NgP_1 为上述雷击塔顶次数中，雷电流幅值超过线路反击耐雷水平 I_1 的次数，即在该种情况下绝缘子串发生冲击闪络的次数；$NgP_1\eta$ 为上述冲击闪络次数中最后形成稳定工频电弧、产生工频短路的次数，也就是该种情况下雷击跳闸的次数——即反击跳闸率 n_1。

3. 绕击导线时的绕击跳闸率 n_2 的计算

线路的绕击跳闸率 n_2 [次/（100km·40 雷暴日·年）]可由下式表示：

$$n_2 = NP_a P_2 \eta \tag{13-27}$$

式中：P_2——雷电流峰值超过绕击耐雷水平 I_2 的概率，它可由式（12-2）计算得到，而耐雷水平 I_2 则可以由式（13-21）计算得到；

P_a——绕击率，可由式（13-25）计算得到。

相类似地，NP_a 为在雷暴日数 $T_d = 40$ 的条件下，每 100km 线路每年发生绕击的总次数；$NP_a P_2$ 为上述绕击次数中雷电流幅值超过线路绕击耐雷水平 I_2 的次数，即在该种情况下绝缘子串发生冲击闪络的次数；$NP_a P_2 \eta$ 为上述冲击闪络次数中最后形成稳定工频电弧、产生工频短路的次数，也就是该种情况下雷击跳闸的次数——即绕击跳闸率 n_2。

4. 线路雷击跳闸率 n 的计算

输电线路雷击跳闸率 n [次/（100km·40 雷暴日·年）]为反击跳闸率 n_1 和绕击跳闸率 n_2 之和，即：

$$n = n_1 + n_2 = N(gP_1 + P_a P_2)\eta \tag{13-28}$$

5. 线路实际年雷击跳闸次数的计算

如果线路雷击跳闸率为 n，线路所在地区的雷暴日数为 T_d，线路实际长度为 L，则该线路的实际年雷击跳闸次数为：

$$n' = \frac{L}{100} \times \frac{T_d}{40} \times n \tag{13-29}$$

13.4.4 输电线路雷击跳闸率的典型算例

【例 13-1】 某地区 110kV 单避雷线线路如图 13-6 所示，绝缘子串由 7×X-4.5 组成，每片绝缘子的高度 $H = 0.146m$，其正级性 $U_{50\%}$ 为 700kV，避雷线半径 $r = 3.9mm$，导线弧垂 5.3m，避雷线弧垂 2.8m，杆塔冲击接地电阻 $R = 7\Omega$，求该线路的耐雷水平及雷击跳闸率。

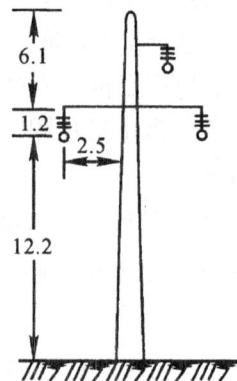

图 13-6 110kV 钢筋混凝土单杆（例 13-1 图）

解 ：（1）计算避雷线和导线对地的平均高度 h_b 和 h_d 以及横担和杆塔对地高度 h_h 和 h_g。

如图 13-6 所示，避雷线在杆塔顶端悬挂点距地面高度为：

$$h = 12.2 + 1.2 + 6.1 = 19.5\text{m}$$

由于避雷线弧垂 $h' = 2.8\text{m}$，避雷线对地的平均高度 h_b 为：

$$h_b = h - \frac{2}{3}h'$$

$$= 19.5 - \frac{2}{3} \times 2.8 = 17.6 \quad \text{m}$$

下导线在杆塔处的悬挂点高度 $h = 12.2$ m，导线弧垂 $h' = 5.3$ m，导线对地的平均高度 h_d 为：

$$h_d = h - \frac{2}{3}h'$$

$$= 12.2 - \frac{2}{3} \times 5.3 = 8.66 \quad \text{m}$$

杆塔对地高度：$h_g = 19.5 \quad$ m

横担对地高度：$h_h = 12.2 + 1.2 = 13.4 \quad$ m。

（2）计算单避雷线对下导线的几何耦合系数 k_0 和耦合系数 k

避雷线对下导线的耦合系数比上导线的耦合系数为小，此时作用于线路绝缘子串上的过电压也较为严重，故取此作为计算条件。单避雷线对下导线的几何耦合系数 k_0 为：

$$k_0 = \frac{\ln\dfrac{\sqrt{26.26^2 + 2.5^2}}{\sqrt{8.94^2 + 2.5^2}}}{\ln\dfrac{2 \times 17.6}{0.0039}} = 0.114$$

考虑电晕影响，规程给出 110kV 单避雷线线路的电晕修正系数 $k_1 = 1.25$，故校正后的耦合系数为：

$$k = k_1 \cdot k_0 = 1.25 \times 0.114 = 0.143$$

（3）计算杆塔等值电感及分流系数

规程建议，无拉线钢筋混凝土单杆的电感可按 0.84μH/m 计算，故得：

$$L_{gt} = 0.84 \times 19.5 = 16.4 \quad \mu\text{H}$$

查表可得 110kV 单避雷线线路的杆塔分流系数为：

$$\beta = 0.90$$

（4）计算雷击杆塔时耐雷水平 I_1

$$I_1 = \frac{U_{50\%}}{(1-k)\beta R_{ch} + \left(\dfrac{h_h}{h_g} - k\right)\beta\dfrac{L_{gt}}{2.6} + \left(1 - \dfrac{h_b}{h_d}k_0\right)\dfrac{h_d}{2.6}}$$

$$= \frac{700}{(1-0.143) \times 0.90 \times 7 + \left(\dfrac{13.4}{19.5} - 0.143\right) \times 0.90 \times \dfrac{16.4}{2.6} + \left(1 - \dfrac{17.6}{8.66} \times 0.114\right) \times \dfrac{8.66}{2.6}}$$

$$= 63.4 \quad \text{kA}$$

（5）计算雷绕击于导线时的耐雷水平 I_2

$$I_2 = \frac{U_{50\%}}{100} = \frac{700}{100} = 7 \text{ kA}$$

（6）计算雷电流幅值超过耐雷水平的概率

根据雷电流幅值概率曲线公式：

$$\lg P = -\frac{I}{88}$$

雷电流幅值超过 I_1 的概率为：

$$P_1 = 19\%$$

雷电流幅值超过 I_2 的概率为：

$$P_1 = 83\%$$

（7）计算击杆率 g、绕击率 P_α 和建弧率 η

查表可得平原地区单避雷线的击杆率为：$g = \dfrac{1}{4}$，

查表可得山丘地区单避雷线的击杆率为：$g = \dfrac{1}{3}$，

线路保护角为：

$$\alpha = \arctan\left(\frac{2.5}{1.2 + 6.1}\right) = 18.9°$$

根据平原地区绕击率计算公式：

$$\lg P_\alpha = \frac{\alpha\sqrt{h_g}}{86} - 3.9 = \frac{18.9\sqrt{19.5}}{86} - 3.9 = -2.93$$

平原地区绕击率：$P_\alpha = 0.118\%$

根据山丘地区绕击率计算公式：

$$\lg P_\alpha = \frac{\alpha\sqrt{h_g}}{86} - 3.35 = \frac{18.9\sqrt{19.5}}{86} - 3.35 = -2.38$$

山丘地区绕击率：$P_\alpha = 0.417\%$

绝缘子串的平均运行电压梯度：

$$E = \frac{U_N}{\sqrt{3} \times l_j} = \frac{110}{\sqrt{3} \times 7 \times 0.146} = 62.1 \text{ kV/m}$$

建弧率：$\eta = 4.5E^{0.75} - 14 = (45 \times 62.1^{0.75} - 14)\% = 85.5\%$

（8）计算线路雷击跳闸率

$$n = N\eta(gP_1 + P_\alpha P_2) = 0.28(b + 4h_b)\eta(gP_1 + P_\alpha P_2)$$

$$= 0.28(0 + 4 \times 17.6) \times 0.855 \times (\frac{1}{4} \times \frac{19}{100} + \frac{0.118}{100} \times \frac{83}{100})$$

$$= 0.82 \text{ 次}/(100\text{km} \cdot 40雷暴日 \cdot 年)$$

山丘地区线路雷击跳闸率为：

$$n = N\eta(gP_1 + P_aP_2) = 0.28(b + 4h_b)\eta(gP_1 + P_aP_2)$$

$$= 0.28(0 + 4 \times 17.6) \times 0.855 \times (\frac{1}{3} \times \frac{19}{100} + \frac{0.417}{100} \times \frac{83}{100})$$

$$= 1.12 \quad 次/(100km \cdot 40雷暴日 \cdot 年)$$

【例 13-2】 平原地区 220kV 双避雷线线路如图 13-7 所示，绝缘子串由 $13 \times X$-4.5 组成，每片绝缘子的高度 $H = 0.146m$ ，其正级性 $U_{50\%}$ 为 1200kV ，避雷线半径 $r = 5.5mm$ ，导线弧垂 12m，避雷线弧垂 7m。试求：

（1）杆塔冲击接地电阻 $R = 7\Omega$ ，该线路的耐雷水平及雷击跳闸率。

（2）杆塔冲击接地电阻 $R = 15\Omega$ ，该线路的耐雷水平及雷击跳闸率。

解 ：一、杆塔冲击接地电阻 $R = 7\Omega$ 时

（1）计算避雷线和导线对地的平均高度 h_b 和 h_d、横担和杆塔对地高度 h_h 和 h_g 。

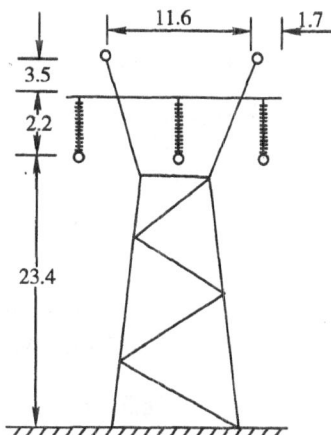

图 13-7 例 13-2 图（单位：m）

如图 13-7 所示，避雷线在杆塔顶端悬挂点距地面高度为：

$$h = 23.4 + 2.2 + 3.5 = 29.1 \text{ m}$$

避雷线弧垂 $h' = 7m$ ，避雷线对地的平均高度 h_b 为：

$$h_b = h - \frac{2}{3}h'$$

$$= 29.1 - \frac{2}{3} \times 7 = 24.5 \quad m$$

导线在杆塔处的悬挂点高度 $h = 23.4m$ ，导线弧垂 $h' = 12m$ ，导线对地的平均高度 h_d 为：

$$h_d = h - \frac{2}{3}h'$$

$$= 23.4 - \frac{2}{3} \times 12 = 15.4 \quad m$$

杆塔对地高度： $h_g = 23.4 + 2.2 + 3.5 = 29.1 \quad m$

横担对地高度： $h_h = 23.4 + 2.2 = 25.6 \quad m$

（2）计算双避雷线对外侧导线的几何耦合系数 k_0 和耦合系数 k

避雷线对外侧导线的耦合系数比对中相导线的耦合系数为小，此时作用于线路绝缘子串上的过电压也较为严重，故取作计算条件。双避雷线对外侧导线的几何耦合系数 k_0 为：

$$k_0 = \frac{\ln\frac{\sqrt{39.9^2 + 1.7^2}}{\sqrt{9.1^2 + 1.7^2}} + \ln\frac{\sqrt{39.9^2 + 13.3^2}}{\sqrt{9.1^2 + 13.3^2}}}{\ln\frac{2 \times 24.5}{0.0055} + \ln\frac{\sqrt{49^2 + 11.6^2}}{11.6}} = 0.229$$

考虑电晕影响，规程给出 $154\sim330\text{kV}$ 双避雷线线路的电晕修正系数 $k_1=1.25$，故校正后的耦合系数：

$$k = k_1 \cdot k_0 = 1.25 \times 0.229 = 0.286$$

（3）计算杆塔等值电感及分流系数

规程建议，铁塔的电感可按 $0.5\mu\text{H/m}$ 计算，故得：

$$L_{gt} = 0.5 \times 29.1 = 14.5 \quad \mu\text{H}$$

查表可得 220kV 双避雷线线路的杆塔分流系数 $\beta = 0.88$。

（4）计算雷击杆塔时耐雷水平 I_1：

$$I_1 = \frac{U_{50\%}}{(1-k)\beta R_{ch} + (\frac{h_h}{h_g} - k)\beta \frac{L_{gt}}{2.6} + (1 - \frac{h_b}{h_d} k_0)\frac{h_d}{2.6}}$$

$$= \frac{1200}{(1-0.286) \times 0.88 \times 7 + (\frac{25.6}{29.1} - 0.286) \times 0.88 \times \frac{14.5}{2.6} + (1 - \frac{24.5}{15.4} \times 0.229) \times \frac{15.4}{2.6}}$$

$$= 108.3 \quad \text{kA}$$

（5）计算雷绕击于导线时的耐雷水平 I_2：

$$I_2 = \frac{U_{50\%}}{100} = \frac{1200}{100} = 12 \quad \text{kA}$$

（6）计算雷电流幅值超过耐雷水平的概率

根据雷电流幅值概率曲线公式：

$$\lg P = -\frac{I}{88}$$

雷电流幅值超过 I_1 的概率为：

$$P_1 = 5.9\%$$

雷电流幅值超过 I_2 的概率为：

$$P_1 = 73.1\%$$

（7）计算击杆率 g、绕击率 P_α 和建弧率 η。

查表可得，平原地区双避雷线的击杆率：$g = \frac{1}{6}$

查表可得，山丘地区双避雷线的击杆率：$g = \frac{1}{4}$

线路保护角为：

$$\alpha = \arctan\left(\frac{1.7}{3.5 + 2.2}\right) = 16.6°$$

根据平原地区绕击率计算公式：

$$\lg P_\alpha = \frac{\alpha\sqrt{h_g}}{86} - 3.9 = \frac{16.6\sqrt{29.1}}{86} - 3.9 = -2.859$$

平原地区绕击率：$P_\alpha = 0.138\%$

根据山丘地区绕击率计算公式：

$$\lg P_\alpha = \frac{\alpha\sqrt{h_g}}{86} - 3.35 = \frac{16.6\sqrt{29.1}}{86} - 3.35 = -2.31$$

山丘地区绕击率：$P_\alpha = 0.491\%$

绝缘子串的平均运行电压梯度：

$$E = \frac{U_N}{\sqrt{3}\times l_j} = \frac{220}{\sqrt{3}\times 13\times 0.146} = 66.9 \text{ kV/m}$$

建弧率：$\eta = 4.5E^{0.75} - 14 = (45\times 66.9^{0.75} - 14)\% = 91.3\%$

（8）计算线路雷击跳闸率

平原地区线路雷击跳闸率为：

$$n = N\eta(gP_1 + P_\alpha P_2) = 0.28(b + 4h_b)\eta(gP_1 + P_\alpha P_2)$$

$$= 0.28\times(11.6 + 4\times 24.5)\times 0.913\times(\frac{1}{6}\times\frac{5.9}{100} + \frac{0.138}{100}\times\frac{73.1}{100})$$

$$= 0.30 \ \text{次}/(100\text{km}\cdot 40\text{雷暴日}\cdot\text{年})$$

山丘地区线路跳闸率为：

$$n = N\eta(gP_1 + P_\alpha P_2) = 0.28(b + 4h_b)\eta(gP_1 + P_\alpha P_2)$$

$$= 0.28\times(11.6 + 4\times 24.5)\times 0.913\times(\frac{1}{4}\times\frac{5.9}{100} + \frac{0.491}{100}\times\frac{73.1}{100})$$

$$= 0.51 \ \text{次}/(100\text{km}\cdot 40\text{雷暴日}\cdot\text{年})$$

二、杆塔冲击接地电阻 $R = 15\Omega$ 时

杆塔冲击接地电阻改变时仅会影响线路的反击耐雷水平，而对其它参数计算没有影响。此时的雷击杆塔时耐雷水平 I_1 为：

$$I_1 = \frac{1200}{(1 - 0.286)\times 0.88\times 15 + (\frac{25.6}{29.1} - 0.286)\times 0.88\times\frac{14.5}{2.6} + (1 - \frac{24.5}{15.4}\times 0.229)\times\frac{15.4}{2.6}}$$

$$= 74.5 \ \text{kA}$$

雷电流幅值超过 I_1 的概率为：

$$P_1 = 14.2\%$$

此时平原地区线路雷击跳闸率为：

$$n = N\eta(gP_1 + P_\alpha P_2) = 0.28(b + 4h_b)\eta(gP_1 + P_\alpha P_2)$$

$$= 0.28\times(11.6 + 4\times 24.5)\times 0.913\times(\frac{1}{6}\times\frac{14.2}{100} + \frac{0.138}{100}\times\frac{73.1}{100})$$

$$= 0.69 \ \text{次}/(100\text{km}\cdot 40\text{雷暴日}\cdot\text{年})$$

此时山丘地区线路雷击跳闸率为：

$$n = N\eta(gP_1 + P_\alpha P_2) = 0.28(b + 4h_b)\eta(gP_1 + P_\alpha P_2)$$

$$= 0.28 \times (11.6 + 4 \times 24.5) \times 0.913 \times (\frac{1}{4} \times \frac{14.2}{100} + \frac{0.491}{100} \times \frac{73.1}{100})$$

$$= 1.1 \quad 次/(100km \cdot 40雷暴日 \cdot 年)$$

13.5 输电线路的防雷措施

13.5.1 输电线路雷害事故发展的四个阶段及其相应的防护措施

1. 输电线路遭受雷击阶段

这一阶段可以采取的保护措施主要是架设避雷线，以避免雷电直击于导线，造成线路绝缘闪络。

2. 当雷电流超过线路耐雷水平时，线路绝缘发生冲击闪络阶段

这一阶段可以采取的对策主要就是提高线路耐雷水平，以避免线路绝缘发生冲击闪络。常用的保护措施主要有降低杆塔接地电阻；加强线路绝缘（如增加绝缘子串的片数等）；架设耦合地线等。

3. 冲击闪络转变为稳定的工频电弧，引起线路跳闸阶段

在这一阶段，对于 35kV 及以下的线路，可采用消弧线圈来大大降低冲击闪络转变为稳定工频电弧的概率（即减小建弧率 η），减少线路的雷击跳闸次数。

4. 在线路跳闸后再迅速恢复正常运行阶段（若不能迅速恢复正常运行，就会造成供电中止）

这一阶段可以采取的保护措施主要是在线路上装设自动重合闸装置。

13.5.2 输电线路常用的防雷保护措施

1. 架设避雷线

避雷线是高压和超高压输电线路最基本的防雷措施，其主要目的是防止雷直击于导线。此外，还对雷电流有分流作用，可以减少流入杆塔的雷电流，降低塔顶电位；另外，还可以通过对导线的耦合作用，降低雷击杆塔时作用于线路绝缘子串上的电压。

110kV 及以上的架空输电线路一般都沿全线装设避雷线。减小线路保护角 α 可以减少线路绕击。110kV 线路的保护角一般取 20°～30°；220kV～330kV 双避雷线线路，一般采用 20°左右；500kV 一般不大于 15°；山区线路宜采用较小的保护角。

2. 降低杆塔接地电阻

这是在提高线路耐雷水平、防止反击中，通常处于最优先考虑的常用主要保护措施。杆塔的工频接地电阻一般为 10～30Ω。线路杆塔工频接地电阻在雷季干燥时一般不宜超过表 13-5 所列数值。

表 13-5　线路杆塔的工频接地电阻

土壤电阻率（Ω·m）	100 及以下	100～500	500～1000	1000～2000	2000 及以上
接地电阻（Ω）	10	15	20	25	30

在土壤电阻率低的地区，应充分利用杆塔的自然接地电阻。在高土壤电阻率的地区，当降低接地电阻比较困难时，可以采用多根放射形水平接地体、连续伸长接地体、长效土壤降阻剂等措施。

3. 加强线路绝缘

主要有增加绝缘子串的片数、改用大爬距悬式绝缘子、增大塔头空气间距等。这样做固然也能提高线路的耐雷水平、降低建弧率，但实施起来往往局限性较大，难度也较大。因此通常作为后备保护措施。

4. 架设耦合地线

架设耦合地线通常是作为一种补救措施。它主要是在某些已经建成投运线路的雷击故障频发线路段上使用，通常是在导线下方再加装一条地线（又称耦合地线）。它可以加强地线的分流作用和增大导地线之间的耦合系数，从而提高线路的耐雷水平。运行经验表明，耦合地线对减少雷击跳闸率效果是显著的，约可降低 50% 左右。

5. 采用消弧线圈

适用于 35kV 及以下的线路，可大大降低冲击闪络转变为稳定工频电弧的概率（即减小建弧率 η），减少线路的雷击跳闸次数。

6. 装设自动重合闸

由于线路绝缘具有自恢复功能，大多数雷击造成的冲击闪络和工频电弧，在线路跳闸后能快速去游离，迅速恢复绝缘功能。因此，在线路形成稳定的工频电弧引起线路断路器跳闸后，采用自动重合闸在极大多数情况下都能使线路迅速恢复正常供电。根据统计，我国 110kV 及以上高压线路的重合闸成功率高达 75%～90%；35kV 及以下线路约为 50%～80%。由此可见，自动重合闸是减少线路雷击停电事故的有效措施，各种电压等级的线路应尽量装设自动重合闸。

7. 采用不平衡绝缘方式

为了节省线路走廊用地，高压和超高压线路中同杆架设的双回路线路日益增多。为避免在线路落雷时出现双回路同时闪络跳闸造成完全停电的严重局面，在采用通常的防雷措施仍无法满足要求情况下，还可采用不平衡绝缘方式来降低双回路雷击同时跳闸率，以保证不中断供电。

不平衡绝缘方式就是使两个回路的绝缘子串片数有差异，这样，雷击时绝缘子串片数较少的回路一定会先发生闪络，闪络后的导线相当于一根地线，从而增加了对另一回路导线的耦合作用，提高了另一回路的耐雷水平，使之不会再发生闪络，这样就保证了该回路可以继续供电。

8. 装设排气式避雷器

一般仅在线路交叉处或在过江大跨越高杆塔上这些雷电过电压特别大的地方和线路绝缘

的某些薄弱点上装设排气式避雷器以限制过电压。只要使排气式避雷器的冲击放电电压低于线路绝缘子串的冲击放电电压，就能免除线路绝缘子串发生冲击闪络。另外，由于排气式避雷器本身具有灭弧功能，它可以避免使冲击闪络转变为稳定的工频电弧，因此它的动作并不会引起线路跳闸。

习题 13

13-1　输电线路防雷的基本措施主要有哪些？

13-2　35kV 及以下的输电线路为什么一般不采取全线架设避雷线的措施？

13-3　试述输电线路的耐雷水平、雷击跳闸率和建弧率的含义。

13-4　感应过电压一般会不会使线路的相间绝缘击穿？

13-5　平原地区 110kV 双避雷线线路如图 13-8 所示，水泥杆、铁横担、绝缘子串由 $7 \times$ X-4.5 组成，每片绝缘子的高度 $H = 0.146\text{m}$，其正级性 $U_{50\%}$ 为 700kV，避雷线半径 $r = 3.9\text{mm}$，导线弧垂 5.3m，避雷线弧垂 4m。试求：

（1）杆塔冲击接地电阻 $R = 7\Omega$，该线路的耐雷水平及雷击跳闸率。

（2）杆塔冲击接地电阻 $R = 15\Omega$，该线路的耐雷水平及雷击跳闸率。

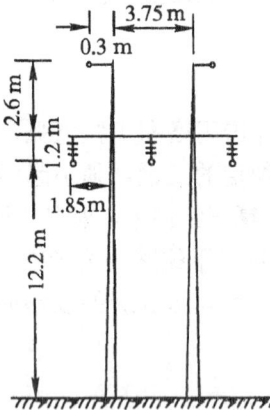

图 13-8　110kV 门型水泥杆布置（习题 13-5 图）

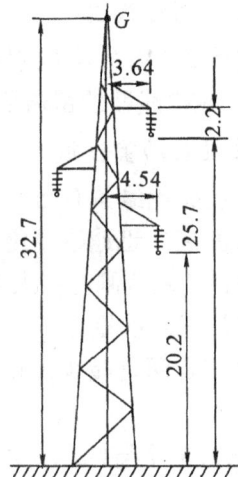

图 13-9　习题 13-6 图（尺寸单位：m）

13-6　某平原地区 220kV 单避雷线线路如图 7-9 所示，绝缘子串由 $13 \times$ X-4.5 组成，每片绝缘子的高度 $H = 0.146\text{m}$，其正级性 $U_{50\%}$ 为 1245kV，避雷线半径 $r = 5.5\text{mm}$，导线弧垂 10m，避雷线弧垂 6m，杆塔冲击接地电阻 $R = 29\Omega$，线路实际长度 $L = 120\text{km}$，线路所在地区的雷暴日数 $T_d = 50$，求这条线路的耐雷水平、雷击跳闸率和实际年雷击跳闸次数。

第14章

发电厂和变电所的防雷保护

本章主要介绍了发电厂和变电所直击雷保护、雷电波沿输电线路侵入发电厂和变电所的防雷保护。阐述了变电所的进线段保护和变压器、旋转电机的防雷保护，对防止雷直击于发电厂、变电所设备的原理和方法进行了详细分析。

14.1 概述

14.1.1 雷电波侵入发电厂、变电所的两种途径

1. 直击雷：

即雷直击于发电厂、变电所。这种情况发生的概率很小，通常处于次要地位。

2. 线路侵入波：

即雷击输电线后雷电波从线路侵入发电厂、变电所。由于线路延伸距离很长，落雷频繁，所以沿线路侵入的雷电波才是造成变电所、发电厂雷害事故的主要原因。

14.1.2 发电厂、变电所的防雷保护

1. 对直击雷的保护，一般采用避雷针或避雷线。

2. 对线路侵入波防护主要从以下两个方面采取保护措施：

● 在发电厂、变电所内安装阀式避雷器以限制电气设备上的过电压幅值。

● 在发电厂、变电所的进线处采用"进线保护段"进行保护。利用导线在高幅值雷电过电压作用下所产生的冲击电晕，降低侵入波的陡度；利用导线自身的波阻抗，限制流过阀式避雷器的冲击电流幅值。

14.2 发电厂和变电所的直击雷保护

14.2.1 独立避雷针和构架避雷针各自的适用范围

我国规程规定[27]：

1. 110kV 及以上的配电装置，一般可以直接将避雷针架设在构架上，但在土壤电阻率 $\rho > 1000\Omega \cdot m$ 的地区，仍宜装设独立避雷针，以免发生反击；

2. 35kV 及以下的配电装置应采用独立避雷针进行保护；

3. 66kV 的配电装置，在 $\rho \leq 500\Omega \cdot m$ 的地区允许采用构架避雷针；而在 $\rho > 500\Omega \cdot m$ 的地区，还是应采用独立避雷针。

14.2.2　独立避雷针与相邻配电装置之间应有的空气间距和地下距离的校验

雷击避雷针时，雷电流流经避雷针及其接地装置，并将在避雷针高度为 h 处和避雷针的接地装置上出现高电位 u_k 和 u_d。为避免出现反击，独立避雷针首先应该与相邻配电装置在空中保持足够的距离，其次两者的接地装置在地中也应保持足够的距离，如图 14-1 所示。

$$u_k = L\frac{\mathrm{d}i_L}{\mathrm{d}t} + i_L R_{ch} \tag{14-1}$$

$$u_d = i_L R_{ch} \tag{14-2}$$

式中：L——避雷针的等值电感，μH；

　　　　R_{ch}——避雷针的冲击接地电阻，Ω；

　　　　i_L——流过避雷针的雷电流，kA；

　　　　$\dfrac{\mathrm{d}i_L}{\mathrm{d}t}$——雷电流的上升陡度，$kA/\mu s$。

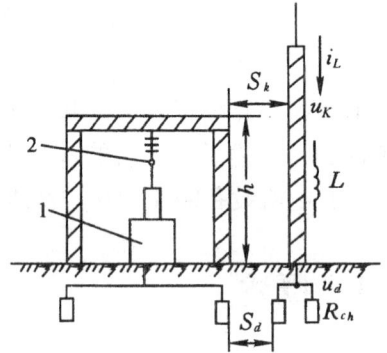

图 14-1　独立避雷针离配电构架的距离

1—变压器；2—母线

取雷电流 I 的幅值 $I = 100kA$，平均波前陡度 $\dfrac{\mathrm{d}i_L}{\mathrm{d}t} = \dfrac{100}{2.6} = 38.5kA/\mu s$ [17]。$L_0 \approx 1.3\mu H/m$ [20, 21]，则相应的电压幅值为：

$$U_k = 100R_{ch} + 50h \ \ kV \tag{14-3}$$

$$U_d = 100R_{ch} \ \ kV \tag{14-4}$$

若空气间隙的平均冲击击穿场强为 E_1（kV/m），为了避免避雷针对构架发生反击，则空气间距必须满足：

$$S_k \geq \frac{U_k}{E_1} \ \ (m) \tag{14-5}$$

类似地，若土壤的平均冲击击穿场强为 E_2（kV/m），为了避免避雷针接地装置与变电所接地网因土壤击穿而连在一起，其地下距离必须满足：

$$S_d \geq \frac{U_d}{E_2} \ \ (m) \tag{14-6}$$

取 $E_1 \approx 500kV/m$，$E_2 \approx 300kV/m$ [17, 18]。将上述取值代入式（14-5）～（14-6），并结合实际运行经验进行校验后，我国标准[27]推荐独立避雷针与相邻配电装置之间的空气间距和地下距离应满足：

$$S_k \geq 0.2R_{ch} + 0.1h \qquad\qquad (14\text{-}7)$$

$$S_d \geq 0.3R_{ch} \qquad\qquad (14\text{-}8)$$

在一般情况下，S_k 不应小于 5m，S_d 不应小于 3m。独立避雷针的工频接地电阻不宜大于 10Ω。

14.3　变电所内阀型避雷器的保护作用

阀式避雷器是变电所限制雷电侵入波过电压的主要措施，其作用主要是限制过电压的幅值。

阀式避雷器能够起到正常保护作用需要满足三个前提条件：

1. 其伏秒特性应该能与被保护绝缘的伏秒特性很好配合，即在一切电压波形下，避雷器的伏秒特性都应该在被保护绝缘的伏秒特性之下；

2. 其残压要低于被保护绝缘的冲击击穿电压；

3. 被保护绝缘必须处于该避雷器的保护距离之内。

对于前两个要求通过前几章的介绍大家应该已经比较熟悉了，而第三个要求则还相对比较生疏，但实际上这个要求对于阀式避雷器是否能够起到正常的良好保护作用同样也是十分重要的，在本节我们将重点就避雷器的保护距离问题展开讨论。

（一）变压器和避雷器之间的距离为零时的情况（即避雷器直接连在变压器旁，但实际中这种情况较少出现）

由于避雷器直接接在变压器旁，故变压器上的过电压幅值（包括波形）与避雷器上电压幅值（包括波形）完全相同。因此，这种情况下只要变压器的冲击耐压大于避雷器 5kA 下的残压，变压器就可以得到可靠的保护。

（二）变压器和避雷器之间存在一定电气距离的情况

变电所中有许多电气设备，因此我们不可能在每个设备旁边都装设一组避雷器，通常的做法是只在变电所母线上装设一组避雷器，这样，避雷器与各个电气设备之间就不可避免地会存在一段长度不等的距离——称为电气距离。

14.3.1　由于波在避雷器和被保护设备之间的这一段距离内会发生多次折、反射，这将会使设备绝缘上的电压高于避雷器残压。

当侵入波过电压使避雷器动作后，波会在避雷器和被保护设备之间的这段距离中继续传播，并产生折、反射，这将会导致设备绝缘上出现高于避雷器残压的电压。两者之间的距离 l 越远、侵入波的陡度 a 越陡，则设备绝缘上出现的电压幅值会高于避雷器残压越多。显然，在这种情况下如果还是仅仅使被保护设备的冲击耐压大于避雷器 5kA 时的残压，则被保护设备就不可能得到可靠的保护。下面将首先选择变电所中最重要的输变电设备——变压器，就此问题展开讨论。

14.3.2 避雷器和变压器上的电压分析

首先考虑最简单的只有一路进线的终端变电所的情况，如图 14-2 所示。其中避雷器和变压器之间的电气距离为 l，波传播距离 l 所需的时间 $T = \dfrac{l}{v}$，侵入波为斜角波 at。当变化极快的斜角波 at 传到节点 2 终端变压器 T 时，由于变压器相当于一个电感，其电流无法突变，故可以简单把其看作开路，则电压波到达变压器后将发生全反射，即此时变压器节点 2 上的电压将得到加倍并以 $2at$ 的规律上升。

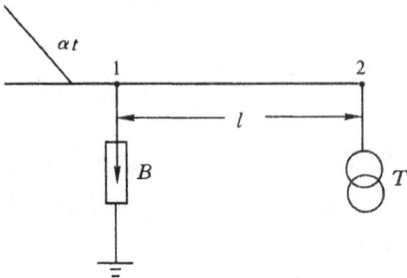

图 14-2　求取 ΔU 的简化计算接线图

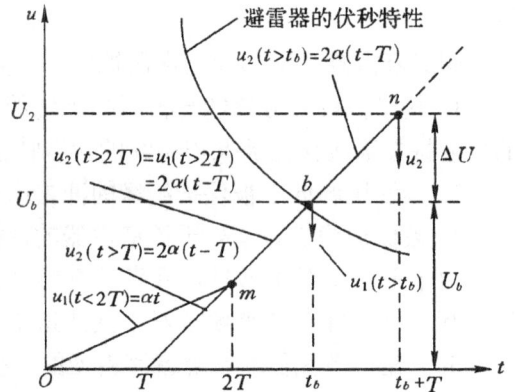

图 14-3　避雷器和变压器的电压波形 u_1，u_2

设 $t = 0$ 时斜角波 at 到达避雷器的安装处节点 1，则其后避雷器节点 1 和变压器节点 2 上的电压 u_1 和 u_2 的变化分别如图 14-3 所示。具体分析如下：

（1）$0 \leq t < T$，入射电压波 at 已到达节点 1，但尚未到达节点 2。故有：

$$u_1(t) = at，\quad u_2(t) = 0$$

此时，节点 1 上的电压将沿着 om 线段以陡度 a 逐渐上升，而节点 2 上的电压仍然为零。

（2）$T \leq t < 2T$，入射电压波 $a(t-T)$ 到达节点 2，并产生全反射使电压加倍；同时电压反射波将由节点 2 向节点 1 回传回去，但尚未到达节点 1。故有

$$u_1(t) = at，\quad u_2(t) = 2\alpha(t-T)$$

此时，节点 1 上的电压仍将沿着线段 om 以陡度 a 继续上升，而节点 2 上的电压则开始沿着线段 Tm 以 $2a$ 的陡度逐渐上升。

（3）$2T \leq t < t_b$，由节点 2 所产生电压反射波 $2\alpha(t-T)$ 已经传至节点 1。故有

$$u_1(t) = at + \alpha(t-2T) = 2\alpha(t-T)，\quad u_2(t) = 2\alpha(t-T)$$

此时，节点 1、2 上的电压将同时沿着线段 mb 以 $2a$ 的陡度继续上升。

（4）$t_b \leq t < t_b + T$，节点 1 上的电压在 $t = t_b$ 时达到避雷器的动作电压 U_b（与避雷器的伏秒特性相交），故避雷器动作，此后节点 1 上的电压由于受到避雷器的限制将逐步回落。但是避雷器的限压的效果（相当于传出一个负电压波）还需要再经过时间 T，即在时间 $t = t_b + T$ 时才能传到变压器节点 2。因此在这段时间内，节点 2 上的电压仍将沿着线段 bn 以 $2a$ 的陡度继

续上升。即：

$$u_1(t) \text{ 开始下降，} \quad u_2(t) = 2\alpha(t-T)$$

（5）$t \geq t_b + T$，避雷器的限压效果（即避雷器动作时所产生的负电压波）在时间 $t = t_b + T$ 时传到变压器节点 2，于是变压器节点 2 上的电压也开始下降。

$$u_1(t) \text{ 继续下降，} \quad u_2(t) \text{ 开始下降}$$

由此可见，变压器上的最大电压将比避雷器上的最高电压高出 ΔU，其数值为：

$$\Delta U = U_2 - U_b = 2a(t_b + T) - 2at_b = 2aT = 2a\frac{l}{v} \tag{14-9}$$

考虑此时 U_b 等于避雷器上的残压 $U_{c.5}$，因此可得到变压器上的电压为：

$$U_2 = U_{c.5} + \Delta U = U_{c.5} + 2a\frac{l}{v} \tag{14-10}$$

显然，变压器上的最大电压将比避雷器上的残压 $U_{c.5}$ 高出 ΔU，且两者之间的距离 l 越大，侵入波陡度 a 越陡，则变压器上的最大电压高出避雷器上的残压也越多。

14.3.3　变压器承受雷电过电压的能力——采用多次截波耐压值 U_j 来考核

在实际的变电所中，变压器有一定的入口电容，避雷器与变压器之间的连线也有一定杂散电感和杂散电容。因此实际上变压器上的电压是高频振荡性质的，其振荡轴为避雷器的残压 $U_{c.5}$（如图 14-4 所示），它相当于在避雷器的残压上叠加一个衰减的振荡波。这种波形和全波波形相差较大，更像一个一个的截波作用在变压器绝缘上。因此在这种情况下我们通常采用变压器的多次截波耐压值 U_j 来表示该变压器在运行中承受雷电波的能力（同样，其他电气设备在运行中承受雷电波的能力也可用多次截波耐压值 U_j 来表示）。显然，为避免变压器（或设备）发生冲击击穿必须满足：

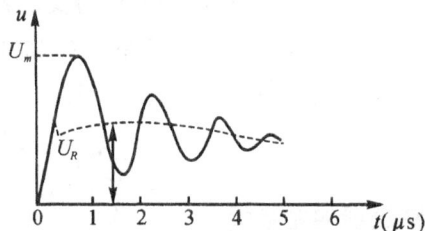

图 14-4　阀式避雷器动作后，在变压器上出现的实际过电压波形

$$U_j \geq U_{c.5} + 2a\frac{l}{v} \tag{14-11}$$

14.3.4　变电所中变压器与避雷器之间的最大允许电气距离 l_m

如果变压器的多次截波耐压值 U_j、避雷器的残压和侵入波的陡度 a 一定，为了满足式（14-11）则变压器到避雷器的最大允许电气距离 l_m 即为：

$$l_m \leq \frac{U_j - U_{c.5}}{2a/v} \tag{14-12}$$

如果以进波的空间陡度 a'（kV/m）来代替上式中的时间陡度 a（kV/μs），则上式可改写为：

$$l_m \le \frac{U_j - U_{c.5}}{2a'} \tag{14-13}$$

显然，当变压器到避雷器的电气距离超过最大允许电气距离 l_m 时，避雷器就不能对变压器起到正常的保护作用。降低进波陡度 a、减小避雷器的残压，可以增大变压器到避雷器之间的最大允许电气距离 l_m，扩大避雷器的保护范围。由于磁吹避雷器的残压比普通阀式避雷器低得多，因此采用磁吹避雷器可以增大变压器到避雷器之间的最大允许电气距离（约提高 35% 左右）。变压器多次截波耐压值与避雷器残压值的比较如表 14-1 所示。

表 14-1　变压器多次截波耐压值与避雷器残压值的比较

额定电压（kV）	变压器三次截波耐压值（kV，最大值）	变压器多次截波耐压值（kV，最大值）	FZ 型避雷器 5kA 残压（kV，最大值）	FCZ 型避雷器 5kA 残压（kV，最大值）	变压器三次截波耐压值与避雷器残压之比		变压器多次截波耐压值与避雷器残压之比	
					FZ	FCZ	FZ	FCZ
35	225	196	134	108	1.68	2.08	1.46	1.81
60	390	339	227	178	1.71	2.19	1.49	1.90
110	550	478	332	260	1.66	2.10	1.44	1.83
220	1090	949	664	520	1.64	2.10	1.43	1.82
330	1300	1130		820 （10kA）		1.59		1.38

14.3.5　变电所内其他变电设备与避雷器之间的最大允许电气距离 l_m'

在通过式（14-12）或（14-13）求得变压器到避雷器的最大允许电气距离 l_m 后，考虑变电所内其他变电设备重要性不如变压器，但其冲击耐压水平反而比变压器要高，因此它们距避雷器的最大允许电气距离可以近似地取比变压器相应地增加 35%，即：

$$l_m' = 1.35 l_m \tag{14-14}$$

14.3.6　多路进线的变电所

上面讨论的只是一路进线的情况，此时电压波传至终端变压器时会出现电压全反射加倍这种最严重的情况。而对于变电所有两路及两路以上进线的情况，一路的来波可以通过另外几路分流出去一部分，此时电压波传至变压器上不会出现电压反射加倍这种很严重的情况。因此，其最大允许电气距离 l_m 可比单路进线时大。

根据文献[21]提供的实验数据并结合文献[27]规程的有关数据，作为简单粗略估算，建议两路进线时最大允许电气距离可以比一路进线增大 35%，三路进线时增大 65%，四路及以上进线可增大 85%。

14.3.7　规程推荐的避雷器到变压器的最大电气距离

我国标准[27]所推荐的避雷器到变压器的最大电气距离 l_m 如表 14-2 和表 14-3 所示。

表 14-2   普通阀式避雷器至主变压器间的最大电气距离（m）

系统额定电压 （kV）	进线段长度 （km）	进 线 路 数			
		1	2	3	≥4
35	1	25	45	50	55
	1.5	40	55	65	75
	2	50	75	90	105
66	1	45	65	80	90
	1.5	60	85	105	115
	2	80	105	130	145
110	1	45	70	80	90
	1.5	70	95	115	130
	2	100	135	160	180
220	2	105	165	195	220

注：1. 全线架设有避雷线时按进线段长度为 2km 选取；进线段长度在 1km～2km 之间时按补插法确定，表 14-3 同此。

2. 35kV 也适用于有串联间隙金属氧化物避雷器的情况。

表 14-3   金属氧化物避雷器至主变压器间的最大电气距离（m）

系统额定电压 （kV）	进线段长度 （km）	进 线 路 数			
		1	2	3	≥4
110	1	55	85	105	115
	1.5	90	120	145	165
	2	125	170	205	230
220	2	125	195	235	265
		(90)	(140)	(170)	(190)

注：1. 本表也适用于电站型碳化硅磁吹阀式避雷器 FCZ 的情况。

2. 本表括号内距离所对应的雷电冲击全波耐受电压为 850kV。

14.3.8   选择避雷器安装位置的基本原则

在任何可能的运行方式下，变电所的变压器和其它变电设备距避雷器的电气距离皆应小于最大允许电气距离 l_m。一般避雷器通常安装在母线上，此时若一组避雷器还不能满足要求，则应考虑增设。另外，考虑主变压器是诸多变电设备中的重点保护设备，通常在兼顾其他变电设备保护要求的情况下，尽可能地把阀式避雷器装得距离主变压器近一些。

14.4   变电所的进线段保护

14.4.1   进线段保护的作用：减小雷电流幅值和降低进波陡度

通过上一节的讨论可以知道，要使避雷器能够可靠地发挥保护作用，首先必须要设法限制流过避雷器电流幅值，使其不超过 5kA（对于 330～500kV 电网为 10kA）；同时还必须要限制进波陡度 a，以确保被保护绝缘处于避雷器的有效保护距离之内。而进线段保护的作用就是通过进线段导线的波阻抗来限制雷电流幅值，并利用进线段导线上的冲击电晕来降低进波陡度，以配合避雷器实现可靠的保护。

14.4.2　进线段保护的概念

进线段保护：是指在靠近变电所 1～2km 这一段最后进入变电所的线路上（进线段）加强防雷保护措施。具体地说，对于 35～110kV 全线无避雷线的线路，该段线路上必须架设避雷线，且线路保护角 a 一般不宜超过 20°；而对于 220kV 及以上的全线有避雷线的线路，则通过减小该段线路的线路保护角 a（不宜超过 20°）和杆塔冲击接地电阻 R_i，提高该段线路的耐雷水平，以尽量避免在进线段内出现绕击和反击，使进线段内雷电通过绕击或反击侵入变电所的概率变得非常之小。

因此，可以认为侵入变电所的雷电波基本上都是来自"进线保护段"之外，它至少要在线路上经过 1～2km 的进线段的传播后才能达到变电所。

14.4.3　计算流过避雷器的冲击电流幅值 I

图 14-5 为变电所进线段保护接线。最不利的情况就是在进线段首端落雷，由于受线路绝缘放电电压的限制，雷电侵入波的最大幅值应为线路绝缘 50%冲击闪络电压 $U_{50\%}$，波前时间平均为 2.6μs。

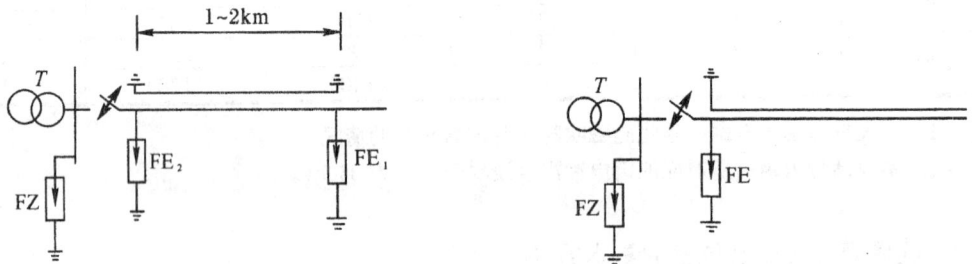

（a）未沿全线架设避雷线的 35-110kV 线路进线段保护　　　（b）全线有避雷线的变电所进线段保护

图 14-5　变电所的进线段保护接线

由于行波在 1～2km 的进线段来回一次需要 $\dfrac{2l}{v} = \dfrac{2000 \sim 4000}{300} = 6.7 \sim 13.3μs$ 时间，它已超过了侵入波的波头时间，故避雷器 FZ 动作后产生的负电压波折回雷击点，并在该点又一次产生的负反射再回到避雷器去加大其电流时，流经避雷器的雷电流已过峰值，因此可以不再考虑该反射波及其以后过程的影响。这样，根据彼德逊法则可以采用图 14-6 所示的等值电路进行计算，由图可列出方程：

$$\left.\begin{array}{c} 2U_{50\%} = IZ + U_R \\ U_R = f(I) \end{array}\right\} \tag{14-15}$$

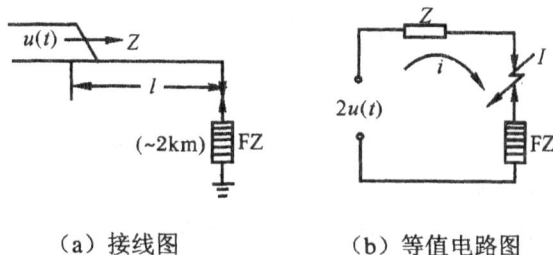

（a）接线图　　　　　　　　（b）等值电路图

图 14-6　一路进线时，计算避雷器 FZ 中电流的电路

式中：Z ——导线波阻抗；

$\quad U_R$ ——避雷器的残压幅值；

$\quad f(I)$ ——避雷器阀片的非线性伏安特性。

由上述方程，即可求得：

$$I = \frac{2U_{50\%} - U_R}{Z} \quad\quad (14\text{-}16)$$

【例 14-1】　已知某采用单进线运行 110kV 变电所，其线路绝缘强度 $U_{50\%} = 700\text{kV}$，导线波阻抗 $Z = 400\Omega$，采用 FZ-110J 型避雷器，其 5kA 下的残压为 $U_{C.5} = 332\text{kV}$，求该避雷器的最大冲击电流幅值。

解：流过该避雷器的最大冲击电流幅值为：

$$I = \frac{2U_{50\%} - U_R}{Z} = \frac{2 \times 700 - 332}{400} = 2.67\,\text{kA}$$

显然，在所有进线方式中，以上述单进线方式运行时流过阀式避雷器的冲击电流最大，因为此时过电压波传至变电所末端相当于开路，情况最严重。因此，完全相类似地可计算出流过其它不同电压等级的阀式避雷器的最大冲击电流值，如表 14-4 所示。

表 14-4　流过不同电压等级的阀式避雷器的冲击电流最大幅值

额定电压（kV）	避雷器型号	$U_{50\%}$（kV）	I（kA）
35	FZ-35	350	1.41
110	FZ-110J	700	2.67
220	FZ-220J	1200～1400	4.35～5.38
330	FZ-330J	1645	7.06
500	FZ-500J	2060～2310	8.63～10

从表 14-4 可知，1～2km 长的进线段已足以保证在各种电压等级电网中相应的避雷器的冲击电流均不会超过各自的允许值：即 35～220kV 避雷器中的电流不超过 5kA；330～500kV 避雷器中的电流不超过 10 kA。因此，在选用避雷器保护变电所时，对于 220kV 及以下的电压等级采用 5kA 下的残压作为绝缘配合的依据；而对于 330kV 及以上的电压等级则采用 10kA 下的残压作为绝缘配合的依据。

14.4.4 变电所的雷电波进波陡度 a 和 a' 的计算

（1）计算条件：考虑最严重的情况

即雷击出现在进线段首端，侵入波的最大幅值为线路绝缘的 50%冲击闪络电压 $U_{50\%}$，且具有直角波头，即其波前陡度为无穷大。

（2）雷电冲击波经过进线段导线的电晕衰减和变形后，其波头时间可按下式计算：

$$T_1 = \Delta t = l_b(0.5 + \frac{0.008u}{h_d})$$

（3）雷电冲击波经过进线段导线电晕衰减和变形，进入变电所雷电波波前的时间陡度 a（kV/μs）为：

$$a = \frac{u}{T_1} = \frac{u}{l_b(0.5 + \frac{0.008u}{h_d})} \tag{14-17}$$

式中，h_d——进线段导线悬挂平均高度，m；

l_b——进线段长度，km；

u——避雷器的冲击放电电压或残压 $U_{c.5}$。

应该指出：我们只对避雷器放电前的来波陡度感兴趣，所以在应用上式时，u 应以避雷器的冲击放电电压（或残压 $U_{C.5}$）为准。

（4）进入变电所雷电波波前的空间陡度 a'（kV/m）为：

$$a' = \frac{a}{v} = \frac{a}{300} = \frac{1}{(\frac{150}{U_{c.5}} + \frac{2.4}{h_d})l_b} \quad \text{kV/m} \tag{14-18}$$

例如，110kV 变电所内装的 FZ-110J 型阀式避雷器 $U_{c.5} = 332$kV，导线的平均对地高度约为 $h_d = 10$m，于是即可利用式（14-18）求出侵入变电所的来波陡度 a' 为：

$$a' = \frac{1}{(\frac{150}{332} + \frac{2.4}{10})l_b} \approx \frac{1.5}{l_b} \quad \text{kV/m}$$

如进线段长度 $l_b = 2$km，则 $a' = 0.75$kV/m；如 $l_b = 1$km，则 $a' = 1.5$kV/m。

类似地可以计算出其它各个电压等级进波陡度 a' 值。我国标准所推荐的计算用进波陡度 a' 值如表 14-5 所示。

表 14-5　变电所计算用进波陡度 a' 的值

额定电压 （kV）	计 算 用 进 波 陡 度 a'（kV/m）	
	$l_b = 1$km	$l_b = 2$km 或全线有避雷线
35	1.0	0.5
110	1.5	0.75
220	—	1.5
330	—	2.2
500		2.5

注：长度在 1～2km 之间的进线段，计算进波陡度可用补插法确定。

14.4.5　两种典型的计算

（1）给出避雷器到变压器的电气距离 l_m，求应有的进线保护段长度 l_b。

求解思路：首先根据避雷器到变压器的电气距离 l_m 通过式（14-12）计算得到允许的最大进波陡度 a_{max}，然后根据式（14-17）即可计算得到应有的进线保护段长度 l_b。

（2）给出线路进线保护段的避雷线长度 l_b，求避雷器到变压器的最大允许电气距离 l_m。

求解思路：首先根据进线保护段的避雷线长度 l_b 通过表 14-5 计算得到进波陡度 a' 值，然后根据式（14-13）即可计算得到避雷器到变压器的最大允许电气距离 l_m。

【例 14-2】　某 110kV 终端变电所内装的 FZ-110J 型阀式避雷器到变压器的电气距离为 50m，其导线的平均对地高度 $h_d = 10m$，110kV 变压器的多次截波耐压值 $U_j = 478kV$，FZ-110J 型阀式避雷器在冲击电流为 5kA 时的残压为 $U_{C.5} = 332kV$，试决定应有的进线保护段长度。

解：变电所允许的最大进波陡度

$$a_{max} = \frac{U_j - U_{C.5}}{2l} \times v = \frac{478 - 332}{2 \times 50} \times 300 = 438 \ \text{kV/μs}$$

应有的进线保护段长度

$$l_b = \frac{U_{C.5}}{a_{max}\left(0.5 + \dfrac{0.008 U_{C.5}}{h_d}\right)}$$

$$= \frac{332}{438 \times \left(0.5 + \dfrac{0.008 \times 332}{10}\right)} = 0.99 \text{km}$$

【例 14-3】　某 110kV 变电所，其进线保护段的长度 $l_d = 2km$，其导线的平均对地高度 $h_d = 10m$，运行中可能以一路进线的终端变电所方式运行，也可能以两路进线方式运行。110kV 变压器的多次截波耐压值 $U_j = 478kV$；采用 FZ-110J 型阀式避雷器，其在冲击电流为 5kA 时的残压为 $U_{C.5} = 332kV$。求此时在一路进线和两路进线方式下避雷器到变压器之间的最大允许电气距离分别应为多少？

解：（1）一路进线终端变电所的情况

由表 14-5 可以查得此时 $a' = 0.75$。代入式（14-13）可计算得到避雷器到变压器之间的最大允许电气距离应为

$$l = \frac{U_j - U_{C.5}}{2a'} = \frac{478 - 332}{2 \times 0.75} = 97.33 \ \text{m}$$

另一种方式也可以直接通过查表 14-2 得到此时的避雷器到变压器之间的最大允许电气距离为 100m。

（2）两路进线的情况

其最大允许电气距离可以比一路进线增大约 35%。因此，在两路进线的情况下避雷器到变压器之间的最大允许电气距离应为

$$l_m = 1.35l = 1.35 \times 97.33 = 131.4 \ \text{m}$$

另一种方式也可以直接通过查表 14-2 得到两路进线时避雷器到变压器之间的最大允许电气距离为 135m。

14.4.6 进线段保护中断路器右侧的排气式避雷器 FE 的作用（见图 14-5a）

（1）FE$_2$ 的作用

在雷雨季节，线路断路器或隔离开关经常会处于断开运行状态，沿线路侵入的雷电波传至该开路末端因发生全反射使电压加倍，此时 FE$_2$ 应该动作以免断路器及其外侧所接电气设备的绝缘被击穿。但在断路器处于合闸状态时，雷电侵入波不应使 FE$_2$ 动作，否则将会造成危险的截波，危及变压器纵绝缘与相间绝缘。因此此时一切绝缘均应由阀式避雷器进行保护，这可以靠避雷器 FZ 与排气式避雷器 FE$_2$ 之间的伏秒特性的配合来实现。若缺乏适当参数的排气式避雷器，则 FE$_2$ 也可用阀式避雷器代替。

（2）FE$_1$ 的作用

在线路绝缘水平很高的情况下（如木杆或木横担线路、降压运行的线路等），由于其雷电侵入波的幅值可能很高，这有可能使流过阀式避雷器的电流超过 5kA（或 10kA）的规定值，此时需要在进线段首端装 FE$_1$ 以限制雷电侵入波的幅值，使流过避雷器的电流不超过规定值。

14.5 变压器防雷保护的几个具体问题

前面主要讨论了变压器绕组对直接来自线路的雷电侵入波的防雷保护，这一节将讨论对于在变压器绕组之间传递的雷电过电压的防护和变压器中性点的防雷保护。

14.5.1 三绕组变压器的防雷保护

1. 保护方法：只要在任一相低压绕组出线端加装一台阀式避雷器即可。

因为三绕组变压器在正常运行时可能出现高、中压绕组工作而低压绕组开路的情况。这时，当高压或中压侧有雷电波侵入时，因低压侧绕组处于开路状态，其对地电容较小，故此时传递到低压绕组上的静电感应电压分量可达很高的数值，从而危及低压绕组的绝缘（详见第五章第七节有关冲击电压在绕组间的传递部分的讨论）。考虑静电分量将使低压绕组三相电位同时升高，因此只要在任一相低压绕组出线端加装一台阀式避雷器即可限制这种过电压。

中压绕组虽也有开路运行的可能性，但因其绝缘水平较高，静电感应分量一般不会损坏中压绕组，因此不必加装上述避雷器来进行保护。

14.5.2 自耦变压器的防雷保护

1. 自耦变压器的运行方式

自耦变压器除有高、中压自耦绕组之外，还有三角形接线的低压非自耦绕组（主要作减小系统的零序阻抗和改善电压波形用），因此它可能出现以下三种运行方式：

（1）高中压绕组运行、低压开路；

（2）高低压绕组运行、中压开路；

（3）中低压绕组运行、高压开路。

2. 低压非自耦绕组的防雷保护

在高中压绕组运行、低压开路的情况下，如前所述，为了防止来自高压侧或中压侧的静电感应过电压，只要在低压绕组任一相的出线端加装一台阀式避雷器即可。

3. 中、高压绕组防雷保护的避雷器的典型配置

自耦变压器防雷保护的避雷器典型配置如图 14-7 所示。在高压侧绕组对地之间和在中压侧绕组对地之间通常应该分别加装一组阀式避雷器 FZ_1 和 FZ_2。另外当中压侧或高压侧有出线时，在高压端和中压端之间还应该再加装一组阀式避雷器 FZ_3。

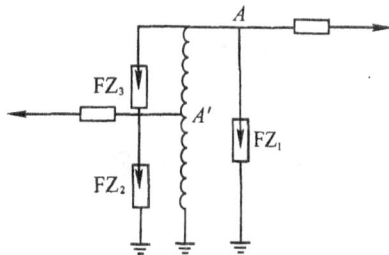

图 14-7　自耦变压器的防雷保护接线图

4. 高、低压绕组运行，中压绕组开路的情况

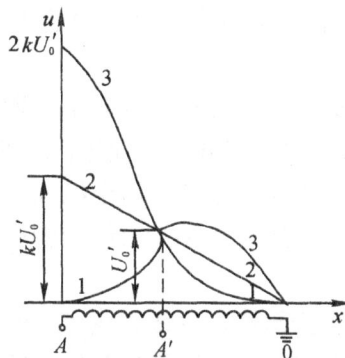

这实际上是一个单相绕组中性点接地的波过程。当幅值 U_0 的侵入波加在高压端 A 时，绕组中的电位的起始与稳态分布以及最大电位包络线如图 14-8（a）所示。在开路的中压端子 A' 上出现的最大电压约为高压侧电压 U_0 的 $2/k$ 倍（k 为高压侧与中压侧的变比），这可能使处于开路状态的中压端套管闪络，因此在中压侧与断路器之间应装设一组避雷器 FZ_2。

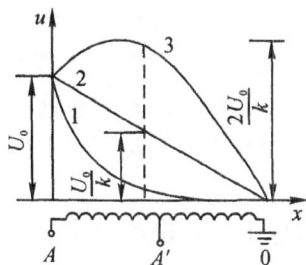

（a）高、低压绕组运行，中压绕组开路的情况　　　　（b）中、低压绕组运行，高压绕组开路的情况

图 14-8　雷电波侵入自耦变压器时的过电压

5. 中、低压绕组运行，高压绕组开路的情况

当高压侧开路、中压侧 A' 端上出现幅值为 u_0' 的侵入波时，绕组中电位的起始分布、稳态分布如图 14-8（b）所示。

（1）由 A' 到 0 这段绕组的波过程及电位分布与末端接地的变压器绕组相同。

（2）由 A' 到 A 端绕组的波过程基本与末端开路的变压器绕组相同。其电位起始分布与末端开路的变压器绕组完全相同；而从中压端 A' 到开路的高压端 A 的电位稳态分布，则是由与中压端 A' 到中性点 0 这一段电位稳态分布相对应的电磁感应所形成的，因此高压端 A 的稳态电压应为 ku_0'。这样，在振荡过程中高压侧开路末端 A 点的电位可高达 $2ku_0'$，可能会危及高压端绝缘。因此在高压端与断路器之间也应装一组避雷器 FZ_1。

6. 中压侧或高压侧有出线时的情况

当中压侧有出线时，由于出线的波阻抗较变压器小得多，当高压侧有雷电波侵入时，中压侧 A' 端相当于接地，此时极大部分雷电过电压将直接加在自耦变压器 AA' 一段绕组上，可能使其绝缘损坏。同理，当高压侧接有出线时，中压侧进波也会造成类似的后果。显然，AA' 绕组越短（变比 k 越小），危险性越大。因此，一般在变比 $k < 1.25$ 时，在 AA' 之间还应再加装一组避雷器 FZ_3。

14.5.3 变压器中性点保护

1. 中性点绝缘水平的分类、全绝缘与分级绝缘的概念

一般变压器中性点的绝缘水平可以分全绝缘和分级绝缘两种方式。

全绝缘：即中性点的绝缘水平与绕组首端（即相线端）的绝缘水平相等。一般对于 60kV 及以下的电力变压器，其中性点绝缘往往采用全绝缘。

分级绝缘：即中性点的绝缘水平低于绕组首端（即相线端）的绝缘水平。一般对于 110kV 及以上的电力变压器，其中性点绝缘往往采用分级绝缘。

2. 不同电压等级的中性点保护

当变压器的中性点不接地时，如果三相同时有雷电波侵入，则理论上中性点最高电压可以达到绕组首端电压的 2 倍（实际可达 1.5～1.8 倍），因此需要考虑变压器中性点绝缘的保护问题。

（1）60kV 及以下的电网：通常不需要采用避雷器对变压器中性点进行专门的保护。

对于 60kV 及以下的电网，变压器中性点一般都是非直接接地的。但由于这个电压等级电网中的变压器中性点一般都采用全绝缘，其绝缘水平较高，实测结果表明在这种情况下即使不采取保护措施，变压器中性点绝缘也极少发生损坏[21]，因此通常不需要采取专门的保护措施。

但是在单台变压器、单路进线运行的情况，如果变压器中性点绝缘损坏，会造成很大的经济损失，因此在这种情况下作为例外应考虑在变压器中性点上加装一个与绕组首端同样电压等级的避雷器进行保护。规程具体规定如下：

● 对于多雷区、单路进线的中性点非直接接地的变电所，仍宜在中性点上加装避雷器进行保护。

● 中性点接有消弧线圈的变压器且有单路进线运行可能的，也应在中性点上加装避雷器进行保护。

（2）110kV 及以上电网：通常需要对变压器中性点绝缘采取保护措施。

我国 110kV 以上的电网的中性点一般是直接接地的，但为了继电保护的需要，其中仍有一部分变压器的中性点是不接地的。但在这些电压等级的电网中，变压器一般是采用分级绝缘的，其中性点绝缘水平往往比相线端要低得多，例如 110kV 变压器中性点采用的是 35kV 级的绝缘，220kV 变压器中性点采用的是 110kV 级的绝缘，330kV 变压器中性点采用的是 154kV 级的绝缘，所以必须对这部分中性点不接地变压器的中性点采取保护措施。规程具体规定如下：

● 如中性点采用分级绝缘且未装设保护间隙，应在中性点加装避雷器，且宜选变压器中性点金属氧化物避雷器。

● 如果变压器的中性点是全绝缘的，一般不需要进行保护。但如果变电所为单进线且为单台变压器运行，则还是应在中性点加装避雷器。

在 110kV 及以上的电网中，变压器中性点应该选用与中性点绝缘电压等级相同的避雷器进行保护，但要注意校验避雷器的灭弧电压，它必须大于中性点可能出现的最高工频电压。

14.6　旋转电机的防雷保护

直接与架空线路相联（包括经过电缆段、电抗器等元件与架空线相联）的电机（发电机、调相机、大型电动机等）通常称为直配电机；而经过变压器再接到架空线上去的电机，一般称为非直配电机。

14.6.1　非直配电机的保护——通常不需要采取专门的保护措施

非直配电机可能受到的雷电过电压只能是经由变压器绕组传递过来的过电压。这个电压包括静电耦合分量和电磁耦合分量，它们主要与变压器低压侧的对地分布电容和电机绕组的波阻抗 Z 的大小有关。当变压器低压侧接发电机时，由于其对地分布电容很大，因此此时通过变压器绕组传递过来的静电耦合电压分量就不会太大；同时由于在冲击波的作用下发电机的波阻抗也远远小于变压器绕组的波阻抗，此时通过变压器绕组传递过来的电磁耦合电压分量也不会太大。因此，只要发电机绝缘正常，通过变压器绕组传递过来的过电压一般不会对发电机的绝缘构成威胁。

这样，在通常的情况下，只要把前面变压器的防雷保护工作做好，就不需要再对发电机采取其它专门的防雷保护措施。但在多雷区，经升压变压器送电的特别重要的发电机，则宜在发电机出线上装设一组 FCD 型避雷器；另外，若发电机与变压器间有长于 50m 的架空母线或软连线时，还应防止雷击附近避雷针时产生的感应过电压，此时应在发电机每相出线上装设不小于 0.15μF 的电容器或磁吹避雷器。

14.6.2　直配电机的防雷保护特点

1. 绝缘水平低。旋转电机出厂冲击耐压值仅为同级变压器的 1/3 左右。

2. 易老化。电机运行中受到发热、机械振动、臭氧、潮湿等因素的联合作用使绝缘容易老化。

3. 绝缘水平的配合裕度很小。一般电机出厂冲击耐压值仅比磁吹避雷器的残压高 8%～10% 左右。这样，对电机主绝缘的保护提出了较严格的要求。

4. 发电机的匝间绝缘要求必须把侵入波陡度限制得很低。试验结果表明，为了保护匝间绝缘必须将侵入波陡度 α 限制在 5kV/μs 以下。

在冲击电压的作用下，匝间电压与侵入波陡度 a 成正比，要使该电压低于电机绕组的匝间耐压，就必须限制进波陡度。同时，降低侵入波陡度也有利于限制中性点过电压。

5. 需对电机中性点采取保护措施。

电机绕组中性点一般是不接地的，在直角波三相同时进波的情况下，中性点电压可达进波电压的两倍，因此，必须对中性点采取保护措施。

综上所述，直配电机的防雷保护应该包括主绝缘、匝间绝缘和中性点绝缘三个部分。

14.6.3　直配电机的防雷保护接线

雷击线路或其附近大地产生的直接雷过电压波或感应雷过电压波，都有可能沿线路侵入发电厂，直接危害直配电机的绝缘。因此必须要采取保护措施。

1. 直配电机容量的规定

（1）60000kW 以上电机不允许直配电。

（2）25000～60000kW 的电机采用如图 14-9 所示的防雷保护接线方式可以直配电。

（3）25000kW 以下的电机可以采取更简单的防雷保护接线方式进行直配电。

考虑 25000～60000kW 的直配电机的重要性及其防雷保护接线方式的典型性，下面将就该防雷保护接线方式重点展开讨论。

2. 25000～60000kW 直配电机的典型防雷保护接线分析

25000～60000kW 直配电机的典型防雷保护接线如图 14-9 所示。直配电机的防雷保护元件主要有：避雷器、电容器、电缆段和电抗器等。采取这些综合保护措施不仅可以限制流经 FCD1 避雷器中的雷电流使之小于 3kA，同时还可以减小侵入波陡度 a 和降低感应过电压。下面分别阐述这些保护元件的作用原理。

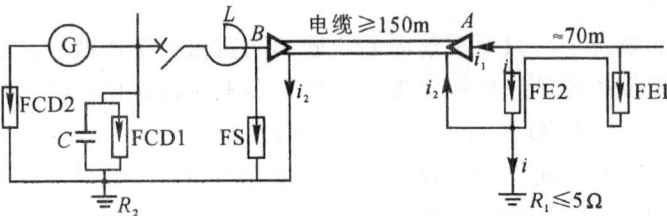

图 14-9　25～60MW 直配发电机的防雷保护接线

（1）电机主绝缘的保护

主要靠在电机母线上装设 FCD 型磁吹避雷器 FCD1，限制母线上的侵入波过电压幅值，保护电机主绝缘。同时采取进线保护措施（主要是电缆段和电感 L），以限制流过避雷器 FCD1 的雷电流，使之小于 3kA。

（2）采用并联电容器 C 保护电机纵绝缘、限制感应过电压和中性点过电压。

在每相母线上装设与避雷器并联的电容器 C，其电容量为 0.25～0.5μF。电容器 C 既可限制侵入波的陡度，又可以降低感应过电压。

侵入波陡度的降低可以起到保护发电机匝间绝缘的作用，也有助于限制发电机中性点上的过电压。

（3）电机中性点绝缘的保护

由于电机绕组中性点是不接地的，在直角波三相同时进波的情况下，中性点电压可达进波电压的两倍，因此，必须在中性点装设 FCD 型磁吹避雷器 FCD2 或 FZ 型阀式避雷器加以保护。

（4）电感 L 的作用

电感 L 主要起限制工频短路电流的作用，L 前加设一组 FS 型避雷器起保护电抗器和电缆终端的作用。　另外，电感 L 在防雷保护中还可以起到以下作用：

● 电感有降低波前陡度的作用，它可以进一步限制侵入波的陡度。

● 由于电感 L 的存在，侵入过电压波到达 L 瞬间将发生正反射使电压提高，使 FS 易于动作分流，这样将使最终流经 FCD1 的电流进一步得到限制。

● 电感相当于一个阻抗，它可以进一步阻止雷电流流向电机，使流经 FCD1 的电流可以进一步减小。

（5）电缆段的作用——利用集肤效应限制流向电机的雷电流

它的主要功能是利用电缆外皮高频电流的集肤效应来限制流经 FCD1 避雷器中的雷电流，使之小于 3kA。当雷电波侵入时，排气式避雷器 FE2 动作，电缆芯线与外皮经 FE2 短接在一起，雷电流流过 FE2 和接地电阻 R_1 所形成的电压 iR_1 将同时作用在电缆外皮与芯线上。由于雷电流的等值频率很高，而且电缆外皮与缆芯为同轴圆柱体，相互间的互感就等于外皮的自感，因此，当电缆外皮流过电流时，缆芯上会产生反电势，该电势阻止雷电流沿芯线向电机侧流动，使绝大部分雷电流如同高频电流集肤效应那样，只好沿着电缆外皮流入发电厂接地网接地电阻 R_2（具体理论分析可参见例 11-8）。这样就大大减小了流过 FCD1 避雷器的电流，使之小于 3kA。

从上面所讨论的电缆段保护原理可知，要使电缆段要能够发挥限流作用的前提是 FE2 必须动作，否则上述电缆外皮的分流就无法完成。但是由于电缆的波阻抗远小于架空线的波阻抗，侵入波到达电缆首端将发生负反射，使该点电压大大降低，以至 FE2 不能动作，从而使电缆段失去保护作用。为了避免上述情况的发生，可以采取下面两种解决办法：

①可以在电缆首端与 FE2 之间加装一组 100～300 μH 的电感，利用电感对侵入波的正反射使该点电压提高，从而使 FE2 动作。

②将 FE2 沿架空线前移 70m 或增加 FE1（如图 14-9 所示）。FE1 的接地端应通过电缆首端外皮的接地装置接地，其连接线悬挂在杆塔导线下面 2～3m，其目的是为了增加两线间的耦合，增加导线上感应电势以进一步限制流经导线中的电流。

增加 FE1 的原因是：如果仅将 FE2 前移 70m，由于上述连接线与导线之间的耦合作用不可能太大，此时沿导线的流向电缆芯线的电流还是比较大的，遇到强雷时仍有可能使流过 FCD1 上的雷电流超过 3kA。为避免这一情况的出现，在增设 FE1 的同时，电缆首端仍然保留 FE2，当遇强雷时，该避雷器也会动作，这样，就可以进一步充分发挥电缆段的限流作用了。

14.7　气体绝缘变电所的防雷保护

GIS 是近年来发展很快的一种新型变电所，尤其在城市高压电网建设中正在得到越来越广泛的应用。

14.7.1 GIS 变电所防雷保护的特点

GIS 变电所防雷保护的特点为：

（1）GIS 绝缘的伏秒特性较平坦，其冲击系数很小，约为 1.2～1.3，因此其绝缘水平主要决定于雷电冲击电压。

（2）GIS 变电所的波阻抗一般只有 60～100Ω，远比架空线路低（约为架空线的 $\frac{1}{5}$）。因此，过电压波传至变电所时会产生负反射，使电压幅值和陡度都明显减小；这对变电所的过电压保护是有利的。

（3）GIS 变电所结构紧凑，设备之间的电气距离较常规变电所大大减小，避雷器距离所有被保护设备都比较近，因此防雷保护比常规的敞开变电所更容易实现。

（4）GIS 内的绝缘一般为稍不均匀电场结构，一旦出现电晕，将立即导致击穿，而且没有自恢复能力。致命的绝缘损伤可能导致整个 GIS 系统的损坏。因此要求防雷保护应有较高的可靠性，在设备绝缘配合上应留有足够的裕度。

（5）从利于绝缘配合和缩小变电所尺寸的角度考虑，GIS 变电所的保护应尽量采用保护性能优异的金属氧化锌避雷器。

GIS 变电所的两种进线方式为：

（1）架空线路直接与 GIS 变电所相连；

（2）经电缆段与 GIS 变电所相连。

下面分别就这两类进线方式的防雷保护接线展开讨论。

14.7.2 66kV 及以上电压等级与架空线路直接相连的 GIS 变电所的防雷保护接线

防雷保护接线如图 14-10 所示。规程规定：

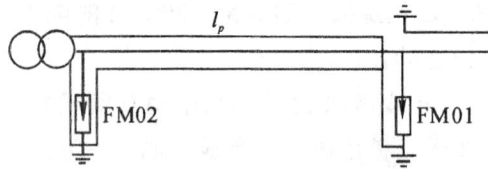

图 14-10 无电缆段进线的 GIS 变电所保护接线

（1）在变压器出口处应装设一个金属氧化物避雷器（FM02）。

（2）在 GIS 管道与架空线路的连接处，应装设金属氧化物避雷器（FM01），其接地端应与管道金属外壳相连。

（3）如变压器或 GIS 一次回路的任何电气部分至 FM01 间的最大电气距离在 60kV 时不超过 50m、在 110～220kV 时不超过 130m 或虽超过，但经校验，装一组避雷器 FM01 即能符合保护要求，则在图 14-10 中可不装 FM02。

（4）与 GIS 管道相连的架空线段长度不小于 2km，且应符合进线段保护要求。

14.7.3　66kV 及以上电压等级经电缆进线的 GIS 变电所的防雷保护接线

防雷接线如图 14-11 所示，规程规定：

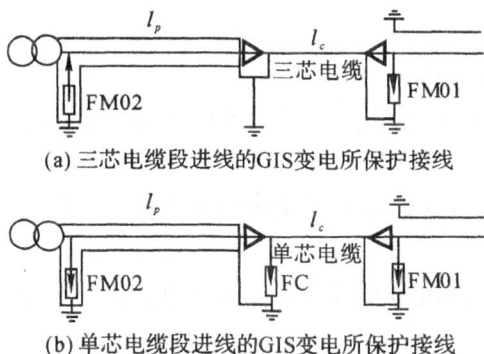

(a) 三芯电缆段进线的 GIS 变电所保护接线

(b) 单芯电缆段进线的 GIS 变电所保护接线

图 14-11　有电缆进线的 GIS 变电所保护接线

（1）在变压器出口处应装设一个金属氧化物避雷器（FM02）。

（2）在电缆段与架空线路的连接处应装设金属氧化物避雷器（FM01），其接地端应与电缆的金属外皮连接。

（3）对三芯电缆，末端的金属外皮应与 GIS 管道金属外壳连接接地，如图 14-11（a）所示；对单芯电缆，应经金属氧化物电缆护层保护器（FC）接地，如图 14-11（b）所示。

（4）如变压器或 GIS 一次回路的任何电气部分至 FM01 间的最大电气距离在 60kV 时不超过 50m、在 110～220kV 时不超过 130m 或虽超过，但经校验，装一组避雷器 FM01 即能符合保护要求，则图 14-11 中可不装 FM02。

（5）与 GIS 管道相连的架空线段长度不小于 2km，且应符合进线段保护要求。

习题 14

14-1　变电所中的大气过电压有几种？如何防止？

14-2　当用避雷器保护变压器时，避雷器动作后，作用于变压器上的电压将高于避雷器的残压，为什么？

14-3　某 220kV 变电所，其进线保护段的长度 $l_b = 1.2\text{km}$，其导线的平均对地高度 $h_d = 15\text{m}$，运行中经常接有两路进线，220kV 变压器的多次截波耐压值 $U_j = 949\text{kV}$，试求：

（1）若采用 FZ-220J 型阀式避雷器，在冲击电流为 5kA 时的残压为 $U_{c.5} = 664\text{kV}$，此时避雷器到变压器之间的最大允许电气距离应为多少？

（2）若采用 FCZ-220J 型磁吹避雷器，在冲击电流为 5kA 时的残压为 $U_{c.5} = 520\text{kV}$，这种情况下避雷器到变压器之间的最大允许电气距离又应为多少？

14-4　说明变电所进线保护段的作用及对它的要求。

14-5　某 220kV 终端变电所内装的 FZ-220J 型阀式避雷器到变压器的电气距离为 80m，其导线的平均对地高度 $h_d = 15\text{m}$，220kV 变压器的多次截波耐压值 $U_j = 949\text{kV}$，FZ-220J 型阀式避雷器在冲击电流为 5kA 时的残压为 $U_{c.5} = 664kV$，试决定应有的进线保护段长度。如果变电所在运行中经常接有三路进线，进线保护段的长度又应为多少？

14-6 安装在终端变电所的 220kV 变压器的多次截波耐压值 $U_j = 949kV$，220kV 阀式避雷器在冲击电流为 5kA 时的残压为 $U_{c.5} = 664kV$。设进波陡度 $a = 450kV/\mu s$，求避雷器到变压器之间的最大允许电气距离为多少？

14-7 变电所一般采取什么措施来限制流经避雷器的雷电流使之不超过 5kA，若超过则可能出现什么后果？

14-8 发电机的绝缘特点是什么？试说明直配电机防雷保护的基本原理、以及电缆段对防雷保护的作用。

14-9 试述 GIS 变电所的过电压保护有什么特点。为什么说 GIS 绝缘的耐受水平主要取决于雷电冲击过电压水平？

第15章

电力系统内部过电压

除了雷电过电压外还有内部过电压。本章介绍电力系统内部过电压，首先介绍工频过电压的基本概念，并就空载线路电容效应引起的工频过电压作了定性的分析与阐述，另外还对不对称短路引起的工频电压升高进行了分析；接着介绍电力系统中几种主要操作过电压的产生原因、产生的物理过程、影响过电压大小的因素及限制措施；最后介绍电力系统中谐振过电压的基本概念及其特点，分析了铁磁谐振的物理过程及其特点，并以此为基础讨论铁磁谐振过电压的消除和限制措施。

15.1 内部过电压概述

1. 内部过电压及其分类

内部过电压就是由电力系统中某些内部的原因所引起的过电压，根据其产生原因、发展过程和影响因素的不同，可作如下分类：

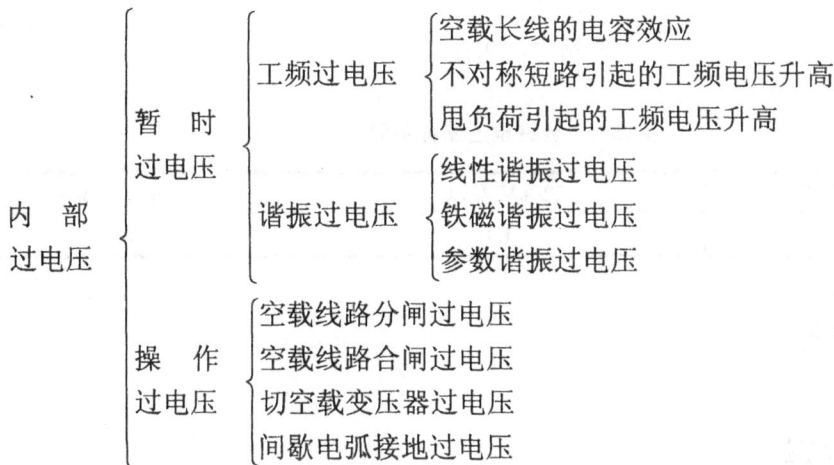

内部过电压
- 暂时过电压
  - 工频过电压
    - 空载长线的电容效应
    - 不对称短路引起的工频电压升高
    - 甩负荷引起的工频电压升高
  - 谐振过电压
    - 线性谐振过电压
    - 铁磁谐振过电压
    - 参数谐振过电压
- 操作过电压
  - 空载线路分闸过电压
  - 空载线路合闸过电压
  - 切空载变压器过电压
  - 间歇电弧接地过电压

操作过电压是电网从一种稳态向另一新稳态过渡的过程中产生的，其持续时间一般较短，通常不超过 0.1s（即五个工频周波）；而暂时过电压基本上是与电路稳态相联系，其持续时间相对较长。

实际上，操作过电压所指的操作并非狭义的开关倒闸操作，而应理解为"电网参数的某种突变"，它可以因倒闸操作引起，也可以由系统中的各种故障所引起。因此，操作过电压就是由操作或故障所产生的电网参数突变，在电网中引起复杂的 LC 电磁振荡过渡过程中所产生的过电压。这类过电压的幅值较大，但由于其持续时间较短，因此可以考虑采取某些限压保护装置和其他技术措施来加以限制。

谐振过电压的持续时间一般较长，而现有的限压保护装置的通流能力和热容量都很有限，无法直接对其提供保护。因此，通常采取以下两种解决办法：

（1）在设计中尽量避免出现谐振回路，争取从源头消除谐振过电压。

（2）采取一些辅助措施（例如加装阻尼电阻或补偿设备等）来降低或消除谐振过电压。

工频过电压的幅值一般不大，因此它本身并不会对绝缘构成威胁。但是，由于其它各种内部过电压都是在它的基础上发展起来的，因此仍然需要对其加以限制，以降低内部过电压。

2. 内部过电压的大小及其表示（内部过电压倍数 K_0）

雷电过电压是由外部能量（雷电）所产生的，其幅值大小与电网工作电压并无直接关系，因此通常采用绝对值来表示。而内部过电压的能量来源于电网本身，所以它的幅值与电网的工频电压基本上成正比。一般将内部过电压的幅值 $U_{n.max}$ 和系统的最大工作相电压幅值 U_{xg} 之比，称为内部过电压倍数 K_0，即 $U_{n.max} = K_0 U_{xg}$。在实际中通常都采用该内部过电压倍数 K_0 来表示系统中的内部过电压的大小。

3. 系统的最大工作相电压幅值 U_{xg} 的计算

$$U_{xg} = k \frac{\sqrt{2}}{\sqrt{3}} U_n \qquad (15\text{-}1)$$

式中：U_n ——系统额定（线）电压有效值，kV；

　　　k ——容许电压偏移系数，其具体数值见表 15-1。

其中：

$$k = \frac{\text{系统的最大工作电压} U_m}{\text{系统额定电压} U_n} \qquad (15\text{-}2)$$

表 15-1　容许电压偏移系数

额定电压（kV）	220kV 及以下	330～500kV
k	1.15	1.10

15.2　工频过电压

15.2.1　工频过电压概述

1. 工频电压升高及其分类

电力系统中通常把幅值超过最大工作相电压、频率为工频或接近工频的过电压称为工频电压升高，或工频过电压。

产生工频电压升高的主要原因有：空载线路的电容效应、不对称接地故障、发电机突然甩负荷等三种。与此相对应的三种常见的主要工频过电压为：

　　（1）空载长线路电容效应引起的工频电压升高；

　　（2）不对称短路时健全相上的工频电压升高；

　　（3）甩负荷引起的工频电压升高。

　　2. 工频电压升高主要对超高压电网系统会产生重要影响

　　一般来说，工频电压升高对 220kV 及以下系统中的正常绝缘电气设备不会构成危害，它在 220kV 及以下系统中影响较小。但是，工频电压升高对于超高压、远距离电网输电系统却具有非常重要的影响。理由如下：

　　（1）工频电压升高对于超高压电网系统中绝缘水平的确定具有决定性的作用，它是决定保护电器（如避雷器等）工作条件的重要依据。

　　例如避雷器的最大允许工作电压就是由避雷器安装处工频电压升高来决定的。工频电压升高的幅度越大，要求避雷器的灭弧电压越高。这将直接影响到避雷器的保护水平和电力设备的绝缘水平。

　　（2）操作过电压是在工频电压的基础上发展起来的，因此工频电压升高将直接影响操作过电压的幅值。这在超高压系统中更显得尤为重要。

　　（3）工频电压升高持续时间长，对设备绝缘及其运行性能会产生重大影响。例如引起油纸绝缘内部游离，污秽绝缘子闪络、铁芯过热、电晕等。

　　3. 我国《电力设计技术规范》规定，不必考虑空载线路的电容效应、单相接地及突然甩负荷等多种形式工频电压升高同时发生的情况。

15.2.2　空载线路电容效应引起的工频电压升高

　　1. 电容效应的概念

　　在如图 15-1 所示的电感电容串联的 $L-C$ 回路中，如果容抗 $\dfrac{1}{\omega c}$ 大于感抗 ωL，则在电源

电压 $\dot{E}$ 的作用下，回路中将流过电容性电流。其电流电压相量图如图 15-1（b）所示，其中 $\dot{E}=\dot{U}_L+\dot{U}_C$。因为容性电流在电感上产生的压降 $\dot{U}_L$ 与电容上产生的压降 $\dot{U}_C$ 反相，故有 $U_C=E+U_L$。显然，此时电容上的电压将大于电源电压，即 $U_C>E$。由于回路中的容抗大于感抗而导致电容上的电压反而高于电源电压的这种现象称为电容效应。

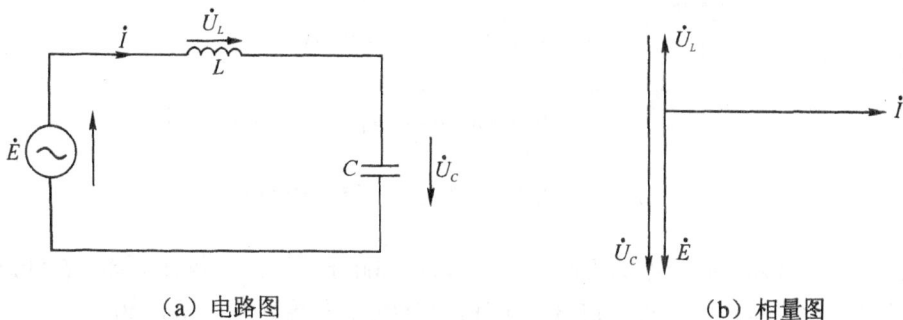

（a）电路图　　　　　　　　　　　　　　　（b）相量图

图 15-1　$L-C$ 串联电路中的电容效应

2. 空载线路电容效应

对于输电线路，如果采用集中参数的 π 型等值电路来等效并忽略线路电阻，得到等值电路如图 15-2 所示。由于一般线路的容抗远大于线路的感抗，故在线路末端空载（$I_2 = 0$）的情况下，在首端电压 U_1 的作用下，回路中将流过容性电流，与前面分析相类似地，此时线路末端电压 U_2 也将比线路首端电压 U_1 有一定的升高。空载线路末端电压值 U_2 较线路首端电压值 U_1 有较大的升高的这种现象，就称为空载线路的电容效应所引起的工频电压升高或工频过电压。

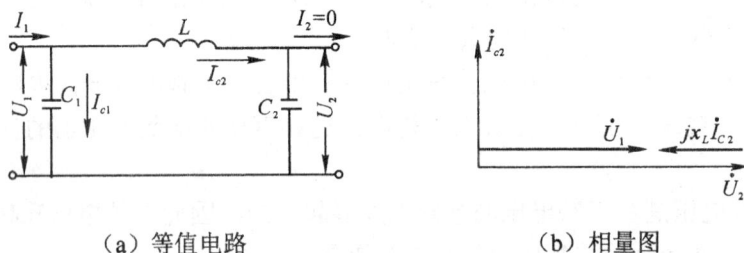

（a）等值电路　　　　　　　　（b）相量图

图 15-2　线路集中参数 π 型等值电路及其末端开路时的相量图

3. 空载线路电容效应引起的工频电压升高与线路长度的关系

一般电压等级越高，线路越长，线路的对地电容就越大，空载线路的电容效应所引起的工频电压升高或工频过电压也就越严重。

对于距离较长的线路，一般需要考虑它的分布参数特征，此时输电线路可以采用如图 15-3 所示的 π 型链式电路来等效。根据无损长导线的方程及其相应的边界条件，即可解得距线路末端距离为 x 处的电压为：

$$u_x = \frac{E\cos\varphi}{\cos(\alpha l + \varphi)}\cos\alpha x \tag{15-3}$$

式中：E 为系统电源电压，$\varphi = arctg\dfrac{X_s}{Z}$，$Z$ 为导线波阻抗，X_s 为系统电源等值电抗，$\alpha = \dfrac{\omega}{v}$，$\omega$ 为电源角频率，v 为光速，x 为该点到线路末端的距离，l 为线路总长度。

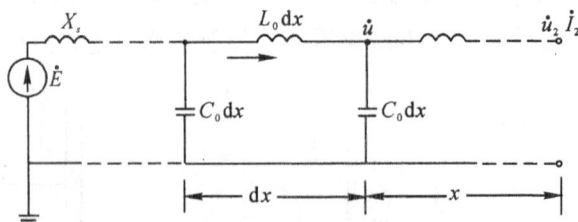

图 15-3　线路分布参数 π 型链式等值电路

从式（15-3）可知，沿线路的工频电压从线路末端开始按余弦规律分布，在线路末端 $x = 0$ 处，电压最高。将 $x = 0$ 代入式（15-3），即可得到线路末端处的电压 u_2 为：

$$u_2 = \frac{E\cos\varphi}{\cos(\alpha l + \varphi)} \tag{15-4}$$

如果系统的容量为无穷大，即 $X_s = 0$，$\varphi = 0$，则可得：

$$\frac{u_2}{E} = \frac{1}{\cos\alpha l} \tag{15-5}$$

这就是线路末端电压升高程度与线路长度之间的关系。显然，线路长度 l 越长，线路末端电压比首端升高得越多。由于超高压线路一般都较长，故空载线路的电容效应所引起的工频电压升高比较严重，例如对于 400km 长的 330kV 线路，其末端的电压升高可达 1.15～1.30 倍。在极端情况 $\alpha l = \frac{\pi}{2}$，即 $l = 1500$km 时，末端电压为无穷大，此时线路电感和电容恰好发生串联谐振。当然实际上由于线路电阻和电晕的限制，工频电压升高在任何情况下均不会超过 $2.9E$。

4. 空载线路电容效应引起的工频电压升高与电源容量的关系

由式（15-4）可看出，电源电抗 X_s 的影响通过角度 φ 表示出来。由于 $\alpha l + \varphi = 90°$，相当于 $\alpha l = 90° - \varphi$，这样即使工频线路在 $l < 1500$km 的情况下，线路也有可能处于谐振状态。显然，X_s 的存在加剧了线路末端工频电压的升高，好象增加了导线长度，且电源容量越小（X_s 越大），工频电压升高越严重。例如在 $\varphi = 21°$ 的情况下，当 $l = 1150$km 时线路将发生谐振。

因此为了估计最严重的工频电压升高，应以系统最小电源容量为依据。例如在双端电源的线路中，投切线路的断路器必须遵循一定的操作程序：线路合闸时，先合电源容量较大的一侧，后合电源容量较小的一侧；线路切除时，先切电源容量较小的一侧，后切电源容量较大的一侧。这样操作可以减弱电容效应引起的工频过电压。

5. 空载长线路电容效应引起的工频电压升高的限制措施

（1）采用并联电抗器，以补偿线路中的容性电流，削弱电容效应，限制工频电压升高。

一般情况下，220kV 及以下的电网不需要采取特殊措施来限制工频电压升高；而在 330kV 及以上的超高压线路中，则经常采用并联电抗器来限制工频过电压，并联电抗器可以视需要装设在线路的末端、首端或中部。

（2）采用静止补偿装置（SVC）来限制工频电压升高

静止补偿装置（SVC）是一种以可控硅技术为核心的新型并联补偿装置，它主要包括三个部分：可控硅开关投切电容器组（TSC）、可控硅相角控制的电抗器组（TCR）、控制调节系统。

15.2.3　不对称短路引起的工频电压升高

1. 不对称短路的故障形式

不对称短路主要有单相接地短路和两相接地短路两种故障形式。

考虑两相接地短路一般很少出现，而单相接地短路非常常见，以及单相接地短路引起的电压升高更大等具体情况，阀式避雷器的灭弧电压通常就是依据单相接地时的工频电压升高来确定的。所以在这一节将重点讨论单相接地的情况。

2. 单相接地故障分析、单相接地系数 $K^{(1)}$

单相接地时，故障点各相的电压、电流是不对称，采用对称分量法和复合序网进行分析，即可求得在 A 相接地的情况下 B、C 两健全相的电压为：

$$\dot{U}_B = \frac{(a^2-1)Z_0 + (a^2-a)Z_2}{Z_0 + Z_1 + Z_2}\dot{U}_{A0} \tag{15-6}$$

$$\dot{U}_C = \frac{(a-1)Z_0 + (a^2-a)Z_2}{Z_0 + Z_1 + Z_2}\dot{U}_{A0} \tag{15-7}$$

式中：Z_0、Z_1、Z_2——从故障点看进去电网的零序、正序、负序阻抗；

$\dot{U}_{A0}$——正常运行时故障点处 A 相电压；

a——$e^{j\frac{2}{3}\pi}$。

对电源容量较大的系统，$Z_1 \approx Z_2$，若忽略各序阻抗中的电阻分量 R_0、R_1、R_2，则可得 $Z_1 = Z_2 = X_1$，$Z_0 = X_0$，于是式（15-6）、（15-7）可简化为：

$$\dot{U}_B = \left[-\frac{1.5\dfrac{X_0}{X_1}}{2+\dfrac{X_0}{X_1}} - j\frac{\sqrt{3}}{2}\right]\dot{U}_{A0} \tag{15-8}$$

$$\dot{U}_C = \left[-\frac{1.5\dfrac{X_0}{X_1}}{2+\dfrac{X_0}{X_1}} + j\frac{\sqrt{3}}{2}\right]\dot{U}_{A0} \tag{15-9}$$

由以上两式可以求得 $\dot{U}_B$、$\dot{U}_C$ 的模值为：

$$U_B = U_C = \sqrt{\left[\frac{1.5\dfrac{X_0}{X_1}}{2+\dfrac{X_0}{X_1}}\right]^2 + \frac{3}{4}}\,U_{A0} = K^{(1)}U_{A0} \tag{15-10}$$

其中：

$$K^{(1)} = \sqrt{\left[\frac{1.5\dfrac{X_0}{X_1}}{2+\dfrac{X_0}{X_1}}\right]^2 + \frac{3}{4}} \tag{15-11}$$

$K^{(1)}$ 叫做单相接地系数，它表示单相接地故障时健全相上的最高工频电压有效值与故障前故障相对地电压有效值之比。

3. 110%、100%和80%避雷器的概念

系统中的正序电抗 X_1 包括发电机的次暂态同步电抗、变压器漏抗及线路的感抗等，它一般是电感性的，通常表现为正值。而系统的零序电抗 X_0 则因系统中性点接地方式的不同有较

大的差别。根据定义，X_0应为线路导线的对地电容与中性点对地电抗的并联值。

（1）3、6、10kV 中性点不接地系统——采用"110%避雷器"

在中性点不接地的系统中，X_0只决定于线路对地电容，故它应为负值，而X_1为正值，故$\dfrac{X_0}{X_1}$是负值。对于 3、6、10kV 中性点不接地系统，一般$\dfrac{X_0}{X_1}$处于$[-\infty, -20]$的范围。当$\dfrac{X_0}{X_1} = -20$时，接地系数$K^{(1)}$达到最大值为：

$$K_{\max}^{(1)} = \sqrt{\left[\frac{1.5 \times (-20)}{2 + (-20)}\right]^2 + \frac{3}{4}} = 1.88 = \sqrt{3} \times 1.085 \leq \sqrt{3} \times 1.1 \qquad (15\text{-}12)$$

显然，此时健全相上的工频电压升高最高不超过系统额定（线）电压U_n的 1.1 倍。因此，在 3、6、10kV 中性点不接地系统中，避雷器的灭弧电压按$110\%U_n$选择，故又称为"110%避雷器"。

（2）35～60kV 中性点经消弧线圈接地系统——"100%避雷器"

在中性点经消弧线圈接地的系统中，中性点与大地之间连接了消弧电感线圈L，用以补偿零序电容。此时X_0为消弧电感线圈L的感抗与线路对地容抗（包括母线上的对地并联电容等）的并联。当L的感抗$X_L = \dfrac{1}{3\omega C_0}$（$C_0$为每相零序电容）时，网络处于全补偿状态，此时$X_0$趋向于$\infty$，故$\dfrac{X_0}{X_1} = \infty$；$X_L > \dfrac{1}{3\omega C_0}$时为欠补偿状态，此时$X_0$趋向于很大的负值，故$\dfrac{X_0}{X_1}$接近于$-\infty$；$X_L < \dfrac{1}{3\omega C_0}$时为过补偿状态，此时$X_0$趋向于很大的正值，故$\dfrac{X_0}{X_1}$接近于$+\infty$。实际中，35～60kV 中性点经消弧线圈接地系统通常采用过补偿方式运行，将$\dfrac{X_0}{X_1} = +\infty$代入公式（15-11）可得接地系数：

$$K^{(1)} = \sqrt{[1.5]^2 + \frac{3}{4}} = \sqrt{\left[\frac{3}{2}\right]^2 + \frac{3}{4}} = \sqrt{3} \qquad (15\text{-}13)$$

显然，这种情况下单相接地时健全相上的工频电压升高接近于系统额定（线）电压U_n。因此，在 35～60kV 中性点经消弧线圈接地系统中，避雷器的灭弧电压按$100\%U_n$选择，故又称为"100%避雷器"。

（3）110～220kV 中性点直接接地系统——"80%避雷器"

在 110～220kV 中性点直接接地系统中，零序电抗是感抗，X_0是不大的正值，$\dfrac{X_0}{X_1}$也是正值，一般$\dfrac{X_0}{X_1} \leq 3$。当$\dfrac{X_0}{X_1} = 3$时，接地系数$K^{(1)}$达到最大值为：

$$K_{max}^{(1)} = \sqrt{\left[\frac{1.5 \times 3}{2+3}\right]^2 + \frac{3}{4}} = 1.25 = \sqrt{3} \times 0.72 \leq \sqrt{3} \times 0.8 \qquad (15\text{-}14)$$

显然，此时健全相上的工频电压升高最高不超过系统额定（线）电压 U_n 的 0.8 倍。因此，在 110～220kV 中性点直接接地系统中，避雷器的灭弧电压按 $80\% U_n$ 选择，故又称为"80%避雷器"。

15.3 操作过电压

15.3.1 操作过电压概述

1. 电力系统常见的操作过电压种类

（1）中性点绝缘系统的间歇电弧接地过电压；

（2）空载线路分闸过电压；

（3）空载线路合闸过电压；

（4）切除空载变压器过电压。

2. 由于操作过电压发展过程中的能量都来源于系统本身，故操作过电压幅值与系统相电压幅值之间存在一定的倍数关系，即操作过电压通常采用系统最大工作相电压幅值的倍数来表示。

3. 各种操作过电压在各个不同电压等级中的相对重要性

（1）在电压等级较低的 6～10 kV、35～60kV 中性点绝缘或中性点经消弧线圈接地的系统中，单相间歇电弧接地过电压非常常见，对系统的影响较大。

（2）对于 110～220kV 电压等级的中性点直接接地系统，切除空载变压器过电压与空载线路分闸过电压的影响比较突出。在按操作过电压要求确定 220kV 及以下电网的绝缘水平时，主要以空载线路分闸过电压作为计算依据。

（3）在 330～500kV 的超高压系统中，空载线路合闸过电压已成为最重要的操作过电压，它对决定超高压系统中电气设备的绝缘水平起着决定性的作用。

15.3.2 间歇电弧接地过电压

1. 过电压产生原因——间歇性电弧

间歇电弧接地过电压主要发生在中性点不接地（或中性点绝缘）的电网中系统出现单相接地故障时。中性点不接地系统中发生单相接地时，接地点将产生接地电弧并在其中流过非故障相的对地电容电流。当这种电容电流在 6～10kV 线路中超过 30A、在 35～60kV 线路中超过 10A（对应线路较长）时，接地电弧就难以自行熄灭，但这个电流又还不至于大到形成稳定燃烧电弧的程度，于是就出现了电弧时燃时灭的不稳定状态——间歇性电弧。它将引起系统发生强烈的电磁暂态振荡过程，并在健全相和故障相上产生过电压，这就是间歇电弧接地过电压。所以产生间歇电弧接地过电压的根本原因就是间歇性电弧。

电弧接地过电压的发展与电弧的熄灭时间有关，通常认为电弧的熄灭有以下两种可能的情况：空气中的开放性电弧大多数在工频电流过零时熄灭；而油中电弧则常常是在过渡过程中高频振荡电流过零的时刻熄灭。考虑实际中大多数电弧接地是发生在空气中，故采用"工频熄弧理论"来分析电弧接地过电压的产生和发展过程。

2. 电弧接地过电压的产生和发展过程

设 u_A、u_B、u_C 分别代表三相电源电压，u_1、u_2、u_3 分别代表三相线路对地电压，即 C_1、C_2、C_3 上的电压。图 15-4 画出了 A 相接地时过电压的发展过程，具体分析如下：

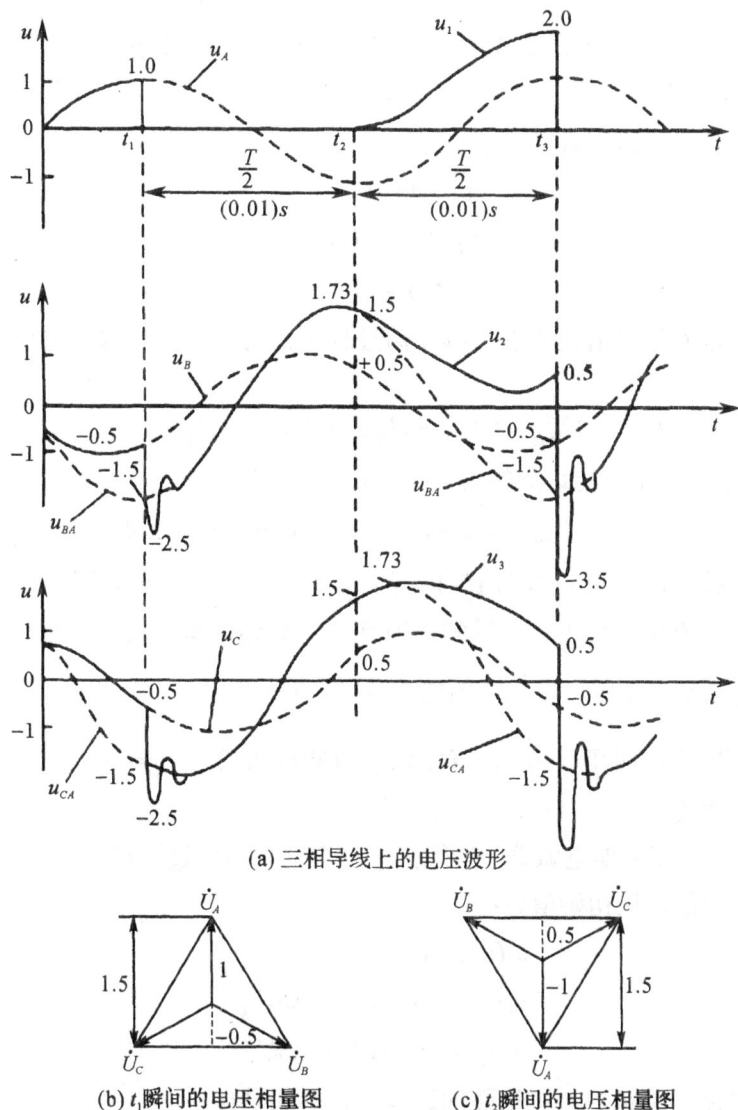

(a) 三相导线上的电压波形

(b) t_1 瞬间的电压相量图　　　　(c) t_3 瞬间的电压相量图

图 15-4　在工频电流过零时熄弧的条件下，间歇性电弧接地过电压的发展过程

（1）设 $t = t_1$ 时刻 A 相电压达到最大值时 A 相对地产生电弧

A 相电弧接地发弧前瞬间（以 $t = t_1^-$ 表示），线路电容上的电压初始值为：

$$u_1(t_1^-) = U_{xg}$$
$$u_2(t_1^-) = -0.5U_{xg}$$
$$u_3(t_1^-) = -0.5U_{xg}$$

发弧后瞬间（以 t_1^+ 表示），故障相 A 相电容 C_1 上电荷通过间隙电弧泄放入地，其电压 u_1 突降为零；而健全相 B、C 相电容 C_2、C_3 则由电源的线电压 u_{BA}、u_{CA}（由图可知，故障瞬间 u_{BA} 和 u_{CA} 的瞬时值均为 $-1.5U_{xg}$）经过电源电感充电，由原来的电压瞬时值 $-0.5U_{xg}$ 向 u_{BA}、u_{CA} 此时的瞬时值 $-1.5U_{xg}$ 变化。这个充电过程是一个高频振荡过程，其振荡频率取决于电源的电感和导线的对地电容。

此时，三相导线电压的稳态值应分别为：

$$u_1(t_1^+) = 0$$
$$u_2(t_1^+) = -1.5U_{xg}$$
$$u_3(t_1^+) = -1.5U_{xg}$$

在电压由初始值向稳态值变化的高频振荡过程中，可能达到的最大电压幅值可以采用下式近似求出：

$$U_{max} = U_{稳态} + (U_{稳态} - U_{初始}) = 2U_{稳态} - U_{初始} \tag{15-15}$$

因此，此时 C_2、C_3 上可能达到的最大电压均为：

$$U_{2m(t_1)} = U_{3m(t_1)} = 2(-1.5U_{xg}) - (-0.5U_{xg}) = -2.5U_{xg}$$

过渡过程结束后，u_2 和 u_3 将按图 15-4 中的 u_{BA} 和 u_{CA} 电压曲线变化。

故障点的电弧电流中包含工频分量和逐渐衰减的高频分量。假定高频分量过零时电弧不熄灭，而后高频分量衰减至零，电弧中的电流就是工频电流 $\dot{I}_C$，其相位与 $\dot{U}_A$ 正好差 90°。那么在经过半个工频周期，即在 $t = t_2$ 时，$\dot{U}_A$ 达到负的最大值，$u_A = -U_{xg}$，此时工频电弧电流过零，电弧第一次熄灭。

（2）$t = t_2$ 时，A 相接地电弧第一次熄灭，又会产生新的过渡过程。

这时三相导线上的电压初始值为：

$$u_1(t_2^-) = 0$$
$$u_2(t_2^-) = u_{BA}(t_2^-) = 1.5U_{xg}$$
$$u_3(t_2^-) = u_{CA}(t_2^-) = 1.5U_{xg}$$

由于系统中性点是绝缘的，在熄弧的过程中，各相导线电容上的电荷在电弧熄灭后仍保留在系统内，但在熄弧瞬间必然有一个很快的电荷重新分配过程，该电荷的重新分配过程实际上就是电容 C_2、C_3 通过电源电感对 C_1 充电的高频振荡过程，其结果是使三相导线对地电压相等，这样，将使对地绝缘的中性点上产生了一个对地的直流偏移电位，其数值为：

$$U_N(t_2) = \frac{0 \times C_1 + 1.5U_{xg}C_2 + 1.5U_{xg}C_3}{C_1 + C_2 + C_3} = U_{xg} \tag{15-16}$$

这样，当接地电弧第一次熄灭后，作用在三相导线对地电容上的电压为三相电源电压叠加该直流偏移电压，即在熄弧后 $t = t_2^+$ 瞬间：

$$u_1(t_2^+) = u_A(t_2^+) + U_N = -U_{xg} + U_{xg} = 0$$
$$u_2(t_2^+) = u_B(t_2^+) + U_N = 0.5U_{xg} + U_{xg} = 1.5U_{xg}$$
$$u_3(t_2^+) = u_C(t_2^+) + U_N = 0.5U_{xg} + U_{xg} = 1.5U_{xg}$$

即：

$$u_1(t_2^+) = 0$$
$$u_2(t_2^+) = 1.5U_{xg}$$
$$u_3(t_2^+) = 1.5U_{xg}$$

由于 t_2^+ 时刻各相电压的新稳态值与 t_2^- 时刻的初始值相等，因此在 t_2 时刻故障电弧熄灭后将不会出现过渡过程。

t_2 时刻以后，电容 C_1、C_2、C_3 上的电压将按电源相电压 u_A、u_B、u_C 再叠加中性点偏移电压 u_N 而变化，如图 15-4 中 t_2 以后时刻的实线曲线所示。

再经过半个工频周期，即在 $t_3 = t_2 + \dfrac{T}{2}$ 时，A 相对地电压幅值达 $2U_{xg}$。如果此时再次发生电弧（称电弧重燃），u_1 又将突然降为零，电网中将再一次出现过渡过程。

（3）$t = t_3$ 时电弧重燃

这时在电弧重燃前，三相电压初始值分别为：

$$u_1(t_3^-) = 2.0U_{xg}$$
$$u_2(t_3^-) = u_B(t_3^-) + U_N = -0.5U_{xg} + U_{xg} = 0.5U_{xg}$$
$$u_3(t_3^-) = u_C(t_3^-) + U_N = -0.5U_{xg} + U_{xg} = 0.5U_{xg}$$

电弧重燃后，三相电压新的稳态值（B、C 相电容 C_2、C_3 上的电压由相应的线电压在 t_3 时刻的瞬时值所决定）为：

$$u_1(t_3^+) = 0$$
$$u_2(t_3^+) = u_{BA}(t_3^+) = -1.5U_{xg}$$
$$u_3(t_3^+) = u_{CA}(t_3^+) = -1.5U_{xg}$$

振荡过程中过电压最大值可达

$$U_{2m(t_3)} = U_{3m(t_3)} = 2(-1.5U_{xg}) - (0.5U_{xg}) = -3.5U_{xg}$$

当高频振荡过程结束后，情况实际上又重新回到了 $t = t_1$ 时刻的情况。采用相同的分析可知，以后的"熄弧——重燃"过程就是完全重复前面所分析的 $t_1 \sim t_3$ 时间段的过渡过程，且过电压幅值也完全相同。

通过分析可以得到以下结论：

（1）中性点不接地系统发生间歇性电弧接地时，两健全相上最大过电压倍数为 3.5。

（2）故障相上的最大过电压倍数为 2.0。

3. 防止间歇电弧接地过电压的方法

防止间歇电弧接地过电压的方法是中性点直接接地或中性点经消弧线圈接地。

（1）在 110kV 及以上的电压等级较高的电网中——采用中性点直接接地

它可以从根本上消除间歇电弧接地过电压，因为此时单相接地就必定会造成断路器跳闸，不可能再形成间歇性电弧。

（2）在 35kV 及以下的电压等级较低的电网中——采用中性点经消弧线圈接地

它主要是通过流过中性点消弧线圈的感性电流来补偿线路的容性电流，使流过单相接地点的故障电流减小到电弧可以自熄的程度，使间歇性电弧不能形成；另外，它还具有降低故障相电弧间隙上的恢复电压上升速度[21, 22]的作用，进一步减小了电弧重燃的可能性。采用这种供电方式的最大好处就是可以大大提高供电的可靠性，使系统在单相接地故障时仍然能够继续正常供电。

15.3.3 空载线路分闸过电压

空载线路分闸过电压是确定 220kV 及以下电网操作冲击绝缘水平的重要依据。

1. 过电压产生原因——断路器的电弧重燃

断路器在分闸空载线路时，分闸初期会在断路器触头间产生较高的恢复电压，这时原本已经分开的触头间的抗电强度可能会耐受不住触头间高幅值恢复电压的作用，从而引起触头间的电弧重新燃烧（电弧重燃），产生电磁暂态振荡过程，形成空载线路分闸过电压。电弧重燃是产生空载线路分闸过电压的根本原因。

2. 过电压产生的物理过程

一条单相空载线路可用 T 型等值电路来等值，如图 15-5（a）。图中 L_T 为线路电感，C_T 为线路对地电容，L_S 为电源系统等值电感（即发电机、变压器漏感之和），$e(t)$ 为电源电势。图 15-5（a）的电路可以进一步简化成图 15-5（b）所示的等值电路。下面就图 15-5（b）所示的等值电路来分析空载线路分闸过电压的形成与发展过程。

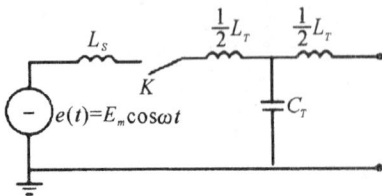

（a）等值电路，K 为开关断路器

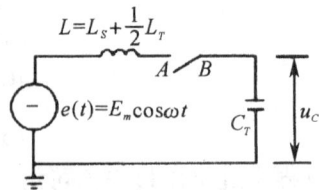

（b）简化后的等值电路，$L_S = L + L_T / 2$，A、B 为开关断路器的触头两端

图 15-5 切除空载线路时的等值电路

设电源电势 $e(t) = E_m \cos\omega t$，考虑对于一般线路，其线路容抗远大于线路感抗，且线路容抗一般也远大于电源系统等值感抗，因此，作为定性分析可以近似忽略电感 $L = L_S + \frac{1}{2}L_T$ 的影响。于是，在断路器打开之前，流过回路的电流 i 为容性电流，超前线路电压 90°，且电容

上（也即线路）的电压近似等于电源电压。即：

$$u_C \approx e(t) = E_m \cos \omega t \qquad (15\text{-}17)$$

$$i \approx \omega C_T E_m \cos(\omega t + 90°) = -E_m \omega C_T \sin \omega t \qquad (15\text{-}18)$$

在空载线路分闸过程中，按最严重的情况来考虑，回路中的电流 i 和线路上的电压 u_C 的变化如图 15-6 所示。

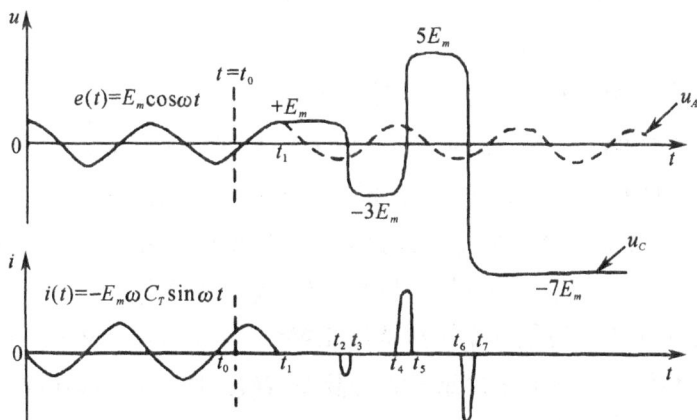

图 15-6　空载线路分闸过电压的产生过程

t_1—第一次熄弧；t_2—第一次重燃；t_3—第二次熄弧；t_4—第二次重燃；t_5—第三次熄弧

（1）$t = t_1$ 时，开关 K 发生第一次熄弧

设在 $t = t_0$ 时断路器开始分闸，断路器的触头开始打开，但由于此时流过断路器触头上的电流不是零，触头间将产生电弧继续把线路和系统电源连在一起，此时断路器实际上还没有开断。

当 $t = t_1$ 时，流过断路器的工频电流过零，触头间的电弧熄灭，断路器第一次开断。由于电流超前电源电压 90°，这时电源上的电压正好达到最大值 $+E_m$。

断路器开断后，线路电容 C_T 上的电荷无处泄漏，使得线路上继续保持这个残余电压 $+E_m$，断路器与线路相连的触头 B 的对地电压也将保持 $+E_m$；而与电源相连的触头 A 随电源电势仍将按余弦曲线变化（如图 15-6 中的虚线所示）。

（2）经过半个工频周期后，在 $t = t_2$ 时，开关 K 发生第一次重燃

经过半个工频周期后，$t = t_2$ 时，$e(t)$ 变为 $-E_m$，即 $u_A = -E_m$。这时两触头间的电压——即恢复电压为 $u_B - u_A = +E_m - (-E_m) = 2E_m$。如果此时两触头尚未拉开到足够的距离，触头间介质的绝缘强度还没有得到很好恢复，则在 $2E_m$ 的电压作用下触头间隙可能会发生电弧重燃，从而产生电磁振荡过程，形成过电压。

线路电容 C_T 上（线路）的初始电压为 $+E_m$，它将具有新的"稳态电压"为 $-E_m$。在由初始态向稳态变化的振荡过程中所可能达到的最大过电压幅值可以采用式（15-15）近似求出。因此，电弧第一次重燃后在线路上所可能出现的最大过电压为：

$$U_{c\max1} = -E_m + (-E_m - E_m) = -3E_m$$

（3）$t = t_3$ 时，开关 K 发生第二次熄弧

由于该回路的自振角频率 $\omega_0 = \dfrac{1}{\sqrt{LC_T}}$ 很高，因此由初始态向稳态变化的过程实际上是一种典型的高频振荡过程。在 $t = t_3$ 高频电流过零时，线路电容上的电压正好达到最大值 $-3E_m$，此时断路器触头上的电弧又一次熄灭，断路器再一次开断，而导线上则残留了 $-3E_m$ 的残余电压。另外，电源仍将按余弦曲线变化。

（4）再经过半个工频周期后，在 $t = t_4$ 时，开关 K 发生第二次重燃

再经过半个工频周期后，在 $t = t_3$ 时，$e(t)$ 将由 $-E_m$ 变为 $+E_m$，这时触头间的恢复电压将达到 $4E_m$。若此时两触头间的距离仍然没有拉的足够开，则会造成电弧再一次重燃。在电弧第二次重燃的振荡过程中，线路电容上（线路）所可能出现的最大过电压幅值为：

$$U_{c\max2} = +E_m + [+E_m - (-3E_m)] = +5E_m$$

依次类推，如果电弧继续每隔半个工频周期重燃一次，则过电压将按 $-3E_m$、$+5E_m$、$-7E_m$、$+9E_m$ 的规律变化。显然，电弧的多次重燃是切除空载线路时产生高幅值过电压的根本原因。

上面是一种理想化的分析，是最严重的情况，它可以帮助我们理解这种过电压的发展过程。在实际中，由于现代断路器的触头分离速度很快、灭弧能力很强，在绝大多数情况下，断路器一般只可能发生一次重燃。因此，这种过电压的最大值很少超过 $3E_m$，国内外的大量实测数据也充分证明了这一点。

3. 限制过电压的措施

（1）提高断路器的灭弧性能

既然电弧重燃是造成这种过电压的根本原因，那么对于这种过电压最有效的限制措施就是提高断路器的灭弧能力，以减少或避免电弧重燃。采用不重燃断路器是一个发展方向。

（2）在断路器中加装并联分闸电阻

这是降低触头间的恢复电压、避免电弧重燃的有效措施。其作用原理如下：

并联分闸电阻的接法如图 15-7 所示。在切除空载线路时，先打开主触头 Q_1，此时电源通过分闸电阻 R 仍和线路相连，线路上的残余电荷可通过分闸电阻继续向电源释放。此时 R 上的压降就是主触头两端的恢复电压，只要 R 的数值不太大，主触头上就不会发生电弧重燃。再经过 1.5～2 个周波后，辅助触头 Q_2 才打开，此时它上面的恢复电压已经较低，一般不会再发生电弧重燃。即使发生重燃，由于分闸电阻 R 对振荡过程产生阻尼作用，过电压也会减小。实测表明，当装有分闸电阻时，这种过电压的最大值不会超过 $2.28U_{xg}$。

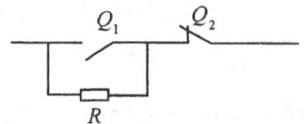

图 15-7 并联分闸电阻的接法

显然，在打开主触头 Q_1 时，希望 R 越小越好；而在打开辅助触头 Q_2 时，从加强阻尼的角度出发则希望 R 越大越好。因此，综合考虑上述两个方面，并结合考虑 R 的热容量要求，分闸电阻 R 应为中值电阻，其值一般为 1000～3000Ω。

（3）装设避雷器

在线路的首末端装设可以限制操作过电压的磁吹避雷器或金属氧化锌避雷器以限制这种过电压。

15.3.4　空载线路合闸过电压

在 330～500kV 的超高压系统中，空载线路合闸过电压对决定系统设备的绝缘水平将起着决定性的作用。

1. 空载线路合闸过电压的分析方法

空载线路的合闸如图 15-8 所示，假设在合闸瞬间电源的电压为 u_1，线路上的初始电压为 u_0。只要在合闸瞬间电源电压不等于线路上的起始电压，即 $u_1 \neq u_0$，则在合闸后线路上必然会产生一个高频振荡过程，使线路上的电压逐渐由 u_0（初始值）向 u_1（稳态值）趋近（考虑该高频振荡是由回路中的自振频率 f_0 所决定的，其频率通常要比 50 赫兹的工频电源频率高得多，因此可以近似认为在高频振荡开始的第一个周波内工频电源电压基本保持 u_1 不变）。这样，若忽略回路中的损耗，则在振荡过程中产生的最大过电压幅值为：

$$U_{max} = U_{稳态} + (U_{稳态} - U_{初始}) = 2U_{稳态} - U_{初始} = 2u_1 - u_0 \tag{15-19}$$

图 15-8　空载线路合闸

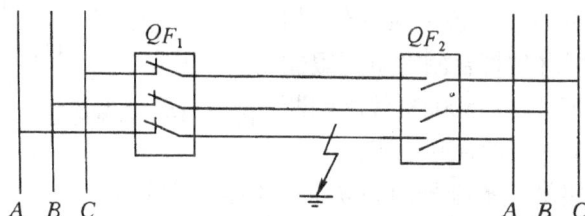

显然，在合闸瞬间电源上的电压 u_1 与线路上的初始电压 u_0 的差值越大，则在其后的高频振荡过程中产生的过电压幅值也越大。

2. 空载线路合闸过电压分析

（1）计划性合闸

在计划性合闸时，线路上开始不存在电压，其初始电压为零。考虑最严重的情况，即在电源电压 $e(t)$ 为正幅值 E_m（或负幅值 $-E_m$）时断路器合闸，则此时在振荡过程中所产生的合闸过电压幅值最大。由公式（15-19）可知，此时最大过电压幅值为 $2E_m$。

（2）自动重合闸

自动重合闸是线路发生故障跳闸后，由继电保护装置控制的合闸操作，这是中性点直接接地系统中经常遇到的一种操作。在前面分析的计划合闸情况下，空载线路上没有残余电荷，其初始电压为零。而在自动重合闸情况下，由于其线路上会预先存在一定的残余电荷和初始电压，因此在重合闸时将会引起更加激烈的振荡，产生更高的过电压幅值。

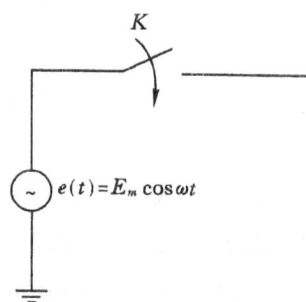

图 15-9　中性点有效接地系统中的单相接地故障和自动重合闸示意图

例如在图 15-9 的中性点直接接地系统中，当 A 相接地后，设断路器 QF_2 先跳闸，然后断路器 QF_1 再跳闸。则在断路器 QF_2 三相跳开后，B、C 两相健全相变成了空载线路。此时流过断路器 QF_1 中健全相 B 相上的电流，即为在 B 相电压作用下流过该相线路对地电容上的电流，该电流超前 B 相电压 90°。同理，流过断路器 QF_1 中健全相 C 相对地电容的电流也超前于 C 相电压 90°。这样，QF_1 动作后，B、C 两相触头间的电弧将分别在该相电容电流过零时熄灭，这样，B、C 两相导线上的电压值最后应该正好都达到幅值，为 $+E_m$ 或 $-E_m$。

再经过约 0.5s 左右，QF_1 或 QF_2 自动重合，假设此时 B、C 两相导线上的残余电荷没有泄漏掉，仍然保持着原有的电位，那么考虑在最严重的情况下，B、C 两相中有一相的电源电压在重合闸瞬间（$t = 0$）正好经过幅值（设为 $+E_m$），且其极性也正好与该相导线上的残余电压（设为 $-E_m$）相反，那么重合闸后出现的振荡将使该相导线上出现的最大过电压为：

$$U_{\max} = 2U_{稳态} - U_{初始} = 2E_m - (-E_m) = 3E_m$$

因此，考虑最严重的情况，三相重合闸时理论上过电压最大幅值可高达 $3E_m$。实际中若计及损耗，并考虑重合闸瞬间电源电位的偶然性（不会正好是幅值），该过电压的幅值将小于 $3E_m$。

如果线路采用的是单相重合闸，此时只切除故障相，健全相将不会与电源电压相脱离。这样，在故障相重合闸时，由于此时该相导线上不存在残余电荷和初始电压，其情况与计划合闸的情况相同，因此在这种情况下线路上的过电压幅值最多只能达到 $2E_m$。

影响合闸过电压的因素主要有合闸相位、线路残余电压的大小与极性、线路损耗等。

3. 限制过电压措施

（1）断路器中装设并联合闸电阻

它是限制合闸过电压最有效的措施。并联合闸电阻的接法与图 15-7 相同，但线路合闸时，主辅触头动作先后次序正好与分闸时相反。线路合闸分两个阶段。第一阶段首先是将辅助触头 Q_2 闭合，把电阻 R 的串入回路中以阻尼振荡过程，使过渡过程中的过电压降低。其后大约再经过 8～15ms 后进入合闸的第二阶段，此时主触头 Q_1 再闭合，将 R 短接，使线路直接与电源相连，完成合闸操作。

在断路器合闸的过程中，为了降低过电压，两个阶段中对 R 值的选取是矛盾的。在合闸的第一阶段，为了加强阻尼，减小过电压，希望电阻 R 越大越好。而在第二阶段，则希望电阻 R 越小越好，这样可以使电阻 R 在短接时回路的振荡减弱，降低过电压。因此，实际上空载线路合闸过电压的大小与合闸电阻值的关系呈一条 V 形曲线，如图 15-10 所示，从图中即可得到把合闸过电压限制到最低时的最佳合闸电阻值。对于 500kV 线路的断路器，国外一般采用 400Ω 左右的合闸电阻。

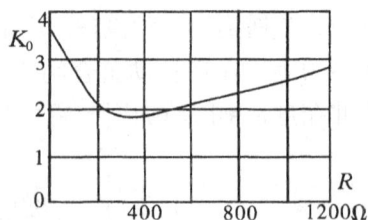

图 15-10 合闸电阻 R 与过电压倍数 K_0 的关系

在超高压电网中，断路器一般都采用并联合闸电阻，实际中的合闸过电压一般不超过 2.0 倍。

（2）消除和削弱线路残余电压

采用单相自动重合闸可以完全消除了线路上的残余电压，避免重合闸时出现高幅值的过电压。另外，装在线路侧的电磁式电压互感器也会泄放线路上的残余电荷，这也有助于降低重合闸过电压。

（3）同电位合闸

显然，只要在合闸瞬间电源电位与线路电位相同，则合闸后就不会产生振荡过程，从而避免形成合闸过电压。因此，可以采用专门的控制装置，使断路器在触头间电位差接近于零时完成合闸操作，以消除合闸过电压。

（4）装设避雷器

在线路首端和末端安装熄弧能力较强，通流量较大的磁吹避雷器或氧化锌避雷器，作为限制这种过电压的后备保护。

15.3.5　切除空载变压器过电压

1．过电压产生原因及物理过程

（1）截流现象——是产生切除空载变压器过电压的根本原因

切除空载变压器、电抗器等感性负载时，有可能在变压器、电抗器上产生过电压。产生这种过电压的原因是流过电感的电流在到达自然零点之前就被断路器强行切断，电流突然下降到零，这样就使储存在电感中的磁场能量被强迫转换为电场能量，从而导致电压的升高。

（2）切除空载变压器时很容易发生截流现象

试验表明：断路器在切断 100A 以上的交流电流时，开关触头间的电弧通常都是在工频电流过零时熄灭；而在切断几安到几十安这种较小的电流时，由于开关的灭弧能力较强，开关电弧往往会提前熄灭，电流会在过零点之前被强行切断，很容易造成截流现象。

空载变压器流过的是激磁电流，通常它只有额定电流的 0.5%～5%，其数值一般为几安到几十安。因此，它正好处于断路器容易产生截流的区域，这样就很容易产生截流现象，形成截流过电压。

（3）切除空载变压器的过电压分析

图 15-11 为切除空载变压器的等值电路，图中 L_T 为空载变压器的激磁电感，C_T 为变压器的等值对地电容（其数值很小，一般处于数百到数千微微法的范围），L_S 为母线侧电源的等值电感，K 为断路器。

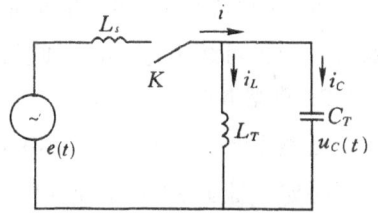

图 15-11　切除空载变压器等值电路

在断路器未开断前，流过断路器的电流应为变压器空载电流 i_L 和电容电流 i_C 之和，由于 C 很小，其工频容抗很大，因此流过电容 C 的电流 i_C 可以忽略，这样有：

$$i = i_L + i_C \approx i_L$$

如果电流 i_L 在自然过零之前被提前截断，设被截断时 i_L 的瞬时值为 I_0，电感与电容上的电压为 $u_L = u_C = U_0$，则在断路器切断瞬间电感和电容中储存的能量分别为：

$$W_L = \frac{1}{2} L_T I_0^2$$

$$W_C = \frac{1}{2}C_T U_0^2$$

由于此时断路器已经打开，右侧的 L_T、C_T 将自己构成回路产生电磁振荡，当在某一瞬间，所有的磁场能量全部转化为电场能量时，电容 C_T 上的电压达到最大值 $U_{\max}$，由能量守恒关系可得：

$$\frac{1}{2}C_T U_{\max}^2 = \frac{1}{2}L_T I_0^2 + \frac{1}{2}C_T U_0^2$$

对于一般的变压器，$\frac{1}{2}L_T I_0^2 \gg \frac{1}{2}C_T U_0^2$，这样，完全可以忽略截流时电容上的能量，则有：

$$\frac{1}{2}C_T U_{\max}^2 = \frac{1}{2}L_T I_0^2$$

即当电感上的磁场能量全部转化为电场能量时，电容 C_T 上的电压达到最大值 $U_{\max}$。实际上，在磁场能量转化为电场能量的过程中，由于变压器铁芯及铜线的损耗，部分磁场能量将会损失，为此引入一转化系数 η_m（$\eta_m < 1$）加以修正，即：

$$\frac{1}{2}C_T U_{\max}^2 = \eta_m \frac{1}{2}L_T I_0^2$$

$$U_{\max} = \sqrt{\eta_m \frac{L_T}{C_T} I_0^2} \qquad (15\text{-}20)$$

或：

$$U_{\max} = \sqrt{\eta_m \frac{L_T}{C_T} I_0^2} = \sqrt{\eta_m} Z_T I_0 \qquad (15\text{-}21)$$

式中：$Z_T = \sqrt{\dfrac{L_T}{C_T}}$——变压器的特性阻抗；转化系数 η_m 一般小于 0.5，国外大型变压器实测数据约在 $0.3 \sim 0.45$ 之间。

由此看见，截流值 I_0 越大，变压器激磁电感 L_T 越大，截流过电压越大。一般情况下，I_0 并不大，极限值为激磁电流的最大值，通常只有几安到几十安，可是变压器的特性阻抗 Z_T 却很大，一般可达上万欧，因此可以产生很高的过电压。

2. 典型算例

【例 15-1】 有一台 110kV、31.5MV·A 变压器，其铁芯材料为热轧硅钢片，激磁电流 I_L 等于额定电流 I_n 的 4%，连续式绕组，高压绕组每相对地电容 $C = 3000\text{pF}$，$\eta_m = 0.3$。求切除这样一台空载变压器时可能引起的最大过电压极限值及倍数。

解：变压器在系统额定电压 U_n 作用下空载激磁电流为：

$$I_L = 4\% I_n = 0.04 \times \frac{S_n}{\sqrt{3} U_n} = 0.04 \times \frac{31.5 \times 10^6}{\sqrt{3} \times 110 \times 10^3} = 6.61 \quad \text{A}$$

变压器的激磁电感为：

$$L_T = \frac{U_n / \sqrt{3}}{\omega I_L} = \frac{110 \times 10^3 / \sqrt{3}}{314 \times 6.61} = 30.6 \quad \text{H}$$

变压器在系统最大工作电压 U_{xg} 作用下最大空载激磁电流为：

$$I_{L(m)} = \frac{U_{xg}}{\omega L} = \frac{1.15 \times 110/\sqrt{3} \times 10^3}{314 \times 30.6} = 7.6 \quad A$$

最大可能截流值为：

$$I_0 = 7.6 \times \sqrt{2} = 10.75 \quad A$$

最大过电压极限值为：

$$U_{\max} = \sqrt{\eta_m \frac{L_T}{C_T} I_0^2} = \sqrt{0.3 \times \frac{30.6}{3000 \times 10^{-12}} \times 10.75^2} = 0.595 \times 10^6 = 595 \quad kV$$

最大过电压倍数为：

$$K = \frac{U_{\max}}{U_{xg}} = \frac{595}{1.15 \times 110 \times \sqrt{2}/\sqrt{3}} = 5.76$$

【例 15-2】　有一台 330kV、260MV·A 变压器，其铁芯材料为冷轧硅钢片，激磁电流 I_L 等于额定电流 I_n 的 0.5%，纠结式绕组，高压绕组每相对地电容 $C = 10000\text{pF}$，$\eta_m = 0.45$。求切除这样一台空载变压器时可能引起的最大过电压极限值及倍数。

解：变压器在系统额定电压 U_n 作用下空载激磁电流为：

$$I_L = 0.5\% I_n = 0.005 \times \frac{S_n}{\sqrt{3} U_n} = 0.005 \times \frac{260 \times 10^6}{\sqrt{3} \times 330 \times 10^3} = 2.274 \quad A$$

变压器的激磁电感为：

$$L_T = \frac{U_n/\sqrt{3}}{\omega I_L} = \frac{330 \times 10^3/\sqrt{3}}{314 \times 2.274} = 266.8 \quad H$$

变压器在系统最大工作电压 U_{xg} 作用下最大空载激磁电流为：

$$I_{L(m)} = \frac{U_{xg}}{\omega L} = \frac{1.15 \times 330/\sqrt{3} \times 10^3}{314 \times 266.8} = 2.62 \quad A$$

最大可能截流值为：

$$I_0 = 2.62 \times \sqrt{2} = 3.70 \quad A$$

最大过电压极限值为：

$$U_{\max} = \sqrt{\eta_m \frac{L_T}{C_T} I_0^2} = \sqrt{0.45 \times \frac{266.8}{10000 \times 10^{-12}} \times 3.7^2} = 0.405 \times 10^6 = 405 \quad kV$$

最大过电压倍数为：

$$K = \frac{U_{\max}}{U_{xg}} = \frac{405}{1.15 \times 330 \times \sqrt{2}/\sqrt{3}} = 1.31$$

由以上两例可见，开断热轧硅钢片铁芯连续式绕组的空载变压器，其过电压很高，可达 5.76 倍；但开断冷轧硅钢片铁芯纠结式绕组的空载变压器，由于其激磁电流很小，等值对地电容较大，所以过电压很低，一般在 2 倍以下，不会对绝缘造成危害。

3. 影响过电压的因素及限压措施

（1）断路器的性能

切除空载变压器时过电压的大小与电流截断值 I_0 有关。一般断路器灭弧能力越强，切断电流的能力也越强，过电压就越高。

（2）变压器的参数

变压器的激磁电感 L_T 越大，对地电容 C_T 越小，则过电压就越高。

我国对切除 110～220KV 空载变压器做过不少试验，实测结果表明，在中性点直接接地电网中，这种过电压一般不超过 3 倍相电压；在中性点不接地电网中，一般不超过 4 倍相电压。

由于切除空载变压器过电压的特点是幅值高、频率高，但持续时间短，能量小（一般要比阀型避雷器允许通过的能量小一个数量级），因此限制它并不困难。一般只要在变压器的任一侧装上普通的阀式避雷器就可以有效地限制这种过电压。

15.4　谐振过电压

15.4.1　谐振过电压概述

1. 谐振过电压的基本概念

系统操作或故障时，电感和电容构成的振荡回路形成谐振时所产生的过电压称为谐振过电压，如图 15-12 所示，其中电容通常线性的（电力系统中的电容一般都是线性的），而电感则可以分为线性的、非线性的和周期性交变的三种。由此可以将谐振分为线性谐振、铁磁谐振和参数谐振三种不同情况。

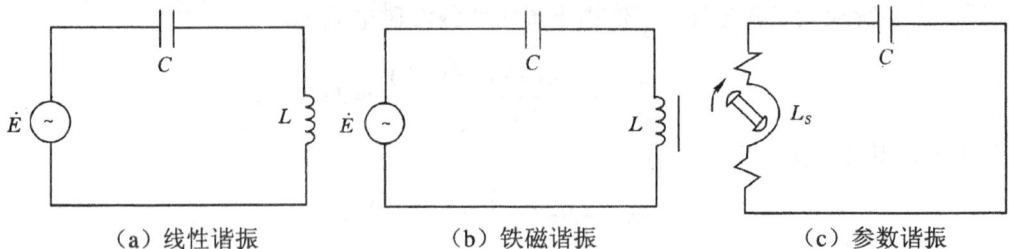

（a）线性谐振　　　　　　（b）铁磁谐振　　　　　　（c）参数谐振

图 15-12　电力系统的三种谐振方式

2. 谐振过电压的频率

复杂的电感、电容电路可以有一系列的自振频率，而电源中也往往含有一系列的谐波，只要电路中某个自振频率与电源中所含有的任何一个谐波频率相等（或接近）时，就会出现该次谐波谐振。因此谐振频率可以是工频 50Hz（工频谐振），也可以是高频的（高频谐振），还可能是低频的（分频谐振）。

3. 电力系统中的谐振分类

（1）线性谐振——电感是线性的

线性谐振回路中的电容、电感都是线性的。常见的线性电感元件有输电线路电感、变压器漏感和励磁特性接近线性的消弧线圈电感（其铁芯中通常有空气间隙）等。在正弦交流电源作用下，当系统自振频率与电源频率相等或接近时，就发生线性谐振。前面我们讨论过的空载长线路电容效应引起的工频过电压实际上就是一种典型的线性谐振过电压。

（2）铁磁谐振（非线性谐振）——电感是非线性的

铁磁谐振回路是由带铁芯的非线性电感元件（如变压器、电压互感器等）和系统的电容元件组成。由于铁芯电感元件具有饱和现象，使回路电感参数成为非线性。这种含有非线性电感元件的回路，在满足一定的谐振条件下，也会产生谐振，这种谐振通常称为铁磁谐振。它具有与线性谐振完全不同的特点，由它所产生的过电压又称为铁磁谐振过电压。

（3）参数谐振——电感是周期性交替变化的

对于参数谐振，其电感参数是在某个范围内周期性交替变化的，例如比较典型的是水轮发电机在正常的同步运行时，其同步电抗就是在直轴电抗 X_d 与交轴电抗 X_q 之间周期性地变化。当发电机带有电容负载（例如一段空载线路）时，在某种参数的搭配下，就有可能在电感参数周期性变化的振荡过程中产生参数谐振。

4. 谐振过电压的主要特点——持续时间长

谐振是一种稳态现象，它一般由操作或故障等引起的过渡过程激发产生，但它往往会在过渡过程结束以后的很长时间内仍然稳定存在，直到发生新的操作或故障使谐振条件遭到破坏为止。所以一旦出现这种过电压，其持续时间一般都比较长，若此时过电压的幅值又比较高，则往往会造成严重的后果。

运行经验表明，在 35kV 及以下的电网中，由谐振过电压所造成的事故很常见，值得引起重视。

15.4.2　铁磁谐振过电压的一般性质

下面我们将通过图 15-13 所示最简单的铁芯电感 L 和电容 C 的串联电路，重点分析基波铁磁谐振的情况，由此来讨论铁磁谐振过电压的一般性质。

1. 铁磁谐振过电压不像线性谐振过电压那样需要有严格的电容 C 值，而是在很大的 C 值范围内，只要满足：

图 15-13　铁磁谐振串联回路

$$C > \frac{1}{\omega^2 L_0} \qquad \text{（其中 } L_0 \text{——为铁芯未饱和时的电感值）} \qquad (15\text{-}22)$$

就有可能发生谐振。因此，铁磁谐振很容易发生。

假设在正常运行条件下，串联回路的开始状态为感抗大于容抗，即 $\omega L_0 > \dfrac{1}{\omega C}$，此时电路运行在感性工作状态，不具备线性谐振条件。但是，当铁芯电感两端电压逐渐升高时，由于电感线圈中出现的涌流，可能会使铁芯饱和，其感抗随之减小。当降至

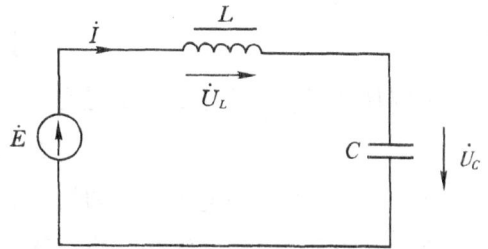

$\omega L = \dfrac{1}{\omega C}$（即 $\omega_0 = \omega$）时，回路便满足串联谐振条件，于是发生谐振，在电感和电容两端形成过电压，这种现象称为铁磁谐振现象。因此，只要满足 $\omega L_0 > \dfrac{1}{\omega C}$ 或公式（15-22），就有可能发生铁磁谐振。

2. 铁磁谐振需要"激发"才能产生

图 15-14 画出了铁芯电感和电容上的电压随电流变化的曲线 $U_L(I)$、$U_C(I)$。$U_C = \dfrac{I}{\omega C}$ 是一根直线，而 $U_L = f(I)$ 是一条饱和曲线。

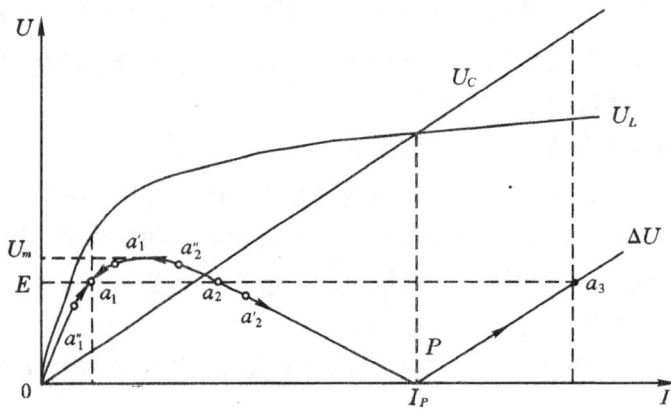

图 15-14　串联铁磁谐振电路的特性曲线

从回路元件上电压的平衡关系可以得到：

$$\dot{E} = \dot{U}_L + \dot{U}_C \qquad\qquad (15\text{-}23)$$

又因 U_L 与 U_C 相位相反，于是有：

$$E = \Delta U = \left| U_L - U_C \right| \qquad\qquad (15\text{-}24)$$

式中，ΔU 为回路电压降总和的绝对值，其变化如图 15-14 中的 $\Delta U(I)$ 曲线所示。

电源电势 E 和 ΔU 曲线相交点，就是满足上述平衡方程的点。从图中可看到，ΔU 曲线与电源电势 E（虚线）在三处（a_1、a_2、a_3）相交，这三个点都满足电压平衡条件 $E = \Delta U$，称为平衡点。但这些平衡点仅仅满足了电压的平衡条件，而不一定满足稳定条件，如果不能满足稳定条件，则这些平衡点就不能成为实际的工作点。通常我们可以采用"小扰动"法来考察某平衡点是否稳定。即假定有一个小扰动使回路状态偏离平衡点，然后看回路状态是否还能够重新返回到原来的平衡点状态，若能回到平衡点，则说明该平衡点是稳定的，可以成为回路的实际工作点；否则，若小扰动后回路状态越来越偏离平衡点，则该平衡点就是不稳定的，不可能成为回路的实际工作点。

对 a_1 点来说，若回路中的电流由于某种扰动而有微小的增加，ΔU 沿曲线偏离 a_1 点到 a_1' 点，此时 $E < \Delta U$，即外加电源电势小于回路上的总压降，使回路电流减小重新回到原来平衡

点 a_1；反之，若扰动使电流有微小的下降到 a_1'' 点，此时 $E > \Delta U$，即外加电源电势大于回路上的总压降，使得电流增加又重新回到 a_1。可见 a_1 点是稳定点。用同样方法分析 a_2、a_3 点，即可发现 a_3 也是稳定点，而 a_2 是不稳定点。

由此可见，在一定外加电源电势 E 的作用下，铁磁谐振回路可能有两种不同的稳定工作状态。其一是非谐振工作状态 a_1 点，此时回路中 $U_L > U_C$，整个回路呈电感性，回路中电流很小，电感上与电容上的电压都不高，不会产生过电压。其二是谐振工作状态 a_3 点，此时回路中 $U_L < U_C$，整个回路呈电容性，这时不仅回路电流较大，而且在电感电容上都会产生较大的过电压（见图 15-14，此时 U_L、U_C 均大大超过电源电势 E）。

为了进一步说明回路中工作状态的转化过程，分析 ΔU 与 I 之间的关系曲线如图 15-15 所示。当电源电势 E 由零逐渐增加时，回路的工作点将沿着曲线 $\Delta U(I)$ 的 om 段逐渐上升，直到 m 点；当电源电势再继续增加超过 m 点的值 U_m（幅值）时，在 om 段无法再找到工作点，这样，工作点将从 m 点突然跳变到 n 点并沿着曲线 $\Delta U(I)$ 的 pn 段继续逐渐上移，同时回路电

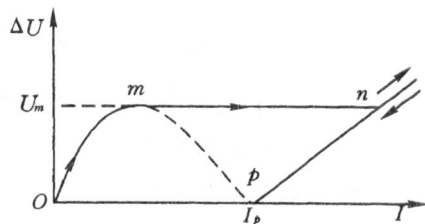

图 15-15　铁磁谐振中的跃变现象

流将由感性突然变成容性，回路电流相位发生 $180°$ 的突然反转，产生相位反倾现象。与此同时，回路电流激增（ $I > I_p$ ），电感和电容上的电压也大幅度地提高，这就是铁磁谐振的基本现象。

综上所述，要产生铁磁谐振过电压，除了电路参数需要满足公式（15-22）的条件外，还需要有某种"激发"，使电源电势至少在某一瞬间突然升高超过 U_m，这样，工作点才能跳过 om 段而在 pn 段建立起稳定的谐振工作点。U_m 好象起到了一个门槛的作用，电源电势必须要超过 U_m 这一门槛值才能完成"激发"过程。显然，U_m 越高，完成"激发"所要求的电源电势也越高，这样就越不容易产生铁磁谐振过电压。电源电压升高有可能会引起"激发"，其实质就是使得电感饱和，因此，不论什么原因使铁芯饱和都有可能引起过电压。例如，电网的突然合闸、发生故障和故障清除等，所有这些都有可能造成铁磁谐振过电压。

3. 电容 C 值增大时，出现铁磁谐振的可能性将减小。

电容增加，容抗 $\frac{1}{\omega C}$ 减小，其伏安特性 $U_C(I) = \frac{I}{\omega C}$ 斜率也会减小，这样，将使产生铁磁谐振所需要的"激发"门槛值 U_m 增加，从而使发生铁磁谐振的可能性减小。

4. 由于受电感电压饱和效应的限制，铁磁谐振过电压的幅值一般不会很高。

发生铁磁谐振时，电感上的电压 U_L 由于受其伏安特性饱和的限制，不可能出现象线性谐振那样使电压趋向于无穷大的情况；而电容上的电压 U_C 也仅为电感电压 U_L 和电源电压 E 两者之和，同样不可能趋向于无穷大。

5. 谐振状态的"自保持"特性

只要出现了电源电压大于 U_m 的短时"激发"，就有可能使回路发生铁磁谐振，工作点将

移至曲线 $\Delta U(I)$ 的 pn 段 n 点以上的上半部分运行。如果"激发"很快过去，电源电压又马上回到较低的正常工作电压，这时工作点将沿着 pn 段向 p 点方向移动至较低的电压处，工作点在 pn 段 n 点以下的下半部分继续运行（但不会由 n 点直接跳到 m 点并重新回到 om 段运行）。虽然此时"激发"已经过去，电源电压也已经恢复正常，但回路还是处于谐振状态（只不过此时电感、电容上的谐振电压稍有降低而已，但电感、电容上的电压仍然大于电源电势），并有可能继续长期保持下去。 这就是铁磁谐振过电压的"自保持"特性。

6. 具有各次谐波谐振（实际中通常是 $\frac{1}{3}$，$\frac{1}{2}$，1和3次）的可能性

由于非线性电感的存在，回路中的电流将发生畸变。于是，回路中的电流除了工频分量（基波）外，还有高次谐波，甚至有分次谐波（例如 $\frac{1}{3}$ 次，$\frac{1}{2}$ 次等）。这样，就既有可能出现基波谐振，也有可能出现高次谐波谐振，另外还有可能出现分次谐波谐振。

7. 具有相位反倾现象

回路电流由感性突然变成容性，相位发生 180° 的突然反转，有可能使三相系统中的工频三相相序发生改变，从而使一些小容量异步电动机出现反转。

8. 当回路电阻大到一定数值，就不会产生强烈的铁磁谐振过电压。

在图 15-13 的 LC 铁磁谐振回路中串联一回路电阻 R，可得图 15-16。显然，此时回路中可能达到的最大电流为 $I_{max} \le \frac{E}{R}$。然而，由图 15-14 和图 15-15 可知，要使 LC 发生铁磁谐振，回路中的电流必须要大于电流临界值 I_p，如果通过增加回路电阻 R 使 $\frac{E}{R} < I_p$，则回路中所可能达到的最大电流将小于发生铁磁谐振时的电流临界值，也即 $I_{max} < I_p$，显然，此时回路中不可能再发生 LC 铁磁谐振。

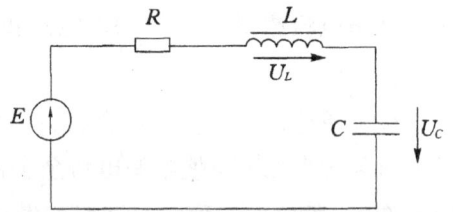

图 15-16　带串联电阻 R 的铁磁谐振回路

9. 回路损耗（如有功负荷或电阻损耗等）将使谐振过电压受到有效的阻尼和抑制，电力系统中的铁磁谐振过电压多数发生在变压器空载或轻载时的情况。

考虑变压器的漏电感远小于其激磁电感，空载变压器实际上就可以近似用其激磁电感（非线性铁芯电感）来等效，因此很容易发生铁磁谐振。而在变压器满负荷运行时，由于此时的负荷阻抗也远小于变压器的激磁感抗，因此在等值电路中一般都可以考虑近似地把激磁电感 L_T（非线性铁磁谐振源）给忽略掉，这样当然就很难发生铁磁谐振了。

电压互感器实际上就是一个变压器空载运行的情况（它只是测量系统电压，基本上不会从系统中吸取功率），它很容易产生铁磁谐振。因此，在 35kV 及以下电网中经常会出现由电磁式电压互感器饱和所引起的铁磁谐振过电压，在该电压等级电网中这种过电压值得引起高度重视。

15.4.3 消除和限制铁磁谐振过电压的措施

为了限制和消除这种铁磁谐振过电压，可以采取以下措施：

1. 选用励磁特性较好的电压互感器或改用电容式电压互感器。

既然铁磁谐振过电压主要是由电压互感器（或变压器）的铁芯饱和所引起的，那么选用励磁特性较好的电压互感器，使互感器不容易出现饱和，将有助于限制铁磁谐振过电压。如果改用电容式电压互感器代替电磁式电压互感器，由于它没有铁芯电感，当然就完全消除了铁磁谐振过电压。

2. 在电磁式电压互感器的开口三角绕组中加装阻尼电阻，只要阻值 $R \leq 0.4X_T$ （ X_T 为电压互感器在线电压下的每相激磁电抗换算到开口三角绕组两端的值），这样可消除各次谐波谐振现象的出现。

带有 Y_0 接线电压互感器的三相回路如图 15-17 所示。其中 $L_1 = L_2 = L_3 = L$ 为电压互感器各相的励磁电感，$\dot{E}_A$、$\dot{E}_B$、$\dot{E}_C$ 为三相电源电势，C_0 为各相导线对地电容。

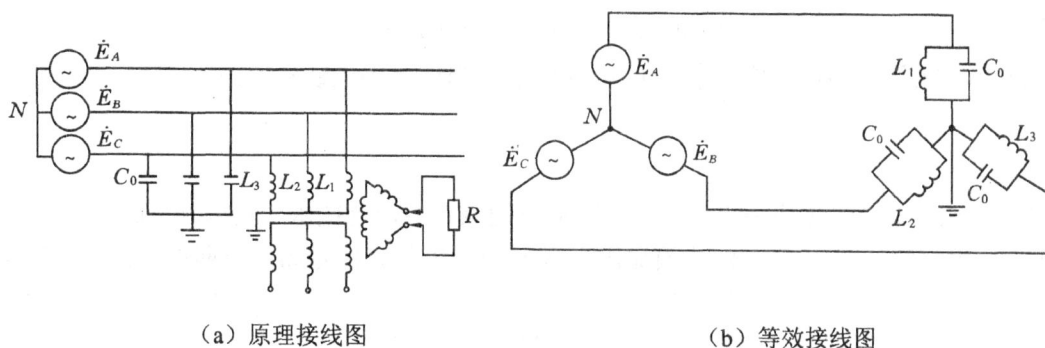

（a）原理接线图   （b）等效接线图

图 15-17 带有 Y_0 联结电压互感器的三相回路

电压互感器有三个绕组：原边、副边和开口三角绕组，副边绕组测量各相对地电压，开口三角绕组测量零序电压。由于副边绕组和开口三角绕组平时基本不会从电网中吸取功率，因此，电压互感器就像一台空载变压器，很容易发生铁磁谐振。当发生铁磁谐振时，只要在开口三角绕组接入一只数值足够小的电阻，就可以使电压互感器由原来的空载运行变成带较大负荷运行的情况，这样就可以消除铁磁谐振过电压（详见性质 9）。但由于电压互感器的容量都比较小，不可以长时间流过比较大的电流，因此，在铁磁谐振过电压消除后，应该立即将接入开口三角绕组的小电阻切除，否则可能会造成电压互感器过载。

3. 在某些情况下，可以在母线上加装对地电容以增加各相对地电容，使系统电容发生变化以破坏谐振条件。如在 10kV 及以下的母线上装设一组三相对地电容器，或用电缆段代替架空线路，以增大对地电容，从参数搭配上避开谐振。

试验表明，各相对地电容的容抗 X_{C_0} 与互感器高压侧在线电压下的每相激磁感抗 X_{Le} 之比，满足 $\dfrac{X_{C_0}}{X_{Le}} < 0.01$，电网就不会出现由电压互感器饱和引起的铁磁谐振过电压。

由图 15-17（b）的等值电路可知，如果 $\dfrac{X_{C_0}}{X_{Le}} < 0.01$，实际上可以近似看成一个数值较小的容抗通过并联把电压互感器的激磁感抗给短路掉了，这样当然就很难再形成铁磁谐振过电压。

4. 采取某些临时的倒闸措施，如投入消弧线圈、将变压器中性点临时经电阻接地或直接接地、以及投入事先规定的某些线路或设备等来破坏谐振产生的条件，以避免发生铁磁谐振。

【例 15-3】 某 35kV 电磁式电压互感器，在线电压下的高压侧激磁电抗为 2MΩ，高压绕组与开口三角绕组的变比为 $\dfrac{35000}{\sqrt{3}} : \dfrac{100}{3}$，计算在开口三角绕组端口上应加多大的电阻方可抑制铁磁谐振的发生。

解： 电压互感器在线电压下的每相激磁电抗换算到开口三角绕组两端的值为：

$$X_m = \frac{X_m'}{k^2} = 2 \times 10^6 \times \left(\frac{100/3}{35000/\sqrt{3}}\right)^2 = 5.44 \quad \Omega$$

$$R \leq 0.4 X_m = 0.4 \times 5.44 = 2.176 \quad \Omega$$

在开口三角绕组端口上接一个小于 2.176Ω 的电阻即可抑制铁磁谐振的发生。

习题 15

15-1 比较内部过电压和大气过电压有何不同点？内部过电压一般可以分成哪几大类？

15-2 引起工频电压升高的主要原因有哪三种？为什么在超高压电网中特别重视工频电压升高问题？

15-3 限制电力系统工频电压升高的主要措施是什么？

15-4 为什么避雷器的灭弧电压有 80%、100% 和 110% 之分？各适用于何种电网？

15-5 电弧接地过电压产生的原因是什么？试述消除断续电弧接地过电压的途径。

15-6 切除空载线路和切除空载变压器时为什么会产生过电压？断路器的灭弧性能对这两种过电压分别会产生什么影响？

15-7 解释断路器的并联电阻限制合空载线路过电压、切空载线路过电压的物理过程。这两种过电压对并联电阻值的要求是否相一致？

15-8 避雷器限制操作过电压时，对避雷器有什么特殊要求？为什么普通避雷器只能用来限制切除空载变压器过电压？

15-9 有一台 220kV、120MV·A 的三相电力变压器，其空载激磁电流 I_L 等于额定电流 I_n 的 2%，高压绕组每相对地电容 $C = 5000\text{pF}$，转化系数 $\eta_m = 0.4$。求切除这样一台空载变压器时可能引起的最大过电压极限值及倍数。

15-10 铁磁谐振过电压是怎样产生的，铁磁谐振与线性谐振相比有什么不同的特点？

15-11 限制和消除铁磁谐振过电压的措施主要有哪些？

15-12 为什么含有铁芯的非线性电感的 LC 串联电路中会出现几个工作点？若回路中有电阻，试分析其工作状态。

第16章

电力系统的绝缘配合

本章主要介绍了绝缘配合、绝缘水平与试验电压的基本概念，线路绝缘水平和电气设备试验电压的确定等内容，另外还简要介绍了绝缘配合的各种方法。本章内容实际上将绝缘、过电压、过电压保护三方面内容有机地结合起来。

16.1 绝缘配合的基本概念

16.1.1 绝缘配合的概念

（1）绝缘配合的根本任务：就是正确处理过电压和绝缘这一对矛盾，以达到优质、安全、经济供电的目的。

（2）绝缘配合的定义

所谓绝缘配合，就是综合考虑电气设备在电力系统中可能承受的各种电压（工作电压和过电压）、保护装置的特性和设备绝缘对各种作用电压的耐受特性，合理地确定设备必要的绝缘水平，以使设备的造价、维修费用和设备绝缘故障引起的事故损失，达到在经济上和安全运行上总体效益最高的目的。

因此，绝缘配合既要在技术上处理好各种作用电压、限压措施和设备绝缘耐受电压三者之间的配合关系，更要在经济上协调好投资费用、维护费用和事故损失费三者之间的关系，使上述三者费用的总和达到总体最优的程度。这样，既不会由于绝缘水平取得过高，使设备尺寸过大、造价太贵，造成不必要的浪费；也不会因为绝缘水平取得过低，使设备在运行中的事故率增加，导致停电损失和维护费用大增，最终造成经济上的损失。

（3）绝缘配合的核心问题

绝缘配合的核心问题：就是确定电气设备的绝缘水平，它往往是以设备绝缘在各种耐压试验中能够承受的试验电压值来表示。

对应于设备绝缘可能承受的各种作用电压，在进行绝缘试验时，主要有以下几种试验类型：

- 短时（一分钟）工频耐压试验；
- 长时间工频电压试验；
- 操作冲击耐压试验；

● 雷电冲击耐压试验。

16.1.2　电力系统中绝缘配合方面的一些典型例子

（1）同杆架设的双回路线路之间的绝缘配合

为了避免雷击线路引起两回线路同时跳闸停电的事故，在第七章中曾介绍了"不平衡绝缘"的方法，两回路绝缘水平之间应选择多大的差距，就是一个绝缘配合问题。

（2）各种保护装置之间的绝缘配合

图 12-5 的变电所的进线段保护接线中的阀式避雷器 FZ 与断路器外侧的排气式避雷器 FE_2 的伏秒特性之间的配合就是不同保护装置之间绝缘配合的一个很典型的例子。

（3）各种外绝缘之间的绝缘配合

有不少电力设施的外绝缘不止一种，它们之间往往也有绝缘配合问题。例如架空线路搭头空气间隙的击穿电压与绝缘子串的闪络电压之间的关系就是一个典型的绝缘配合问题，这个问题将会在后面展开具体讨论。

（4）被保护绝缘与保护装置之间的绝缘配合

即被保护电气设备的绝缘与保护装置避雷器之间的绝缘配合问题，这是电力系统中最基本和最重要的一种绝缘配合，本章将重点就此展开详细的讨论。

16.1.3　各种电压等级电网中对电气设备的绝缘水平选取起主要作用的过电压

（1）对于 220kV 及以下的电网，电网中电气设备的绝缘水平主要由大气过电压决定。

（2）对于 330kV 及以上的超高压电网，电网中电气设备的绝缘水平主要由操作过电压决定。

（3）对于 1000kV 及以上的特高压电网，由于限压措施的不断完善，过电压可以降低到 1.6～1.8p.u.或更低，电网中电气设备的绝缘水平可能由工频过电压和长时间工作电压决定。

（4）对于处于严重污秽地区的电网，其外绝缘经常会在正常工作电压的作用下发生污闪事故，因此，严重污秽地区的电网的外绝缘水平主要由系统的最大运行相电压决定。

16.2　绝缘配合的方法

16.2.1　绝缘配合的方法

绝缘配合的方法有惯用法、统计法和简化统计法三种。

惯用法既适用于有自恢复能力的绝缘（即自恢复绝缘，如气体绝缘），也适用无自恢复能力的绝缘（即非自恢复绝缘，如固体绝缘），是绝缘配合中被广泛使用的最常用的方法；而统计法和简化统计法仅仅适用于对自恢复绝缘进行绝缘配合，通常在超高压电网的外绝缘设计中使用。

16.2.2　惯用法

惯用法是按照作用于绝缘上的最大过电压和设备的最小绝缘强度的概念进行绝缘配合

的。这种方法首先是确定电气设备绝缘上可能出现的最危险的过电压，然后再根据经验乘上一个因考虑各种因素影响而在两者之间必须保留一定裕度的一个系数，从而决定绝缘应耐受的电压水平。即：

$$U_j = kU_{g\,max} \tag{16-1}$$

式中：U_j——设备的绝缘水平；

　　　$U_{g\,max}$——系统中的最大过电压幅值；

　　　k——裕度系数> 1。

惯用法的优点是简单、直观。但它也有缺点。由于过电压幅值和绝缘强度都是随机变量，实际上很难找到一个严格的规则去估计它们的上限和下限。因此，采用这一原则决定绝缘水平时，通常要求留有较大的裕度，这常常会使得所确定的绝缘水平偏高，造成不经济，而这一点在超高压电网中更显得尤为突出（在超高压系统中降低绝缘水平具有十分显著的经济效益）；另外，采用这种方法也不可能定量地估计出设备可能出现事故的概率。正是由于上述两个方面的原因，导致了统计法和简化统计法在超高压电网外绝缘设计中的逐步推广和应用。

16.2.3　统计法

统计法是根据过电压幅值和绝缘的耐受强度都是随机变量的实际情况，在已知过电压幅值和绝缘放电电压的概率分布后，用计算方法求出绝缘放电的概率和线路的跳闸率，在技术经济比较的基础上，正确地确定绝缘水平。这种方法不仅可以定量地给出设计的安全程度，并可以按照每年设备折旧费、运行费、事故损失费的总和为最小的原则进行优化设计，确定输电系统绝缘配合的最佳方案。

应用统计法的前提是：必须事先充分掌握作为随机变量的各种过电压和各种绝缘电气强度的统计特性（概率密度、分布函数等）。

在实际工程中采用上述统计法进行绝缘配合还是相当麻烦的，为此 IEC 又推荐了一种"简化统计法"，以便于在工程实践中应用。

16.2.4　简化统计法

简化统计法是将统计法和惯用法的思想有机地结合在一起后形成的一种简化计算方法。其计算方法这里不详细展开，可参阅相关参考文献。

16.3　输变电设备绝缘水平的确定

16.3.1　输变电设备绝缘水平确定的主要步骤

（1）确定避雷器的保护水平：包括雷电冲击保护水平 $U_{p(l)}$ 和操作冲击保护水平 $U_{p(s)}$。

（2）由避雷器的保护水平确定电气设备的绝缘水平：包括基本冲击绝缘水平（BIL）和操作冲击绝缘水平（SIL）。

（3）由电气设备的绝缘水平确定其耐压试验的试验电压值：包括雷电冲击耐压试验和操作冲击耐压试验。对于 220kV 及以下的电压等级则通常采用短时（1min）工频耐压试验代替雷电冲击耐压试验和操作冲击耐压试验。

（4）在某些情况下还需要做长时间工频高压试验，以了解在长期工频电压作用下内绝缘的老化和外绝缘的染污对设备绝缘性能的影响。

16.3.2 避雷器的保护水平的确定：雷电冲击保护水平$U_{p(l)}$和操作冲击保护水平$U_{p(s)}$

（1）雷电冲击保护水平$U_{p(l)}$

①SiC 普通阀式避雷器和磁吹避雷器

标准规定：避雷器的雷电冲击保护水平$U_{p(l)}$应该取下列三者中的最大值：

- 标准放电电流的波形（8/20μs）和标称放电电流幅值（5kA 或 10kA）下的残压U_R；
- 1.2/50μs 标准雷电冲击放电电压；
- 冲击波波前放电电压最大值（也就是陡波放电电压）除以 1.15。

在实际中，作为简化，通常可以直接以配合电流下（5kA 或 10kA）的残压U_R作为保护水平。即：

$$U_{p(l)} = U_R \tag{16-2}$$

②ZnO 避雷器

ZnO 避雷器的雷电冲击保护水平$U_{p(l)}$为下列两者中的较大值：

- 标准放电电流的波形（8/20μs）和标称放电电流幅值（5kA、10kA 或 20kA）下的雷电冲击残压U_R；
- 陡波冲击电流下的残压（电流波前时间为 1μs，峰值与标称雷电冲击电流相同）除以 1.15。

（2）操作冲击保护水平$U_{p(s)}$

①磁吹避雷器

磁吹避雷器的操作冲击保护水平$U_{p(s)}$为下列两者之间的较大值：

- 规定操作冲击电流下的残压；
- 在 250/2500μs 标准操作冲击电压下的最大放电电压。

②氧化锌避雷器

氧化锌避雷器的操作冲击保护水平$U_{p(s)}$就是规定操作冲击电流下的残压$U_{R(s)}$。

操作冲击电流下的残压$U_{R(s)}$：电流波形为 30～100/60～200μs，电流峰值为 0.5kA（一般避雷器），1kA（330kV 避雷器），2kA（500kV 避雷器）。

16.3.3 电压等级的划分

由于 220kV（其最大工作电压为 252kV）及以下电压等级（高压）与 330kV 及以上电压等级（超高压）电力系统在过电压保护措施、绝缘耐压试验项目、最大工作电压倍数、绝缘裕度取值等方面都存在差异，所以在进行绝缘配合时，宜将它们分成如下两个电压范围（以系统的额定工作电压 U_n 来表示）：

高压范围Ⅰ：$3\text{kV} \leqslant U_n \leqslant 220\text{kV}$

超高压范围Ⅱ：$U_n \geqslant 330\text{kV}$

16.3.4　避雷器的保护方式

变电所内电气设备的绝缘水平与保护设备（避雷器）的性能、接线方式和保护配合原则有关。避雷器对电气设备的保护主要有下列两种方式：

（1）避雷器只用来保护大气过电压而不保护内部过电压。

我国对 220kV 及以下电压等级的系统采用这种方式。在这些电压等级的电网系统中，内过电压通常不会对正常绝缘的电气设备构成威胁，故在正常时避雷器在系统内过电压情况下不应该动作。

（2）避雷器主要用来保护大气过电压，但也用作内过电压的后备保护。

我国对 330kV 及以上的超高压系统采用这种方式。在这些系统中，依靠改进断路器的性能（如断口并联电阻）将内过电压限制到一定水平，在内过电压作用下，避雷器一般不动作，只有极少情况下，内过电压值超过既定的水平时，避雷器才动作，此时避雷器对内过电压而言，主要作为后备保护用。

16.3.5　电气设备绝缘水平的确定：基本冲击绝缘水平（BIL）和操作冲击绝缘水平（SIL）

下面我们采用绝缘配合惯用法来确定电气设备的绝缘水平。即电气设备的绝缘水平应该在避雷器的保护水平的基础上再乘上一个考虑各种因素影响的大于 1 的裕度系数。

（1）雷电过电压下的绝缘配合：确定电气设备的基本冲击绝缘水平（BIL）

电气设备在雷电过电压下的绝缘水平通常用它们的基本冲击绝缘水平（BIL）来表示，它可由下式求得：

$$BIL = K_l U_{p(l)} \tag{16-3}$$

式中：$U_{p(l)}$ 为阀式避雷器在雷电过电压下的保护水平（kV），K_l 为雷电过电压下的配合系数，一般在电气设备与避雷器相距很近时取 1.25、相距较远时取 1.4，即：

$$BIL = (1.25 \sim 1.4)U_R \tag{16-4}$$

式中，U_R 为避雷器的残压（kV）。

（2）操作过电压下的绝缘配合：确定电气设备的操作冲击绝缘水平（SIL）

分以下两种不同的情况来分别加以讨论：

①电网电压处于高压范围Ⅰ：$3\text{kV} \leqslant U_n \leqslant 220\text{kV}$

此时，变电所内所装的阀式避雷器只对雷电过电压进行保护，而不必对内部过电压进行保护。因此，在这种情况下设备绝缘本身应该能够耐受系统内部可能出现的最大内部过电压幅值。

我国标准对范围Ⅰ的各个电压等级电网系统所推荐的操作过电压计算倍数 K_0 如表 16-1

所示。[27]

表 16-1　操作过电压的计算倍数 K_0

系统额定电压（kV）	中性点接地方式	相对地操作过电压计算倍数
66kV 及以下	非有效接地	4.0
35kV 及以下	有效接地（经过小电阻）	3.2
110～220	有效接地	3.0

注：相间操作过电压宜取相对地操作过电压的 1.3～1.4 倍

对于这一类变电所中的电气设备，其 SIL 可采用下式计算：

$$SIL = K_s K_0 U_{xg} \tag{16-5}$$

式中 K_s 为操作过电压下的配合系数，其值一般为 1.15～1.25。

②电网电压处于超高压范围Ⅱ：$U_n \geqslant 330kV$

此时，变电所内所装的阀式避雷器不仅要对雷电过电压进行保护，而且也要对操作过电压进行保护。因此，对于这一类变电所的电气设备，其操作冲击绝缘水平应该以避雷器的操作冲击保护水平 $U_{p(s)}$ 为基础进行配合，其 SIL 可按下式计算：

$$SIL = K_s U_{p(s)} \tag{16-6}$$

式中 K_s 为操作过电压下的配合系数，其值一般为 1.15～1.25。

【例 16-1】　一座 500kV 变电所，所用避雷器在雷电冲击波下的保护特性为：

（1）10kA 下的残压为 1100kV；

（2）标准冲击全波下的放电电压峰值为 840kV；

（3）陡波放电电压峰值为 1150kV。

试求：

（1）该避雷器的雷电冲击保护水平 $U_{p(l)}$；

（2）该变电所 500kV 电压等级设备应有的基本冲击绝缘水平（BIL）。

解：（1）该避雷器的雷电冲击保护水平为：

$$U_{p(l)} = \text{Max}[1100,840,1150/1.15]$$
$$= \text{Max}[1100,840,1000]$$
$$= 1100 \ kV$$

（2）该变电所 500kV 电压等级设备应有的基本冲击绝缘水平为：

$$BIL = K_l U_{p(l)} = (1.25 \sim 1.4) \times 1100 = 1375 \sim 1540 \ kV$$

16.3.6　电气设备的雷电冲击耐压试验和操作冲击耐压试验

为了检验电气设备绝缘是否达到了由上述绝缘配合所确定的基本冲击绝缘水平（BIL）和操作冲击绝缘水平（SIL），就必须对设备绝缘进行雷电冲击耐压试验和操作冲击耐压试验，由此需要确定相应的雷电冲击耐压试验电压值和操作冲击耐压试验电压值。下面将按高压和超高压两个不同的电压等级分别展开讨论。

（1）220kV 及以下的高压电气设备

对于 220kV 及以下的高压设备，往往采用 1min 工频耐压试验来等效地检验绝缘耐受雷电冲击电压和操作冲击电压的能力，而一般不再专门进行雷电冲击耐压试验和操作冲击耐压试验，以达到简化试验的目的。

对 220kV 及以下电压等级的电气设备，之所以能用 1min 工频试验电压来等效地替代操作过电压及大气过电压的作用，是考虑到工频试验电压作用时间长，对设备绝缘的考验更严格，同时也是为了试验工作的方便（因为极大多数基层电力运行部门不可能有产生雷电冲击电压和操作冲击电压的大型专用电力试验设备）。

电气设备的工频耐压试验电压值按以下程序确定：

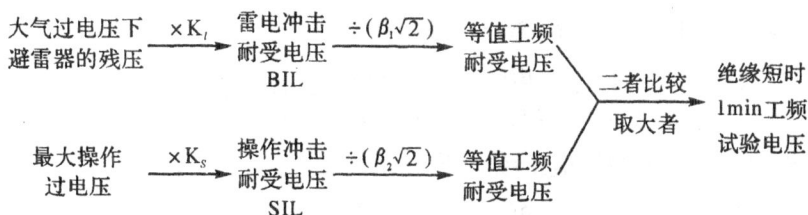

其中 β_1、β_2 为雷电冲击电压和操作冲击电压换算为等值工频电压的冲击系数，K_l、K_s 为雷电冲击电压和操作冲击电压下的配合系数。

采用上述方法得到的工频试验电压实际上代表了绝缘对雷电过电压和操作过电压的总的耐受水平。因此，只要设备能通过工频耐压试验，就可以认为该设备绝缘在运行中遇到内、外过电压时，都能保证安全。

（2）330kV 及以上的超高压电气设备

对于 330kV 及以上的超高压电气设备，规定须进行雷电冲击耐压试验和操作冲击耐压试验。即

● 绝缘在操作过电压下的性能采用操作冲击耐压试验来检验，其试验电压值即为根据公式（16-6）计算得到的操作冲击绝缘水平（SIL）。

● 绝缘在雷电过电压下的性能采用雷电冲击耐压试验来检验，其试验电压值即为根据公式（16-4）计算得到的雷电冲击绝缘水平（BIL）。

对超高压电气设备而言，普遍认为采用工频耐压试验代替操作冲击耐压试验是不恰当的。首先，对于超高压电压等级，如果采用 1min 工频耐压试验代替操作冲击耐压试验，对绝缘的要求可能过于严格，且二者之间的等价性也不能确切肯定；其次，由于操作波对绝缘的作用有其特殊性，它在绝缘内部造成的电压分布与在工频电压作用下各不相同。因此，对于超高压电气设备，规程规定应该进行操作冲击耐压试验。

【例 16-2】　试用惯用法大致估计 220kV 电气设备应有的雷电冲击耐压（BIL）、操作冲击耐压（SIL）和短时工频耐压有效值。

设：（1）保护用阀式避雷器为 FZ-220J 型；

（2）雷电冲击波配合系数 $K_l = 1.28$，操作冲击波配合系数 $K_s = 1.25$，雷电冲击系数 $\beta_1 = 1.48$，操作冲击系数 $\beta_2 = 1.38$。

解：（1）查表得 FZ-220J 型阀式避雷器的雷电冲击保护水平为：

$$U_{p(l)} = U_{R(5kA)} = 664 \text{ kV}$$

设备的雷电冲击绝缘水平为：

$$BIL = K_l U_{p(l)} = 1.28 \times 664 = 850 \text{ kV}$$

（2）系统最大运行相电压幅值为：

$$U_{xg} = k \times \frac{\sqrt{2} \times U_n}{\sqrt{3}} = 1.15 \times \frac{\sqrt{2} \times 220}{\sqrt{3}} = 207 \text{ kV}$$

设备的操作冲击绝缘水平为：

$$SIL = K_s K_0 U_{xg} = 1.25 \times 3 \times 207 = 776 \text{ kV}$$

（3）雷电冲击作用下所需要的等值工频耐压

$$U_1 = \frac{BIL}{\beta_l \times \sqrt{2}} = \frac{850}{1.48 \times 1.414} = 406 \text{ kV}$$

操作冲击作用下所需要的等值工频耐压

$$U_2 = \frac{SIL}{\beta_s \times \sqrt{2}} = \frac{776}{1.38 \times 1.414} = 398 \text{ kV}$$

因此，绝缘的短时（1min）工频耐压有效值应为：

$$U_{1min(\sim)} = \text{Max} \ (U_1, U_2) = \text{Max}(406, 398) = 406 \text{ kV}$$

16.3.7 长时间工频高压试验及其作用

考虑到在运行电压和工频过电压作用下内绝缘的老化和外绝缘的污秽性能（如绝缘子的抗污闪性能等），对某些设备还规定要进行长时间的工频高压试验。

16.4 架空输电线路绝缘水平的确定

架空输电线路绝缘配合的内容：主要包括线路绝缘子串的选择和确定线路上各空气间隙的极间距离——空气间距两部分。

16.4.1 绝缘子串中绝缘子片数的确定

1. 按规程规定，确定绝缘子串片数的具体方法为首先按工作电压所要求的爬电比距确定每串绝缘子的片数；然后再按操作过电压的要求进行校验。

2. 绝缘子串片数的确定

（1）按工作电压所要求的爬电比距决定所需绝缘子片数 n

为了防止绝缘子串在工作电压下发生污闪事故，绝缘子串应有足够的沿面爬电距离。每串的绝缘子个数（根据机械负载先选定绝缘子的型式）首先是按工作电压下所要求的爬电比距来确定的，然后再按操作过电压的要求进行校验。计算时常用到单位爬电距离（每千伏电压所要求的表面爬电距离的概念），即爬电比距（或泄漏比距）λ：

$$\lambda = K_e \frac{nL_0}{U_m} \qquad \text{（cm/kV）} \qquad (16\text{-}7)$$

式中：n——每串绝缘子的个数；

$\quad\quad L_0$——每片绝缘子的几何爬电距离，cm；

$\quad\quad U_m$——系统最高工作（线）电压有效值，kV。对于 220kV 及以下系统，$U_m = 1.15U_n$；对于 330kV 及以上系统，$U_m = 1.1U_n$；

$\quad\quad K_e$——绝缘子爬电距离的有效系数。

绝缘子爬电距离的有效系数主要是为了考虑各种绝缘子其爬电距离对于抗污闪的有效性问题。有的绝缘子几何爬电距离很长，但其抗污闪能力仍然不好；而有的绝缘子虽然其几何爬电距离并不太长，但却具有很好的抗污闪能力。因此，并不能简单地认为绝缘子的爬电距离愈长就一定代表其抗污闪能力也愈强。这样就有必要引入绝缘子爬电距离的有效系数 K_e，以充分体现绝缘子的爬电距离对于抗污闪的有效性。一般以 XP-70 型绝缘子作为基础，其 K_e 值取为 1。如果单位爬电距离的抗污闪能力比 XP-70 型绝缘子更好，则 $K_e > 1$；否则 $K_e < 1$。

对于不同的污秽地区要求不同的爬电比距（泄漏比距）λ_0，对一般清洁区取 λ_0 为 1.6cm/kV。运行经验表明，绝缘子串必须满足使 $\lambda \geq \lambda_0$，否则会发生比较严重的污闪事故，造成很大的损失。表 16-2 给出不同污秽等级地区的最小爬电比距（泄漏比距）λ_0 的规定值。

表 16-2　不同污秽等级下的最小爬电比距（泄漏比距）

污秽等级	最小爬电比距（泄漏比距）λ_0（cm/kV）			
	线路		发电厂、变电所	
	220kV 及以下	330kV 及以上	220kV 及以下	330kV 及以上
0	1.39 (1.60)	1.45 (1.60)		
I	1.39～1.74 (1.60～2.00)	1.45～1.82 (1.60～2.00)	1.6 (1.84)	1.6 (1.76)
II	1.74～2.17 (2.00～2.50)	1.82～2.27 (2.00～2.50)	2.00 (2.30)	2.00 (2.20)
III	2.17～2.78 (2.50～3.20)	2.27～2.91 (2.50～3.20)	2.50 (2.88)	2.50 (2.75)
IV	2.78～3.30 (3.20～3.80)	2.91～3.45 (3.20～3.80)	3.10 (3.57)	3.10 (3.41)

注：括号内的数据是以系统额定电压 U_n（而不是系统最大工作电压 U_m）为基准的爬电比距值，以前通常采用这种方法计算。

由 $\lambda \geq \lambda_0$ 可得出每串的绝缘个数：

$$n \geq \frac{\lambda_0 U_m}{K_e L_0} \qquad (16\text{-}8)$$

应该指出，表 16-2 中的最小爬电比距（泄漏比距）λ_0 是根据实际运行经验得出的，所以按公式（16-8）求得的片数 n 中已经包括零值绝缘子（即绝缘子串在运行过程中可能会出现个别绝缘子丧失绝缘性能的情况）的影响，因此不需要再增加零值绝缘子片数。

（2）以绝缘子串的正极性操作冲击电压波的 50% 冲击放电电压进行校验

按工作电压所要求的爬电比距确定的绝缘子片数中包括零值绝缘子，由于零值绝缘子已经丧失了绝缘性能，不能再起绝缘作用，因此，在进行操作过电压校验计算时应除去 1~3 个预留零值绝缘子 n_0（35kV~220kV 直线杆 1 个，耐张杆 2 个；330~500kV 直线杆 2 个，耐张杆 3 个）。也就是说，在进行操作过电压的校验时只能采用 $(n-n_0)$ 个绝缘子进行校合。

规程规定，上述绝缘子串的正极性操作冲击电压波的 50% 冲击放电电压应该满足：

$$U_{50\%(s)} \geq K_s U_s \qquad (16\text{-}9)$$

式中：U_s——对范围 I（U_n 220kV），它等于 $K_0 U_{xg}$，其中操作过电压计算倍数 K_0 可由表 16-1 查得；对范围 II（$U_n \geq 330kV$），它等于空载线路合闸、单相重合闸、三相重合闸这三种操作过电压中的最大者；

K_s——绝缘子串操作过电压配合系数，对范围 I 取 1.17，对范围 II 取 1.25。

如果绝缘子串的正极性操作冲击电压波的 50% 冲击放电电压不能满足公式（16-9）的要求，则需要在原先确定的绝缘子串片数 n 的基础上再进一步增加绝缘子片数，直至满足公式（16-9）的要求。

16.4.2 输电线路空气间隙的确定

1. 在输电线路空气间隙的绝缘配合中最关键的问题是确定导线对杆塔的距离问题

输电线路的空气间隙主要有：导线对大地、导线对导线、导线对架空地线、导线对杆塔及横担等。导线对地面的高度主要是考虑穿越导线下的最高物体与导线间的安全距离，在超高压输电线还应考虑对地面物体的静电感应问题。导线间的距离主要是考虑导线弧垂最低点在风力作用下，当发生异步摇摆时的最小间距是否能承受工作电压的作用。因这种极端的摇摆现象很少发生，所以在电压等级较低时，就以不碰线为原则来决定的。导线对架空地线的距离，由雷击避雷线档距中央时避雷线与导线之间的空气间隙不发生击穿的条件式（11-19）来决定。显然，上述这些间隙之间的距离已经可以根据以前的讨论或其它方法直接加以确定，因此，在本节输电线路空气间隙的绝缘配合中重点需要解决的问题是如何根据工作电压、内部过电压、大气过电压来确定导线对杆塔的距离。

2. 导线对杆塔的间隙距离应该包括两个部分：

（1）导线在电压的作用下不会对杆塔发生击穿所需要的最小净空间距离；

（2）考虑导线受风力作用而使绝缘子串向杆塔倾偏摇摆应该保留的风偏距离。

3. 输电线路空气间隙的确定

一方面，从间隙所承受的电压来看，大气过电压最高，内部过电压次之，工作电压最低。显然，为了保证导线在电压的作用下不会对杆塔发生击穿，其所需要的最小净空间距离在大气过电压情况下最大，内部过电压次之，工作电压最小。

另一方面，从电压作用的持续时间来看，工作电压作用时间最长，操作过电压次之，大气过电压最短。这样，在考虑导线受风力作用而使绝缘子串向杆塔倾偏摇摆的情况下，由于工作过电压长时间作用在导线上，故应按最大风速考虑（取 20 年一遇的最大风速，在一般地区约为 25～35m/s），此时绝缘子串向杆塔倾偏最严重，相应的风偏角 θ_g 最大，如图 16-1 所示；在内过电压作用下，考虑其持续时间较短，一般按最大风速的 50%考虑，其风偏角 θ_n 较小；在大气过电压作用下，考虑其持续时间极短，一般考虑风速为 10m/s，这时的风偏角 θ_l 最小。显然，$\theta_l < \theta_n < \theta_g$，如图 16-1 所示。因此，从考虑绝缘子串风偏的角度出发，与前面考虑在电压作用下的最小净空间距离时的情况正好相反，此时在工作电压下应该保留的风偏距离最大，内部过电压次之，大气过电压最小。

图 16-1 绝缘子串的风偏角 θ 及其对杆塔的距离 S

S 的角注中：g 为工作电压；n 为内过电压；
l 为大气过电压；1—杆塔；2—绝缘子串

根据规程规定，三种情况下的净空间距离的确定方法如下：

（1）按工作电压确定风偏后所要求的净间距 S_g

为保证绝缘子串与杆塔之间的间隙在工作电压下不发生闪络，S_g 的工频 50%击穿电压幅值应满足：

$$U_{50\%(\sim)} = K_1 U_{xg} \tag{16-10}$$

式中系数 K_1 是综合考虑工频电压升高、安全裕度、气象条件等因素的情况下线路空气间隙工频电压统计配合系数，当系统额定电压 $U_n \geq 330\text{kV}$ 时取 1.4；当系统额定电压 U_n 为 110～220kV 取 1.35；当系统额定电压 $U_n \leq 66\text{kV}$ 取 1.20。

（2）按内部过电压确定风偏后所要求的净间距 S_n

为保证绝缘子串与杆塔之间的间隙在内部过电压下不发生闪烙，S_n 在正极性操作冲击波作用下的 50%放电电压应满足下式要求：

$$U_{50\%(s)} = K_2 U_s \tag{16-11}$$

式中：U_s——计算用最大操作过电压。对范围 I（$U_N \leq 220\text{kV}$），它等于 $K_0 U_{xg}$，其中操作过电压计算倍数 K_0 可由表 16-1 查得；对范围 II（$U_n \geq 330\text{kV}$），它等于空载线路合闸、单相重合闸、三相重合闸这三种操作过电压中的最大者；

K_2——线路空气间隙操作过电压统计配合系数，对范围 I（$U_n \leq 220\text{kV}$）取 1.03，对范围 II（$U_n \geq 330\text{kV}$）取 1.10。

（3）按大气过电压确定风偏后所要求的净间距 S_l

通常取 S_l 的 50%雷电冲击击穿电压 $U_{50\%(l)}$ 等于绝缘子串的 50%雷电冲击闪络电压 U_{CFO} 的 85%，即：

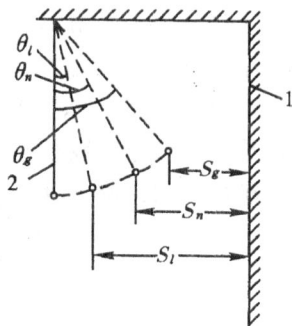

$$U_{50\%(l)} = 0.85U_{\text{CFO}} \tag{16-12}$$

导线对杆塔发生击穿有两条途径。一种是沿绝缘子串表面发生沿面闪络，还有一种是导线与杆塔之间的空气间隙发生击穿。按公式（16-12）选取导线与杆塔之间的空气间隙的雷电冲击击穿电压仅为绝缘子串雷电冲击闪络电压的 85%，其目的主要是为了在导线对杆塔发生冲击击穿时，宁愿让空气间隙发生击穿，而不希望沿绝缘子串表面发生闪络，以免烧坏绝缘子的表面釉层。这主要是考虑到绝缘子的表面釉层烧坏后是不可以再恢复的，而空气间隙的绝缘在击穿后是可以迅速自恢复的。

求得净间距后，即可确定处于垂直状态的绝缘子串对杆塔应有的水平距离为：

$$\left.\begin{array}{l} L_g = S_g + l\sin\theta_g \\ L_n = S_n + l\sin\theta_n \\ L_l = S_l + l\sin\theta_l \end{array}\right\} \tag{16-13}$$

式中：l——绝缘子串长度，m。

最后，选出上述三者中的最大者，即可得到导线与杆塔之间的水平距离 L 为：

$$L = \max[L_g, L_n, L_l] \tag{16-14}$$

各级电压线路所需要的净间距值如表 16-3 所示。对发电厂、变电所的空气间隙需另加 10% 的裕度。

表 16-3 各级电压线路所需的净间距值（cm）

额定电压（kV）	35	110	220	330	500
X-4.5 型绝缘子片数	3	7	13	19	28
S_g	10	25	55	90	130
S_n	25	70	145	195	270
S_l	45	100	190	260	370

习题 16

16-1　什么是电力系统的绝缘配合？什么是电气设备的绝缘水平？

16-2　绝缘配合的惯用法、统计法和简化统计法有什么关系和区别？

16-3　什么是电气设备绝缘的 BIL 和 SIL？

16-4　输电线路绝缘子串中绝缘子的片数是如何确定的？

16-5　如何确定输电线路导线对杆塔的空气间距？

16-6　试用惯用法大致估计 110kV 电气设备应有的雷电冲击耐压（BIL）、操作冲击耐压（SIL）和短时工频耐压有效值。

设：

（1）保护用阀式避雷器为 FZ-110J 型；

（2）雷电冲击波配合系数 $K_l = 1.25$，操作冲击波配合系数 $K_s = 1.22$，雷电冲击系数 $\beta_1 = 1.48$，操作冲击系数 $\beta_2 = 1.38$。

附录：部分器件实物图

某变电所部分

多油断路器

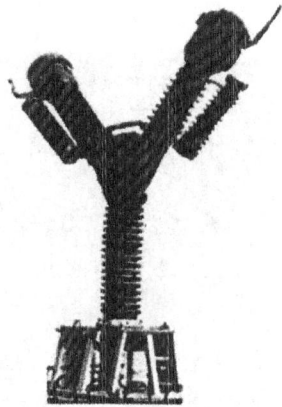

少油断路器

真空断路器

空气断路器

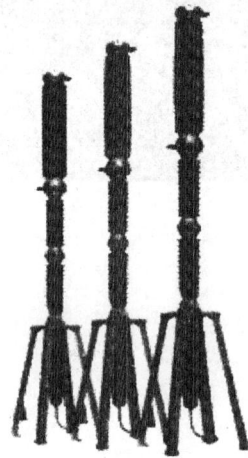

六氟化硫（SF$_6$）断路器

单柱式（剪刀型）隔离开关

V型隔离开关

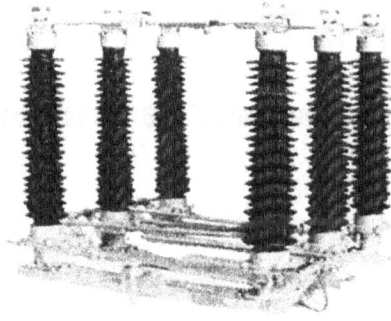

二柱型隔离开关　　　　　　　　　　　　三柱型隔离开关

穿墙式电流互感器

装入式电流互感器　　　电压互感器　　　　　　　　立柱式电流互感器

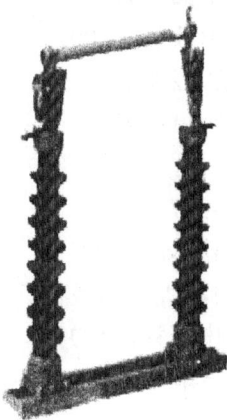

熔断器　　　　　　　　　　　　　避雷器

参考文献

[1] 水利电力部西北电力设计院. 电力工程电气设计手册（一次部分）. 北京：中国电力出版社，1989

[2] 电力工业部西北电力设计院. 电力工程电气设备手册（一次部分）. 北京：中国电力出版社，1998

[3] 姚春球. 发电厂电气部分. 北京：中国电力出版社，2004

[4] 熊信银主编. 发电厂电气部分. 北京：中国电力出版社，2004

[5] 陈家斌. 常用电气设备倒闸操作. 北京：中国电力出版社，2006

[6] 王士政，冯金光. 发电厂电气部分. 第三版，北京：中国水利水电出版社，2002

[7] 陈连. 发电厂电气工程. 北京：中国水利水电出版社，1992

[8] 楼樟达，李扬. 发电厂电气设备. 北京：中国电力出版社，2002

[9] 娄和恭，于长顺等. 发电厂变电所电气部分. 中央广播电视大学教材，1994

[10] 张保会、尹项根主编. 电力系统继电保护 北京：中国电力出版社，2005

[11] 贺家李、宋从矩合编. 电力系统继电保护原理 第三版，北京：中国电力出版社，1994

[12] 国家电力调度通信中心编 电力系统继电保护实用技术问答. 北京：中国电力出版社 1997

[13] 杨晓敏编. 电力系统继电保护原理及应用，北京：中国电力出版社，2006

[14] 王维俭编著. 发电机变压器继电保护应用 北京：中国电力出版社，1998

[15] 周浩编著. 高电压技术自学辅导，杭州：浙江大学出版社，2001

[16] 张一尘主编. 高电压技术. 北京：中国电力出版社，2000

[17] 赵智大主编. 高电压技术. 北京：中国电力出版社，1999

[18] 邱毓昌等. 高电压工程. 西安：西安交通大学出版社，1995

[19] 唐兴祚. 高电压技术. 重庆：重庆大学出版社，1991

[20] 解广润主编. 电力系统过电压. 北京：水利电力出版社，1985

[21] 张纬钹等. 电力系统过电压与绝缘配合. 北京：清华大学出版社，1988

[22] 江泽佳主编. 电路原理（上册）. 北京：人民教育出版社，1979

[23] 中国国家标准 GB/T2900. 19－94：电工术语——高电压试验技术和绝缘配合. 北京：中国标准出版社，1994

[24] 中国国家标准 GB／T16434－1996：高压架空线路和发电厂、变电所环境污区分级及外绝缘选择标准. 北京：中国标准出版社，1996

[25] 中国国家标准 GB311.1～311.6－83：高压输变电设备的绝缘配合、高电压试验技术．北京：中国标准出版社，1985

[26] 中国电力行业标准 DL／T620－1997：交流电气装置的过电压保护和绝缘配合．北京：中国电力出版社，1997

[27] 中国电力行业标准 DL／T596－1996：电力设备预防性试验规程．北京：中国电力出版社，1997

[28] 中国电力行业标准 DL／T621－1997：交流电气装置的接地．北京：中国电力出版社，1998

[29] 刘振亚．特高压交流输电技术研究成果专辑(2005 年) [M]．北京：中国电力出版社，2006．

图书在版编目(CIP)数据

电力工程 / 周浩等编著．—杭州：浙江大学出版社，2007.6（2019.6 重印）
ISBN 978-7-308-05365-5

Ⅰ.电… Ⅱ.①周… Ⅲ.电力工程－高等学校－教材 Ⅳ.TM7

中国版本图书馆 CIP 数据核字(2007)第 080914 号

电力工程

周　浩　王慧芳　杨　莉　孙　可　编著

责任编辑　杜希武
封面设计　刘依群
出版发行　浙江大学出版社
（杭州市天目山路 148 号　邮政编码 310007）
（网址：http://www.zjupress.com）
排　　版　浙江时代出版服务有限公司
印　　刷　浙江新华数码印务有限公司
开　　本　787mm×1092mm　1/16
印　　张　22
字　　数　535 千
版 印 次　2011 年 11 月第 2 版　2019 年 6 月第 7 次印刷
书　　号　ISBN 978-7-308-05365-5
定　　价　49.00 元

浙江大学出版社市场运营中心联系方式　(0571)88925591；http://zjdxcbs.tmall.com